量子安全
信息保护新纪元

Chahot◎著

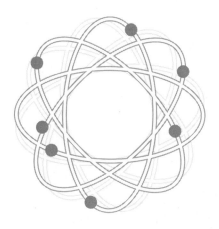

电子工业出版社·
Publishing House of Electronics Industry
北京·BEIJING

内 容 简 介

本书从经典信息安全框架开始详细阐述了网络安全的核心概念、关键技术及其应用,并对以量子密钥分发、量子隐态传输、超密编码等为代表的量子安全技术进行了深入的解析,以实际案例和故事为基础,增强了内容的趣味性和实用性,最后还揭示了前沿量子安全技术的研究成果与方向。

作为量子安全领域的先锋之作,本书既满足了日益增长的信息安全需求,又为量子安全技术的普及和发展铺垫了基础。无论你是对量子安全感兴趣的普通读者,还是在相关领域深入研究的专家,本书都将为你提供宝贵的知识和启示。

图书在版编目(CIP)数据

量子安全: 信息保护新纪元/Chahot 著. -- 北京:
电子工业出版社, 2024. 7. -- ISBN 978-7-121-48136-9

Ⅰ. TP393.08

中国国家版本馆 CIP 数据核字第 2024R2S343 号

责任编辑: 李淑丽
文字编辑: 纪 林
印　　刷: 天津嘉恒印务有限公司
装　　订: 天津嘉恒印务有限公司
出版发行: 电子工业出版社
　　　　　北京市海淀区万寿路 173 信箱　　邮编: 100036
开　　本: 720×1000　1/16　印张: 28.25　字数: 524 千字
版　　次: 2024 年 7 月第 1 版
印　　次: 2024 年 7 月第 1 次印刷
定　　价: 128.00 元

凡所购买电子工业出版社图书有缺损问题,请向购买书店调换。若书店售缺,请与本社发行部联系,联系及邮购电话: (010) 88254888, 88258888。

质量投诉请发邮件至 zlts@phei.com.cn, 盗版侵权举报请发邮件至 dbqq@phei.com.cn。

本书咨询联系方式: lishuli@phei.com.cn。

序言 1

从 20 世纪 40 年代冯·诺依曼架构的提出到当代的人工智能和云计算的普及，计算机科学经历了飞速发展。这极大地影响了我们生活的方方面面，从日常事务到高端科学研究。

信息安全在当代信息技术发展过程中起着至关重要的作用。RSA（非对称加密算法，RSA 是 Ron Rivest、Adi Shamir 和 Leonard Adleman 三人姓氏首字母拼在一起组成的）、AES（Advanced Encryption Standard，高级加密标准）和其他加密算法作为安全通信的基石，确保了数据的隐私和完整性。然而，随着计算能力的提高，传统的加密算法面临着被破解的风险。量子计算是一种利用量子力学原理进行信息处理的计算模型。相较于经典计算，量子计算在某些方面具有显著的优越性。最著名的就是 Shor 算法，它能在多项式时间内分解大整数，破解基于离散对数的经典密码。一旦量子计算机成为现实，现有的加密基础就会有崩塌的风险，这不仅威胁到个人数据，还威胁到国家安全、金融体系和网络基础设施安全。因此，为了应对基于量子技术的网络攻击，后量子安全（Post-Quantum Security）的概念应运而生，越来越多的密码学专家对如何抵御量子攻击开展了深入且广泛的研究。其中，美国 NIST（National Institute of Standards and Technology，国家标准与技术研究院）针对这一问题启动了一个征求、评估和标准化一种或多种抗量子攻击密码算法的提案。截至 2023 年 9 月，共计 15 个能够提供后量子安全的密码体系入围决赛，并将于 2024 年年底之前完成最终的标准化方案的角逐。信息安全是现代社会运转的关键，而量子计算的崛起给整个计算机领域带来了未知的挑战和可能性。后量子安全技术作为应对这一威胁的关键技术，不仅是信息安全的未来，还可能是量子计算带来的革命性变革的先驱。

基于物理原理的量子计算使用量子比特（Quantum bit，Qubit）作为其信息处理的基础单元，从而在并行运算方面实现了指数级的加速。这一突破性的特点不仅重塑了计算范式，而且为信息通信安全提供了一层内在的保障。在这一背景下，信息安全领域的研究重心开始由如何防范量子攻击转向如何利用量子技术构建更为安全的通信机制。这一新兴研究领域被称为量子安全，它着重于运用量子原理来设计安全的通信协议和算法。一个全面、成熟的量子通信网络依赖于精良的量子安全算法，以确保信息和隐私绝对安全。量子安全不仅有能力解决传统的信息加密问题，还有潜力在身份认证、安全的多方计算，以及物联网安全等多个维度上展开应用。作为量子计算、量子通信和量子信息科学发展的关键组成部分，成熟的量子安全技术将成为推动整个量子产业进步的重要驱动力。尽管基于量子技术的安全机制具有巨大的潜在价值和可行性，但要完全实现这些价值，还需要面临众多技术和实施上的挑战。不过，无可争辩的是，量子安全不仅代表着一项技术革新，还意味着对未来信息社会安全基础的一场全面的重塑。因此，其深远的社会、经济和政治影响是不容忽视的。

《量子安全：信息保护新纪元》是一部深度剖析信息安全新领域的著作。它从现代信息安全的经典基础出发，系统地介绍了信息安全的核心概念和当前面临的安全风险。书中不仅深入介绍了量子计算的基础理论，还详细列举了诸如Shor 算法和 Grover 算法等量子计算中的标志性算法。更为值得一提的是，本书特别强调了量子安全和后量子安全的重要性，并进一步探讨了与之相关的新一代安全体系，如轻量级密码和同态加密等。本书的观点不仅科学严谨，而且具有前瞻性，提供了一个多维度、多层次的视角来审视信息安全的未来。这不仅有助于信息安全和量子计算领域的专业从业者深化对这一主题的理解，还为未来整个行业在安全算法和通信协议方面的发展提供了有价值的理论依据。作者观点独特、视野开阔，本书值得相关领域从业者深入研读和借鉴学习。

杨天若教授

加拿大工程院院士，加拿大工程研究院院士，欧洲人文和自然科学院外籍院士

IEEE/IET 会士，全球"高被引科学家"

 序言 2

在 21 世纪的金融行业中，高频交易、资产配置和风险管理等多个方面都越来越依赖于强大的计算能力和数据安全。从 RSA 到 AES，现代密码学技术为金融数据的安全性和完整性提供了强大的支持。金融系统是现代经济的核心，其运转涉及巨大的资金流转、高度复杂的交易和严格的信息保密要求。在这样一个环境下，信息安全的重要性毋庸置疑。量子计算的出现对传统金融体系的信息安全构成了明显的威胁。Shor 算法让基于 RSA 和 ECC（Elliptic Curve Cryptography，椭圆曲线密码）的公钥密码体系变得几乎"一文不值"，这使得金融交易、数据存储和身份验证等环节的安全性受到严重威胁。

在这种情况下，后量子安全的研究显得尤为重要。一旦量子计算机商用得到实现，如果没有适当的安全措施，整个金融体系就可能会面临灾难性的后果，包括但不限于市场崩溃、资产损失和信任瓦解。为了解决这一问题，美国 NIST 等机构正积极评估和标准化抗量子攻击的密码算法，以便为未来的金融交易提供坚实的安全基础。

同时，量子安全技术也将为金融行业提供新的发展机会。在量子安全方面，量子密钥分发（Quantum Key Distribution，QKD）提供了一种理论上不可破解的加密方式，其安全性基于量子力学的不可克隆定理（No-Cloning Theorem）和不确定性原理。对于高频交易、跨境资金转移等金融应用来说，QKD 不仅能提供更高级别的安全保障，还能在一定程度上减少因信息泄露导致的潜在金融损失。值得注意的是，在风险评估、身份验证、智能合约等方面，量子安全还有提供更高级别安全保障的潜力。

要实现这一切，学术界和产业界需面对诸多挑战，包括算法优化、硬件成熟度、与现有系统的兼容性等。随着技术的不断进步，量子安全和后量子安全无疑将成为金融行业不可或缺的组成部分，它们将对金融交易的安全性、效率和可靠性产生深远影响。金融领域由于其独特的重要性和复杂性，对量子安全和后量子安全的需求更为迫切。从量子加密到基于复杂数学问题的后量子算法，这些先进的加密技术不仅有能力应对未来可能出现的量子攻击，还能在金融交易、资本流动、风险评估等多个维度上提供更为坚实的安全保障。因此，量子安全和后量子安全不仅是技术创新，还是金融体系未来稳健发展的必要支撑。针对这一领域的研究和应用，将极大地影响金融体系的可持续程度、健康程度，以及全球经济的稳定性。

《量子安全：信息保护新纪元》是一部专注于量子安全与后量子安全在各个行业应用的前瞻性著作。本书从行业独有的安全需求出发，详细探讨了量子安全和后量子安全如何应对当前与未来面临的各种安全风险。不仅如此，书中还整理了与量子计算相关的国内外市场动态，包括国内外各行业的投资现状与开发重点等。本书具有高度的学术性和应用价值，为信息安全领域从业者提供了丰富的理论依据和实践指导。

赵庆明博士

国际金融问题专家

中国金融期货交易所研究院原副院长、首席经济学家

前言

在 21 世纪的信息时代，信息安全已成为全球关注的重要议题。随着互联网技术的飞速发展和智能设备的广泛应用，人们的日常生活、社会经济和国家安全已与互联网紧密相连。然而，这也带来了诸多信息安全隐患。恶意攻击、数据泄露、隐私侵犯等问题层出不穷，对个人、企业乃至国家的安全都构成了严重威胁。在此背景下，信息安全已成为一个亟待解决的问题，而新一代密码技术和安全策略正成为解决这一问题的关键。

传统的信息安全体系主要依赖于经典密码学。虽然这些密码体系在一定程度上保证了信息安全，但它们在面对量子计算机强大的攻击能力时显得"力不从心"。近年来，对量子计算机的研究取得了突破性进展，量子计算机一旦实用化，就会对现有的信息安全体系造成巨大冲击。在这种形势下，量子安全与后量子安全成为网络安全领域的新方向，为保护信息提供了前所未有的强大手段。

本书旨在引领读者深入了解量子安全与后量子安全的核心概念、关键技术及其应用，从信息安全体系的基础知识出发，逐步引入新一代密码技术 (如同态加密、轻量级密码、后量子密码、量子安全算法)，并附带量子计算和量子编程的基础实战。在内容呈现上，本书采用由浅入深的方式，既使得零基础的读者能够轻松理解内容，也为研究者提供了值得参考的学术价值。希望本书能为读者提供一个全面、系统的信息安全与量子计算相融合的知识体系，为未来信息安全领域的发展贡献力量。

量子安全与后量子安全，作为一种新兴的安全机制，为我们提供了新的可能性。在量子安全与后量子安全领域，我们有机会创造一个更加安全、可靠的信息环境。让我们一起跨越技术的边界，迎接量子安全与后量子安全带来的新时代。在对未来信息安全探索的道路上，我们将会遇到许多困难和挑战，但也充满了机遇和希望。通过深入研究量子安全与后量子安全技术，我们可以为个人、企业和国家的信息安全筑起一道坚实的防线。本书将会成为读者在这个领域学习和实践的得力助手，帮助读者掌握关键技术、应对挑战，共同构建一个更加安全的数字世界。愿本书能成为读者学习量子安全与后量子安全之旅的起点，让我们携手共创信息安全的美好时代。

本书主要内容：

第1章介绍了信息安全与密码学的基本概念，包括信息保护、加密与解密、对称加密、非对称加密、现代密码类型，以及消息认证码、数字签名等现代网络安全通信体系的基本知识。

第2章讨论了现代网络安全评价标准及网络安全威胁，包括基于信息论的安全概念、商业环境中的安全部署规则，三种攻击模型、多样的网络攻击、恶意软件等现代网络安全威胁，并探讨了物联网、智慧城市、元宇宙等变迁的网络环境给网络安全带来的挑战。

第3章介绍了量子计算的基本概念与术语，包括线性代数、量子力学、量子比特、量子门与量子电路、量子计算机的硬件框架与基本元件，以及量子计算与经典计算的对比。

第4章分析了国内外量子技术的现状和发展动态，特别关注了不同组织和平台在量子计算与量子安全方面的贡献，还探讨了量子安全的相关发展趋势，包括后量子安全及其挑战，以及相关领域投融资情况。

第5章从初级到高级全方位介绍了量子编程实践，包括基于图形可视化界面（如 IBM Quantum Composer）和基于 Python 与 Jupyter Notebook 的 Qiskit 进行量子编程，以及通过量子傅里叶变换和量子相位估计算法来进行实际应用。

第6章深入探讨了量子算法，包括 Grover 算法在数据检索和优化方面的应用，量子纠错算法的翻转纠错和相位翻转纠错，Shor 算法及其对 RSA 加密的潜在威胁，以及量子随机游走算法及其应用实例。

第7章深入探讨了量子安全的多种算法与机制，并介绍了量子网络通信的网络架构。对诸如量子随机数生成器、量子态判定和完整性验证，以及量子通信和网络的各种安全机制进行了详细的说明。

第8章关注下一代密码技术，涵盖轻量级密码、同态加密、零知识证明和安全多方计算，也讨论了这些技术在量子安全环境中的应用。这一章从严格意义上来说与量子技术无关，但是它们作为与量子安全并列的新一代信息保护技术，我们有必要对这些概念进行进一步的了解。

第9章定义了后量子安全的概念并集中讨论了为实现后量子安全而设计的

后量子密码，后量子密码包括基于哈希函数、格、编码理论和多变量多项式方程的后量子密码方案，以及推荐方案和候补方案。这一章还详细介绍了 NIST 经过两轮审查之后确定的当前最有潜力成为后量子安全标准的 15 种候补密码。

第 10 章介绍了量子安全前沿技术，包括量子一次性密码、量子安全幽灵成像、量子安全区块链、量子机器学习。这些前沿技术中有一些目前刚刚开始研究，缺乏技术性的细节，但是本书仍简要介绍了这些技术，以便为对这些前沿方向有所探求的同仁提供一定的指引。

本书特色：

（1）内容新颖，讲解详细。

涵盖量子安全的基础知识、最新研究成果与发展趋势。书中不仅包含理论讲解，还介绍了量子安全通信在多个领域，如智慧城市和物联网的实际应用案例，旨在帮助读者全面理解量子安全。

（2）由浅入深，循序渐进。

本书结构合理，内容安排循序渐进，从信息安全基础到量子密码学的算法、协议，再到量子通信的应用场景，帮助读者逐步构建对前沿信息安全技术的深入理解。

（3）案例丰富，高效学习。

本书包含大量的数学公式推导和程序案例，这些案例丰富了本书的内容，也方便了读者深入理解。这些理论覆盖了量子网络通信的各个领域，可以帮助读者更好地理解和应用量子安全的知识。

本书读者对象：

对量子计算、量子通信和量子密码学感兴趣的初学者；信息安全领域的工程师、技术人员和安全专家，特别是关注如何保护计算机系统和网络免受恶意攻击的人员；拥有计算机科学、物理学和数学等相关领域背景的本科生和研究生；对未来的科技发展趋势、信息安全和个人隐私保护有兴趣的读者；等等。

由于编者水平有限，书中难免存在错误和不妥之处，请广大读者批评指正。

编者
2024 年 3 月

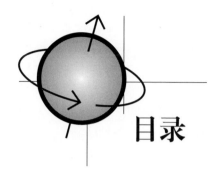

目录

信息安全与密码学

本章专注于信息安全与密码学的基础理论与应用，旨在为读者提供全面的概览。首先，从信息保护的必要性和重要性出发，探究安全的基本机制：加密与解密。其次，详细介绍对称加密和非对称加密，以及密钥与随机数在现代密码学中的应用。由于密码学不仅包含理论内容，而且在现实世界中还有广泛的应用，因此还深入讨论现代密码的各种类型，包括分组密码、流密码、不同的工作模式，以及绝对安全的密码，如一次性密码本（One-Time Pad，OTP）。

最后，转向更为实用的方面，探讨现代网络安全通信体系，涵盖混合密码、单向散列函数、消息认证码、数字签名等主题；深入介绍认证机关及基于现代密码学构建的网络安全通信体系的工作原理。

1.1 信息安全

下面介绍信息安全的基本概念与计算机通信系统中加密和解密的基本机制，并对信息保护中的安全概念进行简单分类。希望通过本节，读者能够了解信息安全的基本概念与核心需求。

1.1.1 信息保护

信息保护是一门致力于保护数字化信息的重要学科。随着互联网和智能设备的普及，信息保护越来越受到个人和企业的关注。自 20 世纪 90 年代以来，计算机和网络技术的发展使人们的生活发生了翻天覆地的变化。尤其在 21 世纪初，随着智能手机、物联网和云计算等技术的普及，数字化信息已经渗透到我们生活的方方面面。然而，这种便利也带来了很多风险，网络犯罪、恶意软件和黑客攻击等安全问题层出不穷，给个人和企业的信息安全带来了极大的威胁。因此，信息保护成为迫切需要关注和解决的问题。

在信息的采集、加工、存储、检索、发送、接收中，由防止信息损坏、伪造、泄露等的管理性和技术性手段所构成的行为称为信息保护。在众多行业中，对开销与性能之间的权衡常常是一个难题。高质量的产品往往伴随着更高的维护成本，而这并非每个企业或个体都能承担得起。在选择产品时，不能仅仅关注其中的一部分，过于追求性能极限会导致极高的购买和维护成本，同样低成本的产品可能存在质量问题。信息保护领域也存在类似的问题。如图 1-1 所示，信息保护的可用性和安全性如同天平的两端，高可用性意味着操作方便、工作效率高，而高安全性则保证了数据的安全，一个理想的信息保护方案应该在确保数据安全的同时，提供简便、易用的操作。

安全性　　可用性

图 1-1　安全性与可用性的平衡

以一个简单的例子来说明。当我们登录网站时，通常需要输入用户名和密码，每次登录都需要输入这些信息可能会觉得很麻烦。因此，许多网站采用了 Cookie 技术来记住用户的登录信息，使用户在下次登录时可以跳过输入信息的过程，从而提高系统的可用性。然而，这也带来了安全隐患，因为任何使用该计算机的人都有可能以用户的身份进行操作。为了提高安全性，我们可以在离开计算机时删除 Cookie 等记录，但这样做会增加额外的操作，与直接关闭计算机相比显得烦琐。因此，可用性与安全性之间的平衡至关重要，一个成熟的产品或技术应在两者之间找到平衡点。

1. 信息安全的分类

信息安全是现代科技领域的核心课题之一。为了确保信息安全，我们需要关注多个层面的安全措施，包括数据安全、应用安全、操作系统安全、物理安全、网络安全和用户安全。这些安全措施相互依赖，共同构建了一个完整的信息安全体系。信息安全的实质不仅是满足上述各层面的安全需求，还要确保系统的可用性。可用性与安全性之间平衡维持的水准越高，所需要的经济投入越大。信息保护的对象包括数据、应用、操作系统、物理设备（如硬盘）、网络和用户意识等，只有针对保护对象设计的安全体系才能提供全面的有效保护。

1）数据安全：数据安全关注对数据操作权限的控制和限定，旨在维护数据库，确保用户资料不被非管理员进行非法操作。

2）应用安全：应用安全主要涉及应用程序或 Web 网站等的开发过程。如果程序本身存在缺陷，攻击者可能就会利用这些漏洞获得管理员权限，从而对数据进行操作。因此，对应用程序和服务器站点的程序设计是安全的重要环节。

3）操作系统安全：操作系统本身的漏洞可能导致数据和应用的安全受到威胁。为了防止攻击者利用漏洞，我们需要对操作系统进行加固，例如实施仅允许管理员登录的策略等。

4）物理安全：物理安全是其他高级安全措施的基础。无论系统设计得多么完善，如果硬盘等硬件设备被非法获取，所有软件层面的安全措施都将失去意义。因此，高安全级别的设备应妥善保管，避免被未经授权的人员触碰。

5）网络安全：在数据传输过程中，可能存在被窃听、截取、篡改等风险。预防这些风险是网络安全所要关注的重点。

6）用户安全：用户安全意识的培养对整个信息安全体系至关重要。通过提高用户对安全风险的认识和防范意识，可以降低信息泄露的风险。

要想实现对上述安全措施的有效保障，对政策的调控和企业的运维思路需要相互配合。

2. CIA 原则：信息安全的核心三要素

CIA［Confidentiality（机密性），Integrity（完整性），Availability（可用性）］是信息安全的核心三要素，它为确保信息安全提供了基本原则。这些原则的实施基于对正当使用者，即对合法用户的保护。

1）机密性：机密性关注信息的保密性，确保数据只能被授权或合法用户访问。为了实现机密性，在信息传输过程中应采用加密协议，以防止非法或未经授权的用户获取敏感信息。

2）完整性：完整性保证数据在处理、传输、加密和解密过程中不被非法修改或破坏。通过维护数据的完整性，可以确保信息在通信中的准确性和可靠性。

3）可用性：可用性旨在保证合法用户可以不受限制地访问信息和资源。为了实现可用性，系统应当防止被恶意攻击，如拒绝服务攻击（Denial of Service，DoS），从而确保合法用户可以对数据执行查询、修改、删除等操作。

CIA 原则是信息保护领域的基石，为确保合法用户的信息安全提供了指导。在设计和实施信息安全策略时，应遵循 CIA 原则，以实现对数据和系统的全面保护。

1.1.2　加密与解密：安全的基本机制

信息保护最关键的机制就是信息的加密。对加密技术的需求和必要性源于我们对信息安全和隐私保护的关注。在数字时代，大量以数据为载体的信息通过网络传输，涉及个人隐私、商业机密、国家安全等诸多领域。为了确保这些数据在传输和存储过程中不被未经授权的个体窃取或篡改，加密技术应运而生。加密技术的核心是利用一种算法将明文信息转换为密文，使得没有相应解密密钥的人无法读取和理解该信息。解密则是通过相应的解密密钥和算法将密文还原为原始明文的过程。在这一过程中，密钥至关重要，因为它决定了加密和解密的安全性。

密钥与加密、解密算法的关系是密不可分的，密钥的安全性建立在攻击者已知对应算法的设计原理和具体动作过程但唯独不知道密钥的前提下。如果密钥被非法获取，则即便不懂对应的加密与解密算法原理，也能轻易破解；而如果算法被破解，即便密钥没有泄露，也意味着攻击者可能有能力在可接受的时间内生成相同密钥来获取信息，因此原密钥的安全性也无法得到保障。如何评价密钥安全性的具体内容在第 2 章进行展开说明。

在密码学中，习惯使用英文大写字母来简单表示加密与解密的过程。Plaintext（明文）简写为 P；Encrypt/Encipher（加密）简写为 E；Ciphertext（密文）简写为 C；Decrypt/Decipher（解密）简写为 D；Key（密钥）简写为 K。在需要区分密钥种类时，增加下标，如 K_1。

基于上述表示方法，我们可以总结出加密与解密的基本数学表达式，如下：

$$加密：C = E_K(P)$$
$$解密：P = D_K(C)$$

接下来，通过经典的密码算法来深入理解这个过程。

1. 凯撒密码

凯撒密码（Caesar Cipher）是一种简单的替换式加密方法，其历史可以追溯到公元前 1 世纪，罗马统治者盖乌斯·尤利乌斯·凯撒（Gaius Julius Caesar）在与将领们进行书信往来时使用了这种加密方式。凯撒密码也被称为移位密码（Shift Cipher），因为其加密原理是将明文中的每个字母向后移动固定的位数。

在凯撒密码中，密钥 K 是一个整数 n，n 恒小于 26 且大于 1，虽然实际

上 n 的值可以大于 26，但是由于加密与解密过程中依赖于 n 的模运算值，因此 n 的有效取值区间是 $[2, 25]$，$n \in \mathbb{Z}$。如图 1-2 所示，假设 $K = 3$，则明文 Hello 的密文就是 "Khoor"。我们可以看到，密文 Khoor 已经不是原明文了，但是明显还具有原明文的一些特征，如出现了两个 o，这意味着原明文中存在两个相同的字母，对于攻击者而言这是很容易进行推测和分析的，这种方法叫作频率分析。密码中的这种频率分析过于简单，甚至不需要计算机，人工都可以完成破解。

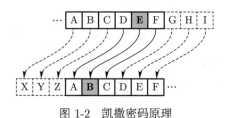

图 1-2　凯撒密码原理

2.简单替换密码

简单替换密码（Simple Substitution Cipher）是凯撒密码的一种进阶，它通过将明文中的每个字母替换为字母表中的另一个字母来实现加密。这种替换基于一种固定的映射规则，即密码表，将明文中的每个字母映射到一个特定的密文字母。在解密过程中，使用相同的密码表进行相反的替换操作，即将密文中的每个字母替换回对应的明文字母。

如图 1-3 所示，与凯撒密码不同的是，K 不再是一个整数值，而是一个映射表。由于该映射表是一一对应的，因此该密码在从明文向密文转换后，直观性有所下降，但是它仍然是一种弱密码，容易受到频率分析攻击。虽然明文与密文之间不再具有顺延关系，但是对应字母出现的频率仍未改变。接下来，让我们看一个经典的频率分析攻击案例。

图 1-3　简单替换密码原理

假设有如下所示的密文：

MEYLGVIWAMEYOPINYZGWYEGMZRUUYPZAIXILGVSIZZMPGKKDWOME
PGROEIWGPCEIPAMDKKEYCIUYMGIFRWCEGLOPINYZHRZMPDNYWDWO
GWITDWYSEDCEEIAFYYWMPIDWYAGTYPIKGLMXFPIWCEHRZMMEYME
DWOMGQRYWCEUXMEDPZMQRGMEEYAPISDWOFICJILYSNICYZEYMGGJI
PRWIWAIHRUNIWAHRZMUDZZYAMEYFRWCEMRPWDWOPGRWAIOIDWSD
MEIGWYMSGMEPYYEYHRUNYARNFRMSDMEWGOPYIMYPZRCCYZZIOID
WIWAIOIDWEYMPDYAILMYPMEYMWUNMDWOUGPZYKFRMIMKIZMEIA
MGODTYDMRNIWASIKJYAISIXSDMEEDZWGZYDWMEYIDPZIXDWODIUZR
PYMEYXIPYZGRPDMDZYIZXMGAYZNDZYSEIMXGRCIWWGMOYM

第一眼看上去，很难得知具体的明文细节，但是我们可以观察密文中每个字母出现的频率，并对其进行统计。

如图 1-4 所示，出现频率最高的字母是 I，其次是 Y 和 M 等。此时，我们就可以根据这张图进行猜测了。

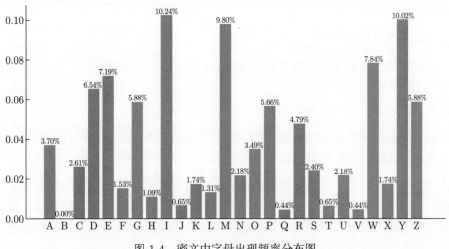

图 1-4　密文中字母出现频率分布图

首先，统计该密文中每个字母出现的个数，如图 1-5 所示。

字母	个数	字母	个数	字母	个数	字母	个数	字母	个数
I	47	G	27	C	12	F	7	V	2
Y	46	Z	27	S	11	L	6	B	0
M	45	P	26	N	10	H	5		
W	36	R	22	U	10	J	3		
E	33	A	17	K	8	T	3		
D	30	O	16	X	8	Q	2		

图 1-5　密文分析结果

　　然后，尝试将出现频率最高的 Y 和 I 其中的一个（这里选择 Y）用英文中出现频率最高的字母 e 来代替，密文如下。

```
MEeLGVIWAMEeOPINeZGWeEGMZRUUePZAIXILGVSIZZMPGKKDWOMEPG
ROEIWGPCEIPAMDKKEeCIUeMGIFRWCEGLOPINeZHRZMPDNeWDWOGWI
TDWeSEDCEEIAFeeWMPIDWeAGTePIKGLMXFPIWCEHRZMMEeMEDWOMG
QReWCEUXMEDPZMQRGMEEeAPISDWOFICJILeSNICeZEeMGGJIPRWIWAIH
RUNIWAHRZMUDZZeAMEeFRWCEMRPWDWOPGRWAIOIDWSDMEIGWeMS
GMEPeeEeHRUNeARNFRMSDMEWGOPeIMePZRCCeZZIOIDWIWAIOIDWEeM
PDeAILMePMEeMWUNMDWOUGPZeKFRMIMKIZMEIAMGODTeDMRNIWASI
KJeAISIXSDMEEDZWGZeDWMEeIDPZIXDWODIUZRPeMEeXIPeZGRPDMDZe
IZXMGAeZNDZeSEIMXGRCIWWGMOeM
```

　　由于 the 在英文中出现的频率非常高，因此我们假定第一个字符串 ME 的明文是 th。在对原密文改写后，我们锁定了 thPee 这个单词，如下所示：

```
theLGVIWAtheOPINeZGWehGtZRUUePZAIXILGVSIZZtPGKKDWOthPGRIWGP
ChIPAtDKKheCIUetGIFRWChGLOPINeZHRZtPDNeWDWOGWITDWeShDChhI
AFeeWtPIDWeAGTePIKGLtXFPIWChHRZtthethDWOtGQReWChUXthDPZtQR
GthheAPISDWOFICJILeSNICeZhetGGJIPRWIWAIHRUNIWAHRZtUDZZeAtheF
RWChtRPWDWOPGRWAIOIDWSDthIGWetSGthPeeheHRUNeARNFRtSDthWG
OPeItePZRCCeZZIOIDWIWAIOIDWhetPDeAILtePthetWUNtDWOUGPZeKFRtI
tKIZthIAtGODTeDtRNIWASIKJeAISIXSDthhDZWGZeDWtheIDPZIXDWODIUZ
RPetheXIPeZGRPDtDZeIZXtGAeZNDZeShItXGRCIWWGtOet
```

　　由图 1-5 可得，密文序列中 P 的明文大概率是 r，因为 three 这个词看上去很合理。

　　总之，就是这样一步一步地去猜测，通过观察原密文中高频率和高可能性的单词，最终得到一组不再具有频率分析可能的密文，即剩余字母的出现频率都差不多，此时再通过尝试猜测不同字母的可能性并观察信息中已经存在的高可能单词，如下文中的 Shich，就可以猜测 S 映射的值是 w，从而构造 which 这个词。

theLoVanAthegraNeZonehotZRUUerZAaXaLoVSaZZtroKKingthroRghanorcharAtiK
KhecaUetoaFRnchoLgraNeZHRZtriNeningonaTine**Shich**haAFeentraineAoTeraKoLtX
FranchHRZtthethingtoQRenchUXthirZtQRotheeAraSingFacJaLeSNaceZhetooJarRn
anAaHRUNanAHRZtUiZZeAtheFRnchtRrningroRnAagainSithaonetSothreeheHRUN
eARNFRtSithnogreaterZRcceZZagainanAagainhetrieAaLterthetnUNtingUorZeKFRt
atKaZthaAtogiTeitRNanASaKJeAaSaXSithhiZnoZeintheairZaXingiaUZRretheXareZ
oRritiZeaZXtoAeZNiZeShatXoRcannotget

最后，解密的结果就是伊索寓言中的 The Fox and the Grapes。解密后的内容不包含空格和标点符号，但为了可读性，我们在明文的单词之间置入这些元素，得到如下所示的内容。

The Fox and the Grapes
One hot summer's day, a Fox was strolling through an orchard till he came to a bunch
of grapes just ripening on a vine which had been trained over a 1ofty branch. "Just.
the thing to quench my thirst," quoth he. Drawing back a few paces, he took a run
and a jump, and just missed the bunch. Turning round again with a one, two, three,
he jumped up, but with no greater success. Again
and again he tried after the tempting morsel, but at last had to give it up, and walked
away with his nose in the air, saying: "I am sure they are sour." It is easy to despise
what you cannot get.

由此可知，能够被频率分析攻击的密码是不安全的。因此，我们要避免利用这种能被频率分析攻击的密码来保护数据的安全。

3. 多重置换密码

多重置换密码是一种使用多次置换操作对明文进行加密的密码系统。它的基本原理是通过对明文进行多次置换操作来增加密码的复杂性和安全性。置换操作是指将明文中的字符按照某种规则重新排列，以创建密文。在多重置换密码中，这个过程被重复多次，每次都使用不同的置换规则，尽可能使频率被均分。这类密码有很多种实现方式，但是由于本书重点不是对经典密码，特别是已经淘汰的密码进行深入探讨，因此在此不进行更细致的分类。

因为多重置换密码是基于线性函数的，所以在现代密码学中它已经不再被认为是非常安全的。在这种密码中，K 是一个线性函数，如下所示：

$$\begin{vmatrix} C_1 \\ C_2 \\ C_3 \end{vmatrix} = \begin{vmatrix} K_{11} & K_{12} & K_{13} \\ K_{21} & K_{22} & K_{23} \\ K_{31} & K_{32} & K_{33} \end{vmatrix} \begin{vmatrix} P_1 \\ P_2 \\ P_3 \end{vmatrix}$$

在密码学中，由密钥的所有可能性组成的集合被称为密钥空间，由加密前所有可能的明文组成的集合被称为明文空间。线性攻击是一种密码分析技术，它试图在密钥空间中找到一个线性函数，该函数可以近似地描述加密算法的某些方面。如果攻击者能找到这样的线性函数，就可以使用统计学方法更容易地破解基于线性加密的加密算法。在这种密码中，存在两种密钥，分别为加密密钥和解密密钥。加密密钥通常是一个线性函数矩阵，解密密钥则是加密密钥的逆矩阵。而线性安全通常是指在密码学中，一个加密算法的安全性可以抵抗线性攻击。

为了实现线性安全，密码设计者通常会引入非线性操作，如置换、混合和S-box（Substitution-box）替换等，以确保加密算法的输出不会呈现出易于分析的线性模式。这些非线性元素可以显著提高密码算法的安全性，使攻击者在尝试破解时面临更大的困难，其中涉及的算法将在第1.2节介绍。

1.1.3　信息安全教育与非设计机制安全

信息安全教育和非设计机制安全在维护现代社会网络安全中起着至关重要的作用。信息安全教育旨在提高人们的信息安全意识，培养良好的网络行为习惯，以防范潜在的网络威胁。非设计机制安全主要涉及因人为失误导致的安全问题，这些失误可能导致原本具备高度保密性和安全性的系统被破解。

案例1：某政府部门的高级职员将机密文件存储在个人云盘中，以便在家中办公。由于缺乏对云存储安全性的认识，这些文件被黑客窃取并泄露给了竞争对手。

案例2：一家大型金融机构的员工在处理敏感数据时，使用了自己使用方便但相对简单的密码来保护重要文件（如单纯的数字组合）。黑客通过暴力破解方法轻松破解了该密码，导致数据泄露，产生了巨额损失。

在上述案例中，无一例外都是因人为失误导致的网络安全事故，其中的重点都是因为个体为追求信息的可用性而降低了信息的安全性（天平理论）。提高人们的信息安全意识和加强非设计机制安全措施对防止类似事件的发生至关重要。通过定期的安全教育和培训，确保员工了解保护敏感数据的最佳实践，可以显著降低因人为失误导致的安全风险。同时，组织应当加强对非设计机制安全的监管，例如通过严格的访问控制、定期审计和安全策略更新，确保员工在处理敏感信息时采取了恰当的安全措施。

1.2　现代密码学

下面首先介绍密码学的基础——异或（XOR）运算，然后重点介绍对称加密和非对称加密、现代密码学中最基本的加密与解密的概念，以及常用的加密与解密方式，最后对现代密码学的基石——密钥与随机数进行了详细说明。本节的重点仍然是对概念的扩展和延伸。

1.2.1　密码学的基础：异或运算

所有的密码本质上均基于异或运算，异或运算具有的四大特性保证了其相较于其他比特操作的优势。异或运算的特性如下：

1）**可逆性**：异或运算是可逆的，也就是说，如果使用相同的密钥再次应用异或运算，就可以还原出原始的明文数据。

2）**简单性**：异或运算是一种非常简单的运算，可以在硬件和软件上轻松实现。

3）**非线性性**：异或运算具有非线性性，这使得加密过程更加安全，难以通过线性代数方法破解。

4）**传播性**：异或运算具有传播性，这意味着密文中 1 比特的变化都会对其他比特产生影响，从而增强了密码的安全性。

不同种类的简单逻辑运算构成了经典计算机中现存的计算逻辑，双输入比特逻辑运算的真值表如表 1-1 所示：

表 1-1　双输入比特逻辑运算真值表

x	y	AND	OR	XOR	NAND	NOR	XNOR
0	0	0	0	0	1	1	1
0	1	0	1	1	1	0	0
1	0	0	1	1	1	0	0
1	1	1	1	0	0	0	1

表 1-1 代表简单逻辑运算中的真值关系。它们的基本运算规则如下：

1）NOT：唯一一个对单个比特进行操作的逻辑运算，效果是对单个输入求反。输入为 1 则输出为 0，反之亦然。

2）AND：当所有输入都为 1 时，输出为 1，否则为 0。

3）OR：当至少一个输入为 1 时，输出为 1，否则为 0。

4）XOR：如图 1-6 所示，当输入中 1 的个数为奇数时，输出为 1，否则为 0。

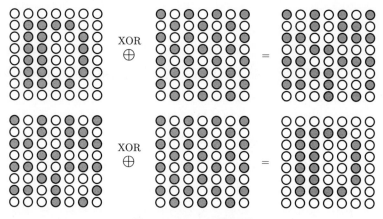

图 1-6　XOR 运算规则

5）NAND：当所有输入都为 1 时，输出为 0，否则为 1。

6）NOR：当所有输入都为 0 时，输出为 1，否则为 0。

7）XNOR：当输入中 1 的个数为偶数时，输出为 1，否则为 0。

由表 1-1 可知，在简单逻辑运算中，具有简单性（NOT、AND、OR、XOR、NAND、NOR、XNOR）和非线性性（XOR、NAND 和 XNOR)，同时具有可逆性（NOT、XOR）和传播性（XOR、NAND、NOR 和 XNOR）的逻辑运算只有 XOR。其他的逻辑运算，如 OR 和 AND，都不具有这种特殊的属性，因此不适合用于密码学中。例如，当输入为 0 时，OR 运算和 AND 运算的输出都总是 0，这会导致输出数据的重复和预测性。而 NAND 运算和 NOR 运算虽然具有一定的安全性（在某些情况下具有可逆性，如 0 NOR 0 = 1，但是 0 NOR 1 = 0，1 NOR 0 = 0，1 NOR 1 = 0），但是它们的实现复杂度相对较高而且呈频率分布，容易被频率分析攻击。

1.2.2　对称加密

简单而言，对称加密是指使用相同的密钥对数据进行加密和解密的加密方法。对称加密技术的起源可以追溯到凯撒密码和简单替换密码，因为凯撒密码与简单替换密码的加密和解密过程中使用的密钥都是相同的。对称加密在计算机科学和通信领域得到了广泛应用，主要用于确保数据在传输过程中的机密性。

对称加密的主要优势是速度快，相较于非对称加密，对称加密消耗的计算资源更少，速度更快。对称加密包括流密码和块密码，其中块密码也被称为分组密码。流密码是一种以比特或字节为单位，对数据流进行加密的算法。在所有密码体系中，密钥都是最为关键的，一个加密算法的安全要求为"攻击者知道除密钥以外的所有情报（特别强调，包括加密与解密机制，即攻击者对加密与解密算法了如指掌但未破解算法）"时，仍然无法破解对应的密文。因此，对密钥的管理在密码学体系中至关重要。密钥管理是一个广泛的概念，密钥的生成、配送、存储、使用、更换及销毁等生命周期中的各个阶段均属于密钥管理的范畴。密钥管理的目标是确保密钥在其生命周期内的安全性和有效性。在对称加密系统中，密钥管理问题尤为复杂，因为需要确保加密密钥的私密性和完整性，又要便于合法使用者访问和使用这些密钥。

在密码学中，如何在通信开始之前安全地交换密钥，被称为密钥配送问题，即密钥管理中的配送阶段。在对称密码中，通过网络直接传输密钥将会被黑客截获，继而使对称加密被破解。对称加密的缺陷主要是密钥配送问题，由于加密与解密的密钥一致，因此通信双方如何在通信之前安全地互换密钥就成为一个重要的问题。如果密钥在通信之前被窃取，则后续通信就不具备安全性保障。

1.密钥配送问题的解决方案

（1）事先安全分配

事先安全分配是指通信双方通过线下见面的方式交换密钥，可以防止密钥在网络上传输时被截获。其缺点是可操作性低且受限于物理距离，如果是国际通信，则事先见面的成本过高且效率极低。因此，这种方法虽然理论上可行但是相对比较尴尬，因为过远的距离效率过低，而满足近距离交换密钥的条件时，又可以通过直接面谈和通过 U 盘等方式进行数据交换，没有必要将敏感数据传输到通信网络中。

（2）密钥分配中心

密钥分配中心（Key Distribution Center，KDC），是一个由中心服务器与协议组成的，用于处理对称加密中的密钥分配、密钥存储、密钥管理的结合体，KDC 负责生成、分发和管理（包含增删查改等数据库操作）密钥，以实现通信双方之间的安全通信，即在一个局域网络内，密钥由 KDC 生成，当需要安全通信时，用户向 KDC 申请密钥。申请密钥时需要先验证用户的合法性，一般先通过账户密码的方式确认是否已经注册到本地，然后生成一个临时密钥（仅局限于在即将到来的通信内使用）。KDC 在加密这个临时密钥后发送给通信双方，通信双方解密后就可以使用该密钥通信了。其缺点也非常明显，因为所有的密钥都在一个中心内管理，在 KDC 出现故障导致宕机后，整个网络通信环境的安全性将会遭到巨大破坏。

KDC 通常包括两个组件：认证服务器 (Authentication Server，AS) 和票据授权服务器 (Ticket Granting Server，TGS)。认证服务器主要用于对用户进行身份验证，确保用户的身份真实可靠；票据授权服务器则用于生成和分发票据，以实现通信双方之间的加密通信。在 KDC 中，用户和服务器需要预先在认证服务器上分别进行注册，并被分配一个密钥，用于加密和解密通信内容。

KDC 的工作流程通常如下：

1）用户向认证服务器发送请求，申请登录或获取票据。

2）认证服务器验证用户的身份，并向用户返回一个票据授予票据 (Ticket Granting Ticket，TGT)。

3）用户使用 TGT 向票据授权服务器请求票据。

4）票据授权服务器验证用户的身份，并向用户返回一个票据，用于访问目标服务器。

5）用户使用票据向目标服务器请求服务。

KDC 使用"预共享密钥"机制来保证 TGT 的安全。在这种机制中，KDC 和每个客户端事先共享一个密钥，其可以用于加密和解密 TGT。在请求 TGT 之前，客户端需要先向 KDC 发送其身份信息及一些其他信息，例如时间戳，以证明该请求是合法的。KDC 会使用预共享密钥对这些信息进行加密，并生成 TGT 且将其发送给客户端。客户端在接收到 TGT 之后，需要使用自己的密码对 TGT 进行解密，从而获取其中包含的服务票据。在这个过程中，TGT 的安全性得到保证，因为只有知道预共享密钥的 KDC 和客户端才能对 TGT 进行加解密，其他人无法获取 TGT 中的信息。由于 KDC 大多在企业局域网内被部署，无法完全去中心化，因此也有很多只部署 KDC 但是无法保障 KDC 通信安全的应用案例。这主要是为了节约支出，因为企业内部的窃听活动和恶意活动一般较小且可控，所以会省略 TGT 的安全传输，即使用明文传输 TGT 和票据，非专业人士一般也不会截取和理解这些信息。

KDC 的优点是可以在网络中有效地管理密钥，避免了密钥被泄露和盗用的风险，也保证了通信的安全性和可靠性；缺点是在大规模网络中，KDC 可能会成为瓶颈，影响网络性能。

（3）非对称加密

非对称加密的具体细节会在第 1.2.3 节说明。

（4）Diffie-Hellman 密钥交换

Diffie-Hellman 密钥交换是指通信双方在加密通信之前需要交换某种信息，该信息即便被攻击者截获或窃听也无妨，因为双方使用这些可公开的信息生成了一个相同的密钥，但是攻击者无法生成该密钥。

Diffie-Hellman 密钥交换是一种用于在不安全通信环境中，安全地建立共享密钥的加密方法。Diffie-Hellman 密钥交换的基本原理基于数论中的离散对数问题。它允许通信双方在公开信道上交换信息，以生成一个只有双方知道的共享密钥。Diffie-Hellman 密钥交换的优点在于，它可以实现安全地在公开信道上建立共享密钥，降低了密钥分发的风险；它的缺点是没有提供通信双方的身份验证，容易受到中间人攻击。

中间人攻击（Man-in-the-Middle Attack，MITM 攻击）是一种网络攻击方法，其中攻击者在通信双方之间插入自己，以截取和篡改通信信息，使双方都认为他们在直接进行通信，而实际上通信内容已经被攻击者获取甚至修改。

如图 1-7 所示，展示了一个 Diffie-Hellman 密钥交换的过程。该过程的安全性基于离散对数的模运算。双方首先协商一个大素数 p 和一个小于 p 的整数

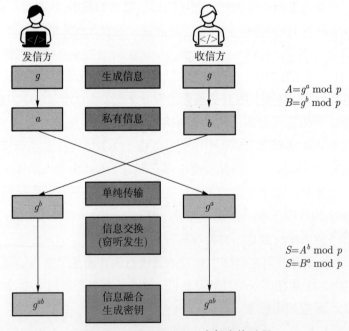

图 1-7　Diffie-Hellman 密钥交换过程

g（通常称为生成元），这两个数可以公开。发信方生成一个私有信息 a（随机整数），并通过 $A = g^a \bmod p$ 计算 A，然后将 A 发送给收信方。同样地，收信方生成一个私有信息 b（随机整数），并通过 $B = g^b \bmod p$ 计算 B，然后将 B 发送给发信方。发信方收到 B 后，使用 a 通过 $S = B^a \bmod p$ 计算共享密钥 S。收信方收到 A 后，使用私钥 $S = A^b \bmod p$ 计算共享密钥 S。最后，双方得到的共享密钥 $S(S = g^{ab} \bmod p)$ 相同，可以用于后续的对称加密通信。

在整个过程中，私有信息 a 和 b 从未在公开信道上交换。虽然攻击者可以观察到公开的 p、g、A 和 B，但由于离散对数问题的困难性，攻击者很难从这些公开信息中推导出私有信息 a 和 b，从而无法得知共享密钥 S。

想要解决这个离散对数问题，需要相当大的算力。而一般的破解，当不特别声明某种方法的时候，默认为暴力破解（Brute Force）。暴力破解是一种通过尝试所有可能的密文组合来寻找正确密码的解密方式，这种攻击基于遍历密钥空间必然有解的原理。暴力破解通常需要很强的计算能力和大量的时间，因为密码的可能组合数随密码长度和字符集的增加呈指数级增加。

暴力破解所需的时间是呈指数级增加的，破解时间复杂度为 2^n 的密码所需的时间取决于用于破解的计算能力。假设计算能力为每秒尝试 t 次密钥，那么所需的大致时间为 $2^n/t$（秒）。利用相同的假设，即每秒尝试 1 亿（10^8）次密钥，我们可以计算出所需的时间：

当 $n = 32$ 时，所需时间 $t = (2^{32})/(10^8) \approx 42.95$（秒）。

当 $n = 40$ 时，所需时间 $t = (2^{40})/(10^8) \approx 10995.16$（秒），约为 3 小时 3 分钟。

当 $n = 56$（如原始的 DES 算法）时，使用目前的计算能力，暴力破解所需的时间可能在几天到几周之间。

当 $n = 64$ 时，所需时间 $t = (2^{64})/(10^8) \approx 5.85 \times 10^{10}$（秒）。$5.85 \times 10^{10}/60 \times 60 \times 24 \times 365 \approx 1.85 \times 10^3$（年），约为 1850 年。

当 $n = 128$（如 AES-128）时，暴力破解所需时间超过了宇宙的年龄，因此在现实中基本不可能破解密码。这就是现代密码学中使用 128 比特的密钥作为现代安全通信标准的主要原因。当然，在量子计算的概念面世以后，该理论受到了挑战，因为量子算法 AES-128 不再安全，具体细节会在介绍 Grover 算法和 Shor 算法时说明。

当 $n = 256$（如 AES-256）时，暴力破解所需的时间更是天文数字，远远超出了现实的可能性。这是目前用来防范量子攻击的方式之一，即单纯增加密钥长度，使得量子攻击无法在现实时间内成功破解密码，但是指数级增加的密钥长度将会大大降低对应密码体系的运算效率，因此这并不是一种好的抵御量子攻击的解决方案。

2. 具有代表性的对称加密标准：DES

DES（Data Encryption Standard，数据加密标准）使用 64 比特块密码，将明文分成 64 比特的数据块进行加密。加密过程中，DES 使用一个 56 比特的密钥（从 64 比特密钥中提取，去除每个字节的最后一位，作为奇偶校验位）。奇偶校验是一种简单的错误检测技术，用于确保数据在传输或存储过程中的完整性。它通过对数据中的比特位进行计数并添加一个校验位来实现，使得整个数据单元（包括校验位）中的比特位具有特定的奇偶性（奇数或偶数）。DES 既是一种算法也是一种标准，DES 在 1977 年由美国国家标准局（现在的美国国家标准与技术研究院）正式采纳为联邦信息处理标准（FIPS PUB 46），它规定了一种对数据进行加密的具体算法，所以当我们讨论 DES 算法或 DES 标准时，其指代的是同一个对象。在 DES 中，64 比特密钥中的 8 个比特用于奇偶校验。具体来说，每 8 个比特中的第 8 个比特都会被用作奇偶校验位。这样，每 7 个实际用于加密的密钥比特都有一个对应的校验位。奇偶校验的目的是检测密钥在传输或存储过程中可能出现的一个比特错误，即通过检查校验位可以发现单比特的错误并采取相应的纠错措施。然而，需要注意的是，奇偶校验不能检测到两个或多个比特错误，因此其错误检测能力有限。

加密过程包括 16 轮迭代操作，每轮都使用子密钥，子密钥是通过密钥调度算法从原始密钥中生成的。DES 主要使用了置换、替换 (如 S-box)、异或和移位操作，以达到混淆和扩散明文数据的目的。尽管如今 DES 已不再被视为安全，但它的设计原理和加密过程对现代密码学产生了深远影响。特别是 DES 的安全设计原理和结构，以及其中涉及的多种技术，在现代和下一代密码体系中都会出现持续和扩展应用。因此，了解 DES 的设计理念反而要比了解正在使用的 AES 等更加重要，只有了解了密码学体系基础才能更深入地窥探密码学世界。

混淆：混淆是指使密钥与密文之间的关系变得复杂和难以理解。这种设计的目的是阻止攻击者通过分析密文和明文之间的关系来推测密钥。在加密算法中，通常使用非线性替换（如 S-box）来实现混淆。混淆使得攻击者很难通过密文统计分析来发现密钥的结构，从而提高密码系统的安全性。

扩散：扩散是指将明文中的信息分散到尽可能多的密文位，以降低原始数据中的冗余性。这种设计原则旨在使攻击者难以找到明文和密文之间的相关性。扩散通常通过置换、移位和异或等线性变换来实现。一种好的扩散机制会使得明文的一个小变化（如 1 比特的改变）导致密文的大量比特改变，从而降低破解密码的成功率。

混淆和扩散一起使用可以增强密码系统的安全性，使攻击者难以通过分析明文、密文和密钥之间的关系来破解密码。其中，对 DES 中的混淆和扩散，我们会通过 DES 的结构来更加直观地进行理解。

要想更好地理解 DES 的结构，就需要了解两种重要的密码学结构。

1）**Feistel 结构**：Feistel 结构是由德国密码学家 Horst Feistel 提出的，它是一种迭代的构建密码的设计框架，通常用于分组密码。在 Feistel 结构中，明文先被分为两部分，然后经过多轮迭代操作，每轮迭代包括一个子密钥和一个非线性函数。在每轮迭代中，一半数据保持不变，另一半则与前一半通过子密钥和非线性函数进行混合。经过若干轮迭代后，最终将两部分数据合并为密文。解密过程是加密过程的逆过程，但也使用相同的结构。DES 是一种典型的基于 Feistel 结构的加密算法。

2）**SPN（Substitution-Permutation Network，替换置换网络）结构**：SPN 结构是另一种对称加密算法设计结构。在 SPN 结构中，明文被分为若干块，并通过多轮迭代操作。每轮操作都包括替换（以 S-box 实现）和置换（以 P-box 实现）操作。替换操作用于实现混淆，它是一种非线性操作，通常通过查找表来完成。查找表在加密算法中用于替换操作，它是一个预定义的表，用于实现混淆。置换操作用于实现扩散，它是一种线性操作，通常通过对数据位进行重新排序来完成。AES 是一种典型的基于 SPN 结构的加密算法。

如图 1-8 所示，Feistel 结构的主要优势是加密与解密具有相同的逻辑结构，只是将输入密钥的顺序改为逆序而已，因此对于函数 F，不需要关心它的逆函数是否存在。另外，实现 Feistel 结构所需的代码或电路比实现 SPN 结构的更简单。SPN 结构的加密与解密的结构是不同的，解密虽然是加密过程的反方向，即从下到上将输出变输入的过程，但是该结构要求对 S-box 和 P-box 的操作必须存在可行的逆运算 S^{-1} 和 P^{-1}。另外，SPN 结构不太适合利用软件实现，首先是因为非线性设计不方便利用软件实现，且 S-box 需要缓慢地进行内存查找，这令定时攻击成为可能，攻击者可以通过分析密码算法执行所需时间来推断密钥信息。现代的 SPN 结构通常使用面向字节或面向寄存器的操作。其次是因为一些非常适合软件但不适合硬件的设计（如移位操作 <<< ）与 SPN 结构存在不兼容的问题。

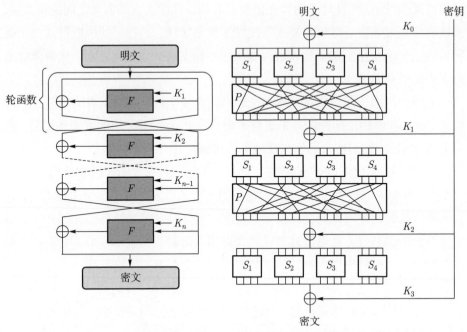

图 1-8 Feistel（左）与 SPN（右）结构

　　简单来说，混淆隐藏了明文和密钥之间的关系。如果改变明文中的一个比特，从统计学上来说，密文一半以上的比特应该都会发生变化。同理，如果改变密文的一个比特，明文也应该有一半以上发生变化。

　　扩散隐藏了密文和密钥之间的关系。这意味着密文的每一个比特都依赖密钥的几个部分，如果修改密钥的一个比特，则密文一半以上的比特都会受到影响，这使得从密文中找到密钥变得非常困难。至于为什么是一半，这又要回到天平理论了。理论上，在修改一个比特的信息后，所有密文的比特都随之变化自然是最安全的，但是密文构造费用非常之高且由于安全性存在上限，即便全部变化也达不到完美安全，因此性价比极低。我们所说的安全一定建立在一个合适的程度上，而不是走极端和达到极限，因为现实中不存在可以无视经济投入的环境。

　　S-box 的主要作用是发生非线性变化，P-box 的作用是改变映射关系。简单来说，P-box 的作用就是改变每一个输入与输出的对应关系，令其杂乱无序。对 S-box 的非线性操作（输入与输出的映射关系并不是一对一的），我们可以通过图 1-9 进行理解。

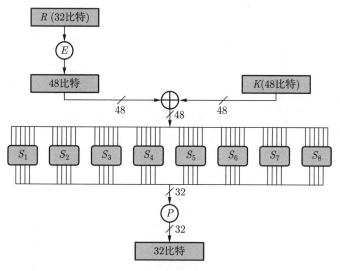

图 1-9 S-box 非线性映射

简单来说，DES 的加密与解密过程如图 1-10 所示。

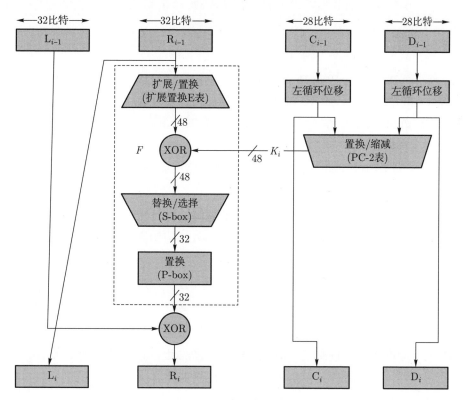

图 1-10 DES 加密与解密过程

DES 的加密过程分为以下几个步骤：

1）**初始置换**：将输入的 64 比特明文分组进行置换，得到一个新的 64 比特数据分组。

2）**分组**：将置换后的 64 比特数据分组分为两部分：左半部分（L）和右半部分（R），每部分为 32 比特。

3）**密钥生成**：先将输入的 64 比特密钥通过 PC-1 置换表去掉奇偶校验位，得到 56 比特密钥。然后将 56 比特密钥分为两部分，每部分为 28 比特。最后对这两部分进行 16 轮迭代操作，并使用 PC-2 置换表从每轮的 56 比特密钥中选择 48 比特作为子密钥（共 16 个子密钥，每个 48 比特）。

16 轮迭代操作：每一轮（1 到 16）都执行以下操作。

1）**轮函数 F**：先将上一轮的右半部分（R_{i-1}）扩展为 48 比特（扩展置换 E），然后与当前轮的子密钥（K_i）进行异或操作。接着将异或结果输入 8 个 S-box（替换盒），每个 S-box 将 6 比特输入转换为 4 比特输出。最后，将 S-box 输出的 32 比特数据进行 P 置换（置换表 P）。

2）**更新左半部分和右半部分**：将轮函数 F 的输出与上一轮的左半部分（L_{i-1}）进行异或操作，得到当前轮的右半部分（R_i）。当前轮的左半部分（L_i）等于上一轮的右半部分（R_{i-1}）。

3）**合并**：完成 16 轮迭代操作后，将最后一轮的左半部分（L_{16}）和右半部分（R_{16}）合并为一个 64 比特数据分组。

4）**逆初始置换**：将合并后的 64 比特数据分组进行逆初始置换，得到 64 比特密文分组。

DES 的全局过程如图 1-11 所示，图中省略了图 1-9 与图 1-10 中展示的详细过程。

由于 DES 是 Feistel 结构的，因此解密的过程与加密的过程完全相同，只是将密钥的输入顺序改为逆序输入，起始输入的密钥应该是第 16 轮加密时使用的密钥。

DES 存在一个上位版本的分支，被称为 3-DES。其使用三种密钥分别进行加密和解密，加密操作后得到密文，该过程提供的安全性为 2^{57}，比基础 DES 的 2^{56} 提高了一个指数等级。考虑到我们在讨论暴力破解时的运算时间，该运算时间令原有的安全性翻了一倍，这在当时仍然是一个不错的尝试。注意，虽然这里使用了三种密钥，但是实际上安全性只提升了一倍。

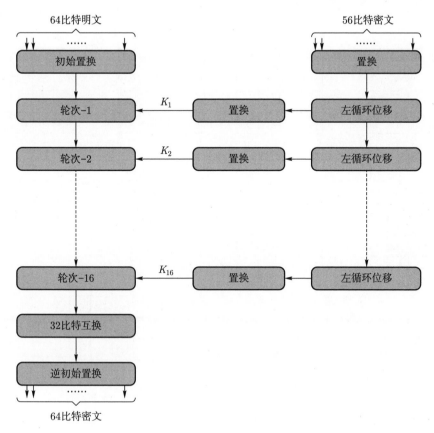

图 1-11 DES 全局过程

3. 更高级的对称加密标准：AES

AES（Advanced Encryption Standard，高级加密标准）是一种对称加密标准，于 2001 年被 NIST 选定为 DES 的替代方案。与 DES 相同，AES 既可以称作算法，也可以称作标准，因为它包括了具体的加密算法。AES 设计简单，易于实现，且具有很高的安全性，因此被广泛应用于各种加密场景，包括政府、军事、金融和互联网通信等机关或领域。密码学界在制定加密标准时，会举行对应密码的公募，公募会在多个轮次中不断淘汰由世界各地研究机关提交的候补密码。在 AES 公募后，最终有 5 个密码被选定，它们都可以被称为 AES，但是我们最为广泛认知的 AES 是 Rijndael 算法，一般提到 AES 默认的也是 Rijndael 算法。基于 Rijndael 算法的 AES 具有 SPN 结构，支持 128 比特、192 比特和 256 比特长度的密钥，处理的数据块长度为 128 比特。AES 的加密和解密过程分为多轮，图 1-12 所示为每轮包含的四种基本操作。

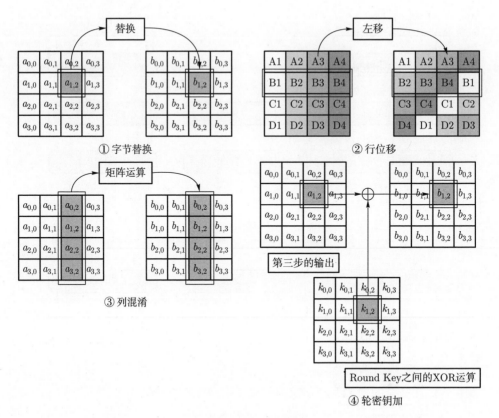

图 1-12 AES 全局过程

1）SubBytes（字节替换）：使用 S-box 的查找表对状态矩阵中的每个字节进行替换，增强混淆性。

2）ShiftRows（行移位）：对状态矩阵中的每一行进行循环移位，增加扩散性。在这一步中，状态矩阵的每一行将循环向左移位，第一行不移位，第二行向左移一位，第三行向左移两位，第四行向左移三位，如此往复。

3）MixColumns（列混淆）：对状态矩阵中的每一列进行线性变换，进一步提高数据在列之间的扩散性。其中，每一列都被视为一个四元素的有限域上的多项式，与一个固定的多项式进行模 2 的乘法，最后再进行模 2^8 的除法。

4）AddRoundKey（轮密钥加）：此操作主要是为了引入密钥信息。在这一步中，将密钥扩展算法生成的轮密钥与当前状态矩阵进行逐字节异或操作，使密钥信息与状态矩阵相结合。

AES 现在仍然是最有效的对称加密算法之一，AES-128 被广泛应用于现代安全体制当中。

1.2.3 非对称加密

非对称加密也被称为公钥加密，是一种密码学技术，其产生可追溯到 20 世纪 70 年代。这种加密方式为数据通信提供了更高级别的安全性，同时避免了对称加密中的密钥配送问题。在之前的介绍中，我们知道非对称加密可以解决密钥配送问题。其主要得益于非对称密钥的设计机制，即用于加密和解密的密钥不同且是成对存在的。在通信时，每个用户都生成一对专属密钥，这对密钥由公钥和私钥构成。被用来加密的密钥是公钥，允许在网络上公开并被任何人查阅，只要通信双方保护好自己的私钥就能保证通信安全。为了区分公钥和私钥，一般分别使用 K 加下标 pb 或者 pr 来表示，如 K_{pb} 和 K_{pr}。在本书中，使用 $\mathcal{K}$ 来表示公钥，使用 k 表示私钥，主要意图在于强调与对称加密中密钥 K 的差异，因为理论上公钥是每个人都可以知道的，所以持有量巨大，而私钥仅由本人持有，有效的持有载荷实际上是唯一的。有效的持有载荷指的是私钥的独一无二和保密属性，意味着私钥的所有权和使用权是唯一归属于某个特定用户的。私钥承载了用户身份验证和数据保密的能力，是加密通信中的关键要素。尽管理论上私钥可以被复制并分享给他人，从而在物理上存在多个副本，但在法律和安全的框架下，私钥的有效控制权应当且仅属于单一的用户。这是因为，一旦涉及安全事件的调查和责任追溯，私钥的控制权和使用历史就成为关键因素。私钥的有效持有载荷（即对私钥的有效控制和使用权）实际上保持唯一。这种独特的安全模型强调了私钥的不可分享性，一旦私钥的保密性被破坏，就应立即吊销并重新生成新的私钥，以维护系统的安全性和用户的不可抵赖性。关于信息载荷量的内容将在第 2 章详细介绍，这里只需要知道结论是信息量越小，安全性越高即可。非对称加密中加密与解密的基本原理可以用如下公式表示：

$$加密：\quad C = E_{\mathcal{K}}(P)$$

$$解密：\quad P = D_{k}(C)$$

随着信息技术的快速发展，非对称加密已经成为安全通信和数据保护领域的基础。非对称加密在身份验证、数字签名、电子邮件、电子商务等方面具有广泛的应用。具有代表性的非对称加密算法包括 RSA 算法、ElGamal 算法和椭圆曲线密码。其中，RSA 算法是最著名的非对称加密算法，由 Ron Rivest、Adi Shamir 和 Leonard Adleman 于 1978 年提出。RSA 算法广泛应用于各种安全通信场景，如 SSL/TLS 协议（用于保护 Web 通信）、PGP（用于加密电子邮件）等。在许多情况下，非对称加密与对称加密相结合，实现了更为高效且安全的数据通信和保护。关于两种加密方式结合的混合密码体系将在第 1.4.1 节中介绍。

1. 数学基础

公钥密码与对称密码最大的不同之处在于，公钥密码没有如 SPN、Feistel 的结构设计，是单纯的基于数学难解问题设计的逻辑难题。这里的数学难题意味着，即便使用计算机的算力来计算，如果没有合适的算法也无法破解对应算法的性质。

模运算：也被称为 mod 运算，运算符号用 mod 或 % 来表示，其运算逻辑是将指定的整数进行基于 n 的整除之后获得余数，如 $3 \bmod 2 = 1$，因为三除以二以后，余数为 1，所以最终模运算的结果就是 1。在数学领域中，我们称之为同余（Congruence），公式表达为 $n|(ab)$，$a \equiv b(\bmod n)$。

余类：其是指在有限域中，模运算能得到相同值的元素集合，如对正整数集合 $\mathbb{Z}_{33}^+$ 中 $\bmod 11$ 的余类集合而言，有 $\bar{0} = \{0, 11, 22\}$，$\bar{1} = \{1, 12, 23\}$，$\cdots$，$\overline{10} = \{10, 21, 32\}$。

恒等元：在代数结构中，恒等元是指在一个元素与其他元素进行某种二元运算时，结果不改变另一个元素的值。例如，在整数集合中，0 是加法的恒等元，因为任意整数 a 与 0 相加都等于 a（即 $a + 0 = a$）；1 是乘法的恒等元，因为任意整数 a 与 1 相乘都等于 a（即 $a \times 1 = a$）。

逆元：在代数结构中，对于某个二元运算（如加法、乘法等），逆元是指一个元素与另一个元素进行运算后得到恒等元的元素。以加法为例，在整数集合中，元素 a 的加法逆元就是 $-a$，因为 $a + (-a) = 0$，这里的 0 就是加法的恒等元。在模 6 运算中，加法 2 的逆元是 4，因为 $2 + 4 = 6$，$6 \bmod 6 = 0$。乘法 2 的逆元不存在，因为没有一个正整数能满足 $2x = y$ 并令 $y \bmod 6 = 1$。逆元并不是一定存在的，特别是在有限域中，但是对于模 7 运算，2 的逆元是 4，因为 $2 \times 4 = 8$，$8 \bmod 7 = 1$。

最大公约数：对于两个或多个非零整数，它们的最大公约数是指能同时整除这些整数的最大正整数。例如，12 和 16 的最大公约数是 4，因为 4 是能同时整除 12 和 16 的最大正整数。

最小公倍数：对于两个或多个非零整数，它们的最小公倍数是指能被这些整数同时整除的最小正整数。例如，12 和 16 的最小公倍数是 48，因为 48 是能被 12 和 16 同时整除的最小正整数。

欧几里得算法：这是一种求两个整数的最大公约数的古老算法。基于以下定理：对于任意两个整数 a 和 b（假设 $a \geqslant b > 0$），有 $\gcd(a,b) = \gcd(b, a \bmod b)$。算法的核心思想是连续相除和取余，直到余数为 0，最后一个非零余数就是最大公约数。

例如，求 27 和 15 的最大公约数（% 表示求余）：

$$27 \% 15 = 12$$
$$15 \% 12 = 3$$
$$12 \% 3 = 0$$

因为最后一个非零余数是 3，所以 27 和 15 的最大公约数是 3。

扩展欧几里得算法：它是欧几里得算法的扩展版本，除了计算最大公约数，还能找到贝祖等式（Bézout's Identity）的解。贝祖等式是指对于任意两个整数 a 和 b，存在整数 x 和 y 满足 $ax + by = \gcd(a,b)$。扩展欧几里得算法通过递归或迭代的方式，同时求出最大公约数和贝祖等式的解。

求 27 和 15 的最大公约数及贝祖等式的解：

$$(\gcd, x, y) = \text{extended gcd}(27, 15) = 3, \quad x = -1, \quad y = 2$$

检验：$27 \times (-1) + 15 \times 2 = \gcd(27, 15) = 3$，满足贝祖等式。

例题（应用数学原理的因式分解）：

表 1-2 所示是对 161 和 28 的最大公约数分解，让我们来逐行解释并理解欧几里得算法。首先是每列属性标识符的含义。

$$\gcd(a,b) = sa + tb, \quad s = s_1 - q \times s_2, \quad t = t_1 - q \times t_2$$

其中 q 是除法中的商，r 是余数，s 和 t 都是整数值。当两个数拥有最大公约数时，必然存在一个 s 和 t 使上式成立。当我们使用欧几里得算法进行尝试时，令 161 除以 28，得到的商是 5，余数是 21，则存在一个 s 和 t 使 $161s + 28t = 21$ 成立。由于这里数值不大我们可以猜出来，而实际密码中的复杂度是非常高的，因此当我们计算对应的 s 和 t 时，需要再次通过贝祖等式来寻找合适的 s 和 t 值。对于 s 和 t 也必然存在两个整数使得它们满足 $s = s_1 - q \times s_2$ 和 $t = t_1 - q \times t_2$。由于此时已经有了 q 的值，因此可以针对 q 进行扩展计算。通过下列代码使用递归的方式计算可得对应的 s 和 t 值，并根据表 1-2 中的关系式进行一一确认，发现全部正确。

表 1-2 因式分解案例

q	r_1	r_2	r	s_1	s_2	s	t_1	t_2	t	关系式
5	161	28	21	1	0	1	0	1	−5	$161 \times (1) + 28 \times (-5) = 21$
1	28	21	7	0	1	−1	1	−5	6	$161 \times (-1) + 28 \times (6) = 7$
3	21	7	0	1	−1	4	−5	6	−23	$161 \times (4) + 28 \times (-23) = 0$
	7	0		−1	4		6	−23		$161 \times (-1) + 28 \times (6) = 7$

```
def extended_gcd(a, b):
    if b == 0:
        return a, 1, 0
    else:
        gcd, x, y = extended_gcd(b, a % b)
        return gcd, y, x - (a // b) * y
```

费马小定理：费马小定理是法国数学家皮埃尔·德·费马（Pierre de Fermat）于 17 世纪提出的。它描述了当整数 a 和质数 p 互质（即 a 和 p 的最大公约数为 1）时，a 的 $p-1$ 次方模 p 等于 1，即 $a^{p-1} \equiv 1 (\bmod\, p)$。

例如，当 $a = 2$，$p = 7$ 时，费马小定理给出：$2^{7-1} \equiv 1 (\bmod\, 7)$。验证一下：$2^6 = 64$，确实有 $64 \equiv 1 (\bmod\, 7)$。

欧拉公式：欧拉公式是瑞士数学家莱昂哈德·欧拉（Leonhard Euler）于 18 世纪提出的。它是费马小定理的推广，适用于任何正整数 m。欧拉公式描述了当整数 a 和 m 互质（即 a 和 m 的最大公约数为 1）时，a 的欧拉函数 $\varphi(m)$ 次方模 m 等于 1，即 $a^{\varphi(m)} \equiv 1 (\bmod\, m)$。

其中，欧拉函数 $\varphi(m)$ 表示小于 m 且与 m 互质的正整数的个数。当 m 是质数 p 时，欧拉函数的值为 $\varphi(p) = p-1$，此时欧拉公式退化为费马小定理。例如，当 $a = 3$，$m = 10$ 时，欧拉公式给出：$3^{\varphi(10)} \equiv 1 (\bmod\, 10)$。由于 $\varphi(10) = 4$（小于 10 且与 10 互质的正整数有 1、3、7、9），验证一下：$3^4 = 81$，确实有 $81 \equiv 1 (\bmod\, 10)$。

中国剩余定理：中国剩余定理（Chinese Remainder Theorem，CRT）是数论中的一项重要定理。它提供了一种方法，可以从一系列模不同整数的同余方程组中找到一个整数解。CRT 在密码学、计算机科学和工程学中都有广泛应用。

假设有一组同余方程组：

$$x \equiv a_1 (\bmod\, m_1)$$

$$x \equiv a_2 \pmod{m_2}$$

$$\cdots$$

$$x \equiv a_k \pmod{m_k}$$

其中，$m_1, m_2, \cdots, m_k$ 是两两互质的正整数，即它们两两之间的最大公约数都为 1。CRT 指出，这样的同余方程组存在一个唯一解 x，且满足 $0 \leqslant x < M$，其中 $M = m_1 \times m_2 \times \cdots \times m_k$。

首先，需要计算 $M = m_1 \times m_2 \times \cdots \times m_k$。然后，对于每一个 m_i，计算 $M_i = \dfrac{M}{m_i}$。对于每一个 M_i，找到它的模 m_i 乘法逆元，记作 $M_{i_{\mathrm{inv}}}$，即满足 $M_i \times M_{i_{\mathrm{inv}}} \equiv 1 \pmod{m_i}$ 的整数 $M_{i_{\mathrm{inv}}}$。最后，计算 $x = \sum (a_i \times M_i \times M_{i_{\mathrm{inv}}}) \pmod{M}$，$x$ 就是同余方程组的解。

CRT 的证明过程涉及数论中的一些基本概念，如互质数、贝祖等式、扩展欧几里得算法等。其核心思想是通过构造一个整数 x，使其满足所有给定的同余方程。下面是一个简单的例子。

给定同余方程组：

$$x \equiv 2 \pmod{3}$$

$$x \equiv 3 \pmod{5}$$

$$x \equiv 2 \pmod{7}$$

计算：$M = 3 \times 5 \times 7 = 105$。

分别计算：$M_1 = \dfrac{105}{3} = 35$，$M_2 = \dfrac{105}{5} = 21$，$M_3 = \dfrac{105}{7} = 15$。

分别找到模 m_i 乘法逆元：$M_{1_{\mathrm{inv}}} \equiv 35_{\mathrm{inv}} \equiv 2 \pmod{3}$，$M_{2_{\mathrm{inv}}} \equiv 21_{\mathrm{inv}} \equiv 1 \pmod{5}$，$M_{3_{\mathrm{inv}}} \equiv 15_{\mathrm{inv}} \equiv 1 \pmod{7}$。计算：

$$x = (2 \times 35 \times 2 + 3 \times 21 \times 1 + 2 \times 15 \times 1) \pmod{105} = 233 \pmod{105} = 23$$

所以，$x = 23$ 是满足给定同余方程组的解。该定理在公钥密码的解密阶段至关重要。

2. 非对称加密的经典代表：RSA 算法

RSA 算法基于数论中的大数因子分解问题，其安全性依赖于将大质数相乘得到的大数（模）的公因数分解困难性。该算法非常简单，没有任何设计结构，仅仅是数值的计算。RSA 算法包括密钥生成、加密和解密三个主要步骤。

1）**密钥生成**：

① 选择两个大质数 p 和 q，它们相互独立且长度相近。

② 计算 $n = p \times q$，n 将作为模，其位数决定了加密强度。

③ 计算欧拉函数 $\varphi(n) = (p-1)(q-1)$。

④ 选择一个公共指数 e，其满足 $1 < e < \varphi(n)$ 且 e 与 $\phi(n)$ 互质。

⑤ 计算私有指数 d，满足 $d \cdot e \equiv 1 (\mathrm{mod}\, \varphi(n))$，即 d 是 e 模 $\varphi(n)$ 的乘法逆元。

⑥ 公钥为 (n, e)，私钥为 (n, d)。

2）**加密**：假设明文消息 M 是一个数字，$0 < M < n$。为了加密 M，使用公钥 (n, e) 计算密文 C：$C \equiv M^e \bmod n$。

3）**解密**：为了解密密文 C，使用私钥 (n, d) 计算解密后的明文 M：$M \equiv C^d \bmod n$。

由于目前没有已知的有效算法可以在短时间内分解大数 n，因此攻击者很难计算出私钥 d。然而，随着量子计算技术的发展，RSA 算法的安全性可能会受到挑战，因为 Shor 算法可以利用量子计算机快速分解大数。也正因此，对量子安全与后量子安全的研究变得越来越活跃。

整数论是 RSA 算法的基础，下面从数学的角度一步一步解读，方便读者理解 RSA 算法。

约数（divisors）：24 的约数有 1，2，3，4，6，8，12，24。

素数（prime numbers）：质数，整数 p 大于 1 且 p 的约数只有其本身和 1，这样的数被称为素数，如 2，3，5，11，13，17，19，23，29，31，37，41，43，47，53，59，61，67，71，73，79，83，89，…

相对质数（relatively prime number）：也叫互质数。如果两个数没有除去 1 以外的相同的因数，则它们是彼此的相对质数。

mod 运算：$a = qn + r$。

简单来说，假设 $a = 11$，$n = 7$，则原式为 $11 = 7q + r$，这里可以直观地看到 $q = 1$，$r = 4$，即 $11 = 7 \times 1 + 4$。

mod 运算方法如下，本质上就是求余数：

$$4 = 11 \bmod 7$$

$$4 = 4 \bmod 7$$

$$4 = -3 \bmod 7$$

$$4 = 18 \bmod 7$$

高速指数运算法：利用 mod 运算中 $18 \bmod 7 = -3 \bmod 7$ 的这种关系，任何 18 的指数倍数都可以用 -3 来表示，18 的平方 $\bmod 7$ 也等于 -3 的平方 $\bmod 7$。看下面一个例子：

$$11^7 \bmod 13 = 11 \times 11^2 \times 11^4 \bmod 13$$

$$= (11^1 \bmod 13) \times (11^2 \bmod 13) \times (11^4 \bmod 13)$$

$$= 11 \times ((-2)^2 \bmod 13)((-2)^4 \bmod 13)$$

$$= 11 \times 4 \times (4^2 \bmod 13)$$

$$= 11 \times 4 \times 3$$

$$= 132 \bmod 13$$

$$= 2$$

由于 $11 \bmod 13 = -2$，因此上面的 11 也可以用 -2 来替代，则最终的结果是 $-24 \bmod 13 = -11$。-11 模 13 与 2 模 13 是相等的。由此，我们来整理 RSA 算法的数学原理。

如果 p 是素数且 a 是无法被 p 整除的正数，则满足 $a^{p-1} = 1 \bmod p$。如果 p 是素数且 a 是正数，则满足 $a^p = a \bmod p$。根据欧拉函数，针对所有互为相对质数的 a 和 n 而言，满足 $a^{\varphi(n)} = 1 \bmod n$，$a^{\varphi(n)+1} = a \bmod n$。根据离散对数的理论，对于公式 $y = g^x \bmod p$，已知 g、x、p 则很容易获得 y，但是已知 y、g、p 来计算 x 却非常困难。这是 RSA 算法的核心思想。

RSA 密钥的生成过程大致可以分为以下四个步骤，即求表 1-3 中所示的数。

表 1-3　RSA 算法的公式符号解释

需要求的数	公式	字符解释
N	$N = p \times q$	大素数 p、q
L	$L = \mathrm{lcm}(p-1, q-1)$ lcm 为求最小公倍数	在生成密钥时使用，不参与加密与解密过程
E	$\gcd(E, L) = 1,\ 1 < E < L$ gcd 为求最大公约数	E 和 L 是相对质数
D	$E \times D \bmod L = 1,\ 1 < D < L$	——

下面通过一个简单的例子来确认这种代数关系。先假设 $p = 17$，$q = 19$，此时 $N = 323$，$L = \mathrm{lcm}(16, 18) = 72$。然后选择 E，E 要小于 72 且 E 和 D 的最大公约数为 1，E 可以取的值有 5, 7, 11, …。这里我们选择最小的 5，仅做观察，则 $5 \times D \bmod 72 = 145 \bmod 72 = 1$，所以 $D = 29$。此时，$(E, N) = (5, 323)$，$(D, N) = (29, 323)$，二者分别为加密密钥和解密密钥。对应的加密算法和解密算法是 $C = P^E \bmod N$，$P = C^D \bmod N$，当明文为 123 时，密文为 225。

针对 RSA 算法的攻击主要有两种：一种是尝试破解私钥，不管用什么样的技术都需要强大的算力去生成并尝试使用大量随机数，如果生成的随机数恰好等于密钥，则破解成功（显然这种方式存在非常大的算力瓶颈，因此攻击者尝试使用该方法时会有意识地添加一些信息来生成随机数，例如用户常用的姓名、生日等信息，这可以很好地作为暴力破解的有效突破口）；另一种是中间人攻击，如图 1-13 所示，目标并不是破坏密码体系并解读密码，而是令该通信中的正当用户麻痹，在不知道自己与攻击者通信的情况下让攻击者获取自己的数据。攻击者先在用户共享密钥时截获密钥，然后将该密钥抛弃，并将自己的公钥传输给另一个用户。另一个用户收到公钥之后，误以为该公钥是原通信对象的公钥，因此使用该公钥加密信息并在网络上通信。此时，每一个信息都需要经由攻击者中转，否则通信双方无法解密信息，因为他们持有的公钥是攻击者的公钥，且攻击者使用他们的公钥来进行信息传输，通信双方并不持有彼此的公钥。

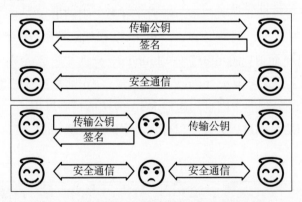

图 1-13　针对 RSA 算法的中间人攻击过程

3. 非对称密码的另一个经典代表：ECC

椭圆曲线密码（Elliptic Curve Cryptography，ECC）是一种建立在椭圆曲线数学理论基础上的公钥密码系统，1985 年由 Neal Koblitz 和 Victor S. Miller

提出。ECC 比传统的公钥密码系统（如 RSA 算法和 Diffie-Hellman 密钥交换）有更高的安全性和效率，这使得它在现代密码学领域得到了广泛应用，尤其在需要限制计算资源和传输带宽的场景（如物联网、移动设备等）中。ECC 提供相同程度的安全性需要的比特数小于 RSA 算法。在密码学中，我们通常关注特定形式的椭圆曲线，如 $y^2 = x^3 + ax + b(\mathrm{mod}\, p)$，其中 p 是大质数，a 和 b 都是有限域内的元素。ECC 的基本操作是将椭圆曲线上的点加法。点加法具有类似于模运算的性质，这使得在椭圆曲线上执行的数学运算变得非常复杂，这些复杂性使得 ECC 在较小的密钥长度下就能提供相当高的安全性。

　　基于离散对数的操作原理如下：

　　1）**选择椭圆曲线**：在有限域上选择一个满足密码学要求的椭圆曲线方程，常用的形式是 $y^2 = x^3 + ax + b(\mathrm{mod}\, p)$，其中 p 是大质数，a 和 b 都是有限域内的元素。

　　2）**选择基点和私钥**：选择椭圆曲线上的一个点作为基点 G。每个参与者都需要选择一个私钥，这是随机选定的一个大整数。

　　3）**计算公钥**：使用点加法在基点 G 上执行 k 倍操作，得到另一个椭圆曲线上的点，表示为 $K = k \cdot G$，点 k 就是对应的公钥 $\mathscr{K}$。

　　对任意椭圆曲线方程式 $y^2 = x^3 + ax + b$，使用辨别式 $\Delta = -16(4a^3 + 27b^2)$ 判定。若 $\Delta = 0$，则对应的椭圆曲线无法被应用于密码学领域，只有 Δ 为非零值才可以被应用于椭圆曲线密码；若 $\Delta > 0$，则对应的椭圆曲线在图像中只有一个连续的图案；而对于 $\Delta < 0$ 的椭圆曲线而言，图像中会变为两个不同的组成部分。如图 1-14 所示，前两个图的曲线表示 $\Delta > 0$ 对应的椭圆曲线（图像只有一个组成部分），后两个图的曲线表示 $\Delta < 0$ 对应的椭圆曲线（有两个分离的组成部分）。

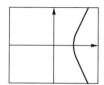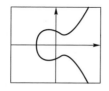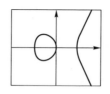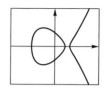

图 1-14　椭圆曲线

　　如图 1-15 所示，在 ECC 的上下文中，P、Q 和 R 通常代表椭圆曲线上的点。这些点被用于不同的密码学操作，如密钥交换和数字签名，点 P 通常被用作基点（Base Point）。这是一个预先选择好的点，位于椭圆曲线上，用于生成其他点。所有参与者都使用这个点作为他们密钥生成算法的起点。

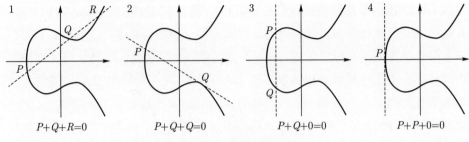

图 1-15　椭圆曲线密码

Q 通常是由基点 P 通过某种数学运算生成的另一个点。这个运算一般是指 "点乘"，即将 P 与一个随机选取的整数 d 相乘。

$$Q = d \cdot P$$

这里的 d 是私钥，而 Q 是相应的公钥。R 是在某些密码学算法，如 ECDSA（Elliptic Curve Digital Signature Algorithm，椭圆曲线数字签名算法）中使用的另一个点。例如，在 ECDSA 的签名过程中，随机数 k 会被选取，并与基点 P 相乘，以生成点 R。R 也叫结果点，也就是 P 和 Q 两个点进行加法或翻倍操作后得到的点。

$$R = k \cdot P$$

然后，R 会被用于生成数字签名。

在椭圆曲线加密和签名操作中，在给定 P 和 Q 的情况下很容易计算 R，但反过来（即在已知 P 和 R 的情况下找出 Q）则是一个计算上非常困难的问题，这就是 ECC 强大的安全性的来源。

在 ECC 中，加法运算是基础，有三种基本的加法操作：点与点的加法、点与其反点的加法（结果是无穷远点）、点的倍乘（即一个点与自身的加法）。

假设有一个椭圆曲线定义在有限域 $\mathbb{F}_p$ 上，其方程式为

$$y^2 \equiv x^3 + ax + b \bmod p$$

点与点的加法：$P + Q = R$

假设有两个不同的点 $P(x_P, y_P)$ 和 $Q(x_Q, y_Q)$，它们都在椭圆曲线 E 上，我们希望找到第三个点 $R(x_R, y_R)$，即 $P + Q = R$。

首先，计算斜率 λ：

$$\lambda = \frac{y_Q - y_P}{x_Q - x_P}$$

然后，利用 λ 计算 $R(x_R, y_R)$：

$$x_R = \lambda^2 - x_P - x_Q \bmod p$$

$$y_R = \lambda(x_P - x_R) - y_P \bmod p$$

点与其反点的加法： $P + (-P) = O$

点 $P(x, y)$ 的反点是 $-P(x, -y)$。当一个点与其反点相加时，结果是"无穷远点" O，这在椭圆曲线上被视为单位元。

点的倍乘： $P + P = 2P$

倍乘是一种特殊情况的加法。假设 $P(x_P, y_P)$ 是 E 上的一个点，我们希望找到 $2P(x_R, y_R)$。

首先，计算斜率 λ：

$$\lambda = \frac{3x_P^2 + a}{2y_P}$$

然后，利用 λ 计算 $2P(x_R, y_R)$：

$$x_R = \lambda^2 - 2x_P \bmod p$$

$$y_R = \lambda(x_P - x_R) - y_P \bmod p$$

以上就是椭圆曲线三种基础加法操作的数学描述和案例。这些操作是椭圆曲线密码学的核心，用于密钥交换、数字签名等。椭圆曲线密码（加法）的基础域运算公式如表 1-4 所示。

表 1-4 椭圆曲线密码（加法）的基础域运算公式

R	素数域	二进制域
曲线	$y^2 = x^3 + ax + b$	$y^2 + xy = x^3 + ax^2 + b$
$-P$	$x_R = x_P$ $y_R = -y_P$	$x_R = x_P$ $y_R = x_P + y_P$
$P + Q$	$x_R = \left(\dfrac{y_Q - y_P}{x_Q - x_P}\right)^2 - x_P - x_Q$ $y_R = \left(\dfrac{y_Q - y_P}{x_Q - x_P}\right)(x_P - x_R t) - y_P$	$x_R = \left(\dfrac{y_Q + y_P}{x_Q + x_P}\right)^2 + \dfrac{y_Q + y_P}{x_Q + x_P} +$ $x_P + x_Q + a$ $y_R = \left(\dfrac{y_Q + y_P}{x_Q + x_P}\right)(x_P + x_R) +$ $x_R + y_P$ 注：$P \neq Q$
$2P = P + P$	$x_R = \left(\dfrac{3x_P^2 + a}{2y_P}\right) - 2x_P$ $y_R = \left(\dfrac{3x_P^2 + a}{2y_P}\right)(x_P - x_R) - y_P$	$x_R = x_P^2 + \dfrac{b}{x_P^2}$ $y_R = x_P^2 + \left(x_P + \dfrac{b}{x_P}\right)x_R + x_R$ 注：$a = 0$

椭圆曲线的应用案例如下：

1）ECDH（Elliptic Curve Diffie-Hellman）：一种基于椭圆曲线的密钥交换协议，允许双方在不安全的通信环境中协商生成共享密钥，而不暴露密钥本身。

2）ECDSA：一种基于椭圆曲线的数字签名算法，用于验证数据的完整性和来源，提供认证和非否认性。

3）ECIES（Elliptic Curve Integrated Encryption Scheme，椭圆曲线集成加密方案）：一种基于椭圆曲线的混合加密系统，结合了非对称加密和对称加密的优点，实现了高效且安全的数据加密和解密。

下面以 ECDH 为例来说明 ECC 的动作过程：

1）双方分别选择各自的私钥（k_1 和 k_2），并计算各自的公钥（$\mathscr{K}_1 = k_1 \cdot G$ 和 $\mathscr{K}_2 = k_2 \cdot G$）。这里的私钥就是椭圆曲线中的离散对数问题 $Q = d \cdot P$ 中的 d。

2）发信方和收信方互相交换公钥。

3）发信方用他的私钥 k_1 和收信方的公钥 $\mathscr{K}_2$ 进行点乘运算，得到共享密钥点：$S = k_1 \cdot \mathscr{K}_2 = k_1 \cdot (k_2 \cdot G)$。

4）同时，收信方用他的私钥 k_2 和发信方的公钥 $\mathscr{K}_1$ 进行点乘运算，得到共享密钥点：$S = k_2 \cdot \mathscr{K}_1 = k_2 \cdot (k_1 \cdot G)$。

5）首先，因为椭圆曲线上的点乘运算满足交换律，即 $k_1 \cdot (k_2 \cdot G) = k_2 \cdot (k_1 \cdot G)$，所以通信双方得到的共享密钥点 S 是相同的。然后，从 S 点的坐标中提取一个共享密钥值，用于后续的对称加密通信。对于信道中的攻击者，在知道 dG 的情况下无法求解 d 是因为其具有离散对数特性 [计算 dG（即点乘运算）在计算上是可行的，但是在给定 dG 和 G 的情况下逆向计算 d，即求解椭圆曲线离散对数问题在计算上是不可行的]，因此保证了通信的安全性。

在信息通信原理中，我们用 Tx 表示发信方，用 Rx 表示收信方。自本章起，后续章节中对通信双方的命名将都以此简称进行。

1.2.4　密钥与随机数

密钥和随机数在密码学中起着至关重要的作用。密钥是用于加密和解密数据的秘密参数，而随机数则是密码系统中用来增强安全性的，具有不可预测性的关键组成部分。

1. 密钥

在密码学中，它可以确保数据的机密性、完整性和可验证性。密钥分为对称密钥和非对称密钥。在对称密钥加密中，加密和解密使用相同的密钥。在非对称密钥加密中，使用一对密钥，即公钥和私钥，其中公钥用于加密数据或验证签名，私钥用于解密数据或生成签名。不论是对称密钥还是非对称密钥，密钥都是最关键的构成要素。密钥的长度和复杂性对密码系统的安全性至关重要，密钥越长，破解难度越大。

对于二进制数 01010001 11101100 01001011 00010010 00111101 01000010 00000011 而言，其十六进制数与十进制数分别是 51 EC 4B 12 3D 42 03 和 23059280286269955。进制之间的转换在网络安全和密码学领域是非常常见的操作。理解不同数制之间的转换对于理解和处理加密算法与协议是很重要的，因为这些算法和协议经常涉及这类转换。理解这些转换对于分析加密算法的输出、解码通信内容、设计安全系统等都是非常重要的。例如，当分析一个加密协议的安全性时，可能需要考虑密钥空间的大小，这通常会用十进制数来表示。而在编写和阅读与加密有关的代码时，则更频繁地使用十六进制数表示，因为它更接近于底层的二进制数操作，同时比二进制数更易读和易写。对于密钥的性质，我们可以做如下总结：

1）密钥与明文具有相同的价值。对于黑客而言，拿到密钥与拿到明文无差异。

2）加密算法本身不需要保密，因为很多加密算法具有强单方向性，我们应当使用鉴证后的加密技术，通过保存密钥来维持密码机密性。切忌使用自己编写的未经过安全性鉴证的加密算法。

3）会话密钥（Session Key）：一种临时性密钥，在每次通信过程中用于确保数据的安全。会话密钥在通信开始时生成，一旦通信完成，密钥就被销毁且不再使用。由于会话密钥的使用是一次性的，因此可以有效地降低密码攻击的风险。生成会话密钥通常依赖于随机数生成器。

4）主密钥：反复使用的密钥，也就是一般需要我们妥善保管的密钥，根据密码算法的不同它们可以是对称的，也可以是不对称的。对于公钥密码而言，需要保管的主密钥是一对密钥。

5）CEK（Contents Encrypting Key）：用于加密明文的密钥，在没有特别声明的情况下，涉及的密钥一般都是 CEK。

6）KEK（Key Encrypting Key）：用于加密密钥的密钥，如 KDC 和 CA 中可信赖的密钥配送过程中使用的加密密钥。

密钥的生命周期如表 1-5 所示，其中可能有一些生疏的词汇，如哈希函数等，会在接下来的第 1.3 节和第 1.4 节逐一解释，现在只需要了解这个框架即可。

表 1-5　密钥的生命周期

生命周期	功能
生成阶段	由（伪）随机数生成器生成，必须使用经认证的用于密码学的随机数生成器，像 C 语言/Java 编译器自带的随机函数是不可取的，这些函数使用了非常简单的矩阵随机，在密码学领域应用强度不够
附加阶段	一般需要使用密码或短语密码（passphrase，短语密码是比传统密码更长、更复杂的字符串，用户可以为其赋予个人意义，从而更容易记住）生成，把这些较长且复杂的只有自己知道其意义的明文输入单方向哈希函数，并将它们的哈希函数输出值当作密钥。必要时，可以通过附加 salt 来增加密钥复杂度
配送阶段	通过事前共享、KDC、公钥加密、Diffie-Hellman 等方式解决密钥配送问题
更新阶段	一般密钥使用一段时间后，需要进行更新。最简单的密钥更新就是通过哈希函数将当前密钥生成的哈希值作为下一个密钥使用，这样即便密钥泄露，也能防止过去的信息被解密
保存阶段	①记住密钥；②保存到文件/记事本，并将文件保存到安全场所，如保险箱；③加密密钥后再保存为多种方式
密钥加密阶段	用一个 KEK 保存多个 CEK
通信阶段	基于密钥的安全通信
废弃阶段	不再使用的密钥要删除。如果密钥遗失或被盗窃，则要发出废弃密钥的申请

2. 随机数

在密码学中，随机数是指那些在给定范围内生成的数字，它们的出现具有高度的不可预测性和随机性。这些随机数在多个密码学应用中发挥着至关重要的作用，包括密钥生成、初始向量（Initialization Vector，IV）的设定、数字签名的随机元素添加，以及生成一次性密码等。随机数的不可预测性是确保密码学拥有操作安全性的关键因素，使攻击者难以利用模式或预测来破解加密系统。高质量的随机数对于密码系统的安全性至关重要，因为随机数的可预测性可能会导致攻击者推测出密钥或其他敏感信息。为了确保密码系统的安全性，生成密钥和随机数时必须使用高质量的随机数生成器（Random Number Generation, RNG）。在密码学中，通常使用两种类型的随机数生成器：伪随机数生成器（Pseudo Random Number Generator, PRNG）和真随机数生成器（True Random Number Generator, TRNG）。伪随机数生成器根据初始种子和算法生成具有统计随机性的数字序列，该序列拥有一个足够大的周期，以保证有限算力内随机数不会出现重复；而真随机数生成器利用物理特性（如电子噪声、放射性衰变等）产生真正的随机数。

对于随机数的性质，我们可以做如下总结：

1）**均匀分布**：随机数应该具有均匀分布的特性，即每个数字在整个序列中出现的概率应该是相等的。这意味着在一个足够大的样本空间内，每个数字都有同样的机会出现。

2）**独立性**：随机数序列中的每个数字都应该是独立的，即前一个数字的出现不应该影响后一个数字出现的概率。这意味着在随机数生成过程中没有任何内在的相关性或规律。

3）**不可预测性**：随机数序列应当具有不可预测性，这意味着在知道部分序列的情况下，无法预测接下来的数字。对于伪随机数，该特性表现为即使知道生成随机数的算法，也无法预测未来的随机数，除非获取了算法所需的所有内部状态信息。

4）**不可重复性**：理想的随机数序列至少在很长一段时间内不会重复出现相同的序列。这可以确保每次生成的随机数都是唯一的，从而提高密码学应用中的安全性。

5）**无规律性**：随机数序列不应具有任何明显的规律或模式。这意味着序列中的数字看起来是完全随机的，没有任何可以预测的模式。

如果要使用伪随机数生成器生成随机数，只有满足以上特征才能被应用到密码体系中，否则生成的随机数的安全性将会成为安全体系的重大缺陷。

由于真随机数是由物理设备生成的，其信息的制造和收集必然会带来高额成本，因此绝大多数密码体系中使用的都是伪随机数。伪随机数生成器生成的数字序列具有随机数的性质，但实际上它们是由一个初始值（种子）决定的巨大周期循环数。伪随机数生成器主要用于计算机程序，因为它们通常更易于实现，并且在许多情况下性能更好。伪随机数生成器内部有一种状态，称为内部状态。该状态会随着每次生成数字而更新。由于生成器的当前状态决定了下一个生成的数字，因此保护内部状态的安全性非常重要，尤其在密码学应用中。

伪随机数生成器使用一种数学算法来生成输出序列，常见的算法包括线性同余法（Linear Congruential Generator，LCG）、梅森旋转法（Mersenne Twister）、Xorshift 等，这些算法在给定的种子值下可以生成看似随机的数字序列。为了确保伪随机数生成器生成的数字序列具有良好的随机性，通常会对生成器进行一系列统计测试。这些测试会检查序列的均匀性、独立性、无规律性等特性。通过测试的生成器被认为在统计上是随机的，只要满足统计上随机，就可以满足统计安全和条件安全（安全的定义参照第 2.1.1 节的内容）。

理想的伪随机数生成器应具有尽可能长的周期，以降低产生重复序列的可能性。那么，如何评价周期就成为需要考虑的最重要的事项，虽然对周期的评价方式有很多种，但是从计算机科学的角度，我们更多使用多项式空间来进行。

在计算机科学领域中，二进制数可以用多项式表示，这种表示法将二进制数的位权赋予了多项式的指数，使得多项式的系数仅为 0 或 1。这样的多项式被称为二元多项式。

例如，假设有一个二进制数 1101，就可以将其表示为一个多项式：

$$1 \times x^3 + 1 \times x^2 + 0 \times x^1 + 1 \times x^0$$

对应的多项式表示为 $x^3 + x^2 + x^0$。

这种表示法可以表示在有限域上的算术运算，例如椭圆曲线密码学中的有限域 $\mathbb{GF}(2^n)$。在有限域中，对于多项式的加法和乘法运算，我们会应用模 (mod)2 的约束。在这种情况下，加法等同于异或运算，乘法类似于普通的多项式乘法，但结果需要模 2。这意味着在有限域上多项式的系数只能是 0 或 1。

例如，我们用二元多项式表示两个二进制数 $a = 1011$ 和 $b = 1101$，它们的多项式分别为 $A(x) = x^3 + x + 1$ 和 $B(x) = x^3 + x^2 + 1$。

加法运算（由异或运算实现多项式中的加法）：

$A(x) + B(x) = (x^3 + x + 1) + (x^3 + x^2 + 1) = x^2 + x$（因为 $x^3 + x^3 = 0$，$x^0 + x^0 = 1 + 1 = 0$）

乘法运算：

$$A(x) \times B(x) = (x^3 + x + 1)(x^3 + x^2 + 1)$$
$$= x^6 + x^5 + x^4 + x^3 + x^2 + x + 1$$

在密码学和编码理论中，二进制数的多项式表示法具有广泛应用。而当我们考虑寄存器的最大存储比特量时，可能会存在计算溢出的问题。当比特溢出时，需要除以一个模多项式来让溢出的数值回归到正常值，如上例中的寄存器容纳比特数为 4，则二者乘积很明显发生了溢出，溢出了三位。此时，假如我们以 x^3+1 多项式为例，将其作为除数，将要化简的多项式作为被除数，使用多项式除法可以计算得到：

$$(x^6+x^5+x^4+x^3+x^2+x+1) \div (x^3+1)$$
$$= x^3+x^2+x \cdots 1$$

结果表示商为 1110，余数为 0001。该余数就是模运算之后要使用的数，即 111 1111 在溢出三位的情况下等价于四位寄存器的 0001。

在有限域 $\mathbb{GF}(q)$ 中，如果一个多项式 $g(x)$ 的模 q 次为原根 (如果一个元素的最小正幂等于该域的阶，即 $\mathbb{GF}(q)$ 中的元素总数，则称该元素为原根)，那么称 $g(x)$ 为该有限域的一个原根多项式。原根多项式在密码学中有着重要的应用，如随机数和伪随机数的生成。原根多项式可被用来生成最大周期的伪随机数序列，因为当原根多项式是一个不可约的多项式时，它所生成的伪随机数序列的周期长度为 2^{L-1}，其中 L 是该有限域上的元素个数。因此，针对伪随机数生成器产生的周期长度为 2^{L-1} 的随机数，只要满足我们之前讨论的随机数性质就可以被当作密码学中的随机数来使用。另外，原根多项式生成的序列必须是无偏的，即在每个可能的比特上，0 和 1 的数量应该尽量接近；生成的序列必须是不相关的，即相邻的位之间不应该有可识别的关联。满足该周期条件的典型例子是 LFSR（Linear Feedback Shift Register，线性反馈移位寄存器），它是一种常见的序列生成器，由此生成的序列被称为反馈多项式。它由若干个寄存器和一个异或门组成，每个时钟周期，寄存器中的值都向设定方向移动一位（取决于具体算法，一般是向右移动），并用某些特定的寄存器位上的值（称为反馈）与寄存器的第一位进行异或操作，得到新的寄存器的值。这样就可以生成一系列的比特序列，而且还可以很容易地改变反馈多项式，以改变生成的序列。

图 1-16 所示为 LFSR 的构造图，其中每个方块都代表单个比特，C 是系数（0 或者 1），S 是数据（0 或者 1）。当 C 取值为 0 时，相应的多项式系数 S 消失。当原根多项式是一个不可约的多项式时，它所生成的伪随机数序列的周期长度为 2^{L-1}。只要 L 的数值足够大，就能生成周期足够大的随机数。

例如，假设原根多项式为 x^2+1，在一个初始值为 100 的三位寄存器中，使用 LFSR 输出的数据流的循环是 110，111，011，101，010，001，100，…，

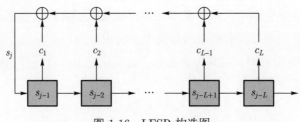

图 1-16   LFSR 构造图

可以看到，从第 7 位开始循环，其循环的开始节点为 $2^3 - 1$，这是三位寄存器所能承载的最大周期。当然，并不是每个循环都具有最大周期。比如多项式为 x^2，则循环为 100，010，001，100，…，周期为 3。假设原根多项式为 1，则输出结果为 100，110，111，111，…，从第 4 位开始寄存器内的值不再改变，不存在周期。在 LFSR 进行操作时，原根多项式决定了哪一位系数进行异或运算。在第一个例子中，多项式为 $1 + 0 \times x + x^2$，则意味着寄存器中的第一位和第三位会进行异或运算，而当多项式值为 1 时，则意味着只有第一位的数值会参与异或运算，也就是寄存器的数值本身。而又假设原根多项式为 $1 + x + x^3$，且寄存器初始状态为 0100，则其循环为 1010，1101，1110，0111，0011，1001，0100，从第 7 个时钟周期开始循环，周期为 7，但是该周期小于理论上的最大周期数 15。为了方便理解，下面来展示一下这个计算过程：

加载初始值：0100。

时钟周期 1：

异或操作：$0 \oplus 1 \oplus 0 = 1$；右移并更新最高位：$S_1 = 1010$

时钟周期 2：

异或操作：$1 \oplus 0 \oplus 0 = 1$；右移并更新最高位：$S_2 = 1101$

时钟周期 3：

异或操作：$1 \oplus 1 \oplus 1 = 1$；右移并更新最高位：$S_3 = 1110$

时钟周期 4：

异或操作：$1 \oplus 1 \oplus 0 = 0$；右移并更新最高位：$S_4 = 0111$

时钟周期 5：

异或操作：$0 \oplus 1 \oplus 1 = 0$；右移并更新最高位：$S_5 = 0011$

时钟周期 6：

异或操作：$0 \oplus 0 \oplus 1 = 1$；右移并更新最高位：$S_6 = 1001$

时钟周期 7：

异或操作：$1 \oplus 0 \oplus 1 = 0$；右移并更新最高位：$S_7 = 0100$

1.3 现代密码类型

在密码学中，我们可以通过两种分类方法对密码进行划分：第一种分类方法从密钥的角度出发，将密码按照加密或解密使用的密钥类型进行划分（在第 1.2 节中我们以密钥为中心进行分类，重点区分点是加密与解密过程中是否使用相同密钥）；第二种分类方法从加密或解密时操作的数据对象的角度出发，将密码分为分组密码和流密码。

1.3.1 分组密码

分组密码泛指使用具有分组加密特征的一系列加密算法的集合，在密码学中分组密码也被广泛称作块密码。其先将明文按照一定的大小块进行分组，然后通过固定的加密算法对分组的块进行加密，从而得到对应的密文。分组密码的发展始于 20 世纪 70 年代，最初采用的算法是 DES，该算法被广泛应用于数据加密领域长达 20 年。然而，随着计算机的不断发展和进步，DES 的安全性逐渐被证明不足以满足现代的安全需求。因此，一些新的分组密码算法开始出现，例如 AES、Twofish、Serpent 等，这些算法相对于 DES 来说更加安全和高效。现代分组密码算法的设计通常基于一些固定的设计原则，如 SPN 结构、Feistel 结构等。这些结构可以保证加密算法的安全性、高效性及易于实现性。AES 是当今使用最广泛的分组密码算法之一，它采用 128 比特的块大小，以及 128, 192 或 256 比特的密钥长度。该算法具有较高的安全性和高效性，并且在许多领域得到了广泛应用。除 AES 之外，其他一些分组密码算法也在不断发展和更新，如 Chacha20 等。

分组密码算法的优势在于，能够高效地加密大量数据，同时保证数据的安全性。然而，理论上分组密码算法也有一些劣势，分组密码算法在加密大量数据时的效率高，但对数据流的加密效果不如流密码好。流密码可以产生任意长度的密文，而分组密码需要对数据进行分块加密，因此无法直接用于加密数据流。此外，分组密码算法属于对称加密方式，因此存在密钥配送问题。此外，密钥管理也需要采取合适的措施，例如使用密钥派生函数生成不同的密钥，以及定期更换密钥等。在实际应用中，分组密码算法也存在一些劣势。例如，分组密码算法的安全性取决于密钥长度，密钥长度越短，破解密码的难度就越小。另外，分组密码算法的安全性可能受到侧信道攻击的影响，例如时钟频率分析、功耗分析等。

尽管存在一些劣势，分组密码算法仍然是目前广泛使用的加密算法。分组密码算法正在不断地优化和升级，以满足日益增长的安全需求。同时，人们也在研究新的分组密码算法，以提供更高的安全性和更好的性能。对称密码 DES、AES 和 RSA 都是分组密码的一种载体。

如图 1-17 所示，分组密码加密后的数据长度总是等于分组长度的整数倍，如果明文数据长度不足一个分组的长度，则通过 padding 来填充数据以保证加密算法正常运行。例如，AES 一个块的长度是 128 比特（16 字节），待加密的信息在分组后，最后一组的数据未必能刚好契合 128 比特，此时使用 padding 来填充数据即可。

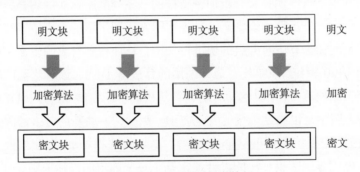

图 1-17　分组密码加密特征

1. padding

在信息安全领域中，padding 是指向数据添加额外的信息，以使数据的长度满足特定的要求。通常，padding 被用于加密算法中，以确保明文数据长度满足加密算法要求的分组长度。例如，如果明文数据的长度不足一个分组的长度，那么就需要通过 padding 来使明文数据的长度达到一个完整的分组长度。常见的 padding 方法如下：

1）填充 0：在明文数据末尾添加若干个 0 字节，直到数据长度满足要求。

2）PKCS#7：在明文数据末尾添加填充字节，填充字节的值等于需要填充的字节数。

3）ANSI X.923：在明文数据末尾添加填充字节，填充字节的值为 0，最后一个字节表示填充的字节数。

4）ISO 10126：与 ANSI X.923 类似，但最后一个字节表示填充的字节数，并且其余填充字节是随机的。

2. 工作模式

随着计算机和网络技术的发展，数据安全日益重要，有必要建立一套加密和认证的标准，以确保数据在传输和存储过程中的安全。因为基于密码的安全通信起初属于军事机密，并不向大众开放，后来随着密码学进程的不断迭代，可以开放之前的技术，所以作为互联网起源的美国，拥有最多的积累和经验。第一代密码标准是由美国提案的 DES，它是 20 世纪 70 年代，由美国国家安全局（National Security Agency，NSA）和 IBM 公司共同研发的。而由谁来评估这个标准体系是一个重要的问题，因此美国建立了 NIST。NIST 是一个政府机构，负责制定、推广美国的技术标准，包括密码学。NIST 推荐的工作模式是统一和规范对称加密算法在实际应用中的使用，以确保数据安全和加密系统的互操作性。对于对称密码，只要加密与解密的密钥相同就可以成为对称密码，然而并不是所有的对称密码都是安全的，它们需要经过安全性评估和测试。NIST 规定或者说推荐的密码体系是标准化且成框架的，也就出现了一种被称为工作模式 (Operation Mode) 的标准化对称密码分组加密体系。密码学中也将工作模式称为保密模式。

NIST 发布的标准都刊载在特殊出版物中，在 NIST 出版物的编号中，"SP"代表 Special Publication（特殊出版物）。这些特殊出版物是 NIST 发布的一类技术报告，涵盖了广泛的科学和技术主题，包括信息技术、密码学、计量学等领域。数字 "800" 是一系列特殊出版物的编号，表示这些报告主要关注计算机安全和信息安全方面的主题。在这个系列中，有很多关于密码学和加密技术的报告。数字 "38" 是特殊出版物 800 系列中关于密码学和加密技术的子系列。这个子系列主要涵盖了不同的加密算法工作模式和相关技术。字母 "A" 表示该子系列中的第一个出版物。在这个例子中，SP 800-38A 是关于五种保密模式（ECB、CBC、CFB、OFB 和 CTR）的特殊出版物。后续的字母（如 B、C、D 等）表示该子系列中的其他出版物，涵盖了其他加密工作模式和技术。下面是具有代表性的 SP 案例：

1）SP 800-38A：本刊中公开了 ECB、CBC、CFB、OFB、CTR 五种工作模式，这些模式在密码学领域已经有很长的历史，它们分别针对不同的应用场景提供不同的安全保障。目前，这些模式仍然在许多现代密码系统中被广泛使用。

2）SP 800-38B：本刊中追加了认证模式（Authentication Mode），这是一种名为 CMAC（Cipher-based Message Authentication Code）的消息认证码技术。CMAC 为消息提供完整性和数据源认证，它基于对称加密算法（如 AES）生成一个固定长度的标签，用于验证消息的完整性。

3）SP 800-38C：本刊中追加了认证加密模式（Authenticated Encryption Mode），这是一种名为 CCM（Counter with CBC-MAC）的认证加密模式，它将加密和认证结合在一个操作中。CCM 使用 CTR 模式进行加密，并使用 CBC-MAC 技术进行认证，这种模式旨在提高效率和安全性。

4）SP 800-38D：本刊中追加了高吞吐量认证加密模式（High-Throughput Authenticated Encryption Mode），这是一种名为 GCM（Galois/Counter Mode）的认证加密模式，它同样结合了加密和认证操作，但提供了更高的性能和吞吐量。GCM 基于 CTR 模式，并使用特殊的 Galois Field 乘法实现认证。

5）SP 800-38E：本刊中追加了为存储设备设计的保密模式，这是一种名为 XTS（XEX-based Tweaked CodeBook mode with ciphertext Stealing）的工作模式，专门用于磁盘加密和存储设备加密。XTS 提供了更高的数据保护，以应对存储设备的特殊安全需求。

6）SP 800-38F：本刊中追加了密钥封装方法（Methods for Key Wrapping），包括一些用于保护密钥的技术，如 AES-KW（AES Key Wrap）和 AES-KWP（AES Key Wrap with Padding）。这些方法通过使用对称加密算法（如 AES）对密钥进行加密，确保密钥在传输和存储过程中的安全性。

7）SP 800-38G：本刊中追加了格式保持加密方法（Methods for Format-Preserving Encryption），包括 FF1 和 FF3-1，它们是一种特殊的加密技术，允许加密后的数据与原始数据保持相同的格式。这对于需要在加密过程中保持数据结构和格式的应用场景（如数据库加密、信用卡号加密等）非常有用。

NIST 推荐的工作模式具有以下特性：

1）统一标准：制定统一的加密和认证标准，使得不同系统和设备之间可以相互通信，实现安全数据的传输。

2）安全性：不同的工作模式为不同的应用场景提供了针对性的安全保障，降低了密码系统被攻破的风险。

3）易用性：通过为各种场景提供相应的工作模式，简化了密码系统的设计和实施过程，使得非专业人士也能够正确地使用加密技术。

4）适应性：NIST 推荐的工作模式可以适应不同的技术需求和发展趋势，为新的密码学技术提供了发展空间。

NIST 推荐的工作模式反映了密码学领域的发展趋势和需求。在工作模式方面，随着对并行处理和硬件实现需求的增加，CTR、GCM 和 XTS 等具有更高性能的模式越来越受欢迎。此外，认证加密模式，如 CCM 和 GCM，已经成为加密通信中的重要趋势，因为它们能够在一个操作中同时实现加密和认证，提高了安全性和效率。在存储设备加密方面，XTS 模式的出现满足了磁盘加密和存储设备加密的特殊需求，帮助我们保护用户数据的安全。对于密钥保护，密钥封装方法，如 AES-KW 和 AES-KWP，为密钥的安全传输和存储提供了可靠的解决方案。格式保持加密方法，如 FF1 和 FF3-1，则解决了在特定应用场景下需要保持数据格式的问题，这使得加密技术能够更好地融入各种业务场景，提高数据保护水平。

NIST 的推荐标准在推动密码学的创新和实践方面发挥了关键作用。随着新的安全需求和挑战的出现，期待密码学领域将继续发展和完善现有的工作模式，以保护我们日益数字化的世界。

接下来，我们来了解一下基本的工作模式，这里主要介绍具有代表性的五种工作模式（来自 SP 800-38A）。

（1）ECB 模式

如图 1-18 所示，ECB 模式是最简单的一种工作模式，是一种分组密码。在这种模式下，明文被分成固定大小的块，每个块独立加密。这种模式的缺点是相同的明文块加密后产生相同的密文块，容易受到频率分析攻击，攻击者可以轻易地找到一组密码的对应关系，虽然不是比特级别的对应关系，但仍然可以很容易地找到密文与明文之间的关系。此外，该工作模式对重放攻击没有抵抗力。

下面来考虑这样一个场景：A 传送给 B 200 元，在这一过程中，假设我们将该消息加密并发给银行，银行收到后，解密该消息并操作 A 和 B 的账户，一个加上 200，另一个减去 200。这是一个底层原理的数据库逻辑，我们假设在该消息中 Tx 和 Rx 的地址信息分别占用一个数据块（或者说一个分组），金额占用一个数据块，交易的动作也占用一个数据块，总计 4 个数据块。我们用数组的形式表示交易 T，则有 $T = \{A,B,200,send\}$。

假设银行收到该信息后会立刻正确执行，它们的密文块集合 $\mathscr{C} = \{a, b, c, d\}$（实际上要比这个复杂得多）。此时，攻击者在第一次交易正常进行时，先

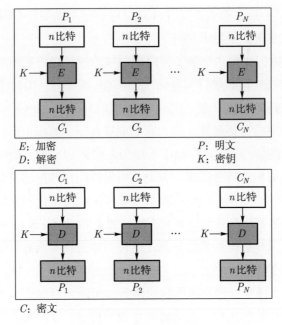

图 1-18　ECB 工作模式

收集这次通信中的数据块，掌握到了 a、b、c、d 4 个密文块。然后，攻击者只篡改其中的一部分信息，比如让收钱地址变为 C（攻击者的账户），则此时交易 $T = \{A,C,200,send\}$，且密文块集合 $= \{a, e, c, d\}$。我们可以看到，攻击者进行了成功的重放攻击，重新发送正常且合法的密文块，只篡改其中一部分内容，而这部分内容本身也是用正常的密码体系加密的，完全合法，对于接收方解密后的明文而言，没有任何异常信息。

重放攻击（Replay Attack）：也称为重复攻击或回放攻击，是一种网络攻击手段。攻击者先截获并记录通信中的有效数据，然后在稍后的时间内将这些数据重新发送给接收方，以欺骗系统或用户，使其认为这些数据来自合法的发送方。攻击者不需要知道截获数据的具体内容，也不需要破解加密，只需重新发送数据即可达到攻击目的。

为了防范重放攻击，通常会采取如下安全措施。

1）时间戳：在通信数据中加入时间戳，以确保数据在一定时间内有效。接收方会检查数据的时间戳，如果超出一定的时间范围，数据将被视为无效。

2）序列号：在通信数据中加入唯一的序列号，确保每条消息都是唯一的。接收方会跟踪已接收的序列号，拒绝接收重复的序列号。

3）随机数/一次性令牌：在认证过程中使用一次性令牌（例如随机数）来确保每次认证请求都是独立的。接收方在接收到认证请求后，将一次性令牌与服务器上的记录进行比较，如果不匹配则拒绝认证。

4）加密和完整性保护：使用安全的加密和认证机制，如认证加密，可以同时保护数据的机密性和完整性，降低遭遇重放攻击的风险。关于认证相关的内容会在第 1.4.3 节进行介绍。

（2）CBC 模式

CBC（Cipher Block Chaining，密码分组链接）模式也是一种对称密码。在 CBC 模式下，每个明文块在加密之前都与前一个密文块进行异或操作。这使得每个密文块都依赖于它之前的所有明文块，增强了安全性。但是，由于 CBC 模式无法并行处理，因此数据处理速度是其进行异或操作的瓶颈。

如图 1-19 所示，在 CBC 模式下，每个明文块在加密之前都与前一个密文块进行异或操作，这使得每个密文块都依赖于它之前的所有明文块。这种方式可以隐藏相同明文块之间的相似性，增强了安全性。但是，由于每个明文块的加密都依赖于前一个密文块，因此加密或解密过程中的错误都可能会传播到后续的密文块，这会使错误更难以被检测和纠正。使用不正确的初始向量解密会导致第一个明文块被破坏，但后续的明文块都是正确的。这是因为每个区块都是与前一个区块的密文进行异或运算，而不是明文。CBC 模式的加密无法并行进行，但是解密过程是可以的。加密过程需要等待前一个明文块加密完成后才能进行下一个明文块的加密，但是对于解密而言，是从前一个密文块进行引用来作为当前密文块的输入，而对收信方而言，接收的密文是完整的，因此其解密过程是可以并行运行的。换言之，CBC 并不是一种完全不能并行执行的保密模式。

（3）CFB 模式

CFB 模式（Cipher Feedback Mode，密码反馈模式）将对称加密算法转换为自同步流密码算法。在这种模式下，将前一个密文块的加密结果作为输入，与明文块进行异或操作生成密文块。CFB 模式允许加密不定长的数据。

如图 1-20 所示，CFB 模式将分组密码算法（如 AES）转换为流密码算法，这意味着数据可以按照比分组密码算法更小的单位进行加密和解密（如按比特或字节），从而提高操作的灵活性。因为 CFB 模式是将分组密码算法转换为流密码算法，所以可以避免例如 ECB 模式中相同明文块生成相同密文块的问题。此外，CFB 模式不需要填充数据，因为它可以处理任意长度的数据。在 CFB

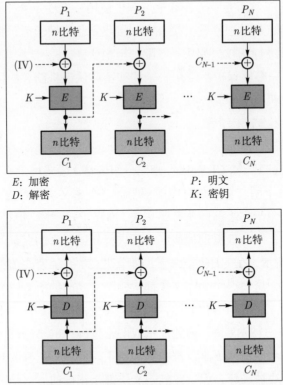

E：加密　　　　　　　　　　　　　P：明文
D：解密　　　　　　　　　　　　　K：密钥

IV：初始向量　　C：密文

图 1-19　CBC 工作模式

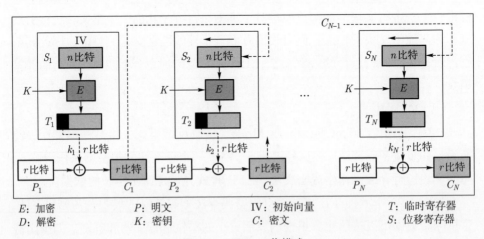

E：加密　　　　　P：明文　　　　　IV：初始向量　　　　T：临时寄存器
D：解密　　　　　K：密钥　　　　　C：密文　　　　　　S：位移寄存器

图 1-20　CFB 工作模式

模式下，因为每个明文单位的加密依赖于前一个密文单位，这意味着加密和解密过程必须按顺序进行，所以 CFB 模式不支持并行处理，另外加密或解密过程中的错误可能会传播到后续的明文单位，这可能导致后续数据的解密失败，直到错误被检测并纠正。CFB 模式的安全性较高，但是 CFB 模式仍然会受到选择明文攻击（Chosen Plaintext Attack，CPA）和重放攻击的影响，因此需要采取额外的安全措施，如使用不可预测的初始向量和认证机制。

选择明文攻击和选择密文攻击（Chosen Ciphertext Attack，CCA）都是针对加密算法的攻击方法，它们与密码学中的安全性需求密切相关。在选择明文攻击中，攻击者可以选择任意数量的明文，并获得相应的密文。攻击者的目标是通过观察这些明文-密文对，分析出加密算法的工作原理或者找到密钥，从而破解其他密文。这里分析使用的手段是线性分析或者差分分析。同理，在选择密文攻击中，攻击者可以选择任意数量的密文，并获得相应的明文，目标是通过观察这些密文-明文对，分析出加密算法的工作原理或者找到密钥，从而破解其他密文。选择密文攻击通常比选择明文攻击更强大，因为攻击者可以直接观察解密过程。防范这两种攻击的主要方式有增强随机性、使用强加密算法等。增强随机性的方法主要是通过对初始向量施加不可预测的变化，进而强化生成密文的随机性。而强加密算法是指在基础的密码体系上增加认证机制，认证的方法将在第 1.4.3 节介绍。选择明文攻击的威胁较弱，像 AES 这样的密码体系就可以对选择明文攻击产生抗性。

（4）OFB 模式

如图 1-21 所示，输出反馈（Output Feedback，OFB）模式是对称加密算法的一种工作模式，它也是将分组密码算法转换为流密码算法。OFB 模式与 CFB 模式类似，但它使用前一个加密结果（而不是密文块）与明文块进行异或操作。这种模式的一个优点是，即使在加密过程中出现错误，错误也不会传播到后续的密文块。由于 OFB 模式中的密钥流是通过对前一个加密输出进行加密生成的，因此可以提前计算密钥流，实现并行处理。这有助于提高加密和解密的速度。在 OFB 模式下，由于每个明文单位与独立的密钥流进行异或操作，因此加密或解密过程中的错误不会传播到其他单位。这意味着错误仅影响产生错误的数据单元，而不会影响后续数据的加密或解密。

（5）CTR 模式

如图 1-22 所示，CTR（计数器）模式先将一个计数器（通常是一个递增的数值）与一个不可预测的初始值（Nonce）组合，生成唯一的输入，然后将

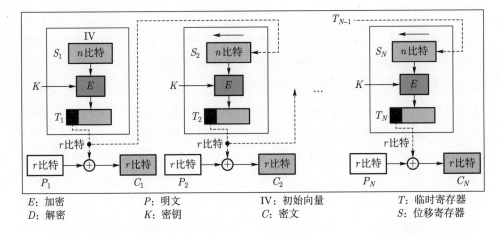

E: 加密　　　　　　　P: 明文　　　　　　　IV: 初始向量　　　　T: 临时寄存器
D: 解密　　　　　　　K: 密钥　　　　　　　C: 密文　　　　　　　S: 位移寄存器

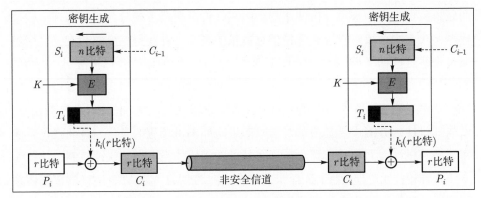

图 1-21　OFB 工作模式

其输入到加密算法中生成密钥流（该算法中使用的密钥是唯一的），最后密钥流与明文块进行异或操作生成密文块。由于 CTR 模式中的密钥流是通过对计数器的值进行加密生成的，因此可以独立计算每个计数器值的密钥流，实现并行处理，这有助于提高加密和解密的速度。由于每个明文单位与独立的密钥流进行异或操作，因此加密或解密过程中的错误不会传播到其他单位。这意味着错误仅影响产生错误的数据单元，而不会影响后续数据的加密或解密。CTR 模式具有较高的安全性，因为它将分组密码算法转换为流密码算法，避免了 ECB 模式中相同明文块生成相同密文块的问题。然而，CTR 模式对计数器的唯一性有严格要求，如果计数器的值重复使用，则可能会导致安全性下降，因此，需要确保每个计数器值与初始值的组合是唯一的。

　　在上述五种工作模式中，CFB、OFB、CTR 三种模式都是把分组密码算法转换为流密码算法的模式，在这三种模式中操作对象仍然是数据块，但是使

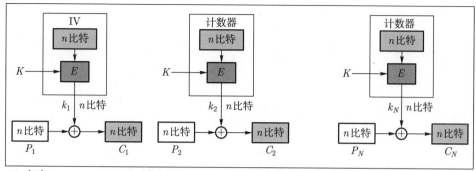

E：加密　　　　　　P：明文　　　　　　IV：初始向量
D：解密　　　　　　K：密钥　　　　　　C：密文

图 1-22　CTR 工作模式

用的密钥都是密钥流，且加解密的过程都是以比特为单位进行异或运算后获得的。整体上的工作机制决定了它们属于分组密码，只是底层的操作是以流密码方式实现的。针对五种工作模式的特征总结如表 1-6 所示。

表 1-6　五种工作模式对比

工作模式	优点	缺点	备注
ECB	简单；高速；加密与解密过程均可以并行处理	①明文中的规律被直观反映到密文中；②通过对密文块进行删除和交换顺序，对明文进行一定功能意义上的操作和改变；③有比特单位错误的密文块解密后，对应的明文块也将出错；④重放攻击的重点对象	不再安全
CBC	①明文的规律不会反映到密文中；②解密过程可以并行处理；③可以无视顺序地解密任意密文块	①有比特单位错误的密文块解密后，对应的明文块也将出错；②加密过程不可以并行处理	推荐

工作模式	优点	缺点	备注
CFB	①不需要填充； ②解密过程可以并行处理； ③可以解密任意密文块	①加密过程不可以并行处理； ②有比特单位错误的密文块解密后，对应的明文块也将出错； ③重放攻击的重点对象	相同场景下推荐使用 CTR
OFB	①不需要填充； ②加密与解密可以事前预先准备； ③加密和解密的过程构造相同； ④有比特单位错误的密文块解密后，对应的明文块不会出错，仅影响对应比特数据	①不可以并行处理； ②如果密文的某位数据反转，则对应明文数据比特也将反转	相同场景下推荐使用 CTR
CTR	①不需要填充； ②加密与解密可以事前预先准备； ③加密和解密的过程构造相同； ④有比特单位错误的密文块解密后，仅影响对应比特数据，不会扩大错误范围到整个块； ⑤可以并行处理	如果密文的某位数据反转，则对应明文数据比特也将反转	推荐

除此之外，还有一些其他的工作模式，如 CTS、GCM 等。CTS 可以看作 ECB 和 CBC 的组合，是指最后一个数据块加密时将之前的密文块当作 padding 来填充信息，有 CBC-CS1、CBC-CS2、CBC-CS3 等版本。GCM 是在 CTR 模式的基础上增加认证功能后的一种模式，更具有安全性，可以探测到密文是否被伪造。在这种模式中，密文的输入由密钥、明文、随机值 Nonce 和附加的认证数据 ADD 构成，加密算法的输出是密文和认证标签 tag，解密时的输入是密文、密钥、ADD 和 Nonce。GCM 同时提供了认证与机密性，是 CTR

与 CBC-MAC 结合后的工作模式,其中 MAC 是消息认证码,会在第 1.4.3 节展开说明。

1.3.2 流密码

数据流是由比特 0 和 1 构成的单纯比特数据的集合。流密码的工作原理是,它生成一个密钥流,该密钥流会与明文信息的比特或字节进行按比特或按字节的异或操作,从而产生密文。流密码可以以比特为单位进行操作,也可以以字节为单位进行操作,这取决于具体的算法设计。从技术原理上讲,所有流密码都是一种基于比特的加密算法,它与分组密码不同,不是把整个数据分成块,而是对数据流以比特为单位进行一对一的比特加密。这里说"以字节为单位"主要是考虑到在实际应用中,很多流密码算法在实现时倾向于按字节(而非单个比特)来处理数据。这样做有以下几点好处:

1) 性能和效率:在很多硬件和软件架构中,按字节处理数据比逐比特操作更高效。处理器通常以字节或更大的数据单位来进行数据操作,因此按字节处理可以更好地利用现代计算机架构。

2) 实用性:在实际的编程和应用中,数据通常以字节为单位进行处理和传输。这里说"以字节为单位",有助于与实际应用程序的数据处理方式相对应,使概念更加贴近实际开发和应用场景。

3) 兼容性:很多加密协议和标准都是围绕字节为基本单位设计的。因此,按字节操作有助于确保加密算法能够无缝集成到现有的系统和标准中。

流密码的起源可以追溯到第二次世界大战期间,当时美国国家安全局和英国政府通信总部联合研发了一种流密码算法——Vernam 密码。这种算法基于一次性密码本,即对明文流进行异或运算,通过将其与随机生成的密钥流相加得到密文流。在之后的发展中,流密码算法得到了广泛的应用和发展,其中最著名的算法包括 RC4、Salsa20、ChaCha20 等。流密码算法可以对无限长的数据流进行加密,因此适用于实时数据传输,如语音通信、视频传输等场景。

流密码算法的优点如下:

1)高效性:流密码算法的加密速度较快,适用于对实时数据的加密和解密。

2)灵活性:由于流密码算法是对数据流进行加密的,因此适用于不同长度的数据流,可以灵活地适应各种应用场景。

3)安全性:流密码算法通过对明文流与随机生成的密钥流进行异或运算,

保证了数据的机密性和抗攻击性。

流密码算法也存在一些缺点，如下：

1）密钥管理问题：由于流密码算法使用密钥流对明文流进行加密，因此需要安全地生成和管理密钥流，避免密钥被攻击者获取。

2）传输错误问题：由于流密码算法是对数据流进行加密的，因此对传输错误非常敏感，一旦数据流中出现错误，就可能导致加密结果错误。

3）可重放性问题：由于流密码算法的加密过程基于密钥流和明文流的异或运算，因此如果密钥流和明文流被攻击者获取，就可能导致密文流的可重放性问题。

流密码与分组密码是现代密码学中两种主要的加密算法。相比而言，流密码在加密短消息时具有更好的性能，因为它逐个字符加密并输出加密流，不需要等待消息的完整分组。但是流密码的密钥管理更加复杂，因为在不同时间使用相同的密钥可能会产生相同的密文流，而且流密码也容易受到中间人攻击和字节重放攻击等攻击方式的影响，因为它没有分组密码提供的完整性和认证保证。

流密码与数据流的生成密切相关，而在流密码体系中出现的数据流包括由对应信息明文构成的数据流、需要使用的密钥，以及密钥生成过程中使用的随机数生成器。其中，随机数生成器在前面已经简单介绍，这里展开介绍一下图 1-23 中出现的三种随机数生成方法，它们是流密码中最常用的密钥生成方法。

1）**线性生成器**（Linear Generator）：线性生成器，在密码学和计算机科学中通常被称为线性同余生成器（Linear Congruential Generator, LCG），是一种产生伪随机数序列的算法。这种生成器的基本思想是从一个初始种子值开始，然后应用一系列线性关系来产生一系列的数值，这些数值在一定范围内具有近似的随机分布特性。线性生成器的优点在于，其简单性和计算效率使其易于理解和实现。线性生成器根据下面的递归公式计算序列中的下一个数值：

$$X(n+1) = (aX_n + c) \bmod m$$

然而，由于它基于线性关系，生成的伪随机数序列存在潜在的可预测性，特别是如果攻击者知道生成器的参数（乘数 a、增量 c、模 m）和初始种子值（X_0），那么整个序列都可以被预测。线性反馈移位寄存器 (Linear Feedback Shift Register, LFSR) 是一种用于生成伪随机二进制序列的线性生成器。它由一系列触发器（Flip-Flop）组成，每个触发器可以存储一个比特（0 或 1）。在每个时钟周期，触发器的内容都向左移动一个位置，最左侧触发器的值通过线性反馈函数计算得到。LFSR 常用于数字通信系统、密码学，以及硬件测试中生成伪随机数序列。

2）**非线性生成器**（Non-linear Generator）：非线性生成器是一种用于生成伪随机数序列的生成器，其输出不能通过简单的线性操作得到。在密码学中，非线性生成器被用于提高密码系统的安全性。相对于线性生成器（如 LFSR），非线性生成器更难以被分析和预测，因此在密码学中更受欢迎。常见的非线性生成器包括非线性反馈移位寄存器（Non-Linear Feedback Shift Register，NLFSR）和混沌生成器。

3）**时钟控制生成器**（Clock-Controlled Generator）：时钟控制生成器是一种伪随机数序列生成器，其输出序列的生成速率由一个外部时钟信号控制。在密码学中，通过控制时钟信号的速率可以调整加密过程的时间效率。这里的"速率"指的是时钟信号变化的频率，即时钟信号每秒钟变化的次数。这个速率直接影响生成器内部状态更新的频率，以及伪随机数输出的速度。这种生成器通常结合线性或非线性生成器使用，以增加密码系统的安全性和复杂性。

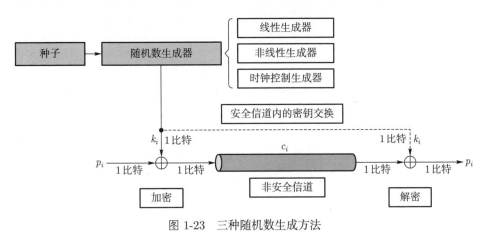

图 1-23　三种随机数生成方法

在流密码中，以上三种方法都可被用于生成密钥流，其中 LFSR 生成的伪随机数序列具有良好的统计特性，但由于其线性特性，容易受到线性分析攻击。因此，LFSR 通常与其他生成器或非线性函数结合使用，以提高流密码的安全性。在流密码中，时钟控制生成器主要用于调整生成密钥流的速度。通过控制时钟信号，可以实现密钥流的生成速度与明文数据流的速度相匹配。

非线性生成器通常使用非线性函数或非线性组合来处理输入。由于这些函数的输出不是输入的线性组合，因此非线性生成器的输出具有较高的不可预测性。非线性函数包括的 S-box、布尔函数等。这些函数或组件可以有效地混淆输入，使得对生成器的分析变得困难。在密码分析中，线性关系可被用于简化问题，提高攻击效率。但是，当生成器具有非线性特性时，分析者将面临更为复杂的攻击场景，需要使用更复杂的数学方法和工具。这使得非线性生成器能够更有效地抵御攻击。LFSR 与非线性生成器的结合可以在 LFSR 提供良好统计特性的同时，提供抵抗线性分析的安全性，而与时钟控制生成器的结合又能够提高效率，增加密钥生成的灵活度，因此三者的结合是流密码体系中常见的实际部署案例。

1. 线性分析与非线性分析

线性分析是一种基于密码算法中线性关系的密码攻击方法。它试图找到明文、密文和密钥之间的线性逼近表达式，从而简化问题并提高攻击效率。线性分析的典型例子是对称密码中的线性密码攻击。线性密码攻击的基本思想是找到一个线性表达式，该表达式可以用较高概率逼近算法中的非线性部分。线性逼近的一般表达式为

$$P \oplus C = K$$

其中，P 是明文，C 是密文，K 是密钥，$\oplus$ 是异或操作。线性分析的目标是找到这样的线性表达式，使得上述等式在大量明文-密文对中成立的概率较高。

非线性分析是一种基于密码算法中非线性关系的密码攻击方法。它试图找到明文、密文和密钥之间的非线性关系，从而破解密码。非线性分析通常涉及复杂的数学方法和工具，如代数密码分析、差分密码分析等。典型的非线性分析方法是差分攻击，它的基本思想是找到明文差分与密文差分之间的统计关系。差分攻击可以表示为

① $\Delta P = P_1 \oplus P_2$。

② $\Delta C = C_1 \oplus C_2$。

③ $f(\Delta P, \Delta C) = K$。

其中，P_1 和 P_2 是两个不同的明文，C_1 和 C_2 是它们相应的密文，ΔP 和 ΔC 分别是明文和密文的差分，f 是一个非线性函数，K 是密钥。非线性分析的目标是找到这样的非线性关系，使得上述等式在大量明文-密文对中成立的概率较高。

在攻击者找到明文与密文的线性关系后，就意味着有 $f(P) = C$ 和 $g(C) =$

P 两个函数。即便只拥有一小部分区间的线性关系，也将有助于攻击者缩小搜索范围，从而减少破解密码所需的计算资源和时间。因此，密钥空间实际上变得更小了，密码系统的强度降低了。如果线性关系可执行的区间变大，攻击者可以利用这些关系破解密码。对于找到满足条件的非线性关系的攻击者，他们可以利用这个关系分析大量的明文-密文对，从而缩小密钥空间的搜索范围，提高破解密码的效率。攻击者可以通过观察这些明文-密文对，尝试找出一种趋势或者模式，以帮助还原密钥。如果攻击者能够成功找到并利用这个非线性关系，那么密码系统的安全性将会受到严重威胁。

2. 绝对安全的密码

一次性密码本（One Time Pad，OTP）被称为绝对安全、无法被破解的密码，但是这种密码有一个有趣的反差，该密码的结构非常简单，却能够提供完美的安全性。它最早被广泛应用于军事通信中，随着计算机技术的发展，OTP逐渐被应用于商业和个人信息安全保护中。

OTP 的加密过程使用随机生成的密钥，这使加密后的数据看起来像是完全随机的字符序列，不易被破解。该密钥基于流密码生成的数据流，加密与解密过程十分简单，就是单纯地使用密钥与明文对应的比特进行异或运算，没有任何特殊的设计结构和其他复杂机制。那么，为什么它能提供完美的安全性呢？

首先，OTP 使用的密钥与明文在比特视角上是等长的，因为要一对一不断地进行异或运算，这就意味着攻击者破解密钥所需要的算力与直接使用随机数生成器生成对应明文的算力相等，这是一种不可能实现的高昂开销。其次，OTP的特征是每个密钥只能使用一次，即便攻击者用某种方式获得了密钥，该密钥在解密对应的密文后就会被废弃，因此并没有任何意义。此外，攻击者无法使用密码分析技术预测下一个密钥，因为这是一个单纯生成的随机数序列，并非利用某些精心设计的结构（例如 SPN、Feistel）制作的，因此其抗差分攻击的性能极佳。基于这些特色，OTP 成为不可能被破解的密码，提供了绝对安全。

那么，既然有如此安全的密码，为什么我们还需要考虑其他密码体系呢？直接全部使用 OTP 不就可以了？接下来，我们来讨论 OTP 的局限性。

首先，由于需要使用完全随机的密钥，因此密钥的管理和分发是面临的一个挑战，一旦密钥泄露，加密过程的保密性就会受到威胁，因此密钥如何安全配送是关键。虽然我们之前讨论了一些密钥安全配送的方法，但是由于 OTP的明文与密文长度相等的特性，导致密钥的数据量巨大，因此使用那些安全分配的体系也会增加开销。

其次，生成一个与明文等长的完全随机的密钥的开销是巨大的，由于真正的随机数需要用物理设备生成，因此不能使用软件来模拟一个巨大周期的随机数，此时安全通信的经济开销不可小觑。

最后，安全一般不会走向某个极端，就像安全性与可用性的天平理论一样，绝对的安全性意味着没有任何的可用性。如何保护一个服务器到绝对安全的程度？最好的方法就是将这个服务器与世隔绝，既不联网，也不给任何人物理上访问这台服务器的权限和机会，但是这样的设计没有任何意义。我们讨论安全这一概念的时候，不会走极端，而是寻求平衡，这个平衡既是安全性与可用性的平衡，也是安全性与经济开销的平衡。简单来说，假设某公司市值为一亿元，那么为其设置安全机制的时候，完全可以设置成攻击者需要消耗一亿元以上才可以破解系统，即并不是绝不可能被破解，只不过攻击者破解后的收益要低于其破解成本，这样攻击者就不会攻击这个安全系统了。首先，攻击者的目标始终是利益至上，即攻击后的收益要远大于成本，否则他们不会发起网络攻击；其次，在单纯恶意攻击的情况下，即攻击者不计成本地攻击时，只要设计成本高过某个阈值，就可以免疫绝大多数攻击者。网络上的攻击者一般都是"挑软柿子捏"，并不会不计成本地特攻某个系统。

1.4 现代网络安全通信体系

在现代信息安全体系下，信息种类复杂且通信需求多种多样，显然某一种特定类型的安全机制已无法适配真实环境下的安全需求。因此，现代网络安全通信体系实际上是在综合多种类型的密码并适配对应的应用需求下设计的。本节将详解混合密码系统、哈希函数、消息认证码、数字签名、基于认证机关的通信等现代密码学应用，并在节末总结集成这些应用的现代密码学信息安全体系。

1.4.1 混合密码系统

对称加密在保证机密性的前提下仍然高效且安全，但是需要解决密钥配送问题。而公钥加密虽然无密钥配送问题，却存在效率短板且会面临中间人攻击。为了提高安保系统的健全性，我们需要在一定的经济基础上尽可能让安全性更高且处理速度更快，混合密码系统应运而生。混合密码系统，顾名思义，是对称密码与非对称密码相结合的系统。

对称密码和非对称密码的性能比较，如表 1-7 所示，使用混合密码系统可以取长补短，设计一个更加安全的系统。

表 1-7　对称密码与非对称密码的性能比较

属性	对称密码	非对称密码
密钥关联性	加密和解密使用同一密钥	加密和解密使用不同密钥
加密密钥	需保密	需保密
解密密钥	需保密	可公开
密钥安全配送	必需	不需要
加密速度	高效	较差
安全认证	困难	简单
经济开销	大	小

如图 1-24 所示，先用伪随机数生成器生成一个随机数，并将这个随机数当作即将进行的加密通信的密钥，且用该临时密钥加密明文，临时密钥用 K 表示，即 $C_1 = E_K(P)$。然后用 Rx 的公钥加密该临时密钥，则被加密的临时密钥只有 Rx 使用其私钥才能解密，即 $C_2 = E_{\mathscr{K}}(K)$。

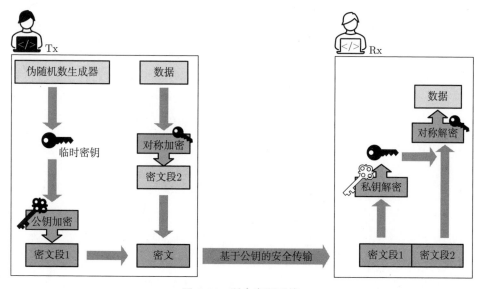

图 1-24　混合密码系统

在将两个密文段组合后，分别传输给对方。该组合信息即便被截获，对于截获者而言，由于没有对应私钥无法解密出临时密钥，也就无法解密出明文。在

Rx 解密临时密钥后，后续的通信过程中可以只使用临时密钥来加密信息，然后传输加密后的信息，因为临时密钥在此阶段后只有双方知道，所以就不需要密文段 1 了。

可以说，对于一个混合密码系统，其安全性主要体现在三个方面：伪随机数生成器、公钥加密和对称加密。如果想要提升混合密码系统的强度，则分别提升这三部分各自的强度即可。而提升强度也会面临开销问题，在此问题下，仍然要秉着平衡的原则去设计一个相对完美的密码系统。密码系统需要遵循木桶理论，需要三方面长度均衡，如果出现明显的短板，就容易遭到针对性的攻击；如果综合能力不够强，那么对应的就是定价低廉且使用频率低，认可的用户少。

伪随机数生成器：由于其生成的临时密钥是伪随机数的，因此有一定的规律可言，因而如果使用的伪随机数生成器品质不够好，则临时密钥本身有被推测到的可能性。在混合密码系统中，使用伪随机数时需要满足随机数对应的五个特征。

公钥加密：从长期运营的角度考虑，公钥加密的安全性最好比对称加密的安全性稍强一些，这样才能保证混合密码系统的整体安全。

对称加密：提高公钥密码安全性的方法有增加密码长度、提升加密算法复杂度、采用工作模式等方式。

1.4.2   单向哈希函数

单向哈希函数（One-way Hash Function）是一种不可逆的数学函数，它将任意长度的输入（也称为消息）映射为固定长度的输出（也称为摘要或哈希值）。这种函数在密码学中被广泛应用，以保证数据的完整性和用来验证身份。哈希函数最初是由密码学家 Ralph Merkle 和 Martin Hellman 于 1979 年提出的，它们主要用于保护信息完整性和数据源身份验证。随着网络安全问题的增加，哈希函数变得越来越重要，并且在加密通信、数字签名、消息认证码和其他密码学协议中得到广泛使用。哈希函数针对 CIA 原则中的完整性，确保接收到的信息未被篡改。重放攻击、中间人攻击的本质都是通过伪造数据并令接收方认为伪造的数据是正确的，从而达到一些企图。

我们可以将密码学中的哈希函数当成生物社会中的指纹或者 ID（身份证号码），即身份的唯一标识符。哈希函数的使用方法非常简单，在使用哈希函数获得当前数据的输出后，与之前存储的输出值进行比较，如果相同则说明该数据未被篡改。

考虑一个场景：我们编辑完一个文件后关掉电脑，等第二天再打开这个文件，如何判别这个文件是昨天的文件，而不是其他人伪造的文件呢？最简单的方法是，在编辑文件后，将其复制一份到硬盘上并拔下硬盘，第二天比较硬盘中的数据与计算机中的数据是否一致。这里硬盘就是安全的场所。因此，想要验证完整性，最好的方法就是将想要确保安全性的东西保存到一个安全的场所，然后在需要检验时，从安全的场所中取出来进行比对，因为这个场所是安全的，所以默认其是真的，与之不同则认定是假的。也就是说，本质上这种方法只能验证数据是否发生过改变。

对哈希函数的特征总结如下：

1）输入与输出的长度无关联，任意长度的输入都可以有任意长度的固定长度输出，确定长度的标准是不同的哈希函数。

2）哈希函数的输出长度往往是固定的，同一个哈希函数，以 SHA-1 为例，不论输入是多少比特，输出长度固定为 160 比特。

3）哈希值的运算过程是高效的。虽然通过给定输入计算出输出非常高效，但是输入比特数越多，运算时间自然会越长。从函数的输入值 x 开始，通过哈希函数计算函数输出结果 y 非常容易，但是从 y 试图寻找 x 非常困难（数学上不可能）。

4）信息不同，哈希值不同，具有单方向性。只要输入有变动，输出一定会有变动，但变动频率等特点不会反映到彼此上，即便输入只变更了 1 比特数据，但输出将截然不同。

哈希函数也存在缺陷，就是碰撞（Collision）。碰撞是指不同的输入经过一个哈希函数得到了相同的输出，这样第二个输入就可以作为第一个输入的攻击方法使用。因此，为了抵抗碰撞，我们需要设计哈希函数让其具有碰撞抗性。图 1-25 所示为哈希函数的碰撞抗性韦恩图。原像碰撞抗性（Preimage Collision Resistance）是指在给定哈希值的情况下，找到一个与之对应的输入值的难度。第二原像碰撞抗性（Secordly Preimage Collision Resistance）是指在给定输入值的情况下，找到另一个与之相同哈希值的输入值的难度。原像碰撞抗性的要求比第二原像碰撞抗性的苛刻，因此满足第二原像碰撞的算力很难满足原相碰撞抗性。碰撞抗性（Collision Resistance）是指找到任意两个不同的输入值，使它们的哈希值相同的难度。如果一个哈希函数是抗碰撞的，那么通过枚举或随机生成的方式，找到两个相同的哈希值是极其困难的。

如果哈希函数用 H 来表示，则其抗碰撞性应该满足如下特征。

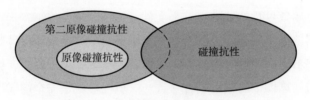

图 1-25 哈希函数的碰撞抗性韦恩图

1）**原像碰撞抗性**：想要找到关于 $y = H(M)$ 的 M，从数学角度上不可能。

2）**第二原像碰撞抗性**：想要找到满足 $H(x) = H(y)$ 且 $x \neq y$ 的 y 非常困难。

3）**碰撞抗性**：想要找到满足 $H(x) = H(y)$ 且 $x \neq y$ 的 y，从数学角度上不可能。换言之，哈希函数具有强单方向性。

之前常见的哈希函数包括 MD5、SHA-1、SHA-2 等，然而随着计算机算力的提高，这些函数已经越来越容易受到攻击。为了解决这些问题，新的哈希函数被提出，如 SHA-3 和 BLAKE2，它们在通信的安全性和性能方面都有所提高。几种哈希函数的比较如表 1-8 所示。

表 1-8 几种哈希函数的比较

哈希函数	描述
MD4	Rivest 于 1990 年创造的哈希函数，128 比特哈希值，现在不安全
MD5	Rivest 于 1991 年创造的哈希函数，128 比特哈希值，展现了很多种破译密码的方式。虽然 MD5 没有被完全淘汰，但是已经发现了数个内部构造的漏洞，与 SHA-1 同时间被破解，不安全
SHA-1	1993 年美国的联邦信息处理标准，于 1995 年发表改进版，可以计算的信息上限是 2^{64} 比特，近几年已被破解
SHA-256	属于 SHA-2，256 比特哈希值
SHA-384	属于 SHA-2，384 比特哈希值
SHA-512	属于 SHA-2，512 比特哈希值，最多可以处理 1024 比特的数据块进行块运算
RIPEMD-160	1996 年由 Hans Dobbertin、Antoon Bosselaers、Bart Preneel 共同创造，160 比特哈希值，使用 European Union RIPE 项目改进的 RIPEMD 函数
SHA-3	NIST 为了替代 SHA-1，于 2007 年开始准备 SHA-3，于 2012 年完成。SHA-3 的选择过程采取了与 AES 类似的公开竞赛方式，但它们分别针对的是不同的密码学需求——SHA-3 针对的是哈希函数标准，AES 针对的是加密标准。这种竞赛形式旨在通过公开、透明的比较和评估，选出最适合成为新标准的算法，后被选定为 Keccak 算法的标准

　　针对哈希函数可行的攻击主要是暴力解码和碰撞攻击。暴力解码，即尝试进行大量不同的输入直到达到所需的哈希值；碰撞攻击，是指通过生日攻击等方法，寻找两个不同输入但产生相同哈希值的情况，试图通过这些同义语句来找出一个碰撞。例如：

① A 给 B 的支付金额是一亿元。

② A 给 B 的支付金额是一亿圆。

③ A 给 B 的支付金额是壹亿元。

④ A 给 B 的支付金额是壹亿圆。

⑤ A 给 B 的支付金额是￥100000000。

⑥ A 给 B 的支付金额是￥100,000,000。

　　先通过生成大量同义语句，并尝试找出一个可行的碰撞，然后使用这个碰撞来令对方合法转账给自己。这个过程利用的就是生日攻击原理，攻击一个有 n 位数的哈希函数，只要有 $2^{\frac{n}{2}}$ 的算力（列举出 $2^{\frac{n}{2}}$ 种不同的输入），就有 50% 以上的概率能够找到哈希值的碰撞输入。

　　生日攻击是一种针对哈希函数的攻击方法，它基于生日悖论的数学原理。在哈希函数的上下文中，生日攻击利用的是在有限的输出空间中随机选择输入值时，出现两个不同输入产生相同输出哈希值（即碰撞）的概率远高于直觉预期的现象。

　　生日攻击的执行步骤如下：

　　1）随机生成输入：攻击者随机生成大量不同的输入数据，在上述例子中是大量的同义语句。

　　2）计算哈希值：对每一个输入数据使用目标哈希函数计算其哈希值。

　　3）检查碰撞：将生成的所有哈希值保存并进行比较，寻找是否存在两个不同的输入对应相同的哈希值。根据生日悖论，当生成的哈希值数量达到哈希函数输出空间大小的平方根时（即 $2^{\frac{n}{2}}$），其中 n 是哈希值的比特数，就有较高的概率（约为 50%）发现至少一对碰撞。

　　攻击的关键在于，找到碰撞所需的尝试次数远少于直接猜测输出哈希值或通过暴力攻击找到特定输入的次数。这使得生日攻击成为破解哈希函数的一种有效策略。在实际应用中，攻击者可能会利用找到的碰撞来执行安全攻击，例如构造多个具有不同含义但哈希值相同的消息，从而欺骗系统或绕过安全检查。例如，在数字签名场景中，攻击者可以试图找到一个合法文档和一个恶意文档的哈希值碰撞，使得恶意文档在不更改签名的情况下被视为合法。生日攻击的有效性强调了设计哈希函数时需要考虑足够大的输出空间，以及在安全敏感的应用中采用防范措施的重要性。

生日攻击的数学原理：

生日攻击的数学原理是生日悖论。生日悖论指的是在一个足够大的集合中随机抽取元素，出现至少两个元素相同（即发生"碰撞"）的概率远比直觉上预期的要大。在生日攻击的背景下，这个集合指的是哈希函数的所有可能输出。

设哈希函数的输出空间为 N，即有 N 个可能的不同输出哈希值。假设我们随机生成 k 个输入并计算它们的哈希值。我们想计算至少存在一对输入的哈希值相同（即发生碰撞）的概率 P。

更简单地，我们可以先计算没有任何碰撞发生的概率 P'，然后用 $1 - P'$ 来找到至少一个碰撞发生的概率。当第一个元素被选取时，没有碰撞的概率是 1（因为还没有其他元素与之对比）。当第二个元素被选取时，避免碰撞的概率是 $\dfrac{N-1}{N}$，因为第二个元素不能与第一个元素相同。类似地，当第三个元素被选取时，避免碰撞的概率是 $\dfrac{N-2}{N}$，以此类推。

因此，没有碰撞发生的概率 P' 可以表示为

$$P' = 1 \times \frac{N-1}{N} \times \frac{N-2}{N} \times \cdots \times \frac{N-k+1}{N}$$

$$P' = \prod_{i=1}^{k-1} \left(\frac{N-i}{N} \right)$$

于是，至少有一对碰撞发生的概率 P 为

$$P = 1 - P'$$

$$P = 1 - \prod_{i=1}^{k-1} \left(\frac{N-i}{N} \right)$$

当 k 相对于 N 很小的时候，P 可以通过泰勒公式展开近似为

$$P \approx 1 - \mathrm{e}^{-\frac{k(k-1)}{2N}}$$

生日悖论的经典例子是"生日问题"：在一个房间里需要多少人，才能使得至少两人在同一天过生日的概率超过 50%？应用上面的公式，设 $N = 365$（一年的天数），解方程 $P \approx 1 - \mathrm{e}^{-\frac{k(k-1)}{730}} = 0.5$，可以得到 $k \approx 23$。这说明在仅有 23 人的情况下，至少两人同一天过生日的概率就超过了 50%，这一结果往

往往远超人们的直觉预期。同样，在生日攻击的背景下，这个计算揭示了即使在看似很大的哈希输出空间中，发现碰撞的概率也比预期的要高。

1.4.3 消息认证码

消息认证码（Message Authentication Code，MAC）是一种用于提供数据完整性和认证的技术。MAC 将一个密钥与消息一起作为输入，生成一个固定长度的输出，被用于验证消息是否被篡改。MAC 技术的应用可以防止消息在传输过程中被恶意篡改或伪造，从而保护信息的完整性。MAC 技术的背景可以追溯到密码学发展的早期，在计算机网络和通信中，MAC 技术得到广泛应用，可以用于认证和验证数字签名、身份、数字证书等方面。

在信息安全领域，数据真实性是指在通信过程中，如何确保接收到的消息来自于真正的发送方，且没有被篡改。在电话、书信和电子通信等传统通信方式中，常常需要对数据真实性进行保护。然而，加密技术并不能直接提供数据的真实性保护，因为加密方案可能存在易变性问题，即通过修改密文可以轻松修改明文，而这与数据真实性问题是不同的。为了解决数据真实性问题，可以采用 MAC 和数字签名技术。

MAC 技术可以消除很多网络安全隐患，如传输过程中的数据篡改、数据伪造等。通过对消息进行哈希函数运算或使用密码算法生成 MAC 值，可以保证数据在传输过程中没有被篡改或者被伪造，提高了网络传输数据的可靠性和安全性。MAC 的发送方和接收方共享同一个密钥，通过该密钥可以验证消息的完整性，但是由于双方共享密钥，对于一个消息而言，没有方法可以证明该消息到底由双方中的哪一方生成。数字签名是一种使用非对称加密技术的机制，发送方使用自己的私钥对消息进行加密以生成数字签名，任何人都可以使用发送方的公钥对这个签名进行验证（即使用公钥对私钥加密的密文解密），以确认发送方的身份。数字签名的机制提供了不可抵赖性。这两种技术都可以附加一个"标签"或"签名"到每个消息中，签名用于验证消息来源，MAC 标签用于确保消息的完整性，二者共同确保了数据的真实性。

如图 1-26 所示，MAC 提供认证的方法是，首先由 Tx 向 Rx 安全分配密钥，另外 Tx 用该密钥计算 MAC 值，并将该 MAC 值通过安全途径送达 Rx 处。此时，Rx 安全地接收了密钥与 MAC 值，此后当通信双方交互，传输加密消息时，一起传输这一段固定的 MAC 值，Rx 接收到数据后，会使用已经共享的密钥对 MAC 值进行本地计算，并将计算得到的 MAC 值与从安全渠道获取的 MAC 值进行比较，如果相同则证明信息未被篡改，否则该信息就是伪造的。

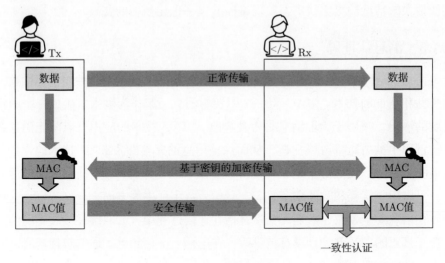

图 1-26　MAC 认证模式

　　MAC 值通常以明文的形式被附加在原数据中一起发送，而不是和原数据一起加密到密文中。这是因为 MAC 是用于验证消息的完整性，而不是保护消息的机密性。如果 MAC 值与原数据一起加密到密文中，则接收方必须先解密密文才能进行 MAC 验证，这样会增加解密和计算 MAC 值的开销。因此，更常见的做法是先计算 MAC 值，然后将该值与原数据一起发送。接收方收到数据后，先计算接收到的数据的 MAC 值，并与接收到的 MAC 值进行比较，以验证数据的完整性。此外，由于 MAC 值是由密钥和当前传输信息所决定的，因此即使攻击者在信道上截获对应数据后，只篡改密文不更改 MAC 值，也是会被发现的。因为只要对应的数据信息被修改，基于该信息的 MAC 值一定会随之改变，所以攻击者无法在后来介入的情况下，欺骗拥有 MAC 认证的双方。

　　MAC 可以有效规避重放攻击，因为攻击者将捕获的历史消息重新发送给 Rx 后，只拥有已经过时的 MAC 值。MAC 附加到信息的额外"标签"可以是当前的时间，也可以是顺序序号，还可以是一个随机值，不论是哪种标签，在重复收到该信息后，接收者都可以轻易校验该 MAC 值是否无效。无效的表现方式包括时间戳超时、重复的随机值和已经接收过的序列号。

　　针对 MAC 的可行攻击之一是中间人攻击，其中攻击者可能在通信双方共享密钥之前就已经介入，尝试伪造合法性。MAC 依赖于双方共享的密钥，如果攻击者在密钥交换过程中介入并获得了密钥，他们就可以创建伪造的 MAC

值，从而不会令通信双方感知到篡改。因此，攻击者可以通过篡改通信中的数据并发送伪造的消息来进行有效的中间人攻击。

为了规避这种攻击，重要的是在通信开始之前，通过安全的方式配送并备案密钥与 MAC 值。这意味着双方必须确保密钥的安全性和正确性，防止攻击者在密钥交换过程中的任何介入。一旦共享密钥过程中出现了漏洞，中间人攻击就可能发生，因为攻击者可以获取密钥并伪装成任一通信方，使得 MAC 失效。

此外，为了进一步增强安全性并解决只要拥有密钥就能生成对应正确 MAC 值的弊端，可以采用数字签名技术。数字签名能确保消息的来源可验证性，即能证明收到的信息确实来自于特定的发送方。这是因为数字签名基于非对称加密技术，每个用户都有唯一的公私钥对，私钥用于生成签名，公钥用于验证签名。即使在存在多个合法用户且共享同一个密钥的场景中，数字签名也能保证消息的真实来源，防止被恶意攻击。

综合应用——认证加密

认证加密（Authenticated Encryption，AE）是一种保护数据机密性和完整性的加密模式，能够同时提供数据的加密和认证。它通过将加密和认证合并成一个步骤来保护数据。在认证加密中，密钥同时用于加密和认证数据。加密保证数据的机密性，而认证保证数据的完整性，即防止数据被篡改或替换。认证加密可以防止各种攻击，如数据篡改、重放攻击、中间人攻击等。因此，认证加密是现代密码学中使用最广泛的加密模式之一。

如图 1-27 所示，这是认证加密的三种应用模式，分别是使用两种密钥的先加密后认证、使用一种密钥的同时加密与认证和先认证后加密。

先加密后认证适合在 IPsec 中使用，可以阻止选择密文攻击。在通过对称加密将明文加密成密文后，先将密文当作输入来计算 MAC 值，然后将密文与 MAC 值进行组合。选择密文攻击可以用密文生成任意对应的明文，但是由于最终加密结果并不仅仅是密文，因此无法解密出正确的明文。SSH（Secure Shell）是同时使用加密与认证方式的典例，SSL（Secure Sockets Layer）是先认证后加密的典例。

在 MD5 和 DES 的安全性被破坏之后，GCM 作为一种改进版的加密认证方式进入人们视野。GCM 是认证模式的一种，具有与 AES 相同的 128 比特块数据，并利用 CTR 模式实现计算 MAC 值的过程，为此需要使用反复加法和

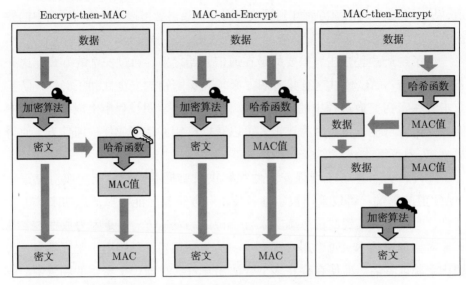

图 1-27　认证加密的三种应用模式

反复乘法的哈希函数。由于 CTR 模式的特性，可以并发处理数据进而提高整体的加密效率，此外 CTR 和 MAC 计算使用的是同一个密钥，因此便于管理。

GMAC（Galois/Counter Mode MAC）：GCM 专用的 MAC。

1.4.4　数字签名

数字签名是一种用于确认电子文档归属的技术。随着电子信息的广泛应用，数字签名技术逐渐成为保障网络信息安全的重要手段之一。数字签名的发展可以追溯到 20 世纪 80 年代，当时 RSA 加密算法的发明人 Rivest、Shamir 和 Adleman 提出了第一个数字签名方案。之后，数字签名方案得到不断发展和完善，出现了基于椭圆曲线密码、哈希函数和非对称加密算法等的数字签名方案，如 DSA（Digital Signature Algorithm）、ECDSA（Elliptic Curve Digital Signature Algorithm）、RSA-PSS（RSA Probabilistic Signature Scheme）等。

数字签名的原理是先使用私钥对信息进行签名，然后使用相应的公钥进行验证。具体过程如下：

1）Tx 使用哈希函数对要发送的信息进行计算。

2）Tx 使用自己的私钥对哈希值进行加密，形成数字签名。

3）Rx 接收到信息和数字签名后，使用相同的哈希函数对信息进行计算。

4）Tx 使用发送方的公钥对数字签名进行解密，得到签名的哈希值。

5）Rx 将计算得到的哈希值与解密得到的哈希值进行比较，如果相同则证明信息没有被篡改且信源确实是 Tx，数字签名是有效的。

数字签名的优点：

1）来源认证：数字签名能够确认信息的发送者。

2）不可抵赖性：发送方不能否认曾经发送过的信息，因为数字签名是唯一的。

3）不可篡改性：签名后的明文和密文不可篡改，否则签名认证失败。

4）不可重复使用：签名无法被其他明文替代使用，不可重放。

数字签名的一些缺点：

1）信任问题：需要可信的公钥基础设施（Public Key Infrastructure，PKI）。

2）处理复杂：数字签名需要使用非对称加密算法，加密和解密过程比较复杂。

3）时间和空间开销较大：数字签名需要较大的计算量和存储空间。

数字签名需要的条件：

1）为了防止伪造和抵赖，发送方要求使用表达唯一信息的比特数据。

2）签名过程要尽可能简单。

3）签名的鉴证与辨识要尽可能简单。

4）伪造签名要从数学上不可能实现，实现计算安全。

5）在签名被保存到存储介质的过程中，签名的副本应该被更实用地保存。

数字签名通过鉴证用密钥和签名用密钥两种密钥来实现对数据出处的确认。在利用公钥加密技术的情况下，将个人的私钥当作签名用密钥加密某消息，该消息被称作签名。任何接收该信息的人，不管是黑客还是合法用户，在收到该签名后都会用发送方的公钥尝试解密，公钥是鉴证用密钥且谁都可以持有，因此只要能够解密，就说明发送来源毫无疑问是私钥拥有者。这一签名与鉴证的过程就是数字签名的过程。

鉴于数字签名的特性，其目的不是保证机密性，而是对来源进行确认。例如：

在企业合作中，A 公司向 B 公司订购一万吨的某货物，每吨售价一万元。合同签订后，B 公司开始生产。两个月后，生产完毕，此时发现该货物的市值降低，每吨的市场价只为 8000 元，此时 A 公司想要以市场价收购货物，抵赖没有签订过此合同。B 公司拿出其签名，令其无法否认自己的行为，必须按照合同价收购货物。在这个过程中，合同可以是纸质合同，也可以是电子合同，但都需要用签名来防止抵赖。

未来，数字签名技术将会在保障网络信息安全方面发挥更加重要的作用。随着量子计算机的发展，传统的数字签名方案可能会受到威胁，因此基于量子计算的数字签名方案成为未来研究的热点。

此外，数字签名仍然面临中间人攻击。黑客介入发送方和接收方之间，对发送方伪装成接收方，对接收方伪装成发送方，而在两名合法用户看来，他们的数字签名环节都没有任何问题，都可以将签名解密到对应明文，然而这实际上是黑客操作后的结果。所以，为了彻底解决中间人攻击，我们需要一个强有力的、可信赖的第三方来彻底消除这个后患——那就是数字证书认证机构（Certificate Authority，CA）。

1.4.5　有公信力的认证机关

公钥认证书（Public Key Certificate，PKC）是数字证书的一种形式，用于验证公钥的真实性和所有者身份的合法性。PKC 是由有公信力的数字证书认证机构颁发的，其中包含所有者的公钥，以及其他元数据，如所有者的名称和证书有效期等。PKC 的发展可以追溯到 20 世纪 70 年代，当时公钥加密和数字签名技术被广泛研究和开发。这些技术需要一种安全的方式来分发和验证公钥，以确保加密和签名操作的安全性和可靠性。因此，PKC 作为一种数字证书被引入，用于证明公钥的真实性和合法性。

随着数字化和网络化的不断发展，PKC 的重要性得到不断提高。在互联网上，PKC 被广泛用于建立安全通信通道，如 SSL/TLS、SSH 和 VPN 等，还被广泛用于数字签名和数字证书身份验证等领域。在 PKC 中，认证机构扮演着关键的角色，它们是颁发数字证书可信的第三方，负责验证公钥的所有权和真实性，并保证证书的有效性。同时，认证机构还可以提供证书吊销列表（Certificate Revocation List，CRL）和在线证书状态协议（Online Certificate Status Protocol，OCSP）等服务，以增强证书的可靠性和安全性。

PKC 分为两类：范用公钥认证书和专用公钥认证书。范用公钥认证书可以在全领域使用，如电子证券、网商、网络购物、网络教育、电子投票等，使用时往往伴有小额手续费。而专用公钥认证书用途有限，一般用于网络银行、保险公司、政府组织等，它们的用户往往是免费使用服务的。认证书的申请需要提供个人的基础信息，如姓名、联系方式等。随着实名制的发展，其也慢慢开始要求提供身份证来解锁高级应用了。

图 1-28 所示为基于 CA 的安全通信系统框架（其中基于公钥的安全通信和签名的相关描述已经在前文详细说明，因此该图重点强调 CA 在安全通信中的作用）。

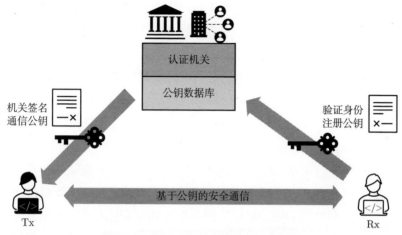

图 1-28　基于 CA 的安全通信系统框架

1）Rx 生成一对密钥（公钥和私钥）。

2）Rx 向 CA 登录自身的公钥，此时 CA 会要求 Rx 用自己的私钥进行数字签名并发送给 CA，以鉴定该公钥来源就是 Rx，并将 Rx 的密钥录入 CA 的本地数据库。

3）CA 使用自己的私钥对 Rx 的公钥及相关信息（如 Rx 的身份信息）进行数字签名，并将这个签名与 Rx 的公钥打包生成认证书。认证书证明了公钥的真实归属，并且由 CA 的签名来保证其真实性，然后 CA 将认证书发送给 Tx。

4）Tx 接收该认证书。认证书是具有公信力的权威机关颁发的，所有的第三方均信任 CA。

5）Tx 使用 CA 的公钥来验证签名，并获得 Rx 的公钥且确认其确实来自 Rx。

6）Tx 使用 Rx 的公钥加密信息并传给 Rx。

7）Rx 用自己的私钥解密密文并获得信息

PKC 面临的攻击也是存在的，如在公钥登录阶段，黑客截获并中断 Rx 的公钥传输，转而用自己的公钥代替 Rx 的进行传输，此后 CA 将记录黑客的公钥，在 Tx 与 Rx 通信时由于使用了黑客的公钥，Rx 无法解密，而黑客可以对明文信息一览无余。也有类似使用相似攻击的手段，例设假如 Rx 的用户名是

Bob、Oscar 等任何带字母 O 的名字，那么攻击者就可能伪造一个相似的用户名，如 bob、b0b、B0b 等；也包括 I、l 和 1 难以被区分导致的用户疏忽，注册一个类似的身份并欺骗对方，Tx 如果没有好好确认则会认为这就是合法的通信者。还有一些针对 CA 的恶意攻击，如攻击者窃取 CA 的私钥以后，就可以任意篡改、编写、新建 KPC；或者攻击者如果本身是 CA 的内部成员，则也可以达到类似的效果。还有利用 CRL 弱点的攻击，在 PKC 发起废弃申请后，在真正废弃之前的这个时间差内都可以合法地创建快速攻击。

举例：公钥管理设施

公钥管理设施（Public Key Infrastructure, PKI），是一种用于管理公钥的框架，以确保安全的数据传输。在 PKI 框架中，数字证书是非常重要的组成部分，它是一种包含公钥及其相关信息的数字文档，由 CA 颁发并签名，用于验证公钥的所有权和真实性。PKI 框架负责公钥的生成、存储、管理和分发，而公钥证书则是这个框架中用于验证公钥所有权和真实性的重要组成部分。PKI 包括以下几个主要组成部分：

1）公钥证书库：用于存储公钥证书和其他相关的数字证书。

2）数字证书认证机构：用于生成、签署和发布数字证书，并为公钥所有者提供认证服务。

3）注册机构（Egistration Authority, RA）：用于管理用户身份认证的过程，包括确认用户的身份信息、验证申请数字证书的真实性，并将验证结果提供给 CA。

4）公钥撤销列表：用于记录所有已经撤销的公钥证书，以保证吊销证书的有效性。

PKI 可以解决公钥体系中的信任问题，确保数字证书的真实性和有效性，从而确保数据的安全性和完整性。随着互联网规模的不断发展和数据交换的增加，PKI 框架已成为公共网络安全的基础设施之一。

1.4.6　基于现代密码学的网络安全通信体系

在了解了现代密码学的基本构成之后，我们就可以使用这些基本元素构建基于现代密码学的网络安全通信体系了。由于密码的主要来源是对称加密和非对称加密，其中对称加密效率高但密钥交换的流程相对复杂，而非对称密码安全度高但加密和解密的效率相对较低。因此，不论我们单独使用哪一种方式，都要面临一些突出的问题，所以我们需要结合二者的长处组成混合密码系统。同时，我们需要一些方式来在我们信任的多方之间安全地传输密钥。密钥的安全配送方式提供了对称密钥的传播方法，但是除了线下见面这种情况，其他安全配送的前提都有一个可信赖的第三方或者基于数学复杂度的秘密还原机制。因此，有公信力的 CA 与诸如数字签名、消息认证码、哈希函数的密码学概念也被加入混合密码系统中。这些组成元素从技术上、物理上组建了基于现代密码学的信息安全通信体系。

如图 1-29 所示，从上至下的第二阶层可以被看作通信双方的起点（即认证加密部分）。在使用公钥密码体系时，应通过数字证书安全发布公钥以防止中间人攻击，并利用数字签名和 MAC 确保消息的真实性和防止重放攻击，从而增强信源的认证和可验证性。在通过可信任的第三方发布公钥后，我们就可以使用同样注册在 CA 的其他用户进行基于公钥密码的安全通信。双方都在 CA 注册公钥时，可以使用公钥密码体系传输对称密码，然后使用更加高效的对称密

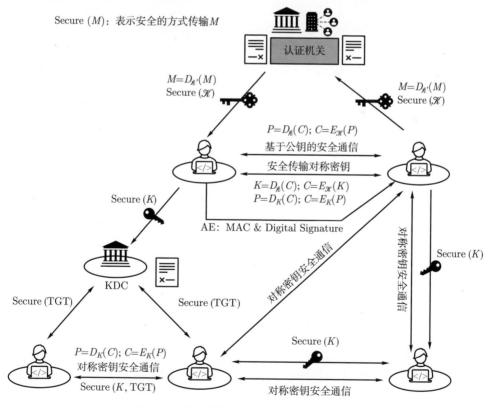

图 1-29　基于现代密码学的安全通信框架

码来通信，而当其中一方没有注册 CA 且仍希望安全通信时，我们可以用 KDC 或者基于秘密共享和还原的方法来安全地配送对称密钥，然后使用对称密钥进行安全传输，且同一个对称密钥可能在多方之间传输，传输的范围越大越不安全，但是在对方可信任且持有者较少的情况下，可以明显减少因密钥传输而产生的网络有效数据载荷低下的问题，进而提高网络的整体效率。

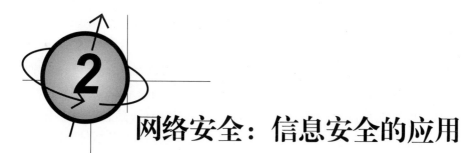

网络安全：信息安全的应用

随着世界日益互联互通，信息安全面临的威胁也在增加。因此，本章进一步探讨这些现实和紧迫的信息安全威胁并揭示当前最先进的网络框架（如物联网、智慧城市）。

首先，评估现代信息安全评价标准，涵盖基于信息论的安全概念及商业环境中的安全部署规则，并通过黑盒、灰盒、白盒攻击模型分析不同安全评估方法的利弊。

接着，聚焦于网络安全风险，特别是网络攻击和恶意软件的多样性，探讨这些威胁如何利用网络漏洞及相应的对抗策略和工具，还探讨网络环境的变化，特别是物联网、智慧城市和元宇宙等新兴领域。

本章的目的是提供一个全面而深入的视角，帮助读者理解并应对当前及未来的网络安全威胁，以在不断发展的数字世界中保障安全和隐私。

2.1 信息安全评价标准

信息安全是保障网络通信系统不受恶意攻击或未经授权访问的一种技术和措施，旨在确保网络通信系统的完整性、可用性和保密性。它不仅包括预防攻击发生和恶意信息产生，还包括及时探测和应对这些威胁。因此，如果有一种方法能够针对安全这一概念进行定性、量化的评估，则能够更加有效地维护整个互联网的信息安全体系。

下面从信息论的角度深入探讨现代信息安全的评价标准，旨在为读者提供一个易理解的全面的框架。

2.1.1 基于信息论的安全概念

从信息论的角度来看，网络安全的核心是保护网络系统中的信息不被非法获取、篡改或破坏。为了实现这一目标，密码学被广泛应用于网络安全中，以确保信息的机密性和完整性。Kerckhoff 定理是密码学中的一个基本原则，它指出即使攻击者已经掌握了密码系统的所有细节，只要其不知道对应的密钥，就无法破解对应密码。信息是将不确定或模糊的状态转换为确定形态的过程，从而更好地描述这个状态，而对于确定的事件或事务，使用信息来描述是不必要的。

信息的价值取决于对应事实发生的概率，发生概率越低，信息价值越高。信息的价值与其携带的信息量呈正相关，但信息越容易预测，其价值越低。

举例来说，假设有两个事件：事件 1 是明天 12 点食堂开饭，事件 2 是某个热门事件。由于事件 1 每天都会发生，其发生概率为 100%，信息量较小；而事件 2 可能不是每天都会发生，其概率较低，则信息量较大，更容易引起人们的兴趣。若以 P_1 和 P_2 分别表示事件 1 和事件 2 发生的概率，由于事件发生的概率越高，信息量越低，因此我们可以假设它们呈负相关，则事件 1 和事件 2 的信息量分别可以表示为 $\frac{1}{P_i}$。此时，存在一个悖论：事件 1 和事件 2 同时发生的概率应该是 $\frac{1}{P_1 P_2}$。但是，两个物体的总量应该是物体 1 的量与物体 2 的量的和。因为是量，所以事件 1 和事件 2 同时发生的事件信息总量应该是将它们各自的信息量求和得到，即 $\left(\frac{1}{P_1} + \frac{1}{P_2}\right)$ 更符合逻辑。因此，我们需要一种能够令 $\frac{1}{P_1 P_2} = \frac{1}{P_1} + \frac{1}{P_2}$ 的算法，即 log 公式：$\log AB = \log A + \log B$。这样就可以获得一个描述信息量的公式了。

公式 1：信息量 I 与事件 E 发生概率 P 的关系。

$$I = \log\left(\frac{1}{P(E)}\right)$$

公式 2：一个由多事件构成的系统的平均信息量。

$$H(m) = \sum_{i=1}^{M} P_i I_i = \sum_{i=1}^{M} P_i \log \frac{1}{P_i} = -\sum_{i=1}^{M} P_i \log P_i$$

其中，$H(m)$ 的单位是 bit/symbol，symbol 是符号的意思，通常指代信息的最小单位，比如一个字母、数字或者其他任何可以用于构成信息的基本元素，这里可以把它看作事件。m 是信息符号的集合（表示有多少种不同的信息表达方式），M 是符号个数，P_i 是各个符号发生的概率，I_i 是各个符号的信息量。

如果把信息量的概念应用到密码学上，我们就可以得到信息量和安全的关

系。明文 M 的信息量是 $H(M)$，密文 C 的信息量是 $H(C)$，密钥 K 的信息量是 $H(K)$。当知道密文 C 时，就可以获取密钥 K 的信息量 $H(K|C)$，同理可得 $H(M|C)$ 和 $H(K|M,C)$。当 $H=0$ 时，系统是绝对安全的。H 越小，整个系统的平均信息量越小，信息量越小意味着越安全。

让我们通过一个例子来理解这种关系，假设明文空间 $\mathbb{P}=\{A,B,C,D\}$，即有四种不同的事件；密钥空间 $\mathbb{K}=\{K_1,K_2,K_3\}$，即存在三种不同的映射关系，明文空间–密文空间映射表如表 2-1 所示。

表 2-1 明文空间–密文空间映射表

映射关系	A	B	C	D
K_1	3	4	2	1
K_2	3	1	4	2
K_3	4	3	1	2

$\mathbb{P}$ 中各事件发生的概率分别为 $\frac{1}{4}$，$\frac{3}{10}$，$\frac{3}{20}$，$\frac{3}{10}$，$\mathbb{K}$ 中各事件发生的概率分别为 $\frac{1}{4}$，$\frac{1}{2}$，$\frac{1}{4}$，则 $P(1)=P(K_1)P(D)+P(K_2)P(B)+P(K_3)P(C)=0.2625$。同理，可以计算得出密文 C 为 $2,3,4$ 时的概率分别为 $0.2625,0.2625,0.2125$。

换言之，当密钥和明文对为 (K_1,D)，(K_2,B)，(K_3,C) 时，均可以得到密文为 1。因此，在所有的密文中，出现 1 的概率就是这三种情况的概率和。由于不同事件发生的概率是不均等的，当我们以攻击者的视角看待该密码时，就可以根据密文进行频率分析。根据贝叶斯定理，$P(A|B)=\dfrac{P(B|A)P(A)}{P(B)}$，我们可以整理出 $P(C|P)$ 和 $P(P|C)$。当 $C=1$ 时，计算可得 $\mathbb{P}$ 各元素的概率分别是 0，0.571，0.143，0.286。这里就出现了一个非常大的安全问题，即当 $C=1$ 时，明文绝不可能等于 A，这就回到我们之前介绍过的频率攻击，会大大降低攻击难度。此时，存在非常高的频率分布，当 $C=1$ 时，明文是 B 的概率高达 57.1%，不需要多少算力就可以轻松破解这个密码。这样，我们就可以得出基于信息论的完美安全（Perfect Security）的定义。这里 $\mathbb{P}$、$\mathbb{K}$、$\mathbb{C}$ 分别表示明文空间、密钥空间、密文空间。

完美安全：当满足公式 $P(M|C)=P(M)$ 时，该系统是完美安全的，即持有对应密文的信息 C 与不持有密文的信息随机寻找到明文 M 的概率是相

等的。

将该定义整理成三个条件，就是基于香农信息论的完美安全。

1）**一次一密**：加密后的密文不能透露出明文的任何信息，且在使用对应密钥解密后，该密钥被废弃。

2）**密钥空间等于明文空间**：密钥长度与明文长度相同，甚至密钥的长度大于明文的长度。

3）**密钥随机性**：密钥是真正随机生成的，不存在周期性和任何重复性。

针对第一个条件，如果说密钥在使用后就被废弃，则不可能出现攻击者截获一次密钥后持续使用并观察后续通信的情况。现在绝大多数攻击都是攻击者费尽心血获取密钥，并使用该密钥持续操作直到达成自己的目标。针对第二个条件，在加密系统中，密钥的长度远远小于明文的长度，即便如此，暴力破解现代密码的密钥空间都需要相当大的成本，如果有人拥有足够强大的算力，大到可以暴力破解明文，这意味着攻击者可以用随机生成的数据还原明文，那就没必要破解密钥，直接破解明文就行了。针对第三个条件，由于真正随机的密钥需要物理设备生成，攻击者绝不可能复刻真随机数。

到这里，我们就能理解为什么 OTP 可以提供完美安全的密码了，因为其完美符合上述三个条件。

除了完美安全，还存在一些其他的安全标准概念，例如计算安全（Computational Security)，它指的是一个加密算法在计算上无法被破解的安全性质。计算安全通常基于计算复杂性理论的假设，即某些计算问题在当前的计算机技术下难以在多项式时间内凭借有限的算力解决。加密算法的安全性通常是基于破解该算法所需的时间和空间复杂度来评估的。如果一种加密算法需要使用指数级的时间或空间才能被破解，那么它就被认为是计算安全的。计算安全并不要求密文不能透露明文的任何信息，只要破解算法需要的时间超过了某个阈值，就认为该算法是计算安全的。如果加密算法的安全性需要指数级时间才能被破解，则称该加密算法是指数级安全的（Exponential Security）或超多项式安全的（Super-Polynomial Security)。此外，统计安全（Statistical Security）也是密码学和信息安全领域中用来评估一种加密算法或系统抵抗统计分析攻击能力的指标。这种安全性关注的是攻击者即使拥有无限计算资源，在统计学意义上也不能从加密的数据中提取出任何有关明文的有效信息。在更精确的描述中，统计安全可以被理解为攻击者通过对密文进行分析所能获取的信息量极其有限，以至于无法区分两个不同明文的加密结果是否具有显著的统计差异（即可提取的有效明文低于某阈值）。如果一个系统是统计安全的，即使攻击者观察到任意多的密文，也不能确定（或以任何实际意义上的非微不足道的概率）推断出任何关于明文的信息。这种安全保证是绝对的，因为是基于加密系统本身的性质，而不是外部因素如计算资源的限制。计算安全和统计安全分别代表了基于计算假设和基于数学证明的安全标准。计算安全假设攻击者的计算资源是有限的，而统计安全提供了不依赖于攻击者计算能力的安全保证。在设计加密系统和安全协议时，了解这两种安全概念及其适用条件是非常重要的。

如果从攻击者的算力角度来看各种安全的安全程度，则可以对完美安全、统计安全和计算安全有如下定义。完美安全代表即便攻击者拥有无限大的算力，也无法破解对应密码；计算安全是指假定攻击者的算力是有限的，当在某算力阈值内时，就是计算安全的；统计安全是指假定攻击者能够获取的密文样本是有限的，当在某样本阈值内时，就是统计安全的。

总结而言，上文提及的各种安全分类都属于信息安全。我们可以将信息安全分为无条件安全与条件安全两大类，条件安全代表在满足一定前提条件下的安全性，如统计安全和计算安全。由于统计安全与计算安全都基于数学逻辑，是在某个前提条件下保证安全性的，因此也将它们归类为可证明安全（Provable Security）。无条件安全则是不论有何前提，都是绝对安全的，如完美安全。

2.1.2　商业环境中的安全部署规则

商业环境中的安全部署规则是指企业为保障信息系统安全制定的一系列安全规则和措施，以确保企业的信息安全。这些规则和措施涉及安全政策、安全标准、安全程序、安全培训、安全审核、漏洞管理等方面。

1）安全政策是商业环境中安全部署规则的核心，它是一份全面的，针对企业信息系统安全的方针和指导原则。安全政策包括安全目标、安全组织架构、安全责任、安全管理流程、安全教育等方面的内容，它是企业信息系统安全管理的基石。

2）安全标准是商业环境中安全部署规则的重要组成部分，它规定了企业在安全方面应该达到的标准和要求。安全标准包括密码标准、网络安全标准、应用安全标准等方面的内容，它可以帮助企业建立统一的安全管理流程。

3）安全程序是商业环境中安全部署规则的操作性指导，它规定了企业在具体的安全操作中应该如何操作。安全程序包括身份认证、访问控制、安全审计、数据备份等方面的内容，它可以帮助企业规范安全操作和防范安全威胁。

4）安全培训可以提高员工的安全意识和增加员工的安全知识。安全培训包括安全意识教育、安全技能培训、应急响应培训等方面的内容，它可以帮助员工正确应对安全事件和威胁。

5）安全审核可以检测企业安全管理的实施情况和安全漏洞。安全审核包括安全评估、漏洞扫描、安全测试等方面的内容，它可以帮助企业及时发现和修复安全漏洞，提高信息系统的安全性。

6）漏洞管理是商业环境中安全部署规则的关键环节，它可以帮助企业及时发现和修复安全漏洞。漏洞管理包括漏洞扫描、漏洞修复、漏洞报告等方面的内容，它可以帮助企业加强对安全漏洞的管理和监控，提高信息系统的安全性。

与产业结合的安全部署战略：“红女王假说”

红女王假说源自路易斯·卡罗尔的童话《爱丽丝梦游仙境》，里面的红女王对爱丽丝说：“在这个世界上，你必须不断地奔跑才能保持原地不动”。同理，信息与网络安全需要的是不断适应和更新的积极战略，以保持对攻击的有效防御，而非“一日作业终日无忧”的消极部署战略。企业或组织需要持续地研究和探索新的安全技术和策略，以保证信息系统的安全性和可靠性。

图 2-1 所示是安全技术的发展趋势，现在某企业安全部署完善，暂时是安全的，而某一时刻一种突破性技术/致命漏洞出现，然后就不再安全了。虽然理论上不再安全，但攻击者未必能反应过来这个问题，因此一段时间内针对该脆弱点进行痛点打击的攻击相对还是较少的。而在攻击者对某一种技术或漏洞的应用成熟后，对之前完善的安全体系的攻击所产生的危害就是毁灭性的。因此，要在突破性技术完成或致命漏洞出现之前研究出能防御的理论，并尽快部署，这样突破性技术出现后才能继续保持系统的安全。这需要基于相当的理论知识和预测能力，因为是预测，其效果就未必能达到预期能力，但是为了防止

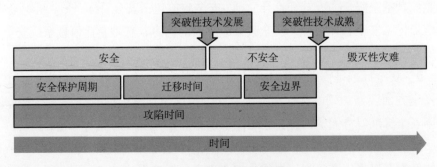

图 2-1　安全技术发展趋势

灾难的发生，我们必须这样做。这正是后量子安全的核心需求。

图 2-1 包含了密码迁移 Mosca 模型，其中有迁移时间、攻陷时间、安全保护周期和安全边界四个概念。以量子技术为例，迁移时间意味着部署能够提供广范围稳定服务所需要的量子基础设施所需要的时间，令其为 Y。攻陷时间是指量子技术成熟，有大型量子计算机进入人们生活那一天到来的时间，令其为 Z。安全保护周期是指假如从今天开始保护数据，所需要的最长保护周期，即对应数据的保密要求时间，令其为 X。安全边界就是 $Z-(X+Y)$，代表在成熟的量子计算到来之前，仍然能够保持数据安全的时间。如果安全边界的值大于 0，则能够在预计时间稳定地完成技术过渡且仍然能保护信息安全。如果安全边界的值小于 0，则说明有对应年限的危险期，该期间内数据将暴露在基于量子技术的安全隐患之下。

2.1.3　黑盒、灰盒和白盒攻击模型

黑盒攻击模型（Black Box Attack Model）、灰盒攻击模型（Gray Box Attack Model）和白盒攻击模型（White Box Attack Model）是根据攻击者对系统的了解程度和掌握程度的不同进行划分的，其概念图如图 2-2 所示。

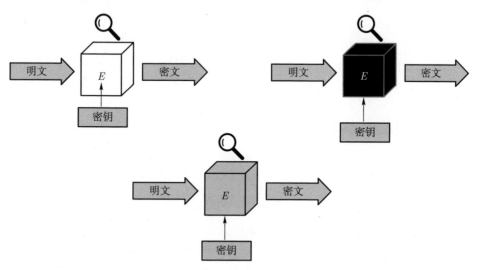

图 2-2　黑盒、灰盒和白盒攻击模型

1）**黑盒攻击模型**：攻击者没有系统的任何内部信息，只能通过输入和输出对系统进行攻击。也就是说，攻击者对系统的运行机制一无所知，需要通过

试错的方式来发现系统的漏洞和弱点。

2）**灰盒攻击模型**：攻击者拥有部分系统的内部信息，但并不完全了解系统的全部运行机制。这种攻击模型可以更有效地进行攻击，因为攻击者可以利用已知信息来加快攻击的速度。除了输入和输出信息，攻击者还能对电能消耗、时间、错误、波长等非直接相关的附加信息进行分析，但是攻击者不知道算法的内部结构。侧信道攻击就是一个典型的例子。

3）**白盒攻击模型**：攻击者完全了解系统的内部机制和运行过程，就像系统的设计者一样。这种攻击模型通常用于对安全系统的评估和测试，可以检测系统中存在的所有漏洞和弱点。

黑盒攻击模型是最常见的攻击模型，因为大多数攻击者无法获取系统的内部信息。灰盒攻击模型和白盒攻击模型通常被用于评估和测试安全系统的强度和可靠性，它们可以帮助安全专家更好地了解系统的安全弱点，并提供更好的安全保护措施。

2.2　网络安全威胁

网络安全威胁是攻击者基于网络的设计原理漏洞或者信息传输方式的特异性进行的具有针对性与特异性的恶意行为。了解恶意软件、网络攻击模式的概念和原理将有益于帮助我们理解网络安全的概念与维护网络安全的必要性。本节以恶意软件、恶意攻击为主视角，进一步对网络安全威胁进行分类，并对现代网络攻击的未来进行展望。

2.2.1　多样的网络攻击

网络安全威胁可能会影响个人、组织或国家的数据安全和信息系统的正常运行。在网络安全领域中，截获（Interception）、中断（Interruption）、篡改（Tampering）和伪造（Forgery）代表了四种基本的网络攻击实现方式。

1）**截获**：截获是指攻击者在数据传输过程中，未经授权获取通信内容。截获威胁可能会导致用户的隐私泄露、商业机密泄露等问题。为了防止截获，可以采用加密技术，确保数据在传输过程中不被未经授权的人员窃取。

2）**中断**：中断是指攻击者通过破坏网络设备、切断通信链路或发动拒绝服务攻击（Denial-of-Service, DoS），使数据传输受阻或网络服务不可用。中断威胁可能会导致正常的业务流程受到影响，从而导致经济损失。为了防止中断，可以采用冗余网络架构、流量监控和对抗拒绝服务攻击的技术。

3）篡改：篡改是指攻击者在未经授权的情况下，对数据进行修改或删除。篡改威胁可能会导致数据的不一致，从而影响系统的正常运行。为了防止篡改，可以采用访问控制、数据完整性检查和异常行为监测等技术。

4）伪造：伪造是指攻击者通过伪造身份信息、篡改证书或创建虚假数据，以达到欺骗用户或系统的目的。伪造威胁可能会导致用户财产损失、系统遭受恶意软件攻击等问题。为了防止伪造，可以采用数字签名、双因素认证和安全通信协议等技术。

为了应对这些威胁，我们需要采取一系列技术和管理措施，确保网络安全和数据安全。

表 2-2 展示了对应四种网络攻击的典例、实现原理及所采取的技术或措施。

表 2-2　四种网络攻击的典例和实现原理及所采取的技术或措施

攻击类型	典例	实现原理
截获	嗅探器攻击	攻击者在网络中部署嗅探器，用于监听和捕获经过的数据包。当用户在网络中传输未加密的数据（如登录名和密码）时，攻击者就可以利用嗅探器截获这些信息。为了防止此类攻击，用户和企业可以采用加密通信协议（如 HTTPS），以确保数据在传输过程中的安全
中断	拒绝服务攻击	攻击者通过向目标服务器发送大量伪造的请求，消耗服务器资源，导致正常用户无法访问该服务。为了防止拒绝服务攻击，企业可以采用流量监控、防火墙策略、分布式防御系统等技术
篡改	SQL 注入攻击	攻击者通过在 Web 应用程序的输入字段中插入恶意 SQL 代码，企图修改、删除或泄露数据库中的信息。为了防止 SQL 注入攻击，开发人员应使用参数化查询、输入验证、访问控制等方法来确保数据的完整性
伪造	钓鱼攻击	攻击者通过伪造电子邮件、社交媒体消息或网站，诱使用户泄露敏感信息（如用户名和密码）或下载恶意软件。这些伪造的内容通常模仿合法实体，以误导用户。为了防止钓鱼攻击，用户应提高安全意识，警惕可疑信息，并使用安全通信协议、双因素认证等技术来保护账户

除了上面给出的例子，还有很多著名的攻击基于上述四种网络攻击手段。比如，截获中的无线网络监听（Wi-Fi Eavesdropping）、中间人攻击（Man-in-the-Middle Attack）等；中断中的网络破坏（Network Sabotage）、分布式拒绝服务攻击（Distributed Denial-of-Service，DDoS）等；篡改中的跨站脚本攻击（Cross-site scripting)、缓冲区溢出攻击（Buffer Overflow）等；伪造中的社交

工程（Social Engineering）和域名欺诈（Domain Spoofing）等。其中，社交工程是一种心理操纵技术，攻击者通过与目标对象建立信任关系，操纵人们泄露敏感信息或执行特定操作，以达到获取非公开信息、非法访问系统或传播恶意软件等目的。社交工程依赖于人类的心理弱点，如好奇心、信任、贪婪和恐惧等实施攻击，而非技术手段。

1. 针对网络攻击的解决方案

对应上述的攻击类型，有诸多利用第 1 章介绍的信息保护原理的经典解决方案。针对相应网络攻击防御手段的建立方式，其原理非常简单。首先我们需要弄清楚对应的攻击所侵害的目标是信息安全系统中的哪一个属性，然后使用对应的防御机制建立有效防护。例如 SQL 注入攻击侵害了数据的完整性，因此加密、哈希函数、消息认证码和数字签名都可以对该问题建立有效防护。具体的映射关系如图 2-3 所示。

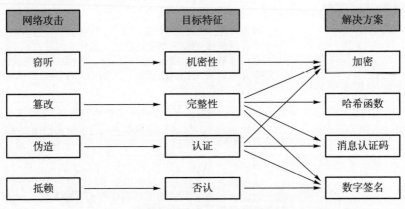

图 2-3　不同网络攻击对应的目标特征和解决方案

2. 网络攻击案例

网络攻击的分类非常之多，这些攻击方式要么利用网络设计原理的漏洞，要么利用人类行为，要么利用安全机制漏洞，要么依赖算力强行突破。下面简单介绍一些基于技术原理的网络攻击。

1）女妖攻击：女妖攻击利用伪造的 Wi-Fi 接入点吸引用户连接并获取用户的敏感信息，如账号、密码等。

2）超时攻击：超时攻击利用应用程序超时机制的漏洞进行攻击，使得应用程序无法处理用户请求并且崩溃，从而影响用户服务。

3）XSS 攻击：XSS 攻击利用网页注入恶意脚本，从而盗取用户数据、劫持用户会话或破坏网站的正常运行。

4）CSRF 攻击（Cross-Site Request Forgery）：CSRF 攻击利用攻击者伪造的请求，欺骗用户执行恶意操作，例如在用户不知情的情况下转账或提交订单。

5）ARP 欺骗攻击：ARP 欺骗攻击利用 ARP 协议的不安全性，向目标计算机发送虚假的 ARP 信息，使得攻击者可以窃取用户通信数据、劫持用户会话等。

6）端口扫描攻击：端口扫描攻击利用扫描器等工具，探测目标计算机的开放端口，识别可用漏洞和攻击面。

7）黑洞攻击：黑洞攻击是一种利用攻击者控制的路由器或交换机，将网络流量吞噬并丢弃，使得目标网络无法正常通信的攻击方式。

8）侧信道攻击：侧信道攻击是一种利用电磁、温度、电压等非传统的通信信道，窃取目标设备敏感信息的攻击方式。

9）DNS 重定向攻击：DNS 重定向攻击是一种利用 DNS 协议的漏洞，将 DNS 解析结果篡改为攻击者控制的虚假 IP 地址，从而导致用户访问到的是攻击者控制的恶意网站的攻击方式。

10）路由器劫持攻击：路由器劫持攻击是一种利用攻击者控制的路由器修改路由表的方式，将用户的数据流量重定向到攻击者控制的服务器，从而窃取用户数据或劫持用户会话的攻击方式。

3. 网络攻击原理解析和防护：漏洞与零日攻击

下面以零日攻击（Zero-Day Attack）为例介绍网络攻击的原理和防护手段。零日攻击是指利用未公开的、尚未被修复的漏洞对系统进行攻击的方式。当攻击者发现漏洞时，往往会保持沉默，不向厂商或开发者报告漏洞，而是利用这些漏洞对系统进行攻击，以达到获取敏感信息、控制目标系统等目的。由于漏洞未被公开，因此受害者无法采取有效的防御措施，也无法及时进行修复和升级。零日攻击通常需要攻击者具备高超的技术水平和专业知识，以便发现和利用目标系统中未公开的漏洞。攻击者可能利用社交工程、钓鱼邮件、恶意软件等手段，诱骗受害者下载并执行恶意代码，从而实施零日攻击。

零日攻击存在时间差，例如发布某程序的补丁后，直到用户安装这个补丁之前，攻击者都可以对特定用户实行零日攻击。为了防止零日攻击，我们需要明确漏洞的特性。漏洞，顾名思义，出现后只要打补丁就能够被修复，因此用户可以采取一些措施，例如定期升级和更新软件与操作系统、使用网络安全软件和工具、限制和管理系统权限等。对于组织和企业来说，还可以采取安全审计、漏洞扫描、安全培训等措施，尽可能及时发现漏洞并在攻击发生之前完成对应的维护和升级。

2.2.2　恶意软件

恶意软件是被设计用来损害或非法入侵计算机系统、网络或设备的软件。这类软件的种类繁多，包括但不限于病毒、蠕虫、特洛伊木马、勒索软件、间谍软件和广告软件。它们可以通过多种途径传播，包括电子邮件附件、可疑网站的下载等。恶意软件的目标也各不相同，从窃取敏感信息、监控用户行为、破坏数据完整性到勒索金钱等。为了保护计算机和网络安全，用户和组织必须采取多层次的安全措施，包括定期更新软件、使用防病毒软件、培训员工识别和防范网络钓鱼攻击，以及实施强有力的数据备份和恢复计划。由于勒索软件是现代最臭名昭著的恶意软件，因此会单独进行说明，其他的恶意软件大概可以进行如下分类。

1）病毒：它会隐藏地感染计算机，一般对系统的破坏都是隐秘且不容易被发觉的；可以改写系统的程序或者应用程序、删除关键文件等，病毒是以破坏系统为主要目的的安全威胁。

2）蠕虫：与病毒不同，它的目的在于消耗系统资源。蠕虫病毒会慢慢蚕食内存和 CPU，随着计算机工作时间的增加，它占用的资源会越来越多，导致计算机速度变慢，慢到一定程度就需要重启计算机，然后反复这个过程。

3）木马：功能性威胁。它的功能指向性强，比如盗号或系统控制木马。木马与蠕虫的区别是需要与外界通信，需要将信息发给攻击者。木马程序的查找：在用户启动计算机后，立刻使用 msconfig 查询是否有可疑的服务，以及使用"cmd"命令的"netstat -n"来检查可疑对话。

4）逻辑炸弹：其是指具有触发条件的病毒，潜伏性更好，症状表现少，发作有规律，发觉时一般已经对系统造成很大程度的损坏。

5）广告软件：广告软件是一种通过弹窗、插件等方式进行广告投放的恶意软件，通常会在用户使用计算机或浏览器时不断弹出广告窗口，影响用户体验和网络安全。这种软件本身无害，只是影响体验，但是对于缺乏安全意识的网民而言，某些"诱人"的广告信息可能会让他们上当受骗。

6）间谍软件：间谍软件是一种隐秘搜集用户个人信息的恶意软件，通常会潜伏在用户计算机或浏览器中，记录用户的敏感信息，例如键盘输入、密码、信用卡信息等，然后发送给攻击者。

7）网络钓鱼：网络钓鱼是一种通过伪造网站或欺骗用户输入个人信息等方式，获取用户敏感信息的恶意软件。通常通过电子邮件、社交网络、恶意网站等方式进行传播，其目的是获取用户的个人身份信息、银行账户信息等敏感信息，用于非法营利或进行其他违法行为。

下面来看一下上述恶意软件的代表性案例。

（1）病毒

1）ILOVEYOU：这是一种通过电子邮件传播的脚本病毒，感染了全球数百万台计算机，导致产生巨大的经济损失。

2）Melissa：一种通过 Microsoft Word 宏病毒传播的恶意程序，会将自身发送给受害者的 Outlook 联系人。

（2）蠕虫

1）Conficker：这种恶意软件主要针对 Microsoft Windows 操作系统，通过利用系统漏洞和网络共享来传播。

2）Mydoom：一种通过电子邮件传播的蠕虫病毒，可以导致大规模的电子邮件服务器堵塞和拖慢互联网速度。

（3）木马

1）ZeuS：一种专门用于窃取银行凭证和其他敏感信息的木马病毒，主要通过钓鱼邮件和恶意网站传播。

2）Emotet：最初是一种银行木马，后来演变成一种多功能的恶意软件，通过电子邮件传播并植入其他恶意软件。

（4）逻辑炸弹

1）CIH 病毒：又称为"Chernobyl"病毒，它会在特定日期被激活，擦除计算机硬盘上的数据。

2）石勒喀布：这种恶意软件会在受害者电脑特定的文件夹中检测特定的图片，当满足条件时，开始破坏系统文件。

（5）广告软件

1）Superfish 广告软件：Superfish 是一家生产电脑屏幕广告软件的公司。2015 年，联想的一批笔记本电脑中预装的 Superfish 广告软件被发现会绕过 HTTPS 加密，植入广告并窃取用户数据。这次事件导致联想召回了一部分受影响的电脑，并对其广告软件的安全性做了修正。

2）Fireball 广告软件：Fireball 是一种广告软件，被发现在全球范围内感染了超过 2 亿台电脑。Fireball 可以在用户计算机中注入广告，或将其引导到不安全的网站。这些广告和网站可能会导致用户遭受恶意软件感染、身份盗窃等风险。

（6）间谍软件

1）FinFisher 间谍软件：FinFisher 是一种被用于监视政治异议人士、活动家和记者的间谍软件。FinFisher 可以安装在受害者的计算机上，搜集用户数据、监视用户活动、窃取用户密码等信息。FinFisher 曾被发现在多个国家的政府机构和私人公司中使用。

2）Blackshades 间谍软件：Blackshades 是一种用于监视计算机和移动设备的间谍软件。Blackshades 可以获取用户的键盘输入、摄像头和麦克风信息，并将这些信息发送给攻击者。2014 年，美国 FBI 在全球范围内逮捕了 100 多名使用 Blackshades 间谍软件的犯罪嫌疑人。

（7）网络钓鱼

1）Google 钓鱼邮件事件：2017 年，Google 用户收到了一批伪造的 Google 安全警告电子邮件，内容声称用户账户存在安全风险，并引导用户单击链接进行密码重置。这些邮件实际上就是钓鱼邮件，单击链接后会跳转到仿制的 Google 网站，让用户输入账号和密码。这些信息会被攻击者窃取并用于非法活动。

2）陌陌网络钓鱼事件：2019 年，国内社交应用软件陌陌上出现了一批仿冒陌陌客服的钓鱼账号。攻击者伪造陌陌客服的身份，通过聊天窗口引导用户输入个人信息、银行卡信息等敏感信息。攻击者利用这些信息进行非法活动。

频繁出现的网络攻击：勒索软件

勒索软件是一种恶意软件，它会先加密用户的文件或限制用户访问计算机系统，然后向用户勒索赎金，以恢复被攻击的数据或系统。勒索软件可以通过电子邮件、恶意网站或利用其他安全漏洞来感染用户计算机，是目前互联网上最为猖獗的一种网络犯罪工具。

勒索软件的背景可以追溯到 2005 年左右，但在近几年来随着比特币等加密货币的发展，勒索软件的攻击规模和频率显著增加。攻击者通常会要求用户支付比特币等加密货币来赎回被攻击的数据或系统。这种支付方式使得攻击者难以被追踪和定罪，也让勒索软件成为一种非常具有经济利益的犯罪工具。

勒索软件主要可以分为两种类型：锁屏型勒索软件和加密型勒索软件。锁屏型勒索软件会锁定用户的计算机屏幕，显示一条勒索信息，要求用户支付赎金以解锁屏幕。加密型勒索软件则会对用户的文件进行加密，并要求用户支付赎金以获取解密密钥。勒索软件会导致用户无法访问重要的数据、文件或者系统，影响个人的生产和工作，甚至对企业、政府机关等重要机构的运行造成影响。此外，即使用户支付了赎金，也不能保证攻击者会恢复数据或解锁系统，并且支付赎金还可能会鼓励攻击者继续进行勒索软件攻击，从而造成更加严重的损失。为了防范勒索软件的攻击，用户和企业需要加强网络安全意识，定期备份重要数据，更新防病毒软件和系统补丁。

下面是一些曾经出现过的勒索软件，有关勒索软件的事例非常多，这只是其中的几个而已。勒索软件的表现形态非常多样化，但是主要的原理就是加密数据和锁定屏幕，即锁屏型和加密型。

（1）锁屏型

1）FBI MoneyPak Ransomware：这是一种流行于 2012 年的锁屏型勒索软件，被称为 FBI 病毒。它会锁定用户的计算机屏幕，并伪装成 FBI 的警告信息，要求用户支付赎金以解锁屏幕。

2）Android Fake Defender：这是一种针对安卓系统的锁屏型勒索软件，它会模拟病毒扫描，并警告用户设备存在病毒并锁定屏幕，然后美其名曰为了进行病毒防治，需要暂时锁定设备并且要求用户付款，以购买专业的付费服务来清除病毒。但是由于设备本身并无异常，这只是一种欺诈，因此在用户支付服务费用后，该软件仍然持续存在，定期虚假更新后会持续要求付款，直到用户发现被勒索。

（2）加密型

1）WannaCry 勒索软件：这是一种加密型勒索软件，于 2017 年爆发，在全球范围内造成了巨大的影响。它先利用 Windows 系统漏洞感染计算机，然后对用户的文件进行加密，并要求用户支付比特币赎金。

2）Petya 勒索软件：这是一种高度复杂的加密型勒索软件，于 2016 年首次出现。它具有先进的加密技术和自我复制功能，可以快速感染整个网络，并对用户的系统进行加密。与 WannaCry 相似，Petya 也要求用户支付比特币赎金。

3）Ryuk 勒索软件：这是一种利用人工智能进行攻击的加密型勒索软件，于 2018 年首次出现。它具有高度复杂的加密技术和自我删除功能，可以避免被发现和阻止。Ryuk 勒索软件的攻击目标主要是企业和政府机构。

2.2.3 现代网络攻击展望

从产业结构来看，截至 2023 年 10 月，在当前的研究讨论中总结的网络攻击趋势如下。

1）威胁国家/产业安全的全球黑客组织的攻击数量增加：

① 国家网络安全策略之外的网络攻击数量增加。

② 非国家非组织的黑客网络攻击数量增加。

③ 针对虚拟资产和庞大收益的网络攻击数量增加。

2）灾难、障碍等敏感的社会安全隐患信息被恶意使用的事例持续存在：

① 按照现在的发展趋势，2023 年度威胁社会安全的钓鱼、诈骗、诱捕邮件和智能持续攻击（Advanced Persistent Threat，APT）将会持续存在。

② 将会有更多的虚假新闻和影响社会信赖度的虚假信息。

③ 针对邮件、自媒体等个人信息渠道的攻击将会增加。

3）随着勒索软件进化而展开的智能攻击和多重威胁持续增加：

① APT 攻击可能会进化到单纯犯罪（无利益驱动的攻击）。

② 将会出现针对企业内网的备份装置的遍历和毁损攻击。

③ 攻击方式向多样化进化。例如，加密文件复原、公开隐私数据、DoS 攻击、威胁用户等多重威胁形态。

4）随着数字化的发展，云安全威胁增加：

① 当普通企业从个人服务向云服务升级时，由安全设计和应对战略不足导致的漏洞将会引起更多黑客的注意，进而产生更多的网络攻击。

② 账户权限的过度赋予及账户管理体系的不完善将会导致数据泄露等网络事故发生。

③ 与混合云、多媒体云等运营形态相对应的网络安全对策在当前阶段不够完善。

5）随着产业链的持续发展，针对产业链中的软件服务和供应网络的网络威胁持续增加：

① 开源软件和公开的教程可能会成为网络攻击者攻击的途径，通过它们对软件供应链进行攻击的情况有可能会变得更加频繁。

② 第三方提供的代码和开源代码存在漏洞的现象，以及恶意代码的感染事件，预计将变得更加频繁。

③ 随着服务器的升级、源代码的伪造，以及认证书的盗窃等攻击手段的增

加，网络安全面临的威胁将进一步加剧。

随着网络攻击的进化，密码体系（网络安全体系）也在不断进化。现在已经进入下一代密码体系。下一代密码体系的主题既包括后量子安全与量子安全等新颖技术，也包括轻量化密码与同态加密等需求特化型密码。简单来说，下一代密码体系由后量子密码、同态密码、轻量化密码三种体系构成。

从技术和环境结构来看，以下类型的攻击是黑客重点关注的对象。

1）**人工智能攻击**：随着人工智能技术的发展，攻击者可能会利用 AI 算法进行自动化攻击，识别漏洞和攻击目标。不仅攻击会自动化，而且基于 AI 技术的攻击还更加智能，将会更高效地选择网络中的脆弱节点进行针对性突破，有效识别和筛选低安全意识的用户等。

2）**量子计算攻击**：量子计算技术的发展会使一些加密算法变得不安全，攻击者可能会利用量子计算机来攻击当前的加密算法。虽然现在拥有普适性计算功能的量子计算机还未面世，现存的量子计算机的量子比特数量也不足以完全破解现代密码，但是攻击者可以通过正规组织的量子云服务来访问高速量子计算机，在未来这将会给攻击者提供实现量子攻击的机会。

3）**物联网（IoT）攻击**：随着物联网技术的普及，越来越多的设备被连接到互联网上，物联网设备容量有限，性能相比现代计算机更低，因此现行安全机制无法直接被应用到物联网设备。这些设备可能存在安全漏洞，攻击者可以利用这些脆弱节点接入网络，获得对网络攻击的起点。

4）**社交工程攻击**：攻击者可能会利用社交工程技术，欺骗用户提供个人信息、密码等敏感信息，从而实施攻击。随着信息技术的发展，有诸多软件被提供给用户以满足社交需求，鱼龙混杂的软件和良莠不齐的信息收集机制，以及需求点明显的用户非常容易成为攻击者的攻击对象。攻击者会利用这些强特征筛选出自己想要的信息并加以利用。

5）**勒索软件攻击**：勒索软件已经成为一种常见的网络攻击方式，攻击者可能会利用更加复杂的勒索软件来攻击个人用户和企业。勒索软件对于企业的机密数据而言是致命的，因此许多企业选择支付赎金。但是勒索软件本身毫无信用可言，支付赎金并不能保证规避风险。这将给未来的产业体系提出新的挑战。

针对上述网络威胁，有很多新型技术面世并试图解决这些安全隐患。

1）**强化身份验证**：采用多重身份验证、生物识别等技术，加强对用户身份的验证，避免由用户密码泄露等原因导致的攻击。这一技术方向主要是通过生物识别、多重验证的方式来打破原有的账号密码的单纯机制，通过将认证步骤复杂化来增加攻击者的复刻难度。

2）**数据加密**：采用下一代加密技术加密存储和传输的数据，避免敏感信息泄露。这是网络传输的基本，就像我们之前提到的，现在我们需要使用下一代密码体系逐步替代现代密码体系。

3）**安全软件**：使用安全软件及时更新防病毒软件、防火墙等安全工具，保障系统安全。安全软件集成了很多功能，这一点不需要太多的介绍。非安全专家无条件使用某一款安全软件就能规避大多数网络风险。

4）**网络隔离**：将内网和外网进行隔离，防止攻击者通过攻击外部系统进入内网系统。这一步涉及企业网络管理技术，主要是在对非家庭网络的大规模网络成体系、成规模地有效管理的同时，不增加数据的运行载荷及不影响业务的正常进行。

5）**安全监测**：采用安全监测技术，及时发现并防范攻击行为。现在的主要基调是利用人工智能技术对网络攻击进行自动化防御和监测，识别并拦截威胁行为。当然，绝大多数企业可能只是单纯地使用一些开发好的付费安全软件或插件。

6）**安全意识培训**：加强用户对网络安全意识的培训，提高用户的安全意识和自我防范能力。这一点远比想象的重要，在安全体系中最脆弱的节点就是人类，再完美的安全技术体制下都会因为人为失误导致黑客拥有侵入系统的机会。

2.3　变迁的网络环境

前面已经深入探究了现代网络安全的评价标准和面临的各种威胁，但网络环境并非静态的，而是一个不断演变和升级的生态系统。下面针对变迁的网络环境及其对信息安全的影响进行介绍。

下面聚焦于三个特定的、正处于快速发展阶段的领域：物联网、智慧城市和元宇宙（Metaverse）。这些领域不仅因其创新性和普及率而受到广泛关注，还因为它们在信息安全方面引发了一系列全新的挑战。

物联网将无数的设备连接到网络中，从智能家电到工业传感器，它们极大地增加了网络的复杂性，从而带来了更多的安全漏洞。而智慧城市作为一个宏大的系统，不仅涉及信息的传输和处理，还涉及城市的基础设施和公共服务，这在很大程度上增加了攻击面。元宇宙作为一个虚拟世界，看似它可能与"现实"的安全问题无关，但实际上，其中涉及的数据交换和用户隐私问题，以及其与现实世界的交互，都使得其成为信息安全不可忽视的一个方面。

通过本节的讨论，希望读者能够获得一个更全面的视角，理解这些快速发展的领域是如何改变信息安全格局的，以及我们应如何适应这一变化，以保证持续的安全和隐私保护。

2.3.1 物联网

随着互联网技术的快速发展，越来越多的设备和传感器被连接到互联网上，形成了一个庞大的、复杂的系统，这就是所谓的物联网。物联网通常被分为四层：设备层、边缘层、雾层和云层，每层都有其独特的特点和功能。物联网的框架如图 2-4 所示。

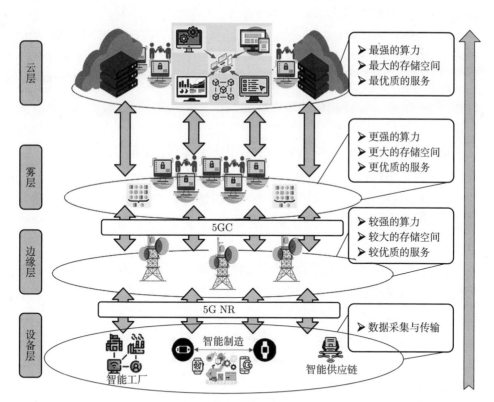

图 2-4　物联网框架

1）设备层：这是物联网系统中最底层的部分，包括传感器、物联网设备等。这些设备通常具有低功耗、低计算能力和低带宽等特点，主要用于采集数据并将其发送给上一层。该层的设备几乎没有运算能力，主要依赖于收集数据后发送数据给上层处理，主要功能表现为接收并在本地显示上层的处理结果。

2）边缘层：这一层位于设备层和雾层之间，作用是分析设备层采集的数据，并进行一些简单的处理。边缘层通过在网络的边缘进行数据处理来减少数据传输到云端的需要，从而减少网络流量和减少延迟。边缘层通常包括网关、路由器等设备。该层的设备具有一定的计算能力，能够执行命令并处理一定量的程序需求。

3）雾层：雾层是介于边缘层和云层之间的一层，主要作用是处理和分析从边缘层收集的大量数据。相比于云层，雾层具有更低的延迟、更高的可靠性和更强的安全性。该层的设备比边缘层的具有更强的计算能力，能够执行命令并处理大多数的程序需求。

4）云层：云层是物联网系统中最顶层的部分，用于存储和处理从边缘层和雾层收集的大量数据。云层通常拥有高性能的服务器和大规模的存储设备。该层的设备比其他层的具有更强的计算能力，能够执行命令并处理所有的程序需求。但是由于通信的距离最远，因此云层的通信开销最大、通信延迟最高。

物联网的快速发展为多个行业带来了创新和便利，但也带来了多种信息安全挑战。以下是物联网在信息安全方面面临的七大挑战。

1）设备的物理安全：物联网设备常常部署在监控较少或者无人的环境中且这些设备的性能相对于一般计算机更低，这使得它们相对更容易遭受物理篡改或被恶意损坏。此外，设备往往缺乏足够的物理安全防护措施。

2）设备的固件和软件安全：许多物联网设备使用的固件和软件由于其部署性质更新频率相对较低，当存在新的安全漏洞时，这些漏洞可被黑客用来进行远程攻击，盗取数据或控制设备。

3）数据隐私和数据保护问题：物联网设备收集并传输大量数据，包括可能敏感的个人信息。如何确保这些数据在收集、传输和存储过程中的安全和隐私，是物联网面临的一项重要挑战。

4）网络接入和通信安全：物联网设备通过网络发送和接收数据，网络的安全性直接影响到整个系统的安全。轻量化的物联网设备适配轻量化的安全机制，弱密码和不安全的网络接入点都可能成为攻击的突破口。

5）设备认证和管理问题：在物联网环境中，确保设备的身份及其通信的真实性和完整性非常关键。轻量化的设备管理和认证机制可能导致设备被恶意设备冒充，或者设备间的通信被篡改。

6）跨界设备的互操作性和安全政策：物联网环境通常涉及多种不同类型的设备和技术标准，这些设备的互操作性和不同的安全要求可能导致安全政策难以统一实施。

7）规模化管理问题：随着物联网设备数量的大规模增加，如何有效管理这些设备，包括软件更新、安全监控和故障诊断成为一大挑战。

2.3.2　智慧城市

智慧城市是一种基于物联网技术和数据分析的城市管理模式，旨在提高城市的效率、可持续性和安全性。它将传感器、数据、网络和应用程序整合在一起，形成一个智能系统，能够自动化和优化城市的各个方面。智慧城市主要由三层构成：技术层、数据中心层和服务层。智慧城市的框架如图 2-5 所示。

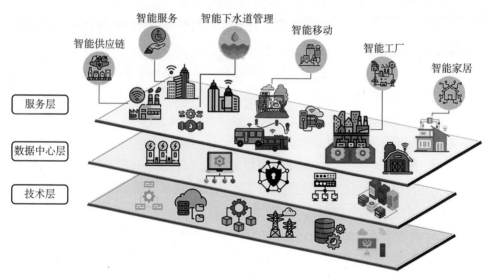

图 2-5　智慧城市框架

1. 技术层

技术层主要包括物联网设备、传感器、网络和通信设施等。物联网设备和传感器被广泛部署在城市的各个角落，收集各种类型的数据，如气象、交通、能源使用、公共安全等。这些数据通过高速、稳定的通信网络被实时传输到数据中心层。此外，人工智能和机器学习技术在技术层中发挥着重要作用，用于分析和预测城市发展趋势、优化资源配置等。

2. 数据中心层

数据中心层负责对收集到的大量数据进行存储、处理和分析。该层通常会利用到云计算、数据存储和大数据处理技术。数据中心层需要高度安全和可靠，以确保数据的完整性和隐私保护。在数据中心层，通过数据挖掘、分析和可视化技术，可以将原始数据转换为有价值的信息，为决策者提供依据。此外，数据中心层也为不同的部门和组织提供数据共享和交流平台，实现信息资源的互联互通。

3. 服务层

服务层是智慧城市的应用层，直接面向市民和政府部门，提供如下各种智能化服务。

1）智能交通：通过实时路况监控、交通流量分析和优化、智能停车等技术，提高道路利用率，缓解交通拥堵，降低尾气排放。

2）能源管理：利用智能电网、分布式能源系统和能源监控系统，提高能源使用效率，降低能源消耗，减少环境污染。

3）公共安全：运用视频监控、紧急响应系统和预警系统，提高公共安全水平，加强应急处理能力。

4）环境监测：通过大气、水质、噪声等环境监测系统，实时监控城市环境状况，为环境保护提供科学依据。

5）城市规划与管理：利用地理信息系统（Geographic Information System，GIS）、遥感技术、三维建模等手段，实现对城市发展、基础设施建设和土地利用的智能化规划与管理。

6）智慧政务：通过电子政务平台、在线办事、数据共享等方式，提高政府工作效率，增进政府与民众的互动，提升公共服务水平。

7）智慧医疗：采用远程诊疗、移动医疗、预约挂号等技术，提高医疗服务质量，缩短就诊时间，降低医疗成本。

8）智慧教育：通过在线教育、个性化学习、智能课堂等方式，改进教育质量，促进教育公平，提升学习体验。

智慧城市作为一个集成了大量信息技术和物联网设备的复杂系统，面临众多信息安全方面的挑战。以下是对多维服务环境中智慧城市信息安全挑战的总结：

1）系统复杂性导致的安全漏洞：智慧城市系统涉及多种技术和设备的整

合，这种系统的复杂性可能导致难以预料的安全漏洞。每个系统组件的安全漏洞都可能成为攻击者的入口。

2）关键基础设施的攻击风险：智慧城市的关键基础设施，如能源管理系统交通控制系统和公共安全系统，如果遭受攻击，可能导致严重的后果，包括服务中断和公共安全威胁。

3）数据隐私和数据保护问题：智慧城市收集和分析大量关于城市运营和居民活动的数据。保护这些敏感数据不被未授权访问或滥用是一项重大挑战。

4）网络安全威胁：智慧城市依赖于广泛的网络连接来收集和传输数据。网络安全威胁，如恶意软件、钓鱼攻击和拒绝服务攻击，都可能对城市运营造成破坏。

5）设备安全性：智慧城市大量使用物联网设备，这些设备往往具有较弱的安全防护。如果设备被黑客控制或操纵就可能对整个系统的安全和稳定性构成威胁。

6）供应链攻击：智慧城市的技术和服务往往依赖于多个供应商。供应链中任何一个环节的安全问题都可能影响整个城市系统的安全性。

2.3.3 元宇宙

随着互联网、VR/AR、人工智能、区块链等技术的快速发展，数字世界与现实世界的界限变得越来越模糊，元宇宙应运而生，为用户提供更丰富的虚拟体验。

元宇宙是一种虚拟的、三维的数字世界，被认为是未来数字化社会的重要组成部分。在元宇宙中，人们可以在虚拟环境中进行各种活动，包括社交、商务、娱乐等。对于元宇宙这个场景，现在还处于概念化的阶段，虽然现在对元宇宙的定义越来越明确，但是如果说要给出元宇宙的框架，实在会有太多变数。因此，这里不提供元宇宙的网络结构和框架。

元宇宙是一个虚拟的、沉浸式的、共享的数字世界，集成了虚拟现实、增强现实、物联网等技术，允许用户在其中进行交流、娱乐、学习、工作等。与此同时，数字孪生（Digital Twin）技术的发展使得现实世界和数字世界的互动变得更加紧密，为元宇宙的发展提供了坚实的基础。数字孪生是通过创建现实世界物体、设施或者系统的数字模型，实现现实世界与数字世界的紧密结合，从而提高管理、监控和分析的效率。结合元宇宙与数字孪生的概念，我们可以分析其背景、技术发展趋势、服务类型和未来前景。

随着元宇宙的持续推进，几乎所有的尖端技术都可以应用在元宇宙中。

1）VR/AR 技术：随着硬件性能的提升和成本的降低，VR/AR 技术在元宇宙中将发挥越来越重要的作用，提供更真实、更沉浸的体验。

2）5G/6G 通信技术：高速、低延迟的通信技术使得元宇宙中的实时互动成为可能，能进一步丰富用户体验。

3）AI 技术：AI 技术可以用于生成更加真实的虚拟角色和场景，为元宇宙提供智能化服务。

4）区块链技术：通过去中心化的方式来保证元宇宙中的资产安全、确权和交易透明。

元宇宙未来的前景是明朗的，数字经济必然随着元宇宙的发展而崛起，这将催生一系列基于虚拟世界的新兴产业，如虚拟商品交易、虚拟房地产、虚拟广告等，推动数字经济的繁荣发展。此外，也将加速全球化的进程，元宇宙将消除地域、语言和文化的障碍，使全球用户能够更容易地进行交流、合作和创新。随着数字孪生技术的发展，元宇宙将逐渐实现与现实世界的无缝对接，为城市管理、工业制造、医疗健康等领域提供更高效的解决方案。AI 技术将与元宇宙更加紧密地结合，使得虚拟角色和场景更加真实、智能，为用户提供更加个性化和智能化的服务。元宇宙有着太多的可能性，它仍然非常新颖，现在只是一个概念化的产物。

元宇宙和虚拟世界有一个本质的区别，它是一个等价的平行于现实世界的真实存在的空间，这个空间甚至占据了相当大的数据存储、通信等信息交互。因为是等价的，所以有一点特别重要，这两个世界会互相影响，我们在元宇宙变卖资产，这笔资产可以直接代入我们的现实账户。这和游戏世界中的交易相比，最本质的不同是不存在第三方中央管理系统。首先，在一般的网络游戏内部，在我们充值游戏币后，虽然可以通过线下交易的方式兑换现实货币，但是一般服务运营方并不鼓励和提供这种服务。其次，每次线下交易其实都面临很高的手续费，来自第三方的抽成，而元宇宙则不存在这些弊端，交易是玩家与玩家之间直接进行的，且交易的货币并非游戏币，货物也可以即时到账，这些都是当前网络交易所不具备的。再次，基于区块链的货币系统保证了交易的公开透明，因此由线下私人交易导致的非法事件出现的概率也会越来越小。可以简单概括为，现代网络游戏中玩家是架起虚拟世界与现实世界的桥梁，如果玩家不想参与这个游戏，则这个游戏就不存在；而对于元宇宙而言，这不再以人的意志决定，而由技术、底层逻辑实现。即不以人的意志为转移，哪怕玩家不参与虚拟世界，这个世界也在运行。此外，网络游戏是第三方盈利的，一旦第三方想中断业务，该世界就等于被毁灭；而元宇宙是自盈利的，它存在本身就给其持续生存和生产创造了条件，是一个类似第二人生的概念。

元宇宙的信息安全挑战是多维度的，涵盖了用户隐私、交易安全、内容监管等多个方面。以下是元宇宙面临的主要信息安全挑战：

1）身份验证和隐私保护：在元宇宙中，用户需要创建和维护虚拟身份，这些身份可能会包含个人敏感信息。确保这些身份不被盗用，并保护用户的隐私不被未授权访问或泄露是一项重大挑战。

2）数据安全和数据的完整性：在元宇宙中，大量的数据交换和存储需要高度的数据安全和完整性保护。这包括用户生成的内容、交易记录、个人设置等，防止数据篡改和损坏至关重要。

3）交易安全：元宇宙中可能包含虚拟货币和资产的交易。确保这些交易的安全性和透明度，防止欺诈和盗窃，是构建信任和保护用户利益的关键。

4）网络安全：由于元宇宙依赖于复杂的网络基础设施，如服务器、数据中心和分布式技术等，因此必须保障这些基础设施的安全，防止 DDoS 攻击、系统渗透等网络威胁。

5）内容监管和行为准则：在元宇宙中，需要有效的内容监管机制来防止不当内容和行为的出现，包括网络霸凌、欺诈等。确保元宇宙是一个安全和积极的互动环境对用户体验至关重要。

6）技术融合引发的复合威胁：元宇宙结合了虚拟现实、增强现实、人工智能等多种技术，这些技术的融合可能带来新型的安全威胁，如 AI 生成的虚假内容、虚拟现实中的安全漏洞等。

7）国际法律和法规遵守：随着元宇宙跨越国界，不同国家和地区的法律法规的差异可能会影响用户数据的处理和隐私保护，合规性成为企业面临的一项重要挑战。

量子计算基础

量子计算不仅为计算机科学带来了革命性的潜力，还给信息安全提出了全新的问题和挑战。本章将深入线性代数与量子力学的交叉点，探究从波与粒子到量子算符和量子门的基础概念。另外，本章将讨论量子计算机的物理基础和硬件框架，包括量子计算的物理量、硬件组件的设计与构造，以及量子计算机的实现方式；还将讨论量子计算机的差错校验和 DiVinecnzo 标准，以展示实现可靠量子计算所需的关键要素。

本章旨在为读者提供对量子计算的全面和深入的理解，从基础的数学和物理概念到实用的硬件和技术标准。通过本章的学习，读者将获得用于解决未来信息安全问题的重要知识和工具。这不仅有助于读者理解量子计算的强大潜力，还能帮助读者更好地应对与量子技术相关的新型安全威胁。

3.1 线性代数与量子力学

如果说经典计算的基础是数学，那么量子计算的基础就是物理学。量子计算的实现方式深深植根于量子力学的原理，这对于传统计算机领域的读者来说可能是一个挑战。然而，通过数学——特别是线性代数的视角去理解这些物理现象，可以为我们提供一个更直观和易于理解的框架。因此，在下文中，我们将重点介绍线性代数在量子力学中的应用，以及它如何帮助我们理解量子计算的核心——量子力学。

3.1.1 波与粒子

在经典物理学中，物质被认为可以以粒子或波的形式存在。粒子被视为具有质量、体积和特定位置的实体（如电子），它们遵循经典力学的定律，如牛顿的运动定律。而波（如光）则被描述为能量通过介质的传播方式，它们遵循波动方程，展示出如干涉和衍射等波动特性。在量子力学中，物体既可以表现为粒子，也可以表现为波。这种现象被称为波粒二象性。波粒二象性是量子力学中的一个基本概念，它表明微观粒子（如电子、光子等）在特定条件下可以表现出波动性和粒子性。

波动性：波动性是指粒子在空间中以波的形式传播。波动性的主要特点是干涉和衍射。当两个或多个波相互叠加时，它们的振幅相加形成干涉图样。衍射则是指波在遇到障碍物或狭缝时发生的弯曲和扩散现象。

粒子性：粒子性是指物体具有质量、体积和确定的位置。粒子性的主要特征是粒子可以与其他粒子发生碰撞和相互作用。在量子力学中，粒子性与能量和动量的离散性密切相关。

有关波粒二象性的实验证实包括单电子双缝干涉实验和康普顿散射实验等。

1）**单电子双缝干涉实验**：这个实验是托马斯·杨双缝干涉实验的量子版本。电子是一个粒子在被证明波粒二象性成立之前是被广泛认可的，因此理论上的成像应如图 3-1 左图所示。实验中，电子通过一个具有两个狭缝的屏障，实际成像效果如图 3-1 右图所示，在屏幕上形成干涉图样。这个干涉图样表明电子在穿过双缝时表现出波动性，但当我们试图检测电子穿过哪个狭缝时，波动图样消失，因为此时电子表现出粒子性。

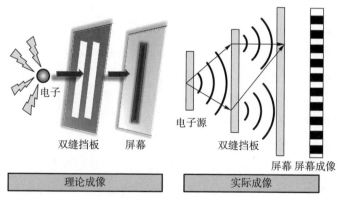

图 3-1　单电子双缝干涉实验

无观测状态下的干涉现象：

① 当电子枪发射电子时，每个电子都有可能通过两个狭缝中的任意一个。

② 如果两个狭缝都开放，并且没有设备来观测电子通过哪一个狭缝，即使是逐个发射电子，最终在屏幕上仍然会形成一系列亮暗相间的条纹——这是典

型的干涉图样。

③ 这个干涉图样类似于波在水面上传播时发生的现象，这表明每个电子以波的形式通过两个狭缝，并与自身产生干涉。

观测状态下的粒子现象：

① 如果在实验中放置观测装置来检测电子穿过哪一个狭缝，即使其余实验条件不变，干涉图样不再出现。

② 代替干涉图样，屏幕上将显示两个明显分开的亮区，每个亮区对应一个狭缝，就像是经典粒子通过狭缝时留下的模式。

③ 这种改变表明，当我们尝试测量电子的路径时，电子表现出粒子性质。

波动性和粒子性是微观粒子在不同情境下所展现出的两种基本性质。在单电子双缝干涉实验中，如果被测量的电子是粒子，则它不具有发散性，落在缝隙后面屏幕上的图案应该是两道缝隙，而如果电子是波则由于其具有发散性，最终屏幕上会展示好几条因为波叠加产生的明暗交替的条纹。

单电子双缝实验揭示了量子世界的基本性质——波粒二象性。这意味着电子既能表现出波动性（形成干涉图样），也能表现出粒子性（两个狭缝形成两个狭缝亮区）。

量子力学解释这一现象是通过电子的波函数，它在没有观测的情况下通过两个狭缝并在屏幕上形成干涉。当对电子的路径进行观测时，波函数坍缩，电子表现为穿过一个特定狭缝的粒子。

2）**康普顿散射实验**：在康普顿进行他的实验之前，物理学家们已对光表现出波动性达成了共识。在这个实验中，康普顿旨在研究 X 射线（一种高能光）与物质（特别是电子）相互作用时的行为。他特别关注 X 射线散射过程中的波长变化，希望通过实验结果来证明光的粒子性，并探究光子（光的量子）与电子之间的碰撞效果。康普顿观察到，当 X 射线被诸如石墨等散射材料中的电子散射时，散射光的波长比入射光的波长长。更重要的是，这种波长的增加不依赖于 X 射线的初始强度，而依赖于散射角度——与光的波动性解释不符，但与粒子模型一致。通过精确的测量，他发现散射光波长的变化与散射角度有一种特定的关系，这可以通过将光视为粒子（即光子）来解释。康普顿根据他的实验结果，提出了著名的康普顿效应公式，用于计算 X 射线散射后的波长变化。这个公式不仅证明了光的粒子性，还揭示了量子化的能量转移过程。康普顿散射实验显示，光子在与电子相互作用时，不仅有能量转移，还有动量的转移。这个发现对量子力学的发展至关重要，因为它提供了光子携带能量和动量的直接证据，支持了量子理论的基本原理。

波粒二象性的概念源自路易·德布罗意的猜想，即物质可以同时表现出两种相互矛盾的特征。德布罗意发现粒子的速度越大，波动特征越明显，因此他提出微观粒子（如电子）的波长（德布罗意波长）与粒子的动量成反比。德布罗意关系式为

$$\lambda = \frac{h}{p}$$

其中，λ 是粒子的德布罗意波长，h 是普朗克常数，p 是粒子的动量。

波动性在量子力学中的数学表述是波函数。波函数是一个复数函数，用于描述粒子在空间和时间上的概率分布。波函数的模平方（$|\psi(x,t)|^2$）给出了粒子在特定位置和时间的概率密度。粒子性在量子力学中的数学表述是通过算符（例如哈密顿算符）来描述的。从波函数的角度来看，波粒二象性可以通过薛定谔方程来描述。薛定谔方程是一个偏微分方程，用于描述量子态随时间的演化：

$$\widehat{H}\psi(x,t) = i\hbar \left(\frac{\partial \psi(x,t)}{\partial t} \right)$$

其中，$\widehat{H}$ 是哈密顿算符，描述了系统的总能量；$\psi(x,t)$ 是波函数，描述了粒子在位置 x 和时间 t 的概率分布；i 是虚数单位，$\hbar$ 是约化普朗克常数（$h/2\pi$）。当粒子表现出波动性时，波函数会显示出干涉和衍射现象。通过求解薛定谔方程，我们可以获得波函数随时间的演化过程，从而预测粒子的波动行为。哈密顿算符作用在波函数上，可以得到能量和动量等物理量的期望值。这些期望值描述了粒子的粒子性，包括能量、动量、位置等属性。求解薛定谔方程可以帮助我们理解粒子在不同条件下的行为特征。

波粒二象性表明，微观粒子的波动性和粒子性是相互关联的，不是独立存在的。在某些实验条件下，粒子表现出波动性；在其他条件下，粒子表现出粒子性。例如，在双缝干涉实验中，电子表现出波动性；而在康普顿散射实验中，光子表现出粒子性。理解波粒二象性是掌握量子力学和量子计算的基础。

3.1.2 量子态与波函数

在经典计算中，数据的存储和处理基于比特，每个比特的取值范围都是集合 {0,1}。也就是说，一个寄存器内存储的数值只能是 0 和 1。但是在我们了解了波粒二象性以后，就可以把这个概念引申到计算机系统中。假如有一种比特能够同时具有 1 和 0 两种相互矛盾的信息，那么计算效率将会提升指数倍。

下面来思考一个简单的案例，$9+5=14$ 这个简单的数学逻辑反馈到经典计算机上，需要至少两个 4 比特的寄存器，分别存储 1001 和 0101 两个数据，然后令其累加，因为计算结果是 14（用二进制数表达为 1110）。在这次计算结束后，假如想要计算 $10+5$，此时经典计算机的逻辑是更新原有的两个寄存器的数值为 1010 和 0101。虽然第二个寄存器中没有更新数据，但是逻辑上需要检查一遍寄存器的数值，这也会消耗时间和电力（当然在这个例子中，这个开销可以忽略）。假设有一种比特能够同时携带 0 和 1 两种信息，我们用 Q 表示，则当计算 $9+5$ 和 $10+5$ 这两个数学运算时，两个寄存器中的值都是 $QQQQ$。即计算机在不进位扩张寄存器的情况下，$QQQQ$ 可以表达 $1 \sim 15$ 共计 16 个数值，而在经典计算机中，寄存器的值与十进制数一一对应，我们必须要检索和更新才可以进行下一步计算。这里假设的比特 Q，就是量子比特，它可以同时携带 1 和 0 两种信息，所以从计算机的角度，针对同样规模的比特数，量子比特的高效性是指数级的。

在底层逻辑上，在经典寄存器中，逻辑 1 通常由相对较高的电压表示，而逻辑 0 由相对较低的电压表示。介于 0 和 1 之间，即高电压与低电压之间有一个缓冲区，该缓冲区内难以确定寄存器的状态（简单的例子：0.5 介于 0 和 1 的正中间，假如电压出现中值附近的数，则很难确定其真实数值）。因此，这个缓冲区或阈值范围可用来帮助电路准确区分 0 和 1 的状态，减少噪声和降低其他小幅度电压变化产生的影响。在设计电路时，工程师会努力确保信号电压明确地落在阈值之外，以便清晰地区分 0 和 1 状态。如此操作后，仍然无法确认的电压值则会直接被视为误差，根据协议规定可以要求舍弃或者重传。因此，当在经典计算中操作 0 和 1 的变动时，本质上是通过操作电源电压的变动实现的。而对于量子比特而言，它的构建方式本身就是一种挑战，可以单独作为一个研究方向。量子比特的底层实现涉及某种微观粒子或量子系统。与经典计算中使用电压大小变化来确定寄存器内逻辑状态的操作不同，量子计算中的操作主要通过微观粒子的量子态变化来确定寄存器内的逻辑状态。

量子比特的底层表示取决于采用的量子计算实现方法，许多实现方法都涉及某种形式的微观粒子，例如原子、离子、光子或超导电路等，以下是常见的一些量子比特实现方法。

1）**离子阱量子比特**：在离子阱量子计算中，量子比特由单个离子的内部能级表示。两个能级分别对应量子比特的 0 和 1。通过操控离子之间的相互作用及与外部光场的耦合，可以实现对量子比特的操作和测量。

2）**光子量子比特**：在光量子计算中，光子（光的量子）被用作量子比特。光子的不同属性（例如偏振、空间模式等）可以表示量子比特的 0 和 1。通过操纵光子之间的干涉、衍射和非线性光学过程，可以实现对量子比特的操作和测量。

3）**超导量子比特**：在超导量子计算中，量子比特由微小的超导电路表示。这些电路中的约瑟夫森结（Josephson Junction）为量子比特提供了两个能级，分别对应 0 和 1。通过调整电路参数（例如电流、磁场等），可以实现对量子比特的操作和测量。

4）**拓扑量子比特**：拓扑量子比特是一种基于拓扑物质的量子比特实现方法。在这种方法中，量子比特的状态依赖于准粒子（例如 Majorana 费米子）之间的非局部性拓扑关联。拓扑量子比特的一个优点是，其对环境噪声具有较高的鲁棒性，这意味着它们在实现量子错误纠正方面具有潜在优势。

5）**中性原子量子比特**：在中性原子量子计算中，量子比特由单个中性原子的内部能级表示。通过使用精确的激光操作，可以实现对原子能级的操控，从而对量子比特进行操作和测量。中性原子量子比特的优点之一是，原子之间的相互作用较弱，可以实现更长的相干时间和更低的噪声。

6）**硅基量子比特**：硅基量子比特是一种利用硅中缺陷或固有原子核自旋来实现量子比特的方法。硅作为半导体材料具有良好的电子性质和成熟的加工工艺，因此在实现集成量子计算系统方面具有潜在优势。硅基量子比特的一个例子是磷化硅中的磷原子核自旋量子比特。

7）**量子点量子比特**：量子点是具有离散能级的纳米级半导体结构。在量子点量子计算中，量子比特可以由量子点中的电子自旋或轨道能级表示。通过调整量子点的大小和形状及与周围环境的耦合，可以实现对量子比特的操作和测量。

在量子计算中，我们用 $|0\rangle$ 和 $|1\rangle$ 表示经典计算中的 0 和 1，它们是一种量子态，表示量子态的波函数需要满足一些基本条件。首先，波函数需要归一化，即在整个空间上的积分等于 1。这意味着波函数所表示的概率分布是完备的。其次，波函数应该是连续且可微的，以确保物理量（如位置和动量）的概率分布是有意义的。因此，我们就可以用如下表达式表达任意一个量子态：

$$|\psi\rangle = \alpha|0\rangle + \beta|1\rangle, \ \alpha^2 + \beta^2 = 1$$

量子比特的状态有两大类：一类是纯态，另一类是混合态。纯态和混合态

的分类是一个非常容易让人想当然，产生混淆的概念。"纯态量子比特是指 $|\psi\rangle$ 中的 α 和 β，其中一个为 0，另一个为 1，即一个量子态只有 0 或者 1，仅携带其中一种信息，0 和 1 是排异的。混合态量子比特指的是量子比特携带 0 和 1 两种信息"是错误的描述，尽管这种表述方式看上去非常合理。可以由一个精确的波函数描述的量子态就是纯态量子态，纯态的波函数描述了系统的精确状态，且它是确定的。当测量系统的可观测量时，会得到确定的结果。对于 $|\psi\rangle$ 而言，显然当我们观测这个量子态时，会有确定的获得 $|0\rangle$ 或者 $|1\rangle$ 的概率。而混合态是系统的一种状态，不能用单一的波函数来描述，需要使用概率分布来表示系统处于不同纯态的概率。一个混合态可以表示为一组纯态的线性组合，每个纯态的权重分别由一个概率分布给定。混合态表示对系统状态的不确定性，当测量系统的可观测量时，结果是根据权重的概率分布确定的。混合态的权重分布如下所示（ρ 表示一个量子系统的密度矩阵）：

$$\rho = \sum_i p_i |\psi_i\rangle \langle \psi_i|$$

对于一个纯态量子态而言，当我们对其进行观察时，量子态会回归到基态，只能携带 0 或 1 一种信息。这个过程被称为量子坍缩，其指的是因观察而导致量子比特"退化"为经典比特。对于比较容易混淆的叠加态而言，特别声明叠加态是纯态，是指系统处于多个基本态线性组合的状态，当测量时，会坍缩到其中一个基本态，但不确定是哪一个。混合态是一种状态，是指系统处于多个纯态组合的状态，当测量时，会坍缩到其中一个纯态，但具体坍缩到哪一个取决于概率分布。

对于 $\dfrac{1}{\sqrt{2}}(|0\rangle + |1\rangle)$ 而言，首先将这个态表示为矢量形式的密度矩阵形式 $\rho = |\psi\rangle \langle \psi|$，如下：

$$\rho = \frac{1}{2}(|0\rangle + |1\rangle)(\langle 0| + \langle 1|)$$

然后，计算密度矩阵的平方 ρ^2，并应用迹运算（Tr）：

$$\rho^2 = \frac{1}{4}(|0\rangle + |1\rangle)(\langle 0| + \langle 1|)(|0\rangle + |1\rangle)(\langle 0| + \langle 1|)$$

$$= \frac{1}{4}(|0\rangle \langle 0| + |0\rangle \langle 1| + |1\rangle \langle 0| + |1\rangle \langle 1|)$$

最后，计算迹运算 $\mathrm{Tr}(\rho^2)$，这会给出纯度（只选择矩阵主对角线上的元素相加）。

$$\text{Tr}(\boldsymbol{\rho}^2) = \frac{1}{4}\text{Tr}(|0\rangle\langle0|) + \frac{1}{4}\text{Tr}(|0\rangle\langle1|) + \frac{1}{4}\text{Tr}(|1\rangle\langle0|) + \frac{1}{4}\text{Tr}(|1\rangle\langle1|)$$

由于 $|0\rangle$ 和 $|1\rangle$ 都是正交归一的基本态，它们的迹运算会简化为 1，因此上述表达式的每一项都等于 $\frac{1}{4}$。最后，将这些项相加，得到纯度：

$$\text{Purity} = \frac{1}{4} + \frac{1}{4} + \frac{1}{4} + \frac{1}{4} = 1$$

由此，$\frac{1}{\sqrt{2}}(|0\rangle + |1\rangle)$ 是一个纯态，其纯度为 1。这表示它是一个纯粹的量子态，没有混合。当涉及混合态时，下面考虑一个更复杂的例子。假设我们有一个叫作贝尔态（Bell State，Bell 态）的量子态，表示为

$$|\psi\rangle = \frac{1}{\sqrt{2}}(|00\rangle + |11\rangle)$$

这个状态是由两个量子比特构成的量子态。现在，我们想计算 Bell 态的混合态，对其中一个量子比特的状态进行测量并不断重复这个过程。

首先，我们需要将这个 Bell 态表示为密度矩阵形式。密度矩阵可以用来描述混合态，而这个混合态可以表示为

$$\boldsymbol{\rho} = |\psi\rangle\langle\psi| = \frac{1}{2}(|00\rangle + |11\rangle)(\langle00| + \langle11|)$$

现在，假设我们对第一个量子比特进行测量，且测量结果为 $|0\rangle$。这意味着我们将这个混合态分为两部分：一部分是测量结果为 $|0\rangle$ 时的状态，另一部分是测量结果为 $|1\rangle$ 时的状态。

对于测量结果为 $|0\rangle$ 时的状态，我们需要计算它的密度矩阵，这是一个纯态：

$$\boldsymbol{\rho}_0 = |00\rangle\langle00|$$

对于测量结果为 $|1\rangle$ 时的状态，同样计算它的密度矩阵，也是一个纯态：

$$\boldsymbol{\rho}_1 = |11\rangle\langle11|$$

现在，我们构建混合态的密度矩阵，考虑到测量结果的概率，假设测量结果为 $|0\rangle$ 的概率是 p_0，测量结果为 $|1\rangle$ 的概率是 p_1，那么混合态的密度矩阵为

$$\boldsymbol{\rho}_{混合} = p_0\boldsymbol{\rho}_0 + p_1\boldsymbol{\rho}_1$$

这里的 p_0 和 p_1 是根据测量结果的概率确定的，由于它们的值都是 50%，

因此公式展开如下：

$$\rho_{混合} = \frac{1}{2}(|00\rangle\langle 00| + |11\rangle\langle 11|) = \begin{pmatrix} \frac{1}{2} & 0 & 0 & \frac{1}{2} \\ 0 & 0 & 0 & 0 \\ 0 & 0 & 0 & 0 \\ \frac{1}{2} & 0 & 0 & \frac{1}{2} \end{pmatrix}$$

首先计算 $\rho_{混合}^2$：

$$\begin{aligned} \rho_{混合}^2 &= \frac{1}{2^2}(|00\rangle\langle 00| + |11\rangle\langle 11|)^2 \\ &= \frac{1}{4}(|00\rangle\langle 00| + |11\rangle\langle 11|)(|00\rangle\langle 00| + |11\rangle\langle 11|) \\ &= \frac{1}{4}(|00\rangle\langle 00| \cdot |00\rangle\langle 00| + |00\rangle\langle 00| \cdot |11\rangle\langle 11| + \\ &\quad |11\rangle\langle 11| \cdot |00\rangle\langle 00| + |11\rangle\langle 11| \cdot |11\rangle\langle 11|) \end{aligned}$$

基于投影算符的性质，上述表达式中的每一项都可以简化为

$$\frac{1}{4}(|00\rangle\langle 00| + 0 + 0 + |11\rangle\langle 11|)$$

$$= \frac{1}{4}(|00\rangle\langle 00| + |11\rangle\langle 11|)$$

然后计算其迹（Tr）：

$$\mathrm{Tr}(\rho_{混合}^2) = \frac{1}{4}\mathrm{Tr}(|00\rangle\langle 00| + |11\rangle\langle 11|)$$

由于 $|00\rangle$ 和 $|11\rangle$ 都是正交归一的基本态，它们的迹都是 1，有

$$\mathrm{Tr}(\rho_{混合}^2) = \frac{1}{4}(1+1) = \frac{1}{2}$$

因此，混合态的纯度为 $\frac{1}{2}$。这表示这个混合态比一个纯态更不确定，因为其纯度小于 1。当对其进行测量时，会有 50% 的概率获得量子态 $|00\rangle$ 和 $|11\rangle$，而对它们进行测量也会分别有不同的测量结果。当然，在这个系统中，只需要测量一次就能够确认最终的量子态状态，第二次测量是不必要的，但是从纯态的角度而言，逻辑是成立的。

Bloch 球（Bloch Sphere）是一种用于表示二维量子系统（如量子比特）态的几何图像。如图 3-2 所示，Bloch 球将复数平面上的量子态映射到三维实空间

中的一个单位球面上。对于一个量子比特,其状态可以表示为 $|\psi\rangle = \alpha |0\rangle + \beta |1\rangle$。其中,$\alpha$ 和 β 是复数,且满足归一化条件:$|\alpha|^2 + |\beta|^2 = 1$。通过将 α 和 β 的复数表示转换为实数表示,我们可以将一个量子比特的状态映射到 Bloch 球上。

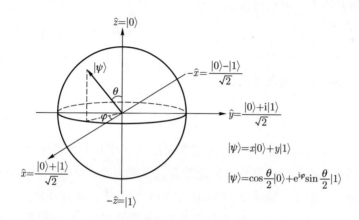

图 3-2 Bloch 球与量子态

可以用极坐标的方式表示 α 和 β。

$$\alpha = r_0 \mathrm{e}^{\mathrm{i}\theta_0}, \quad \beta = r_1 \mathrm{e}^{\mathrm{i}\theta_1}$$

由于 $|\alpha|^2 + |\beta|^2 = 1$,可以得到 $r_0^2 + r_1^2 = 1$,因此可以将量子比特的状态表示为 Bloch 球上的任意一点 (x, y, z),其中

$$x = 2r_0 r_1 \cos(\theta_1 - \theta_0)$$

$$y = 2r_0 r_1 \sin(\theta_1 - \theta_0)$$

$$z = r_0^2 - r_1^2$$

Bloch 球表示法有助于直观地了解量子比特的性质。例如,在 Bloch 球上,$|0\rangle$ 态对应北极点,$|1\rangle$ 态对应南极点。Bloch 球上的任意一点都表示一个唯一的量子比特态。通过 Bloch 球,我们可以更直观地理解量子操作。

3.1.3 内积、外积和张量积

在量子力学中,内积、外积和张量积都是描述量子态和量子操作的重要数学工具,以下是这些概念在量子力学中的物理意义和数学表示。

内积(Inner Product):用于计算两个量子态之间的重叠程度。在量子力

学中，内积通常表示为 Dirac 符号（bra-ket 符号），形式为 $\langle\psi|\varphi\rangle$。这里，$|\psi\rangle$ 和 $|\varphi\rangle$ 分别表示两个量子态，$\langle\psi|$ 是 $|\psi\rangle$ 的伴随（复共轭转置）。内积的模平方表示两个量子态的重叠概率。

在离散基底下，内积可以表示为

$$\langle\psi|\varphi\rangle = \sum_i \psi_i^\dagger \varphi_i$$

在连续基底下，内积可以表示为

$$\langle\psi|\varphi\rangle = \int \psi^\dagger(x)\varphi(x)\mathrm{d}x$$

其中，内积的模平方 $|\langle\psi|\varphi\rangle|^2$ 代表在状态 φ 中找到状态 ψ 的概率。换言之，如果两个状态正交，则绝不可能重叠，概率为 0。如果两个状态完全重叠（一致），则概率为 1。如果处于叠加态，则量子态介于 0 和 1 之间。

外积（Outer Product）：用于构建描述量子操作的算符。外积表示为 $|\psi\rangle\langle\varphi|$，其中 $|\psi\rangle$ 和 $|\varphi\rangle$ 分别表示两个量子态。外积的结果是一个矩阵，可以作用于其他量子态上实现量子操作。

在离散基底下，外积可以表示为

$$|\psi\rangle\langle\varphi| = [\psi_i\varphi_j^\dagger]$$

在连续基底下，外积可以表示为

$$|\psi\rangle\langle\varphi| = \psi(x)\varphi^\dagger(y)$$

张量积（Tensor Product）：用于描述多粒子系统的量子态和算符。张量积表示为 $|\psi\rangle\otimes|\varphi\rangle$，其中 $|\psi\rangle$ 和 $|\varphi\rangle$ 分别表示两个量子态。张量积的结果是一个更高维度的量子态或算符。

在离散基底下，张量积可以表示为

$$((|\psi\rangle\otimes|\varphi\rangle))_{ij} = |\psi_i\varphi_j\rangle$$

在连续基底下，张量积可以表示为

$$(\psi\otimes\varphi)(x,y) = \psi(x)\varphi(y)$$

在量子力学中，张量积通常用于描述多体系统的态矢和算符。例如，假设有两个量子比特，一个处于 $|0\rangle$ 态，另一个处于 $|1\rangle$ 态。这两个量子比特的整

体量子态可以表示为张量积：$|\psi\rangle = |0\rangle \otimes |1\rangle = |01\rangle$）。

量子计算的基本构件是量子门，它们是用于操作量子比特的逻辑运算符。量子门类似于经典计算中的逻辑门，但它们操作的对象是量子态。量子门可以实现诸如相位变换、叠加态生成、多量子比特之间的纠缠等操作。

例题与其物理意义：

为了更好地理解上面这些定理，下面通过数学公式和一些简单的例题来说明。

由于内积运算中正交和重叠的特性，因此必然有下式成立：

$$\langle 0|0\rangle = 1, \quad \langle 1|1\rangle = 1$$

$$\langle 0|1\rangle = 0, \quad \langle 1|0\rangle = 0$$

$$\langle i|j\rangle = \delta_{ij}, \quad \delta_{ij} = \begin{cases} 0, & i \neq j \\ 1, & i = j \end{cases}$$

例 1（内积）： 假设有一个量子态 $|\psi\rangle = \sqrt{\dfrac{3}{4}}|0\rangle + \sqrt{\dfrac{1}{4}}|1\rangle$，则在该状态下找到 $|0\rangle$ 和 $|1\rangle$ 的概率分别是多少？

$$\begin{aligned} P(0) &= |\langle 0|\psi\rangle|^2 \\ &= 0.75|\langle 0|0\rangle|^2 + 0.25|\langle 0|1\rangle|^2 \\ &= 0.75 \times 1 + 0.25 \times 0 \\ &= 0.75 \end{aligned}$$

$$P(1) = 1 - P(0) = 1 - 0.75 = 0.25$$

基本的计算逻辑如上，熟练之后就可以一眼看出 $|0\rangle$ 的概率是 75%，根据归一化原则，$|1\rangle$ 的概率必然是 25%。需要注意的是，如果量子态为 $|\psi\rangle = \sqrt{\dfrac{3}{5}}|0\rangle + \sqrt{\dfrac{1}{4}}|1\rangle$，则不能按照上述的方法来运算。因为，这不满足波函数表达量子态的第一个原则——归一化。

例 2（张量积和内积）： 当量子态 $|0\rangle \otimes |1\rangle = |01\rangle$ 时，说明量子态 $|0\rangle$ 和 $|1\rangle$ 之间建立起了某种联系，这就是量子纠缠。由于二者产生了联系，因此在第一个量子比特的量子态被确定后，第二个量子比特的量子态也会随之被确定。

$$|\psi\rangle \otimes |\varphi\rangle \equiv |\psi\rangle |\varphi\rangle \equiv |\psi, \varphi\rangle \equiv |\psi\varphi\rangle$$

假设有 $|\psi_1\rangle = \sqrt{\frac{3}{4}}|0\rangle + \sqrt{\frac{1}{4}}|1\rangle$，$|\psi_2\rangle = \sqrt{\frac{1}{2}}|0\rangle + \sqrt{\frac{1}{2}}|1\rangle$，则第一个量子比特为 1 且第二个量子比特为 0 的概率是多少？

由于它们都满足归一化原则，因此可以使用之前的运算规则来计算。

$$P(10) = |\langle 10|\psi_1\psi_2\rangle|^2$$
$$= \frac{3}{8}\langle 10|00\rangle + \frac{3}{8}\langle 10|01\rangle + \frac{1}{8}\langle 10|10\rangle + \frac{1}{8}\langle 10|11\rangle$$
$$= \frac{3}{8}\times 0 + \frac{3}{8}\times 0 + \frac{1}{8}\times 1 + \frac{1}{8}\times 0$$
$$= \frac{1}{8}$$

由此，可以说在叠加态 $|\psi_1\psi_2\rangle$ 下找到 $|10\rangle$ 这个叠加态的概率为 $\frac{1}{8}$，即当从该叠加态测量数据时，获得 10 的概率是 12.5%。

例 3（外积）：假设有一个归一化量子态 $|\psi\rangle = \sqrt{\frac{2}{3}}|0\rangle + \sqrt{\frac{1}{3}}|1\rangle$，且有一个投影函数 $\widehat{P}_0 = |1\rangle\langle 0|$（将 $|0\rangle$ 状态映射到 $|1\rangle$ 状态），则该算符作用在量子态 $|\psi\rangle$ 后的结果是什么？

$$\widehat{P}_0|\psi\rangle = \sqrt{\frac{2}{3}}|1\rangle\langle 0|0\rangle + \sqrt{\frac{1}{3}}|1\rangle\langle 0|1\rangle$$
$$= \sqrt{\frac{2}{3}}|1\rangle \times 1 + \sqrt{\frac{1}{3}}|1\rangle \times 0$$
$$= \sqrt{\frac{2}{3}}|1\rangle$$

在例 3 中，我们得到了 $|\psi\rangle$ 的投影结果是 $\sqrt{\frac{2}{3}}|1\rangle$，即得到了 $|0\rangle$ 状态映射到 $|1\rangle$ 状态时测量 $|1\rangle$ 的概率分布（对于单量子比特系统，$|0\rangle$ 也可以通过排除法逆推得出）。例 3 中的投影操作直接指向了一个特定的结果，而没有包含对其他可能结果（如 $|0\rangle$）的直接提及，我们无法仅基于这个操作的描述来分配具体的概率到 $|0\rangle$，除非我们有关于整个系统更完整的描述（当然，在这个简单的例子中隐含地表明了此时获得 0 的概率为 33.3%，因为这是一个单量子系统且没有任何纠缠关系；在 2 比特以上的量子纠缠系统中，因复杂的状态变

化将更难通过投影获得的有限信息来确认其他量子态信息）。如果投影算符为 $\hat{P}_0 = |0\rangle\langle 0|$（将 $|0\rangle$ 状态映射到 $|0\rangle$ 状态），则意味着不对当前量子态进行额外的约束，而是直接"观察" $|0\rangle$ 的概率分布，这本质上其实就是对量子态中 $|0\rangle$ 这一分量的测量，其结果为 $\sqrt{\dfrac{2}{3}}|0\rangle$，只需要逆推 $|1\rangle$ 的概率既可以获得完整的概率分布 $P|1\rangle = 1 - \dfrac{2}{3} = \dfrac{1}{3}$。因此，在量子力学中，对一个量子态进行投影可以近似等价于在一个特定子空间上测量量子态，但是原理上投影是一个数学上的操作，用于描述 $|0\rangle$ 状态映射到 $|1\rangle$ 状态。

　　在物理上，投影操作可以被理解为将量子态约束在由投影算符定义的特定子空间内。它是量子测量理论的一部分，用于分析在某个特定基底（也称为基）下量子态的行为，但本身并不涉及实际的物理测量过程。在例 3 中，投影函数的结果是带有 $|\psi\rangle$ 中 $|0\rangle$ 的振幅的 $|1\rangle$，这虽然有些反直觉，但也正表达了映射关系。投影通常与测量操作相关，投影可以被视为测量过程的一部分，或者说是测量理论中的一个数学工具。在测量一个量子态时，投影算符描述了量子态塌缩到特定结果的数学过程。测量后，量子态塌缩到某个特定的状态，而投影操作可以提供关于量子系统的信息，如其处于哪个状态或具有哪些性质。测量是一个不可逆过程，一旦量子态被测量并塌缩到一个特定的状态，原始的量子态信息就会丢失。在投影之后，对应量子态可能不满足归一化原则，而且丢失掉了其他量子比特的信息。简单来说，投影描述了如果进行测量，可能得到什么结果，但没有涉及测量引起的塌缩过程和概率计算。

　　在量子力学中，测量及外部环境的变化都会引起量子态的坍缩，量子态坍缩后会获得一个确定的结果。对于量子态而言，被测量后就不再具有同时携带 0 和 1 信息的能力，只会携带某一种确定的信息，信息的分布取决于概率。更严谨地来说，被测量后的量子比特仍然是一个携带有确定状态的量子态，可以参与不包含量子纠缠（Quantum Entanglement）、量子叠加（Quantum Superposition）、量子干涉（Quantum Interference）的量子计算，但是由于只有确定状态的量子态，因而失去了利用量子纠缠等进行高效运算的优势。当然，测量后的量子态可以继续通过追加后续的量子门操作进而使该量子态重新进入叠加态并与其他量子态产生量子纠缠，但是这样会加深量子电路的复杂度和设计难度，并且使得整个量子程序拥有更难以量化的随机性，一般而言量子电路以测量为终点。一般来说，测量后的量子比特值会被记录为经典比特，进而和经典计算相结合以突破经典计算的效率瓶颈或优化整个经典计算流程。因此，可以更通俗地说，"测量会导致量子比特变为经典比特，因此测量后的量子比特只能参与经典计算，不能参与量子计算"，这虽然不够严谨但却更容易理解。

3.1.4　量子算符——泡利矩阵

量子态的数学表达式基于线性代数的矩阵，对于量子态的基底有以下定义：

$$|0\rangle = \begin{pmatrix} 1 \\ 0 \end{pmatrix}, \ |1\rangle = \begin{pmatrix} 0 \\ 1 \end{pmatrix}$$

泡利矩阵（Pauli matrices）是量子力学中常用的一组 2×2 厄米矩阵，它们在描述单量子比特系统和量子操作时起着关键作用。泡利矩阵有三个，分别表示为 σ_x、σ_y 和 σ_z，泡利矩阵就是对应量子态在 Bloch 球中分别绕 x、y、z 轴进行旋转时的相关操作矩阵，因此泡利矩阵也称为泡利旋转。它们的定义如下：

$$\boldsymbol{\sigma}_x = |0\rangle\langle 1| + |1\rangle\langle 0| = \begin{pmatrix} 0 & 1 \\ 1 & 0 \end{pmatrix}$$

$$\boldsymbol{\sigma}_y = -\mathrm{i}|0\rangle\langle 1| + \mathrm{i}|1\rangle\langle 0| = \begin{pmatrix} 0 & -\mathrm{i} \\ \mathrm{i} & 0 \end{pmatrix}$$

$$\boldsymbol{\sigma}_z = |0\rangle\langle 0| - |1\rangle\langle 1| = \begin{pmatrix} 1 & 0 \\ 0 & -1 \end{pmatrix}$$

上述旋转操作 $\boldsymbol{\sigma}_x$、$\boldsymbol{\sigma}_y$ 和 $\boldsymbol{\sigma}_z$ 是泡利矩阵的数学实现，实际上在对任意角度进行旋转时，需要额外时间旋转算符 $\mathrm{e}^{-\mathrm{i}\frac{\theta}{2}\boldsymbol{\sigma}}$，其中 $\boldsymbol{\sigma}$ 就是对应轴的泡利矩阵。由于绕 Bloch 球的旋转必须配合旋转算符使用，不可以直接使用泡利矩阵代指 Bloch 球中的旋转。在使用旋转算符后，绕 x、y 和 z 轴基于任意角度 θ 的旋转分别由以下矩阵表示：

$$\boldsymbol{R}_x(\theta) = \begin{pmatrix} \cos\dfrac{\theta}{2} & -\mathrm{i}\sin\dfrac{\theta}{2} \\ -\mathrm{i}\sin\dfrac{\theta}{2} & \cos\dfrac{\theta}{2} \end{pmatrix}$$

$$\boldsymbol{R}_y(\theta) = \begin{pmatrix} \cos\dfrac{\theta}{2} & -\sin\dfrac{\theta}{2} \\ \sin\dfrac{\theta}{2} & \cos\dfrac{\theta}{2} \end{pmatrix}$$

$$\boldsymbol{R}_z(\theta) = \begin{pmatrix} \mathrm{e}^{-\mathrm{i}\frac{\theta}{2}} & 0 \\ 0 & \mathrm{e}^{\mathrm{i}\frac{\theta}{2}} \end{pmatrix}$$

因此，绕 x、y、z 轴旋转角度为 π 的旋转算符作用在初始量子态为 0 的波函数上的效果可以表示如下：

x 轴：

$$\begin{aligned} \boldsymbol{R}_x(\pi) \begin{pmatrix} \cos\dfrac{\pi}{2} & -\mathrm{i}\sin\dfrac{\pi}{2} \\ -\mathrm{i}\sin\dfrac{\pi}{2} & \cos\dfrac{\pi}{2} \end{pmatrix} &= \begin{pmatrix} 0 & -\mathrm{i} \\ -\mathrm{i} & 0 \end{pmatrix} \begin{pmatrix} 0 & -\mathrm{i} \\ -\mathrm{i} & 0 \end{pmatrix} |0\rangle \\ &= \begin{pmatrix} 0 & -\mathrm{i} \\ -\mathrm{i} & 0 \end{pmatrix} \begin{pmatrix} 1 \\ 0 \end{pmatrix} \\ &= \begin{pmatrix} 0 \\ -\mathrm{i} \end{pmatrix} \\ &= -\mathrm{i}|1\rangle \end{aligned}$$

y 轴：

$$\begin{aligned} \boldsymbol{R}_y(\pi) \begin{pmatrix} \cos\dfrac{\pi}{2} & -\sin\dfrac{\pi}{2} \\ \sin\dfrac{\pi}{2} & \cos\dfrac{\pi}{2} \end{pmatrix} &= \begin{pmatrix} 0 & -1 \\ 1 & 0 \end{pmatrix} \begin{pmatrix} 0 & -1 \\ 1 & 0 \end{pmatrix} |0\rangle \\ &= \begin{pmatrix} 0 & -1 \\ 1 & 0 \end{pmatrix} \begin{pmatrix} 1 \\ 0 \end{pmatrix} \\ &= \begin{pmatrix} 0 \\ 1 \end{pmatrix} \\ &= |1\rangle \end{aligned}$$

z 轴：

$$\begin{aligned} \boldsymbol{R}_z(\pi) &= \begin{pmatrix} \mathrm{e}^{-\mathrm{i}\frac{\pi}{2}} & 0 \\ 0 & \mathrm{e}^{\mathrm{i}\frac{\pi}{2}} \end{pmatrix} \begin{pmatrix} \mathrm{e}^{-\mathrm{i}\frac{\pi}{2}} & 0 \\ 0 & \mathrm{e}^{\mathrm{i}\frac{\pi}{2}} \end{pmatrix} |0\rangle \\ &= \begin{pmatrix} \mathrm{e}^{-\mathrm{i}\frac{\pi}{2}} & 0 \\ 0 & \mathrm{e}^{\mathrm{i}\frac{\pi}{2}} \end{pmatrix} \begin{pmatrix} 1 \\ 0 \end{pmatrix} \\ &= \begin{pmatrix} \mathrm{e}^{-\mathrm{i}\frac{\pi}{2}} \\ 0 \end{pmatrix} \end{aligned}$$

$$= e^{-i\frac{\pi}{2}} |0\rangle$$

根据欧拉公式 $e^{i\theta} = \cos\theta + i\sin\theta$，上式中 $e^{-i\frac{\pi}{2}} = \cos\frac{\pi}{2} + i\sin\frac{\pi}{2} = 0 - i = -i$。

除单量子比特以外，在多量子系统中我们可能需要表达更高维度的量子信息。此时，在线性代数中需要对基本的量子比特信息进行升维。二维量子系统中的基本量子态表达公式如下：

$$|00\rangle = \begin{pmatrix} 1 \\ 0 \\ 0 \\ 0 \end{pmatrix}, \quad |01\rangle = \begin{pmatrix} 0 \\ 1 \\ 0 \\ 0 \end{pmatrix}, \quad |10\rangle = \begin{pmatrix} 0 \\ 0 \\ 1 \\ 0 \end{pmatrix}, \quad |11\rangle = \begin{pmatrix} 0 \\ 0 \\ 0 \\ 1 \end{pmatrix}$$

3.1.5　量子门与量子电路

在量子电路中，量子门按照一定的顺序执行，以实现特定的量子计算任务。量子电路的重要特性是并行性和可逆性。并行性意味着量子电路可以同时处理多个量子态，从而在某些计算任务上比经典计算更高效。可逆性是指量子门可以在不损失信息的情况下被逆操作，这与经典逻辑门在某些情况下的不可逆性形成鲜明对比。可逆电路的一个重要操作是，当一个量子状态在第二次通过同一个量子门（执行一个同样的量子操作）时，量子状态会被复原成第一次量子操作之前的状态。因此，在基于门的量子操作中，有以下简单概念：

$$f(x) = y; \quad f(y) = x$$

通过组合这些基本量子门，可以构建复杂的量子电路来执行各种量子算法。量子计算的一个重要应用是在优化问题和加密领域。著名的量子算法包括 Shor 的整数分解算法和 Grover 的搜索算法。这些算法利用了量子系统的叠加性和纠缠性，使得在某些问题上比经典计算具有显著的速度优势。

表 3-1 中简单说明了常用的单 – 双比特量子门的门标识符、矩阵和功能，接下来具体展开介绍每个量子门的信息。

1）Hadamard 门：这是一个仅对单个量子比特进行操作的门，也被称为 H 门。H 门可以将基态的量子比特变为叠加态 $H|\psi\rangle = \frac{1}{\sqrt{2}}|0\rangle \pm \frac{1}{\sqrt{2}}|1\rangle$，这种变换被称为 Hadamard 变换。基于线性代数的计算原理如下：

表 3-1 量子门的符号表示与矩阵表示

算符	门标识符	矩阵	功能
Hadamard	—[H]—	$\dfrac{1}{\sqrt{2}}\begin{pmatrix} 1 & 1 \\ 1 & -1 \end{pmatrix}$	制造量子叠加态
Pauli-X	—[X]— —⊕—	$\begin{pmatrix} 0 & 1 \\ 1 & 0 \end{pmatrix}$	经典逻辑非门
Pauli-Y	—[Y]—	$\begin{pmatrix} 0 & -i \\ i & 0 \end{pmatrix}$	绕 Bloch 球的 y 轴进行旋转
Pauli-Z	—[Z]—	$\begin{pmatrix} 1 & 0 \\ 0 & -1 \end{pmatrix}$	翻转相位
Phase Shift	—[S]—	$\begin{pmatrix} 1 & 0 \\ 0 & i \end{pmatrix}$	改变相位
Swap		$\begin{pmatrix} 1 & 0 & 0 & 0 \\ 0 & 0 & 1 & 0 \\ 0 & 1 & 0 & 0 \\ 0 & 0 & 0 & 1 \end{pmatrix}$	交换两个电路的量子态
Controlled		$\begin{pmatrix} 1 & 0 & 0 & 0 \\ 0 & 1 & 0 & 0 \\ 0 & 0 & 0 & 1 \\ 0 & 0 & 1 & 0 \end{pmatrix}$	控制量子比特
Toffoli		$\begin{pmatrix} 1 & 0 & 0 & 0 & 0 & 0 & 0 & 0 \\ 0 & 1 & 0 & 0 & 0 & 0 & 0 & 0 \\ 0 & 0 & 1 & 0 & 0 & 0 & 0 & 0 \\ 0 & 0 & 0 & 1 & 0 & 0 & 0 & 0 \\ 0 & 0 & 0 & 0 & 1 & 0 & 0 & 0 \\ 0 & 0 & 0 & 0 & 0 & 1 & 0 & 0 \\ 0 & 0 & 0 & 0 & 0 & 0 & 0 & 1 \\ 0 & 0 & 0 & 0 & 0 & 0 & 1 & 0 \end{pmatrix}$	进行非线性操作

$$H\left|0\right\rangle = \frac{1}{\sqrt{2}}\begin{pmatrix} 1 & 1 \\ 1 & -1 \end{pmatrix}\begin{pmatrix} 1 \\ 0 \end{pmatrix} = \frac{1}{\sqrt{2}}\begin{pmatrix} 1 \\ 1 \end{pmatrix} = \frac{\left|0\right\rangle + \left|1\right\rangle}{\sqrt{2}}$$

$$H\left|1\right\rangle = \frac{1}{\sqrt{2}}\begin{pmatrix} 1 & 1 \\ 1 & -1 \end{pmatrix}\begin{pmatrix} 0 \\ 1 \end{pmatrix} = \frac{1}{\sqrt{2}}\begin{pmatrix} 1 \\ -1 \end{pmatrix} = \frac{\left|0\right\rangle - \left|1\right\rangle}{\sqrt{2}}$$

2）Pauli-X 门：操作一个量子比特，相当于经典逻辑非门。它可以在量子态的基础上对单个量子比特进行操作，具有线性映射性质。Pauli-X 门是一种基础门，可以用来构造其他复杂的门，其本质是将 $\left|0\right\rangle$ 和 $\left|1\right\rangle$ 的值进行反转，即数值上的 0 变为 1，1 变为 0。

$$X\left|0\right\rangle = \begin{pmatrix} 0 & 1 \\ 1 & 0 \end{pmatrix}\begin{pmatrix} 1 \\ 0 \end{pmatrix} = \begin{pmatrix} 0 \\ 1 \end{pmatrix} = \left|1\right\rangle$$

$$X\left|1\right\rangle = \begin{pmatrix} 0 & 1 \\ 1 & 0 \end{pmatrix}\begin{pmatrix} 0 \\ 1 \end{pmatrix} = \begin{pmatrix} 1 \\ 0 \end{pmatrix} = \left|0\right\rangle$$

3）Pauli-Y 门：操作一个量子比特，用泡利矩阵 $\boldsymbol{Y}$ 表示。

4）Pauli-Z 门：操作一个量子比特，保留基本状态 $\left|0\right\rangle$ 不变，将 $\left|1\right\rangle$ 变为 $-\left|1\right\rangle$，也称为相位翻转。

Pauli-X、Pauli-Y、Pauli-Z 门被广泛地简称为 X、Y、Z 门。

5）相位移位（Phase Shift）门：操作一个量子比特，保留基本状态 $\left|0\right\rangle$，将 $\left|1\right\rangle$ 变为 $e^{i\theta}\left|1\right\rangle$。相位移位门在量子纠缠和量子密码学等领域中具有重要作用。

6）交换（Swap）门：操作电路上的两个量子比特，交换它们的状态。

7）受控（Controlled）门：操作两个或多个量子比特，其中一个或多个量子比特被视为其他操作的控制比特。受控门的种类包括 Controlled-NOT（CNOT、CX）门、Controlled-Z (CZ) 门、Controlled-Hadamard (CH) 门和 Controlled-Phase (CP) 门。受控门在基于条件的量子算法和量子密码学中具有重要作用。在这类受控门中，有控制比特和目标比特，目标比特会根据控制比特的状态而改变。

$$\text{CNOT}\left|00\right\rangle = \text{CX}\left|00\right\rangle = \begin{pmatrix} 1 & 0 & 0 & 0 \\ 0 & 1 & 0 & 0 \\ 0 & 0 & 0 & 1 \\ 0 & 0 & 1 & 0 \end{pmatrix}\begin{pmatrix} 1 \\ 0 \\ 0 \\ 0 \end{pmatrix} = \begin{pmatrix} 1 \\ 0 \\ 0 \\ 0 \end{pmatrix} = \left|00\right\rangle$$

如图 3-3 所示，受控门的比特翻转是由一个控制比特和一个目标比特构成的。其中，控制比特为图 3-3 中的黑点，目标比特为图 3-3 中画有圈叉标记的标识符。其解读方法为，假设控制比特的量子态为 1，则对应的目标比特状态将会翻转。因此，我们可以看到第一张图，由于第一条电路的量子态为 $|0\rangle$，因此第二条电路的初始值和最终值都为 0。而在第三张图中，第二条电路的量子比特数值翻转了。

图 3-3 受控门的比特翻转

8）Toffoli 门：在量子计算中，只需使用作用于三个量子比特的量子逻辑门，就可以实现任何传统（经典）的计算任务。这涉及量子计算的"通用性"和"计算完备性"概念。计算完备性是指一套计算系统或逻辑门集合能够执行任意计算任务的能力。对于经典计算，这通常意味着能够实现任何可计算函数或算法。对于量子计算，这意味着任何经典的计算都可以通过适当配置的量子逻辑门序列来实现。如果前两个量子比特为 $|1\rangle$，则对第三个量子比特进行 X 门操作；反之，则不做操作。Toffoli 门可以实现非线性操作，应用领域包括量子密码学、数据分类的机器学习算法、数据压缩和数据图像处理等。

基于上面的基础门操作，我们可以写出基于门的算数恒等式：

$$HXH = Z$$

$$HZH = X$$

$$HYH = -Y$$

$$H^{\dagger} = H = H^{-1}$$

$$X^2 = Y^2 = Z^2 = H^2 = I$$

$$\text{CNOT}_{1,2}X_1\text{CNOT}_{1,2} = X_1X_2$$

$$\text{CNOT}_{1,2}Y_1\text{CNOT}_{1,2} = Y_1X_2$$

$$\text{CNOT}_{1,2}Z_1\text{CNOT}_{1,2} = Z_1$$

$$\text{CNOT}_{1,2}X_2\text{CNOT}_{1,2} = X_2$$

$$\text{CNOT}_{1,2}Y_2\text{CNOT}_{1,2} = Z_1Y_2$$

$$\text{CNOT}_{1,2}Z_2\text{CNOT}_{1,2} = Z_1Z_2$$

$$R_{z,1}(\theta)\text{CNOT}_{1,2} = \text{CNOT}_{1,2}R_{z,1}(\theta)$$

$$R_{x,2}(\theta)\text{CNOT}_{1,2} = \text{CNOT}_{1,2}R_{x,2}(\theta)$$

其中，数字 1 和 2 表示在量子电路有两条的情况下作用的位置。CNOT 下标中的第一个数字代表控制比特，第二个数字代表目标比特。

量子电路在抽象概念上是对量子信息存储单元 (如量子比特) 进行操作的线路，量子电路的组成元素包括量子信息存储单元、线路和各种逻辑门；另外，由于量子态承载的信息基于概率有较高的随机性，无法直接使用这些随机的数据，通常需要量子测量将结果读取出来，因此量子电路还需要额外的测量装置。当在实际物理系统中构建量子计算机时，首先需要将量子操作的逻辑转换成实际的操作方式。量子电路的理论和设计需要在实际的物理系统中得到实现，这就要求将量子电路组成元素中的各个抽象概念和逻辑门转换成可以在物理设备上执行的具体操作。这个转换过程涉及将量子信息处理的理论原理应用到实际的物理介质（如超导量子比特、离子陷阱量子比特等）上，并通过精确控制和操作这些物理系统来执行量子计算。例如，在核磁共振量子计算机中，需要将量子门转换成射频或者射频搭配梯度磁场的磁振脉冲序列。由于线路由时间连接，即量子比特的状态随着时间自然演化，因此操作过程中是按照哈密顿算符的指示进行的，直到遇到逻辑门受操作或者外部影响导致量子坍缩。

任何一个任意功能的量子函数都可以通过上述量子门进行组合构建。这些门的组合是一个有限长度的序列，能够将幺正函数近似至任意精度。量子电路和电子线路的最大区别在于，电子线路中的数据存在时间。电子线路中用于表示比特的方式是电压，这意味着电路内必须有持续的电流，是根据电压的高低差异来区分具体的数据是 0，还是 1 或无效数据的。量子计算具有并行性，量子程序允许平行存在多条量子电路，每条量子电路由多个量子门构成，在每个时刻量子态仅存在于量子电路的某个位置，且量子态在量子电路中的位置在并行操作的不同电路中保持一致，量子电路中的量子态并非像电子线路的电压一样充斥在整条线路中。此外，在由多条量子电路组成的系统中，量子态受到各条线路的影响而进入叠加态，因此在每个时刻每条线路中相同位置的量子态是一致的。

3.1.6　量子现象——量子叠加、量子干涉、量子纠缠

在量子力学和量子计算领域中，量子叠加、量子干涉和量子纠缠是三个重要且紧密相关的概念。它们通常被放在一起讨论，因为它们都涉及量子系统的非经典性质，这些性质在经典物理中是不存在的。量子力学的非经典性质具有重要的应用，特别是在量子计算、量子通信和量子信息领域。量子叠加和量子干涉是量子计算中的基础概念，而量子纠缠则是实现量子隐形传态和超密编码等量子通信协议的关键。

量子叠加是量子力学的一个核心原理，表明一个量子系统可以处于多个状态的线性叠加态上。在量子力学中，物理系统的状态用波函数（或量子态向量）表示，波函数包含系统可能状态的所有信息。当一个量子态处于叠加态时，它的波函数是其所有可能基态波函数的线性组合。

量子叠加的经典例子是，一个未知的量子比特可以同时处于 $|0\rangle$ 和 $|1\rangle$ 状态的线性叠加态上：

$$|\psi\rangle = \alpha\,|0\rangle + \beta\,|1\rangle$$

这里，α 和 β 是复数，表示概率振幅，且二者数值均不为 0。量子叠加与经典物理学中的确定性状态的概念不同，在经典物理学中，系统在任何时刻都只能处于一个确定的状态。量子叠加现象为量子计算提供了巨大的潜力，因为量子计算机可以同时处理和操作处于叠加态的量子比特，从而在某些问题上实现比经典计算机更高效的解决方案。最常见的量子叠加态是由 H 门操作得到的，具体的公式如下：

$$H\,|0\rangle = \frac{1}{\sqrt{2}}(|0\rangle + |1\rangle) = |+\rangle$$

$$H\,|1\rangle = \frac{1}{\sqrt{2}}(|0\rangle - |1\rangle) = |-\rangle$$

其中，$|+\rangle$ 和 $|-\rangle$ 是常见的量子叠加态表示方法，它们分别代表在基本量子态 $|0\rangle$ 和 $|1\rangle$ 上进行 H 门操作后得到的结果。

量子纠缠是量子力学中的一种独特现象，指的是两个或多个量子系统之间存在一种非常强烈的关联性，以至于它们的量子态无法被独立描述。这种关联性导致纠缠的量子系统的行为具有非局部性，即使这些系统相隔很远，对其中

一个系统的操作或测量都会立即影响到其他纠缠系统的状态和性质。

纠缠态的一个典型例子是 Bell 态,如下:

$$|\psi\rangle = \frac{1}{\sqrt{2}}(|00\rangle + |11\rangle)$$

在这个例子中,两个量子比特之间的关联程度很高,无法将它们的态分解为各自独立的子系统。当我们对其中一个量子比特进行测量时,另一个量子比特的状态会立即塌缩到与测量结果相对应的状态。量子纠缠原理在相位反冲的应用中至关重要。

图 3-4 所示是经典的构造叠加态和量子纠缠的基本电路图。其中,两个量子比特的初始态均为 $|0\rangle$,在此基础上通过 H 门操作后,操作的结果为叠加态 $\frac{1}{\sqrt{2}}(|0\rangle + |1\rangle)$。此时,通过 CNOT 门操作令两个量子比特建立联系,得到量子系统的状态为 $\frac{1}{\sqrt{2}}(|00\rangle + |10\rangle)$。由于 CNOT 门的条件反转特性,当第一个量子比特为 1 时,第二个量子比特会进行一个 X 门操作,因此最终这个量子系统的状态为 $\frac{1}{\sqrt{2}}(|00\rangle + |11\rangle)$。这就是一个经典的量子纠缠状态,即当一个量子比特的状态确定时,另一个随之确定,我们不需要对另一个量子比特进行观测。例如,在该状态中,当我们对第一个量子比特进行测量时,可能获得 0 或者 1 的结果,假设我们获得的结果是 0,则说明第二个量子比特的结果也必然是 0,因为当前系统仅存在 $|00\rangle$ 和 $|11\rangle$ 两个量子态。

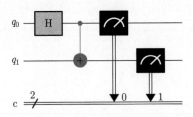

图 3-4　叠加态与量子纠缠基本电路图

量子干涉是量子力学中的另一个基本现象,源于量子态的波动性。干涉发生在同一个量子系统的不同可能路径之间,这些路径导致了概率振幅的叠加。当这些概率振幅以相干的方式叠加时,会出现干涉现象。干涉可以是构造性的(概率振幅相加,增强某些结果的概率),也可以是破坏性的(概率振幅相互抵消，降低某些结果的概率）。在量子计算领域，一些经典的利用量子干涉的例子包括 Shor 算法和 Grover 算法，这两种算法展示了量子计算的强大潜力。这些算法利用量子干涉，通过相干地叠加概率振幅实现比经典计算更高效的解决方案。相干地叠加概率振幅指的是利用量子干涉原理精确地控制量子态的叠加，使某些路径向着正确答案的概率振幅加强，而将错误路径的概率振幅减弱或相互抵消。这种精确控制概率振幅的能力是量子计算在某些问题上能够超越经典计算的关键。在这些算法中，正确答案的概率振幅被加强，而错误答案的概率振幅被抵消，从而使正确答案在测量后更有可能单独或高概率出现。

退相干（Decoherence）是量子系统与其周围环境相互作用导致的一种现象，这种相互作用使得量子系统失去其量子特性，逐渐表现出经典行为。在量子计算领域，退相干对量子系统保持量子比特和传输量子信息的能力造成了严重影响，因为它会导致量子比特的相干性丧失，从而引发计算误差。量子系统的相干性是指量子态的叠加态能够保持一定的相位关系。退相干过程破坏了这种相位关系，使得量子态的叠加性质逐渐消失。在量子计算中，量子比特（如电子、离子或超导量子比特）通常通过量子态的叠加和纠缠来实现量子算法。

退相干有多种来源，主要包括：

1）热噪声：量子系统周围的热环境会导致能量的随机交换，影响量子态的相位关系。

2）散射：量子系统中的粒子可能会散射周围的其他粒子，导致量子态的相位发生变化。

3）量子系统与环境的耦合：由于系统与环境之间的相互作用导致系统的状态逐渐与环境纠缠，因此使得系统的量子特性减弱。

为了降低退相干对量子计算的影响，研究人员采取了以下策略：

1）降低系统温度：通过将量子系统冷却到极低温度，可以减少热噪声对系统的影响。

2）隔离量子系统：将量子系统与外界环境隔离，降低散射和耦合作用。

3）误差抑制技术：例如动态解耦方法，通过周期性地施加控制脉冲，打破系统与环境的相互作用，从而降低退相干效应。

尽管采用了这些策略，退相干仍然是量子计算领域的一个重要挑战，因此在退相干无法避免的情况下，要尽可能延长相干性。

3.1.7 量子相位

在量子计算中，相位是量子态的一个关键参数。量子态可以用复数概率振幅来描述，复数绝对值的平方给出了每个可能结果的概率，而复数的相位则决定了不同量子比特之间的干涉效果。其中 r_0 和 r_1 是复数的模（也就是振幅的大小），$e^{i\theta_0}$ 和 $e^{i\theta_1}$ 就是我们所说的量子相位。量子相位在许多量子操作（比如量子门）和量子现象（比如量子干涉和量子纠缠）中都起着关键作用。但是，量子相位本身并不是一个可以直接观测的物理量，它的效果只能通过与其他量子态的干涉来观测。这就是量子力学中著名的相位问题。

在量子力学中，"相位问题"或"全局相位问题"是指全局相位（即作用在所有状态上的相位）不会影响物理观测结果的事实。也就是说，如果一个量子态的全局相位改变了，我们不能通过任何物理实验来观测到这个改变。这是因为物理观测结果只依赖于量子态概率振幅模的平方，与其相位无关。全局相位是指一个量子态的整体相位，它不会改变该量子态的物理性质。与其相对的是局部相位（即仅作用在部分状态上的相位），局部相位的变化是可以被观测到的，这就是量子干涉和量子门等现象的基础。局部相位指的是两个量子态之间的相对相位差异。因此，在量子计算中，我们通常更关注局部相位的变化，而忽略全局相位的变化。

$$|\psi\rangle = \alpha\,|0\rangle + \beta\,|1\rangle$$

$$\alpha = r_0 e^{i\theta_0}, \quad \beta = r_1 e^{i\theta_1}$$

1. 全局相位与局部相位

假设有一个量子比特，它的状态是 $|\psi\rangle = \sqrt{\dfrac{1}{2}}\,|0\rangle + \sqrt{\dfrac{1}{2}}\,|1\rangle$。这个量子比特处于一个叠加态，我们测量它在基态 $\{|0\rangle, |1\rangle\}$ 中的状态，得到 $|0\rangle$ 和 $|1\rangle$ 的概率都是 50%。

现在，对这个量子比特施加一个全局相位，得到新的状态 $|\psi'\rangle = e^{i\theta}\,|\psi\rangle = e^{i\theta}\left(\sqrt{\dfrac{1}{2}}\,|0\rangle + \sqrt{\dfrac{1}{2}}\,|1\rangle\right) = \sqrt{\dfrac{1}{2}}e^{i\theta}\,|0\rangle + \sqrt{\dfrac{1}{2}}e^{i\theta}\,|1\rangle$。

尽管我们改变了量子态的相位，但是在测量新的量子态 $|\psi'\rangle$ 在基态 $\{|0\rangle, |1\rangle\}$ 中的状态时，得到 $|0\rangle$ 和 $|1\rangle$ 的概率仍然都是 50%。这就说明，全局相位的变化并不影响物理观测结果。

如果对这个量子比特施加一个局部相位，只改变 $|1\rangle$ 的相位，得到新的状态 $|\psi''\rangle = \sqrt{\dfrac{1}{2}}|0\rangle + \sqrt{\dfrac{1}{2}}e^{i\theta}|1\rangle$。那么，当我们进行某些特定的测量（如测量在其他基上的概率分布，或者做一个量子干涉实验）时，就能看到相位变化所产生的影响。所以，全局相位的变化并不影响物理观测结果，而局部相位的变化则可能会对物理观测结果产生影响。当然，在上述例子中并没有改变量子态本身的测量结果，但是当这个量子态与其他的量子态进入纠缠状态，或者使用其他的测量基时，将会进而影响纠缠态或当前态的性质和测量结果。

下面来看一个具体的例子。假设有一个量子比特，它的初始状态是 $|\psi\rangle = \sqrt{\dfrac{1}{2}}|0\rangle + \sqrt{\dfrac{1}{2}}|1\rangle$。我们可以验证，这个量子比特处于 $|+\rangle$ 和 $|-\rangle$ 下的概率分别是 100% 和 0。

现在，对这个量子比特施加一个局部相位，只改变 $|1\rangle$ 的相位，得到新的状态 $|\psi'\rangle = \sqrt{\dfrac{1}{2}}|0\rangle + \sqrt{\dfrac{1}{2}}e^{i\theta}|1\rangle$。我们可以计算出这个新的量子态在基态 $|+\rangle$ 和 $|-\rangle$ 下的测量概率。为了简化计算，假设 $\theta = \pi$，那么新的量子态就变成了 $|\psi\rangle = \sqrt{\dfrac{1}{2}}|0\rangle - \sqrt{\dfrac{1}{2}}|1\rangle = |-\rangle$。

在这种情况下，我们可以发现，新的量子态处于 $|+\rangle$ 和 $|-\rangle$ 下的概率分别是 0 和 100%。这就说明，局部相位的改变影响了量子态所处的确定状态。

2. 全局相位的证明

在量子力学中，一个量子态可以表示成幺正算符作用于某个基态，而幺正算符通常包含一个相位因子。对于一个给定的量子态，如果我们对这个幺正算符中的相位进行统一的改变，那么这个量子态就会产生一个全局相位的变化。全局相位的变化不会影响任何可观测的测量结果，因此在测量时被视为无用的信息。

在量子力学中，一个态矢量 $|\psi\rangle$ 可以表示为相对相位和全局相位的乘积形式：$|\psi\rangle = e^{i\gamma}e^{i\theta}|u\rangle$。其中 $|u\rangle$ 是一个固定的态矢量，θ 是相对相位，γ 是全局相位。相对相位指的是相对于某个基 $|u\rangle$ 的相位。

首先，假设我们有一个两量子比特的量子态 $|\psi\rangle$，其中第一个量子比特是纯态 $|\psi_1\rangle = |0\rangle$，第二个量子比特的状态为 $|\psi_2\rangle = \alpha|0\rangle + \beta|1\rangle$。在第二个量子比特上施加一个相位 $e^{i\theta}$，可以得到如下态：

$$|\psi'\rangle = R_z(\theta)\,|\psi\rangle = |0\rangle\,(\alpha\,|0\rangle + \beta e^{i\theta}\,|1\rangle)$$

现在计算它们的内积，因为有 $|\psi_1\rangle = |0\rangle$，则

$$\langle\psi_1|\psi'\rangle = \langle 0|0\rangle\,(\alpha\,\langle 0|0\rangle + \beta e^{i\theta}0|1) = \alpha$$

类似地，设 $|\psi_1\rangle = |1\rangle$，则

$$\langle\psi_1|\psi'\rangle = \langle 1|1\rangle\,(\alpha\,\langle 1|0\rangle + \beta e^{i\theta}\,\langle 1|1\rangle) = \beta e^{i\theta}$$

在量子力学中，两个量子态之间的相位差是影响它们叠加和干涉效应的关键，这个相位差可以表示为 $e^{i\Delta\theta}$，其中 $\Delta\theta$ 是两个态的相对相位差。尽管 Bloch 球可以直观地表示单个量子比特的状态，包括其相位信息，但量子态之间的具体相位差并不直接对应于 Bloch 球上的几何夹角。相位差的物理含义和测量效果通常通过量子态的叠加行为来观测，而不仅仅是通过比较它们在 Bloch 球上的位置。实际上，在大多数情况下，我们无法直接测量一个量子态的相位或者两个量子态之间的相位差。相反，我们通常需要通过某种间接的方法 (例如，量子干涉或者量子态重构) 来获取相位信息。内积在量子力学中的主要作用包括提供量子态之间的概率振幅，确认量子态的正交性和归一化条件，以及验证所选基底的完备性。

现在，我们来看一个有全局相位的例子。假设量子比特的初始态为

$$|\psi\rangle = \sqrt{\frac{1}{2}}(|0\rangle - |1\rangle)$$

计算施加相位门 $R_z(\theta)$ 之后的态。对量子比特施加相位 $e^{i\frac{\theta}{2}}$ 后，得到的新态为

$$|\psi'\rangle = \sqrt{\frac{1}{2}}(e^{i\frac{\theta}{2}}\,|0\rangle - e^{i\frac{\theta}{2}}\,|1\rangle)$$

现在计算两个态的内积：

$$\langle\psi|\psi'\rangle = \frac{1}{2}e^{i\frac{\theta}{2}} + \frac{1}{2}e^{i\frac{\theta}{2}} = e^{i\frac{\theta}{2}}$$

由于内积的结果中有相位 $e^{i\frac{\theta}{2}}$，该相位是一个整数而非多项式，所以我们称这个量子态有全局相位。全局相位是一个复数，它可以表示为 $e^{i\phi}$，其中 ϕ 是相位角度 (也被称为相位角)。当我们对一个量子比特施加一个全局相位角度 θ 时，其密度矩阵的形式会发生变化，但在测量方面并没有受到影响。因此，全局相位通常被认为是量子态的 "不可观测量"。

由此可以看出，全局相位角度 θ 只是改变了量子态中的全局相位，而不影响相对相位。

3. 局部相位的证明

假设有两个量子态 $|\psi_1\rangle$ 和 $|\psi_2\rangle$，它们的全局相位是一样的，即它们都被乘上了同一个复数 $\mathrm{e}^{\mathrm{i}\theta}$，其中 θ 是相位角度，那么这两个量子态可以表示为

$$|\psi_1\rangle = \mathrm{e}^{\mathrm{i}\theta}\,|\phi\rangle$$

$$|\psi_2\rangle = \mathrm{e}^{\mathrm{i}\theta}\,|\varphi\rangle$$

其中，$|\phi\rangle$ 和 $|\varphi\rangle$ 是两个不同的量子态。对于 $|\psi_1\rangle$ 和 $|\psi_2\rangle$，它们对应的相对相位差可以表示为

$$\frac{\langle\psi_1|\psi_2\rangle}{|\langle\psi_1|\psi_2\rangle|} = \mathrm{e}^{\mathrm{i}\phi}$$

接下来，考虑一个单量子比特系统的初始状态为 $|\psi\rangle = \alpha\,|0\rangle + \beta\,|1\rangle$ 的情况，假设施加一个全局相位 $\mathrm{e}^{\mathrm{i}\phi}$，则量子态变为

$$|\psi'\rangle = \mathrm{e}^{\mathrm{i}\phi}(\alpha\,|0\rangle + \beta\,|1\rangle)$$

将这个量子态写成极坐标形式：

$$|\psi'\rangle = |\alpha|\mathrm{e}^{\mathrm{i}(\phi+\theta_1)}\,|0\rangle + |\beta|\mathrm{e}^{\mathrm{i}(\phi+\theta_2)}\,|1\rangle$$

其中，θ_1 和 θ_2 是复数 α 和 β 的初始相位角度。全局相位 ϕ 作用于整个量子态，将每个系数的相位角度分别增加 ϕ，但全局相位的变化对测量结果没有直接的可观测性影响。相对相位差 $\mathrm{e}^{\mathrm{i}\Delta\theta}$，在本例中即 θ_1 和 θ_2 的差值 $\Delta\theta$，是量子态描述中不受全局相位影响的重要特征。它决定了量子态之间的区别，并在量子计算的特定操作中发挥关键作用。相对相位差是不受全局相位影响的，只与量子态的初始状态有关。我们可以通过改变 $|\phi\rangle$ 和 $|\varphi\rangle$ 之间的相对相位差来改变它们之间的区别。这也是为什么在量子计算中相对相位非常重要，因为它可以被用来实现量子计算中的一些关键操作，比如量子傅里叶变换和量子相位估计。

3.1.8 量子相位翻转与相位反冲

相位翻转（Phase Flip 或 Phase Inversion，也被称为相位反转）通常指的是在量子计算中对量子比特的相位进行操作，使其相位翻转 180 度，或称为 π

弧度。

相位反冲（Phase Kickback）是量子计算中的一种现象，对于两个纠缠的量子比特，其中一个量子比特的相位会因为与另一个量子比特的交互作用而发生变化，可被用于制备纠缠态和量子错误校正等，通常在量子算法中使用，例如量子相位估计算法。它的主要思想是通过将一个控制比特和一个目标比特连接在一起，对目标比特进行某种操作，并将该操作的相位信息反冲到控制比特上，从而实现更高效的量子算法。

在量子相位估计算法中，我们希望估计一个相位角度 θ，为此需要构造一个相应的幺正运算 U，首先将一个有用的状态 $|\psi\rangle$ 作为目标比特，将一个初始状态 $|0\rangle$ 作为控制比特，并将它们连接在一起。接下来，对控制比特应用 H 门，使其处于 $|+\rangle$ 状态，然后对 U 进行特定操作，使其相位角为 2^k，其中 k 是控制比特的状态。最后，对控制比特进行测量，即可得到 θ 的估计。在这个过程中，相位反冲起到了关键作用，将目标比特的相位信息传递给了控制比特。总的来说，相位反冲是指当一个量子比特（作为输入）与另一个量子比特（通常是目标量子比特）进行特定的量子门操作（如受控非门）时，输入量子比特的相位变化会"反冲"到目标量子比特上，从而影响目标量子比特的状态。这一现象被广泛应用于量子算法中，特别是涉及量子纠缠态制备和量子信息处理的算法。

相位反冲的优点在于，它可以将某些运算转换为在控制比特上进行的操作，从而减少对目标比特执行的操作数量。简单来说，相位反冲利用局部相位不会影响全局相位的原理，使用局部相位操作和编辑量子态。下面我们通过数学公式和一些例题来深化对概念的理解。

例 1（相位翻转）：

例如，如果有一个量子态 $\alpha|0\rangle + \beta|1\rangle$，对该态的 $|1\rangle$ 组分进行相位翻转会得到 $\alpha||0\rangle - \beta|1\rangle$。这种旋转通过施加 $R_z(\theta)$ 门来实现，当 $\theta = \pi$ 时，这相当于对选定的量子态进行相位翻转。相位翻转是诸如量子搜索和量子振幅放大等量子算法中的一项关键操作。通过选择性地翻转特定量子态的相位，这些算法能够利用量子叠加和量子干涉的原理，实现其算法目标。重要的是，相位翻转本身不直接影响量子态的测量概率分布，因为量子测量的概率是基于量子态的概率振幅的绝对值平方计算的。因此，即使相位被翻转，也不会改变量子态被测量为某个特定结果的概率。

将 $|\psi\rangle$ 应用一个 H 门：$H|\psi\rangle = \sqrt{\dfrac{1}{2}}(|0\rangle + |1\rangle)$，并将 $|\psi\rangle$ 作为控制比特，

将 $|-\rangle = \sqrt{\dfrac{1}{2}}(|0\rangle - |1\rangle)$ 作为目标比特进行 CNOT 门操作：即对 $\mathrm{CNOT}_{|\psi\rangle,|-\rangle}$

$\sqrt{\dfrac{1}{2}}(|0\rangle|-\rangle + |1\rangle|-\rangle)$ 进行计算。测量第一个量子比特时，不论第一个量子比

特的结果为何值，目标比特的测量结果均为 $|-\rangle$。

$$\mathrm{CNOT}_{|\psi\rangle,|-\rangle}\sqrt{\frac{1}{2}}(|0\rangle|-\rangle + |1\rangle|-\rangle) = \sqrt{\frac{1}{2}}(|0\rangle|-\rangle - |1\rangle|-\rangle)$$

在这个例子中，相位翻转是通过 CNOT 门操作发生的，相位翻转之后并不影响测量结果的概率分布。

例 2（相位反冲）:

$$|+\rangle = \sqrt{\frac{1}{2}}(|0\rangle + |1\rangle)$$

$$0 \otimes |+\rangle = \sqrt{\frac{1}{2}}(|00\rangle + |01\rangle)$$

$$\mathrm{CNOT} \rightarrow \sqrt{\frac{1}{2}}(|00\rangle + |11\rangle)$$

$$U_f \rightarrow \sqrt{\frac{1}{2}}(|0\rangle(-1)^{f(0)}|0\rangle + |1\rangle(-1)^{f(1)}|1\rangle)$$

其中，$|0\rangle$ 和 $|1\rangle$ 分别表示量子比特的基态，$|+\rangle$ 表示 $|0\rangle$ 和 $|1\rangle$ 的正交归一化叠加态，$\otimes$ 表示张量积，U_f 表示一个由 f 定义的量子门，$(-1)^{f(x)}$ 是一个复数相位，其取值为 ± 1，具体取决于 $f(x)$ 的值（取值是 0 或 1）。如果 $f(x)$ 的值导致相位变化（即 $f(x) = 1$），则相位变化会反冲到与之纠缠的第一个量子比特上。这意味着，通过对第一个量子比特的测量，我们可以推断出关于函数 $f(x)$ 的信息，即使我们没有直接观测到应用 U_f 操作的量子比特。这个过程展示了量子计算中的相位反冲现象，即对一个量子比特的操作通过纠缠影响了另一个量子比特的状态，允许我们间接获得关于量子系统的信息。

如图 3-5 所示，用目标比特和第三个量子比特构成一个受控门。第三个量子比特的状态为 $|-\rangle$，$H|-\rangle = |1\rangle$，$X|-\rangle = -|-\rangle$。

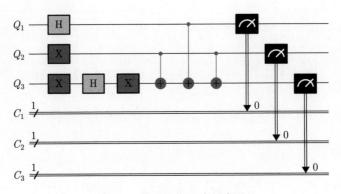

图 3-5　量子相位反冲电路图

首先将控制比特与第三个量子比特进行 CNOT 门操作。

然后将第三个量子比特和目标比特进行 CNOT 门操作。

再次将控制比特和第三个量子比特进行 CNOT 门操作。

$$\alpha \left|0\right\rangle_{\mathrm{control}} \left|u\right\rangle_{\mathrm{target}} + \beta \left|1\right\rangle_{\mathrm{control}} \left|u\right\rangle_{\mathrm{target}} \to$$

$$\alpha \left|0\right\rangle_{\mathrm{control}} \left|u\right\rangle_{\mathrm{target}} + \beta \left|1\right\rangle_{\mathrm{control}} (-1)^{u} \left|u\right\rangle_{\mathrm{target}}$$

其中，α 和 β 是控制比特的两个状态。在这个过程中，第三个量子比特的相位反转被"反弹"回控制比特，从而将目标比特的相位信息传递给了控制比特。

相位翻转和测量概率有一定的关系，因为在进行相位翻转操作时，会导致量子态的相位发生改变，从而影响测量时的概率分布。

$$\left|0\right\rangle_{\mathrm{control}} \left|u\right\rangle_{\mathrm{target}} \to \left|0\right\rangle_{\mathrm{control}} (-1)^{u} \left|u\right\rangle_{\mathrm{target}}$$

在量子力学中，一个量子态可以表示为振幅和相位的组合作用。在对量子态进行测量时，它会坍缩为一个确定的状态，且不同状态的概率分布由振幅模长的平方给出。相位翻转操作本身不会增加测量结果的概率，因为量子态的模长平方代表的概率在相位翻转后不会改变，但是在某些情况下，相位翻转操作可以通过干涉的方式增加某些测量结果的概率。

例 3（一个复杂的例子）：

考虑一个双量子比特系统，其中第一个量子比特是控制比特，第二个量子比特是目标比特。假设目标比特的状态为 $\left|u\right\rangle$，而控制比特的状态为 $\dfrac{(\left|0\right\rangle + \left|1\right\rangle)}{\sqrt{2}}$，即

$$|\psi\rangle = \sqrt{\frac{1}{2}(|0\rangle + |1\rangle)}\,|u\rangle$$

我们希望将目标比特的相位信息传递到控制比特上，为了实现这一目的，需要执行下面的操作。

1）用目标比特和第三个量子比特构成一个受控门。第三个量子比特的状态为 $|-\rangle$，即 $H|-\rangle = |1\rangle$，$X|-\rangle = -|-\rangle$。电路图参照图 3-5。

2）将控制比特与第三个量子比特进行 CNOT 门操作。

3）将第三个量子比特和目标比特进行 CNOT 门操作（复原）。

4）再次将控制比特和第三个量子比特进行 CNOT 门操作（复原）。

下面是具体到公式的演示过程：

首先将目标比特 $|u\rangle$ 与第三个量子比特 $|-\rangle$ 进行 CNOT 门操作，得到如下状态：

$$|+\rangle\,|u\rangle\,|-\rangle \xrightarrow{\text{CNOT}_{2,3}} |+\rangle\,\mathrm{e}^{\mathrm{i}\theta}\,|u\rangle\,|-\rangle$$

证明过程如下：

$$|+\rangle\,|u\rangle\,|-\rangle \xrightarrow{\text{CNOT}_{2,3}} |+\rangle\,(\alpha\,|0\rangle + \beta\,|1\rangle)\sqrt{\frac{1}{2}}(|0\rangle - |1\rangle)$$

$$= |+\rangle\,\sqrt{\frac{1}{2}}(\alpha\,|00\rangle - \alpha\,|01\rangle + \beta\,|11\rangle - \beta\,|10\rangle)$$

$$= |+\rangle\,\sqrt{\frac{1}{2}}((\alpha\,|0\rangle - \beta\,|1\rangle)\,|0\rangle - (\alpha\,|0\rangle - \beta\,|1\rangle)\,|1\rangle)$$

$$= |+\rangle\,Z_y\,|u\rangle\,\sqrt{\frac{1}{2}}(|0\rangle - |1\rangle) = |+\rangle\,\mathrm{e}^{\mathrm{i}\theta}\,|u\rangle\,|-\rangle$$

由于 $|u\rangle$ 状态未知，因此我们用绕 Y 轴旋转后的叠加量子态，即 $\mathrm{e}^{\mathrm{i}\theta}\,|u\rangle$。通过这一步 CNOT 门操作，目标比特的相位信息就被单独提取出来，这些特征可以在第三个量子比特上被观测到。然后，将控制比特 $|+\rangle$ 与第三个量子比特 $|-\rangle$ 进行 CNOT 门操作，同理计算可得到如下状态：

$$|+\rangle\,\mathrm{e}^{\mathrm{i}\theta}\,|u\rangle\,|-\rangle \xrightarrow{\text{CNOT}_{1,3}} |-\rangle\,\mathrm{e}^{\mathrm{i}\theta}\,|u\rangle\,|-\rangle$$

此时，第三个量子比特的相位信息被传递到控制比特上，可以通过控制比特的相位来判断目标比特的状态。在这一步，相位反冲已经完成，局部相位信息被携带出来，我们可以在不对目标比特进行测量的情况下，得知关于它的信息。

接着进行第三步操作，将第三个量子比特 $|-\rangle$ 与目标比特 $|u\rangle$ 进行 CNOT

门操作，实际上是对第一步的逆操作，也可以看作一个还原。得到如下状态：

$$|-\rangle \, e^{i\theta} |u\rangle |-\rangle \xrightarrow{\text{CNOT}_{2,3}} |-\rangle |u\rangle |-\rangle$$

注意，此时目标比特 $|u\rangle$ 的相位信息已经被传递到第三个量子比特 $|-\rangle$ 上。最后，将控制比特 $\sqrt{\dfrac{1}{2}}(|0\rangle + |1\rangle)$ 与第三个量子比特 $|-\rangle$ 再进行一次 CNOT 门操作，得到如下状态：

$$|-\rangle |u\rangle |-\rangle \xrightarrow{\text{CNOT}_{1,3}} |+\rangle |u\rangle |-\rangle$$

可以看到，控制比特的相位信息已经被传递到目标比特上，并且多了一个负号，这就是相位反冲的效果。

如图 3-6 所示，其中 Q_1 表示控制比特，Q_2 表示目标比特，Q_3 表示第三个量子比特。在该电路中，首先对 Q_2 和 Q_3 进行受控门操作，将 Q_3 的相位信息传递到 Q_2 上。然后，对 Q_1 和 Q_3 进行 CNOT 门操作，这相当于在 Q_1 的状态为 $|1\rangle$ 的时候对 Q_3 进行 X 门操作。此时，三个量子比特分别已经进入量子纠缠阶段，三者彼此相关、密不可分，Q_2 的相位信息也随着 Q_3 传入 Q_1，此时量子相位反冲完成。接着，对 Q_2 和 Q_3 进行 CNOT 门操作，使 Q_2 和 Q_3 解除量子纠缠状态，即无法再通过对 Q_1 进行操作的方式得知 Q_2 的具体信息。这一步是一个逆操作，还原了第一次操作对量子系统所产生的影响。最后，再次对 Q_1 和 Q_3 进行 CNOT 门操作，相当于解绑 Q_3 和 Q_1 的量子纠缠状态。从此刻开始，三个量子比特相互独立，如果想要了解 Q_2 的状态，必须对其进行直接测量。这就是构建和解除相位反冲的全过程。在这个过程中，实现相位反冲的关键在于第二步和第四步的 CNOT 门操作。第二步的 CNOT 门操作通过 Q_3 将 Q_1

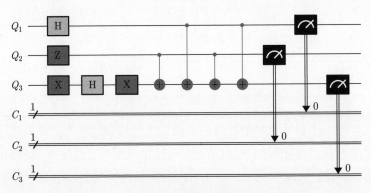

图 3-6　量子相位反冲电路图：纠缠的建立与解除

和 Q_2 建立纠缠，而第四步的 CNOT 门操作结束了该量子系统的纠缠状态。

为了更好地理解这一过程，下面用纯数学的方式来说明。

假设量子态 $|u\rangle$ 是一个单比特量子态，它的数学表达式可以表示为

$$|u\rangle = \alpha |0\rangle + \beta |1\rangle$$

在量子相位反冲完成后，该系统的最终量子态为

$$|+\rangle \, \mathrm{e}^{\mathrm{i}\theta} \, |u\rangle \, |-\rangle$$

$$= \sqrt{\frac{1}{2}}(|0\rangle + |1\rangle)(\alpha |0\rangle + \beta \mathrm{e}^{\mathrm{i}\theta} |1\rangle)\sqrt{\frac{1}{2}}(|0\rangle - |1\rangle)$$

$$= \frac{1}{2}(\alpha |00\rangle + \beta \mathrm{e}^{\mathrm{i}\theta} |01\rangle + \alpha |10\rangle + \beta \mathrm{e}^{\mathrm{i}\theta} |11\rangle)(|0\rangle - |1\rangle)$$

$$= \frac{1}{2}(\alpha |000\rangle - \alpha |001\rangle + \beta \mathrm{e}^{\mathrm{i}\theta} |010\rangle - \beta \mathrm{e}^{\mathrm{i}\theta} |011\rangle +$$

$$\alpha |100\rangle - \alpha |101\rangle + \beta \mathrm{e}^{\mathrm{i}\theta} |110\rangle - \beta \mathrm{e}^{\mathrm{i}\theta} |111\rangle)$$

$$= \frac{1}{2}(\alpha |000\rangle + \beta \mathrm{e}^{\mathrm{i}\theta} |010\rangle) - \frac{1}{2}(\alpha |001\rangle - \beta \mathrm{e}^{\mathrm{i}\theta} |011\rangle)+$$

$$\frac{1}{2}(\alpha |100\rangle + \beta \mathrm{e}^{\mathrm{i}\theta} |110\rangle) - \frac{1}{2}(\alpha |101\rangle - \beta \mathrm{e}^{\mathrm{i}\theta} |111\rangle)$$

$$= \frac{1}{2}((|0\rangle Y_x |u\rangle |0\rangle) - (|0\rangle ZY_x |u\rangle |1\rangle) + (|1\rangle Y_x |u\rangle |0\rangle) - (|1\rangle ZY_x |u\rangle |1\rangle))$$

到此，我们可以得出结论，在完成量子反冲之后，可以通过对其他量子比特的测量结果来得知目标比特的信息。例如，如果第一个量子比特和第三个量子比特的测量结果都是 0，则目标比特处于其初始态；如果第一量子和第三个量子比特的测量结果都为 1，则目标比特的状态为其初始态之上做 Z 门操作。这里的 Y 门表达的并不是其需要通过 Y 门操作，只是假设目标比特 $|u\rangle$ 是一个单量子比特且没有额外的其他操作，实际上 $|u\rangle$ 的状态可能并不单纯，因此使用 Y 门表示的理由是，$|u\rangle$ 的状态是经过一系列量子操作后，我们无法得知其准确信息的状态。

3.2 量子计算机

下面专注于量子计算机的核心组成及如何实现它们，从理论到实践，为读者提供一个全方位的视野。

首先探讨量子计算的基础物理量，包括用于量子信息处理的关键参数；然

后深入探讨量子计算机的硬件框架，涉及其主要组件和功能模块；接下来详细描述量子计算机的各种实现方式，包括不同类型的量子比特及它们如何相互作用，以达到计算目的，这一部分会涉及量子计算机的差错校验机制，这是量子计算机能够有效运行的关键；最后介绍 DiVincenzo 标准，这是一个评价量子计算机性能和可行性的标准集，旨在确保量子计算机在满足基本功能要求的同时，也能达到高度的可靠性和稳定性。

3.2.1　量子计算的物理量

图 3-7 所示是量子计算的实现原理。量子计算机与经典计算机最大的区别是设计原理的底层逻辑不同，经典计算机基于数学，量子计算机基于微观粒子的物理特性，因此量子计算机在计算某些问题上具有先天优势。当前阶段的量子计算仍然以经典计算为主，将经典计算中的部分问题分割成可以使用量子计算来高效解决的问题，以此来执行量子计算。当前阶段的量子计算机不具备普适性，但是可以对特定的问题实现指数级加速，其效率之高是经典计算机无法媲美的。

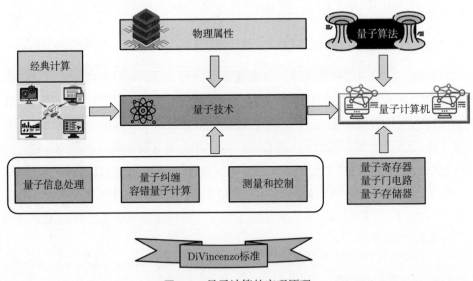

图 3-7　量子计算的实现原理

在量子力学中，哈密顿量（Hamiltonian）是描述一个物理系统总能量的算符。它是一个厄米算符，通常用符号 H 表示，决定系统的时间演化和性质。根据系统的性质和问题的特定背景，哈密顿量可以采用不同的形式。它的本征值对应系统能量的可能取值，通过求解哈密顿量的本征值问题，可以得到系统的能级结构和对应的能量本征态。对于一个具体的物理系统，哈密顿量的形式取决于系统的性质和相互作用。例如，对于一个自由粒子，哈密顿量可以由动能算符和势能算符构成；对于一个多粒子系统，哈密顿量则涉及粒子之间的相互作用项。哈密顿量在量子系统的时间演化、能级结构和态的性质等方面都扮演着重要的角色。

在物理层面，量子系统可以以多种方式表现，比如原子能级、自旋和原子极化等。一般情况下，我们将重点放在 d 维量子系统上，其中 d 表示维度（对于量子比特系统，$d=2$）。通过叠加量子寄存器（包含 n 个量子态的集合），我们可以同时表示 d^n 个可能的经典值。

原子能级是指原子系统能量量子化的形象化表示。按照量子力学理论，计算出的原子系统能量是量子化的，能量取一系列分立值，能量值取决于一定的量子数，因此能级用一定的量子数标记；能级取决于原子的电子组态和原子内相互作用的耦合类型。在 LS 耦合的情形下，总轨道角动量、总自旋角动量和总角动量的量子数 L、S 和 J 都是好量子数（Good Quantum Numbers），能级标记为一定的符号（L：总轨道角动量量子数；S：总自旋角动量量子数；J：总角动量量子数）。在量子力学中，好量子数是指在某些特定的对称性条件下，与某个守恒定律相对应的量子态的量子数。这些量子数在时间演化过程中保持不变，所以被称为好量子数。它们通常与哈密顿量对易，这就意味着它们可以同时有精确的值。电子在一个具有旋转对称性的势场（如一个氢原子）中的角动量就是一个好量子数，因为它不随时间变化。这就是为什么我们可以精确地知道电子的角动量，而不知道它在原子中的确切位置或速度（这就是海森堡不确定性原理的一个结果）。

在量子力学中，自旋（Spin）是粒子所具有的内禀性质，其运算规则类似于经典力学的角动量，并因此产生一个磁场。虽然有时会与经典力学中的自转（例如，行星公转时同时进行的自转）相类比，但实际上它们的本质迥异。经典概念中的自转是物体针对其质心的旋转，比如地球每日的自转是顺着一个通过地心的极轴所作的转动。把电子想象为一个带电的球体，因自转而产生磁场是不正确的，自旋与粒子产生的磁场直接相关（产生磁场的是自旋），但是从电子的视角这种关系是通过量子力学的规则来描述的，而不是通过经典的物理图像。电子的自旋角动量和由此产生的磁矩是量子力学独有的现象，不能直接用经典物理学中的自转概念来解释。在量子力学中，通过理论及实验验证发现电子可被视为不可分割的点粒子，没有确定的大小或形状，也就是说，它们不具有可以测量的物理"尺寸"。因此，将电子视为物理上自转的球体来产生磁场的想法，在量子理论中是不成立的。自旋是粒子与生俱来的一种角动量，并且其量值是量子化的，无法被改变。自旋对原子尺度的系统格外重要，如单一原子、质子、电子，甚至是光子，都带有正半奇数（$\frac{1}{2}$、$\frac{3}{2}$ 等）或含零正整数（0、1、2）的自旋，正半奇数就是正奇数加上 $\frac{1}{2}$；半整数自旋的粒子被称为费米子（如电子），整数的则被称为玻色子（如光子）。复合粒子也带有自旋，其由组成粒子（可能是基本粒子）之自旋透过加法所得，如质子的自旋可以从夸克自旋得到。半整数自旋的粒子被称为费米子，它们遵守泡利不相容原理；整数自旋的粒子被称为玻色子，它们不遵守泡利不相容原理。电子、质子和中子等都是费米子，它们的自旋为 $\frac{1}{2}$。光子是玻色子，自旋为 1。

原子极化是指分子或基团中的各原子核在外电场的作用下彼此发生相对位移，分子中带正电荷，其重心向负极方向移动，负电荷的重心向正极方向移动，两者的相对位置发生变化引起分子变形，产生偶极矩。原子极化伴随着微量的能量消耗，极化所需时间比电子极化稍长。电子极化（Electron Polarization）是指在外加场的影响下，由电子对其相关原子核的位移引起的电子云的形状变化（电子分布）。

量子力学为量子计算提供了理论基础和操作框架。在量子电路计算中，量子态的概念、纠缠现象及自旋等量子力学特性被用来构建和理解量子比特的行为。量子比特是量子计算的基本单位，它们不仅能像经典比特那样表示 0 和 1 的状态，还能通过量子叠加和量子纠缠表示同时处于多个状态的能力。这种能力使量子计算在处理某些类型的问题时比经典计算更加高效。哈密顿量在量子计算中的角色体现在描述量子系统的总能量和决定系统如何随时间演化。通过精心设计量子电路中的量子门（比如，通过使用不同类型的 Pauli 门和相位门），我们可以模拟特定的哈密顿量，从而操控量子态的演化，以解决复杂的计算问题。原子能级和量子态的概念帮助我们理解量子比特如何被物理实现。例如，利用原子的不同能级或电子的自旋态可以实现量子比特。此外，利用原子内部相互作用的耦合类型（如 LS 耦合），可以精细控制量子态之间的转换，这对实现精确的量子门操作至关重要。在量子电路中，纠缠现象被用作一种强大的资源，使得量子算法能够实现指数级加速。例如，Grover 的量子搜索算法和

Shor 的量子因数分解算法都依赖于量子态的纠缠来达到超出经典计算能力的性能。最后，量子计算的可逆性原理不仅体现在从输出状态恢复到初始状态的理论可能性上，还体现在实际操作中，如量子门的设计和实现上。通过精确的量子门操作，量子计算能够实现对信息的高效处理，而不会像经典计算那样在计算过程中丢失信息。

在量子电路计算中，我们会自然地将量子态建模为纠缠系统，这意味着每个量子系统的状态都依赖于与其纠缠的其他量子系统。量子计算基于可逆计算的基本概念。在理论上，可逆计算允许我们从输出状态恢复到完整的初始状态。可逆电路可以被设计成经典系统，这就要求可逆门的输入和输出数量相等，并且每个特定的输入与给定的输出之间必须是一对一的映射关系。由于量子计算系统也必须遵循这些规则，因此量子电路的输入量子态可以通过幺正运算进行可逆演化。实际上，我们可以通过一系列量子门的应用来实现这种可逆性，比如应用第二个非门来否定第一个非门的输出，从而恢复原始输入。在量子计算环境中，临时的量子系统被称为副态，当我们在得到输出时，这些副态会被忽略。另外，我们还对量子寄存器进行测量，提取经典数值用于进一步的计算。

3.2.2 量子计算机的硬件框架

为了将基于模拟或门的量子计算机所需的硬件组件原理化，下面把量子计算机的硬件建模分为四个抽象层。其中，量子数据层代表量子比特所处的位置；控制和测量层根据需要对量子比特进行计算或者测量；控制处理器层确定算法所需的运算和测量序列，利用测量的经典结果来进行后续的量子计算；主处理器层是处理网络、大型存储阵列及用户接口相关的经典计算机。主处理器使用传统的运算系统/用户接口，有助于用户交互且与控制处理器保持高带宽连接。

1）**量子数据层**：量子数据层是量子计算机的核心，它负责维护物理量子比特及其相互作用，实现量子门操作，执行量子态的测量，以及支持模拟哈密顿量控制的计算任务。这一层确保了量子计算机能够执行包括逻辑门运算和信息提取在内的基本计算过程，是执行量子算法和量子模拟的关键基础。为了支持量子计算机的门运算，需要对控制信号进行哈密顿量的设置，以便将其传递到选定的量子比特。对于基于门的系统，量子数据层还需要具备可编程的接线网络，以使两个或更多量子比特相互作用，这是因为某些量子比特运算需要两个量子比特之间的相互作用。为了实现高保真度的量子比特，需要将其与环境隔离，然而，这种隔离也会对连接度造成限制。这就意味着每个量子比特不能直接与其他量子比特交互，从而对计算产生限制。控制信息的传输可以通过电子导线、光学或微波辐射来实现，具体取决于量子系统的实现方式。量子数据层的质量取决于多个因素，其中包括单量子比特和双量子比特门的误码率、量子比特之间的连接度、量子比特的相干时间，以及单个模块中可以包含的量子比特数量，它们对量子计算机的可靠性和效率至关重要。

2）**控制和测量层**：控制和测量层是量子计算机的重要组成部分，将控制处理器的数字信号转换为模拟控制信号，以驱动量子数据层中的量子比特执行运算。此外，该层还将量子数据层中量子比特测量的模拟输出转换为控制处理器能够处理的经典二进制数。由于量子门的特性，控制信号的生成和传输都比较困难，其中少量的误码和量子比特物理设计中的问题都会影响运算结果。随着机器的运行，每个门运算的相关误码会被累加。信号隔离时的任何问题，比如信号串扰，都会导致运算过程中原本不参加运算的量子比特出现微小的控制信号，从而造成量子态中出现误码。因此，对控制信号的保护非常复杂，需要利用真空、冷却技术将量子数据层与其环境隔离。生成量子比特的误码和信号串扰都是系统性的，它们会随着机器运行时间的增加而逐渐累积，我们可以通过控制脉冲波形进行优化，来降低误码对量子比特的影响。此外，通过周期性的系统校准也可以最小化误码的影响。系统校准的实现需要测量误码的机制和调整控制信号的软件，以将这些误码的影响降至最低。由于每个控制信号都可能与其他控制信号相互作用，因此实现校准所需的用于测量和计算的量子比特数量需要超过量子数据层中量子比特数量的两倍。因此，针对控制和测量层的设计和实现是提升量子计算机可靠性和效率的关键因素之一。

量子计算机控制信号的特性取决于所使用的量子比特实现技术。例如，囚禁离子量子比特系统通常使用微波或光信号（以电磁辐射的形式）来控制量子比特，这些信号通过自由空间或波导被传输至量子比特的位置，而超导量子比特系统则使用微波和低频电信号来控制。这两种信号都通过冷却设备（如稀释冰箱和低温恒温器）的导线进行传输，最终到达受控环境中的量子比特。量子计算机的可靠性和效率都依赖于控制信号的传输精度，而误码率是不可忽略的。为了获得所需的传输精度，需要利用传统技术来制造复杂的控制信号生成器。由于量子门的实现速度受控制脉冲传输时间的限制，即使理论上量子系统可以运行得非常快，门速度也会受到结构和精确控制脉冲所需传输时间的限制。当前的硅电子技术速度非常快，门速度已经不再受控制和测量层的限制，只受量子数据层的限制。因此，量子计算机的研究重点已经从对控制和测量层的研究转向对量子数据层的开发和优化，以提高量子计算机的效率和可靠性。

3）**控制处理器层**：控制处理器层的主要任务在于确定执行量子算法所需的量子门操作和测量的序列，以及触发相应的哈密顿量，从而精确地控制量子计算过程。其中，一个主要任务是量子纠错，通过大量的经典信息处理，利用量子运算的测量结果来纠正误码。然而，这种处理所需的时间可能会降低量子计算的速度。如果纠错运算可以在量子运算和测量所需的时间内完成，则能够将该开销最小化。随着量子计算机规模的增加，控制处理器层的计算任务也随之增加，因为函数的输入和输出数量与量子比特的数量成正比，复杂度与纠错码的距离成正比。因此，控制处理器层可能包含多个相互连接的处理单元，以满足综合性的计算需求。制造大型量子计算机的控制处理器层是一项挑战，一种解决方法是将该层分为两部分：一部分是经典处理器，用于辅助和控制量子程序；另一部分是可扩展的定制硬件模块，该模块直接与控制和测量层相连。该模块将主控制器输出的更高级别的指令与测量的结果结合起来，计算量子比特需要执行的下一步运算。

4）**主处理器层**：主处理器是一台经典计算机，运行普通的操作系统，并为自身的运算提供标准的支持库。该计算机系统具备用户所需的全部软件开发工具和服务，运行必要的软件开发工具可生成控制处理器上运行的应用，这些应用与控制经典计算的应用不同，还能提供量子应用运行时所需的存储和网络服务。将量子处理器与经典计算机相连接就可以利用经典计算机的所有特性，而不需要重新部署。

3.2.3 量子计算的实现方式

量子计算有两种主要实现方式：模拟量子计算和基于门的量子计算。

1）**模拟量子计算**：通过控制量子系统哈密顿量的平滑变化实现量子态的演化。模拟量子计算主要包括绝热量子计算 (Adiabatic Quantum Computing, AQC)、量子退火 (Quantum Annealing, QA) 和直接量子模拟。AQC 是一种基于量子力学原理的计算方法，它依赖于系统始终保持在其哈密顿量的基态。通过缓慢地改变哈密顿量，从一个易于准备和理解的初始状态过渡到描述问题解的最终状态。如果变化足够慢，根据绝热定理，系统将保持在基态，从而可以找到问题的解。QA 是一种特定类型的优化算法，用于寻找复杂函数的全局最小值。QA 利用量子叠加态和量子隧穿效应，在潜在的解空间中以概率的方式搜索最优解。这一过程类似于经典退火技术,但引入了量子效应,以期在某些问题上提供超越经典算法的性能。在模拟量子计算中,问题被编码到哈密顿量中,问题的解对应最终的哈密顿量状态。模拟量子计算与传统的系统级纠错方法不兼容,因为它涉及非离散算符。尽管有针对 AQC 的量子纠错模型,但消除误码需要无限的资源,因此研究人员通过探索对量子误码和噪声的抑制来提高精度。

2)**基于门的量子计算**:通过执行一系列基本量子门操作实现量子计算。这些基本量子门操作通过精确改变一个或多个量子比特的哈密顿量来实现所需的变换,类似于经典逻辑门。基于门的量子计算过程中要求门操作必须都是可逆的,以避免能量弛豫导致的退相干。基于门的量子计算可以进一步分为嘈杂中型量子(Noisy Intermediate-Scale Quantum,NISQ)计算机和基于门的完全纠错量子计算机。前者在相干的量子比特集上运行,不需要完全量子比特纠错。后者则针对任何系统噪声进行纠错,并允许将用于纠错的量子比特或逻辑量子比特扩展至数千个。

目前,量子计算的两种先进技术分别是囚禁离子和超导量子(当然不仅只有这些,这两种是最有名的)。

1)**囚禁离子**:囚禁离子技术将原子的两种内部状态作为基本量子要素。带正电荷的离子可以通过离子阱的电场控制带正电荷的离子的位置。在超低温真空室中,精确控制的激光脉冲或辐射微波用于改变离子的状态。设置适当的脉冲,使两个或更多离子态耦合在一起,就可以产生纠缠。通过离子阱的电场,可以精确地操控和固定带电离子在空间中的位置,从而为量子计算和量子信息处理提供一个稳定的平台。这种技术是囚禁离子量子计算的基础,其中带电离子的内部量子态(如基态和激发态)被用作量子比特执行量子逻辑操作。

2)**超导量子**:超导量子系统利用超导材料的独特性质创建人造原子电路。辐射微波用于控制人造原子的状态,将相邻原子耦合在一起形成纠缠。由于这些电路的能级非常低,因此需要在约 10mK 的环境中隔离它们,以降低与制造材料接触所产生的热噪声影响。

在不同类型的量子计算机中,退相干的作用和影响各异。对于基于门的量子计算机,退相干需要尽量避免,因为它可能导致信息丢失。然而,在模拟量子计算中,特别是在 AQC 中,退相干可以被巧妙地利用。能量弛豫有助于系统达到基态,从而获得正确的输出。但是,在量子退火过程中,如果哈密顿量变化过快或受到热环境的热激发等因素的影响,量子退火机可能会离开基态。在这种情况下,能量弛豫对量子退火机回到基态是有益的,但过多的能量弛豫会导致系统失去量子力学特性，从而不再是量子计算机。在这一过程中，利用相干隧穿现象也是一种有效方法。

量子计算机的发展和应用前景非常广阔。在一些领域，如优化问题求解、量子模拟和量子化学等，量子计算机具有潜在的优势。随着量子计算技术的进步，量子计算机能够解决传统计算机难以解决的一些问题，推动科学研究和技术发展。但是，要实现这些潜在的优势，我们需要克服量子计算领域的许多挑战，包括提高量子比特的质量、扩展量子比特数量、降低噪声和误差等。随着研究人员对量子计算理论和实践的深入理解，量子计算机的实现和应用将会越来越成熟。

3.2.4　量子计算机的差错校验

量子纠错 (Quantum Error Correction，QEC) 的目标是显著降低有效误码率。为了实现这一目标，需要用许多冗余量子比特对量子态进行编码，并通过使用信息冗余的量子纠错码 (Quantum Error Correction Code) 来模拟低误码率的稳定量子比特。这些比特被称为容错或逻辑量子比特。通过周期性地对这些量子比特的状态进行测量并用经典设备解码，可以确定哪些量子比特存在误码。量子纠错的过程需要为每个逻辑量子比特增加额外的量子比特，并为每次逻辑运算增加额外的量子门，导致资源开销增加。在实现量子纠错的领域取得重大突破之前，逻辑量子比特的应用受到了限制。量子纠错方法与经典纠错方法相似，但由于量子不可克隆定理，精确的量子纠错所需的技术与经典的重复码校验有很大差异。量子纠错协议将逻辑量子比特编码到物理量子比特的分布式结构中，从而在不测量的情况下实现对比量子比特的状态。

量子误码抑制旨在降低量子计算的有效误码率，以支持简单计算或采用与门无关的量子方法。量子误码抑制可以延长有误码的量子比特的相干时间，使其能足够完成轻量级量子算法。由于误码率较低，降低了量子纠错的开销，因此许多量子误码抑制方法可以与量子纠错共同使用。目前，广泛使用的误码抑制方法包括复合脉冲和动态解耦。尽管这些技术无法抑制所有类型的误码，但复合脉冲可以抑制已知的系统误码，动态解耦序列可以抑制退相干误码。对于模拟量子计算机，研究人员正在开发基于能量惩罚的误码抑制技术，这类方法通过策略性编码量子比特，使误码在能量上出现区分，从而实现误码抑制。

无论采用哪种方法，量子纠错的开销都是巨大的。编码一个容错逻辑量子比特所需的物理量子比特数取决于物理量子设备的精确度与所选的量子纠错码的最小量子操作数。

3.2.5　DiVinecnzo 标准

　　虽然目前拥有个位数量子比特的商用量子计算机已投入经济市场，但是笔者认为这些量子计算机更多的只是一个噱头和起到启蒙教育的作用。这里说的量子计算机是指商业化的量子计算机，就像现在几千元买一台电脑一样，并不是指产业或者科研最前沿斥巨资打造的量子计算机，那些量子计算机确实有更多的物理量子比特被实现，但是当前阶段很明显不可能作为人手一台的标准配备。想要制造出能有效工作的量子计算机，对当前的科学研究来说仍然是一个不小的挑战。2000 年 DiVincenzo 提出了 5 条标准 (即 DiVincenzo Criteria)，只有满足这 5 条标准的物理体系才有望构建出可行的量子计算机。后来，DiVincenzo 又添加了两个与量子通信相关的标准。

　　1）可扩展的物理系统与量子比特：可以定义出足够多的可区分的量子比特。

　　首先，我们需要一个由多个量子比特组成的量子寄存器，用于存储信息，类似于经典计算机中的存储器。在量子体系中，最简单的物理实现方式是利用二能级系统，如电子自旋、自旋 $\frac{1}{2}$ 的原子核，或者光子系统中的两个相互正交的极化态 (水平方向和垂直方向)。这些都可以作为量子比特的实现方式。我们还可以使用二维子空间，如基态和第一激发态，或者更高维度的希尔伯特空间，如原子的能级。需要特别注意，一定要防止量子态泄露到其他希尔伯特空间中。无论在何种情况下，两个态都必须能够被确定为基底，即 $|0\rangle$ 和 $|1\rangle$。在希尔伯特空间中，单比特态通常可以写成以下形式：

$$|\varphi\rangle = \alpha\,|0\rangle + \beta\,|1\rangle$$

其中，α 和 β 是归一化条件下的系数。

　　多量子比特态可以展开为其对应的态的直积形式，其中每个量子比特都是独立的，并且可以扩展到更多量子比特上。比特的二维矢量空间可以推广到三维（对应于 Qutrit），更一般地，可以推广到 n 维（对应于 Qudit）。量子系统可能由不同类型的量子比特组成。"可扩展的物理系统与量子比特"，意味着我们能够持续添加更多的量子比特到系统中，而不会导致系统过于复杂或不可管理。在理论上，我们可以想象一个包含无数量子比特的系统，但在实际中，需要有一种方式能够实际建造和控制这样的系统。因此，物理系统必须可以在实践中扩展。"可以定义出足够多的可区分的量子比特",意味着我们需要有一种方式可以在系统中清晰地识别和操作单个的量子比特。这是必要的,因为在量子计算中,我们需要对单个量子比特执行操作(如量子门操作)并读取它们的状态。因此,我们需要能够清晰地区分不同的量子比特,并知道正在对哪个量子比特进行操作。

2)能够在量子比特之间执行任意的单比特逻辑门操作:对每个量子比特进行操作。

假设我们拥有一台内存比较大的经典计算机,现在需要通过一系列的逻辑门操作把数据编码到内存,那么就必须在内存上应用任意的逻辑操作门去完成量子信息处理过程。"能够在量子比特之间执行任意的单比特逻辑门操作",是说能够在任何一个单独的量子比特上执行任何我们想要的操作。这些操作可能包括改变量子比特的状态,如从 0 变为 1,或者从 1 变为 0(这相当于经典计算中的 NOT 门),或者更复杂的操作,如将量子比特的状态旋转到 0 和 1 的叠加态。在实际操作中,这意味着我们需要有一种物理机制来改变量子比特的状态。例如,在超导量子比特中,可以通过改变施加在量子比特上的电压或电流来改变其状态。在离子阱量子计算中,可以使用激光脉冲来改变离子的内部能级,从而改变其状态。

此外,我们需要有一种物理机制能够同时控制两个量子比特,并改变它们之间的相互关系。这需要通过某种物理机制来实现,该机制能够在两个量子比特之间建立并控制交互作用,例如利用电磁相互作用或者通过生成量子纠缠的方式,以此来调整它们之间的相互关系。这种控制必须足够精准,以便可以执行我们想要的任何双比特操作。同理,在未来,如果能有可以控制更多量子比特的方法,则会更具有效率优势。

3)量子态的初始化:能够反复执行运算。

假设我们无法重置某经典计算机,即使电脑处理过程非常正确,也绝不会相信电脑的某些计算结果(无法重置的系统可能会累积错误,受到外部干扰或遭受安全威胁,从而影响其运算结果的可靠性)。因此,初始化对于经典计算机和量子计算机来说都是一个重要的部分。在许多已实现的量子系统中,系统的初始化都可以采用冷却这种最简单的方式把系统置于基态,使第一激发态与基态之间的能级差与未初始化时产生较大的差异。低温时,只有满足 $K_BT \ll \Delta E$,才能在很大程度上使系统处于基态。当然,还有其他选择方式,如可以用投影测量的方式把系统投影到我们想要的初态上,但在大多数情况下,测量后观测

出的系统并非处于我们想要的初态上，所以需要通过合适的门操作等把系统变换（制备）到我们想要的初态上。在某些已经建立的物理系统中，例如核磁共振体系，将系统冷却到极低温度是不可行的，针对这种技术或物理学上的限制，我们不得不采用热平衡态作为初态。这似乎是一个比较困难的问题，我们可以以计算资源作为代价来解决这些问题。这时我们就需要获得"有效纯态"，即"赝纯态"，它可以作为我们理想的初态。在特定的状态下，一些连续新增的量子比特（如 $|0\rangle$）是成功实现量子纠错的基本要求。

4）更长的退相干时间：能够稳定和持久地执行运算。

在量子计算中，一个重要的概念是"相干时间"，或者更准确地说是"退相干时间"。这个概念涉及量子比特与其周围环境的交互，以及这种交互如何影响量子计算的性能和可靠性。退相干是一个过程，它描述了量子系统如何因为与周围环境的交互而失去其量子性质，变得更像一个经典的系统。例如，如果一个处于叠加态的量子比特与周围环境交互，它可能会因此失去其叠加态，成为明确的量子态 $|0\rangle$ 或 $|1\rangle$。这种过程会限制我们在量子计算机上执行计算的复杂性和时长，因为一旦量子比特退相干，它就不能再被用于执行量子计算了。

退相干时间是一个衡量量子系统能够保持其量子性质的时间的度量。在这个时间段内，量子比特可以保持其叠加态或纠缠态，可以用于执行复杂的量子算法，然而，退相干时间并不是唯一重要的参数。实际上，更重要的是"退相干时间/门操作时间"这个比值。门操作时间是指执行一个量子门操作（也就是对一个或多个量子比特进行操作）所需要的时间。如果门操作时间远小于退相干时间，那么我们就有足够的时间在量子比特上执行许多操作，而不用担心它们会因为退相干而失去量子性质。换句话说，我们可以在退相干时间内执行许多门操作，以实现复杂的量子算法。因此，虽然退相干是量子计算面临的一个重要挑战，但是如果我们能够设计出快速且精确的量子门操作，即使退相干时间并不长，也仍然可以实现有效的量子计算。这也是为什么在量子计算的研究中，不仅要寻求增加退相干时间的方法，还要寻求减少门操作时间的方法。

5）对量子比特的定向测量：能够准确和高效地执行运算。

在量子力学中，"测量"是一个非常特殊的过程，它涉及观察者与量子系统的相互作用，这会导致量子系统的状态从原来的叠加态塌缩到某个特定的基态。这个特定的基态取决于测量的结果，而测量的结果有一定的概率。对于量子计算来说，我们通常在算法的最后执行测量，以便从量子比特的状态中提取出计算的结果。这个过程是必要的，因为在量子比特进行计算的过程中，它们的状态通常处于复杂的叠加态或者纠缠态，这些状态不能直接提供我们所需要的信息。

投影测量是最常见的量子测量类型，它会使量子系统的状态塌缩到与测量结果相符合的基态。例如，如果我们在一个处于 $|0\rangle$ 和 $|1\rangle$ 叠加态的量子比特上进行测量，那么测量的结果可能是 0，也可能是 1，取决于叠加态的具体形式。测量后，量子比特的状态会塌缩到与测量结果相符合的状态，要么是 0，要么是 1。然而，对于一些物理系统（如核磁共振体系），投影测量可能行不通。在这些系统中，可能需要使用系统平均测量，这涉及对整个系统的状态进行统计分析，而不是简单地查看单个量子比特的状态。这种测量方式通常需要对系统进行重复测量，并且统计所有的测量结果以得到最终的答案。因此，对量子系统的定向准确测量也是我们面临的一项挑战。

6）（通信）静态量子比特和飞行量子比特可互相转换。

静态量子比特和飞行量子比特的互相转换是量子信息处理中非常重要的一个概念。静态量子比特是指固定在某个位置，比如在某个物理设备中，用于存储信息的量子比特。这些量子比特通常对环境噪声有较好的隔离，可以保持较长的相干时间，适合用于存储量子信息，比如超导量子比特、离子阱中的离子、光格子中的冷原子等。飞行量子比特，又叫行走量子比特，常常是指在空间中可以移动的量子比特，如光子。飞行量子比特的优点在于可以方便地进行长距离传输，适用于量子通信和量子网络中的信息传递。

静态比特和飞行量子比特的互相转换，实际上就是量子信息从存储模式转换为传输模式，或者反之。这个过程在许多量子信息处理任务中都非常关键，比如在分布式量子计算中，我们需要在不同的节点之间传输量子信息；在长距离量子通信中，我们需要把信息从发送端的静态量子比特转换为飞行量子比特，然后再在接收端从飞行量子比特转换回静态量子比特。这个过程有点类似于经典计算机中 CPU 和硬盘的关系。静态量子比特类似于经典计算机中的硬盘，用于存储信息，因为它们稳定且不易受环境干扰，适合长期保存量子信息。硬盘在计算机中用于存储数据，静态量子比特在量子系统中用于存储量子状态。飞行量子比特类似于经典计算机中的数据总线，用于在计算机内部或者在网络中传输数据。数据总线用于在 CPU、内存和硬盘之间传输数据，飞行量子比特在量子系统中用于在不同的静态比特之间或者不同的量子系统之间传输量子信息。只有二者相结合，才能构建出一个功能完善的量子计算或量子通信系统。

在目前的实验研究中，静态量子比特和飞行量子比特的互相转换是一个非常活跃的研究领域。人们已经研发出许多技术来实现这种转换，包括离子阱技术，以及利用光子作为量子比特之间接口的技术等。这些技术的进一步发展和完善会对未来的量子计算机和量子通信网络的构建起到关键的作用。

7）（通信）能在指定区间特异化传输飞行量子比特。

在量子计算和量子通信中，能够在指定区间专一地传输飞行量子比特（例如光子）是非常重要的。这意味着我们需要能够控制光子或其他飞行量子比特的传输路径，并确保它们能够准确地从一个地方传输到另一个地方。在量子密钥分发中，这个要求尤其重要。量子密钥分发是一种利用量子力学原理进行密钥生成和传输的技术，它能够提供无条件的安全性。为了实现量子密钥分发，我们需要能够将光子（携带着密钥信息的量子比特）从发送端精确地传输到接收端。如果我们不能准确地控制光子的传输，那么密钥信息可能会被丢失或窃取，从而破坏量子密钥分发的安全性。此外，这个要求在分布式量子计算中也很重要，因为在分布式量子计算中，多个量子处理器通过量子网络相互连接，共同完成计算任务。为了实现分布式量子计算，我们需要能够在不同的量子处理器之间传输量子比特，这就需要我们能够精确地控制飞行量子比特的传输。

DiVincenzo 标准提供了量子计算的基本要求，但在有些情况下，某些条件可以适当放宽。在量子计算中，最常见的操作是幺正操作，它保留了量子系统的总概率，并且可以被逆转。而非幺正操作，如测量，不满足这些性质，测量操作会改变量子系统的状态，并且这个过程是不可逆的。在一些量子计算的方案中，非幺正操作被有效地利用起来。例如，在线性光学量子计算中，光子的测量被用来实现一些有效的量子操作。在这种情况下，测量的结果可被用来决定后续的量子操作，从而实现复杂的量子算法。另一个例子是单向量子计算，其中通过对一个初始的"簇态"进行一系列的测量，可以实现任意的量子操作。在这种情况下，测量的结果也可被用来决定后续的量子操作，从而实现复杂的量子算法。这种计算模型的一个重要特点是，一旦测量开始，整个计算过程就不能逆转，这与传统的基于幺正操作的量子计算有显著的不同。在许多情况下，测量的结果需要通过飞行量子比特从一个地方传输到另一个地方，以便在那里进行后续的量子操作。

8）部署案例。到目前为止，基于 DiVincenzo 标准实现的一些量子计算机的物理系统如下：

①液态/固态核磁共振/电核双谐振体系。

②离子阱。

③ 基于原子的腔量子电动力学。

④ 光晶格中的中性原子系统。

⑤ 线性光学。

⑥ 量子点系统 (自旋量子比特和电荷量子比特)。

⑦ 约瑟夫森结系统 (电荷量子比特、磁通量子比特和相位量子比特)。

⑧ 液氦表面的电子体系。

4 量子技术发展动态

下面把视线从纯学术领域扩展到现实世界的应用和发展中。

本章主要介绍国内量子技术发展的现状，包括但不限于 isQ-Core、青果（Quingo）、本源量子计算科技 (合肥) 股份有限公司 (简称本源量子)、华翊博奥 (北京) 量子科技有限公司 (简称华翊量子)、图灵量子、深圳量旋科技有限公司（简称量旋科技）、北京未磁科技有限公司（简称未磁科技）等领先软件和企业；讨论这些公司在量子计算、量子通信和量子安全等方面的具体成就和面临的挑战；展望国际量子技术的发展，包括国际大公司在量子计算领域的贡献，如 Google 的 Cirq、IBM 的 Qiskit 和 Microsoft 的 Q# 等。

通过本章的全面解读，能够帮助读者深刻理解量子技术在全球范围内的发展状况，以及它可能给未来信息安全和网络安全领域带来的变革，可帮助读者全面了解量子计算和信息安全领域的发展状况。

4.1 国内量子技术现状

量子软件行业正在全球范围内迅速发展，不过，回顾量子硬件和量子算法的发展路径，我们能够预见这将是一个漫长的发展过程。对于早期参与量子领域的人和潜在的量子开发者来说，最重要的不是追求立即可用的软件产品功能，而是选择能够长期合作并共同发展的合作伙伴。因此，了解当前的市场状况是至关重要的，包括早期参与者面临的挑战和机遇，以及他们正在制定的长期商业战略。

在全球市场中，中国的量子通信行业发展尤为显著，市场规模从 2014 年的 4.86 亿元增加到 2020 年的 9.05 亿元。目前，中国量子通信技术已然达到全球领先水平。随着量子通信技术产业化和实用化的不断推进，预计未来将会更广泛地进入公众视野，为我们的信息社会提供更为可靠的通信安全保障。量

子通信不仅将为电子政务、电子商务、电子医疗和智能传输系统等各种电子服
务提供驱动力，还将成为社会信息安全的重要保障。

我们进一步观察市场细分情况，可以看到量子通信产品及建设运营是行业
最大的细分市场，2020 年市场规模达到约 6.22 亿元。2020 年量子通信研发及
系统投资规模约为 1.58 亿元，量子通信应用市场规模约为 1.25 亿元。放眼全
球，2021 年全球量子领域的融资总额近 32 亿美元，这是 2020 年全年融资规
模的 3 倍多。我国量子计算企业在 2021 年共完成了 11 笔，总计 7.28 亿美元
的融资。而在 2023 年，这种势头依然保持不变。中国已经有 8 家量子计算企
业完成了融资，其中融资额在亿元及以上的就有 5 家，包括量旋科技、图灵量
子、华翊量子、未磁科技、本源量子。考虑到中国量子计算领域的初创企业数
量并不多，这些融资活动就显得尤为重要。具体来看，量旋科技和本源量子走
的都是超导芯片量子计算机的技术路线 ①。北京中科弧光量子软件技术有限公
司完成了数千万元人民币的天使轮融资，本轮融资后，弧光量子致力于完善量
子软件产品布局、培养量子计算人才队伍、加速量子算法与其他前沿科技结合，
以加速业务的实际应用。他们表示，在即将到来的量子计算机时代，由于量子
计算机硬件基础与架构的革命性变化，因此软件设计所依赖的特征也将发生根
本性变化。不仅现有的软件理论与技术无法适应量子计算机的架构，基础软件
还将更加多样化，因为只有量子软件与硬件紧密结合，才能充分展现量子计算
机的威力。

不论是国内市场，还是国际市场，量子科技都在持续迅速发展。尽管这是
一个需要长期投入的领域，但其广阔的应用前景和巨大的商业价值，无疑使其
成为科技发展的重要战略方向。

4.1.1 isQ-Core 与青果

量子计算机的高效运行和广泛使用离不开强大的硬件系统，也离不开汇编
语言、操作系统等软件的配套支撑。量子软件需要满足量子计算底层物理原理
和算法逻辑，具有较强的专业性。截至 2023 年，中国科学院量子信息与量子
科技创新研究院量子计算云平台已经成功部署两大全新国产量子编程软件——
isQ-Core 和青果 (Quingo)。

isQ-Core 量子编程语言及其编译器由中国科学院软件研究所及北京中科

---

① 参考光子盒 2022 年 7 月发布的报告《量子技术全景展望（2022）：量子硬件、算法、软件、互联网》。

弧光量子软件技术有限公司技术团队联合开发，具有简单、易用、高效，可扩展性强，可靠性高等特点，为量子计算用户提供了许多便利。显然，量子软件是连接用户与量子计算硬件设备的桥梁，量子计算软件与硬件的结合，将为更多不同行业人士进行量子计算相关理论研究和应用探索提供便利。

青果是由国防科技大学计算机学院 QUANTA 团队联合华东师范大学软件工程学院程序理论团队等提出的一门高级量子编程语言，并以该语言为基础，设计实现了首个全面的量子–经典异构编程框架；同时，通过引入一种全新的量子操作的时序描述机制，使用户可以灵活、高效地控制量子操作的时序。目前，已有多个中外计算机软硬件团队参与开发 Quingo 语言生态。

由国盾量子提供相关部署服务的 isQ-Core 和青果都已成功部署至量子计算云平台。该云平台是目前中国硬件规模最大的量子计算云平台，国盾量子声称已引入"祖冲之二号"（66 量子比特中国量子计算机）的计算能力。该云平台上线了"祖冲之二号"同款汇编语言——QCIS 指令集，大幅提升了用户在云平台实验室中对 12 比特超导量子计算原型机的操控能力。中国科学院表示，未来 isQ-Core 将持续升级，完善更多功能，与中国量子计算硬件协同发展。

4.1.2　本源量子

正是意识到量子软件的重要性，2023 年年初，本源量子发布中国首个量子程序开发插件 Qurator-VSCode，初步建立起完整的量子操作系统和量子软件标准，在进度上与国际同行保持一致。因为量子软件对传统软件基础的依赖性不强，所以这是量子软件行业重新洗牌的过程。随着各项技术取得突破，量子软件行业也逐渐摆脱了传统信息产业缺少核心芯片、缺少自主操作系统和底层支撑软件的困境。政府和企业要鼓励和引导原始创新，推动行业交叉融合，如成立产业联盟，加速与化工、制药、智能制造的融合，推动量子软件开发应用。量子计算产业还在萌芽状态，离形成稳定、完善、成熟的生态系统甚远。越是如此，越要提早谋划、抢占先机，与量子硬件等基础设施一起，形成以自主知识产权为主导的量子计算生态体系。

本源量子声称，他们是中国唯一一家具有全栈式开发能力，且可以交付真实量子计算机并提供后续服务的量子计算公司。他们在生物化学、量子金融、量子教育、大数据与人工智能领域投资数轮并开发了量子芯片、量子测控、量子软件、量子云等服务框架。

本源量子开发了量子计算编程框架 QPanda，它可以用于构建、运行和优化量子算法。QPanda 作为本源量子计算系列软件的基础库,为 OriginIR、Qurator、量子计算服务提供了核心部件。目前,QPanda 提供了 C++ 和 Python 两个版本。QPanda 可对接不同的量子计算平台,可以把通过 QPanda 编写的量子程序编译为不同量子计算平台对应的量子语言,目前已支持 QASM、OriginIR、Quil 等多种量子语言。QPanda 根据真实量子计算机的数据参数,可提供量子线路优化、转换工具,方便用户探索 NISQ 装置上有实用价值的量子算法。QPanda 提供了本地的部分振幅、单振幅、全振幅、含噪声量子虚拟机,并可直接连接到本源的量子计算云服务器运行量子程序。

本源量子还开发了 VQNet(新一代量子环境与经典环境统一的机器学习框架)。VQNet 基于其自研量子计算框架 QPanda,可以分别在量子计算机和经典计算机上运行。VQNet 支持量子机器学习和经典机器学习模型的构建与训练,支持量子计算机与经典计算机等多种硬件上的模型运行;使用 Python 作为前端语言,接口易用,支持自动微分和动态计算图;设计统一架构,使用本源量子的 QPanda 量子计算库,以及自带的经典计算层,提高了量子机器学习的效率,而且可以与其他机器学习框架和计算库兼容。

本源量子开发的 QRunes 是一种面向过程的、命令式的量子编程语言——Imperative language(这是当前主流的一种编程范式),它的出现是为了实现量子算法。QRunes 基于量子计算的经典计算与量子计算混合(Quantum-Classical Hybrid)特性,在程序编译之后可以通过操纵经典计算机与量子芯片来实现量子计算。量子程序编译系统能够保证将量子程序准确、高效地编译为目标代码并实现计算,且为此准备了 Qurator(一个量子程序集成开发环境)。Qurator 是本源量子软件团队整合开发的量子程序编程环境工具包,该工具包整合了 QPanda 量子编程框架及 QRunes 编码和编译流程。它还提供了一站式编译环境安装,用户通过对程序的安装即可实现编译环境的一键使用,即直接获取 QPanda 源码并在 Qurator 中实现便捷地安装。通过集成 Qurator 量子程序开发插件,用户可在基于 VSCode 编辑器的智能编码环境中,高效进行 QRunes 语言的量子程序开发,并利用多种插件封装功能,进一步简化开发流程。

4.1.3 华翊量子

华翊量子开发了专有量子模拟服务器,还在离子阱量子计算系统上进行了探索。华翊量子云提供了可视化的量子线路在线编辑器,无须编程即可快速测试量子线路。利用华翊量子提供的开源代码库，可以实现更大规模的量子线路快速编写。依托离子阱量子计算系统的独特之处，华翊量子云平台可实现通用量子逻辑门运行，并直接返回且展示图形化的结果，这在生物制药、金融工程、能源材料、科研计算领域有着非常大的应用潜力。

量子计算云平台的核心功能是，利用云计算技术将用户连接到实体量子计算机硬件或量子计算模拟器，执行算法或进行实验。实际上，量子云平台就是连接量子计算机和用户的中介，用户先通过经典计算机访问量子云，然后通过量子云将经过处理的指令发送到后端执行量子计算，最后通过量子云将结果传回给用户。这种量子云平台不仅提供了多样的实验选择，还允许用户根据自己的需求选择合适的服务商和不同的量子计算硬件后端。平台会根据用户的需求类型及任务复杂程度，将其拥有的量子硬件、量子软件、量子算法等量子相关资源以服务的形式提供给用户进行资源配置，这种服务形式被称为量子即服务（Quantum as a Service，QaaS）。在这种模式下，用户无须承担量子计算设备的购置、运维和研发成本，技术门槛也相对较低。

目前，量子云平台的逻辑架构大都相似，它们与云计算的分类有类似的模式，主要提供以下三种服务：量子基础设施即服务（Quantum Infrastructure as a Service，Q-IaaS）、量子平台即服务（Quantum Platform as a Service，Q-PaaS）和量子软件即服务（Quantum Software as a Service，Q-SaaS）。Q-IaaS 主要提供量子计算云服务器、量子模拟器和真实量子处理器等计算及存储类基础资源。Q-PaaS 主要提供包括量子门电路、量子汇编、量子开发套件、量子算法库、量子加速引擎等在内的量子计算和量子机器学习算法的软件开发平台。Q-SaaS 是针对具体行业的应用场景和需求设计的量子算法，主要提供量子加速版本的应用服务，如生物制药、分子化学、金融科技和流体力学等。

目前，量子计算云平台多采用 Q-PaaS 模式，提供量子模拟及算法开发的功能。随着量子计算硬件的不断发展及与云计算的结合，Q-IaaS 模式的比重逐渐增加。未来，随着量子计算产业生态的发展成熟，Q-SaaS 模式将被广泛应用于各个行业及企业来实现产业升级。IBM 是第一个开发量子计算云平台且当前运营较为成功的案例，除此之外，绝大部分量子云平台的访问量堪忧[①]。

---

① 参考 iCV TAnK 和光子盒 2024 年 2 月联合发布的《2023 全球量子计算产业发展展望》报告。

4.1.4　图灵量子

图灵量子对量子软件工程进行投资并开发了以下产品。

FeynmanPAQS 是图灵量子自主研发的专用光量子芯片的计算模拟软件，辅助专用光量子芯片，实现对量子计算、光子计算等专用算法的设计和研发。其包含芯片波导结构设计、光子数目调控、可视化输出、过程数据记录等多项功能，并且预置了二维量子行走、量子随机行走、多粒子量子行走、玻色采样等多种算法，搭载了光量子芯片设计辅助系统与光学模拟系统。FeynmanPAQS配合 TuringQ Gen1 形成软硬件一体的用户体验，借助云计算的能力，帮助科研人员与开发者在云端拥有自己的光量子芯片实验室。

可级联滤波弱信号提取及多通道符合计数系统：针对量子系统的弱信号提取、量子光源亮度探测、多通道符合计数探测的需求，图灵量子通过技术攻关和自主研发，实现了相关产品的制备和生产，具有完全的知识产权，同时可以无缝衔接到公司的量子计算产品中。根据使用场景不同，产品分为适用于弱信号提取可级联滤波系统，适用于过滤噪声、分离不同频率的光子信号的高分辨率多色分束系统，以及适用于单（多）光子单（多）路符合计数的多通道计数模块。该系统通过滤除噪声光子提取极弱的信号光子，作为标准具标定光子频率，用于量子光学、量子计算、量子通信等科学实验的演示与教学，适用于材料科学、航空航天、生物医学成像等领域中的弱光信号提取和光谱精细分析。

量子云 SoftQubit：图灵量子自主研发的具有完全知识产权的量子围棋系统。它将波函数的叠加和塌缩等量子特征引入传统的围棋游戏，使其难度可覆盖大多数现存游戏，可作为人工智能的基准测试平台测试 AI 程序的算力极限。它提供了在线版对弈平台，可进行玩家与玩家、玩家与机器和机器与机器之间的对弈。

4.1.5　量旋科技

量旋科技（SpinQ）利用基于 NMR 量子比特的独特"桌面"量子计算机加速开展量子教育。2Q 双子座和 3Q 三角座在普及量子计算教育中起到了重要作用，该小型量子计算机可以在真正的桌面设备上运行实验。量旋科技基于他们的系统已经成功举办了一场高中量子计算竞赛，并为课堂教学提供了教材。

量旋科技于 2020 年年初开始研发超导芯片量子技术，目前已经完成了对实用型超导芯片量子计算机的原型机、超导量子芯片和射频测控系统的研发。

值得一提的是，他们还开发了量子云平台、量子操作系统及应用软件，为实现自主可控的全链条一体化战略铺平了道路。此外，量旋科技自主研发的量子芯片 EDA 软件于 2023 年 4 月正式对外发布，这将为用户提供更直观、方便的使用体验，只需在可视化界面中输入参数，便可以模块化、自动化生成所需的芯片版图。

4.1.6　未磁科技

未磁科技拥有先进的极弱磁场测量核心技术平台，致力于提供弱磁测量全面解决方案。公司核心团队在测量学、量子力学与软件结合、精密光学、集成电路与控制、结构设计等方面拥有超过 15 年的雄厚技术积累，为量子精密测量行业奠定了坚实的基础。公司成立两年就完成了超 2 亿元的融资，获得超过 30 项专利和中关村高新技术企业认定，并在多项国家和省市级创新创业大赛中取得了突出成绩。

他们开发了零场原子磁力计，利用量子力学特性，量子精密磁场传感可实现传统传感技术无法达到的探测灵敏度和性能，使人类感知世界的能力实现飞跃式增长。对磁场、时间、重力、角速度等物理量的全面量子化测量已经开始改变人类的生活并将发挥越来越大的作用。量子精密磁场传感使 fT（10^{-15} Tesla）甚至 aT（10^{-18} Tesla）量级的磁场测量成为可能，帮助人类在科学研究、生命健康、工程应用及军事国防等磁场传感领域进入量子时代。未磁科技提供了包括对极弱磁场传感、高性能磁场屏蔽、磁场仿真计算、磁场补偿，以及各行业的弱磁测试等的全套解决方案。零场原子磁力计利用碱金属原子外层电子自旋特性，使用窄线宽激光作为操控手段，极化电子自旋，获得了宏观一致指向。由微弱磁场变化引起的原子自旋进动改变了碱金属原子对检测激光的吸收，从而实现了高灵敏度的磁场测量。零场原子磁力计在生物医疗（脑磁成像和脑科学）、地球物理（地质勘探）、安全监测（化学物品检测）、军事国防领域（高精度量子陀螺导航）有着极高的应用价值。

基于极弱磁场探测技术，未磁科技在国内率先推出了新型无液氦骐骥心磁图仪 Miracle MCG，其可准确检测地球磁场强度十亿分之一的微弱磁场，集成高效屏蔽系统且免维护，适用于大规模、各年龄段人群的心血管功能性成像，使冠心病早期诊断、成人胸痛快速分诊及胎儿先天性心脏病筛查等应用的推广成为可能，在临床上实现了早发现、早预防、早治疗的目标，并为心血管疾病的诊断和研究提供了全新工具。最重要的是，它与传统产品相比，无辐射且可用配套软件进行监控，而且操作简单、软件易用、图像直观、数据轻量化、集成自 AI 读片技术，可快速判断检测结果。

公司聚集了毕业于麻省理工学院、清华大学、北京大学、中国科学技术大学、复旦大学、电子科技大学等著名高校数十位具有多年科研院所工作经验的科学家和工程师，致力于发展自主可控的量子计算测控技术和量子测量技术，推动相关技术在量子信息、金融科技、国家安全等应用领域的创新发展。在量子计算测控方面，我国正在持续致力于常温测控系统高密度、小型化、自主芯片化和降成本的研发工作，同时在开展面向通用量子计算机的千比特极低温量子测控阵列芯片研发工作。

4.1.7 其他机构的发展动态

百度、阿里巴巴、腾讯和华为都在量子计算领域取得了显著的进步。百度建立了百度量子计算研究所，其制定了 QAAA 战略规划，具体包括量子人工智能（Quantum AI）、量子算法（Quantum Algorithm）和量子架构（Quantum Architecture）三个核心方向；开发了自动化量子硬件平台、云原生软件平台，以及一些关键量子应用。量子应用的目标是，利用量子计算解决经典计算机无法处理的难题，加速数字经济量子化，提升数字经济生产力。

他们部署的量子应用的四大目标是人工智能、生物计算、材料模拟、金融科技。例如，在人工智能领域，量子分类算法能够加快经典数据的分类过程，并提高分类准确性。量子计算通过其独特的量子比特属性，能够对语言数据进行高效编码，加速机器学习模型的训练。在生物计算方面，量子计算机模拟蛋白质折叠过程，助力蛋白质结构的预测，从而加速新药研发。在材料模拟领域，利用量子计算模拟分子性质，可在新材料设计（如锂电池）中降低研发成本。在金融科技方面，量子算法，如量子近似优化算法和量子蒙特卡洛方法，能改进资产管理和加速复杂金融产品的定价。此外，量子模拟还有助于研究高温超导材料的机制，以及特种材料的开发，展现了量子计算在多个领域的巨大潜力和应用价值。百度量子计算研究所的量子软件平台已经自成生态，通过云服务能够获取强大的量子算力，提供人人皆可量子的产业级量子计算即服务。其整个生态包括量子机器学习、量子操作系统、量子软硬件接口、量子硬件资源和量子应用。百度量子计算研究所已于 2024 年 1 月撤裁，百度拟将量子实验室及可移交的量子实验仪器设备等捐赠予北京量子信息科学研究院。

阿里巴巴达摩院量子实验室于 2018 年发布了量子电路模拟器"太章",并于 2019 年成功研发出第一个可控量子比特。这些进展标志着阿里巴巴在量子计算领域的重要成就。原计划,"太章"将作为阿里云量子计算服务的计算引擎,逐步向用户发布,这展现了阿里巴巴在量子技术应用方面的前瞻布局。在全球物理学盛会 2022APS 年会上,阿里巴巴达摩院量子实验室公布了一系列最新进展,包括材料、相干时长、门操控、量子计算编译方案等。其中,采用新型量子比特 fluxonium 的两比特门操控精度为 99.72%,达到此类比特的全球最佳水平。达摩院量子实验室还在 fluxonium 上验证了自研的超导量子芯片整体计算性能的优化方案,包括针对超导架构的单量子门通用优化编译方案,针对超导芯片上另一种原生操控 SQiSW 门的即时最优编译方案等。该优化方案可以大幅提升量子芯片的整体性能指标。但是达摩院量子实验室于 2023 年 11 月确认撤裁,相关仪器设备移交给了浙江大学。

腾讯量子实验室从量子 AI 入手,先进入化学和药物研发领域,在制药行业探索取得阶段性进展;腾讯量子实验室旨在研究量子计算系统、量子计算与量子系统模拟的算法和基础理论,以及在相关应用领域和行业中的应用。实验室开发了新的量子组合算法和量子 AI 算法,并分析了它们在信息处理、新药研发和材料设计等方面的应用前景。实验室在腾讯云上开发了专注于材料研究和药物发现的平台,旨在为材料科学、制药、能源和化工等行业建立一个综合的生态系统。同时,实验室也持续关注和研究全栈量子计算机系统中的相关问题。腾讯量子实验室关注领域中从全栈量子计算系统搭建到其前瞻应用全流程解决方案,以自动化、工程化的思维解决这一过程中的真实问题,为科研人员提供高效便捷的设备和服务,将科研人员从繁杂的基础工作中解放出来,助力提升科研效率。目前,他们已经开发了 TensorCircuit 和量子参量放大器 (Josephson Parametric Amplifier,JPA)。

TensorCircuit 是实验室自研的新一代量子线路和量子算法模拟开源软件平台,基于张量网络模拟引擎,完美支持即时编译、自动微分、向量并行化和异构硬件加速等现代机器学习范式,并提供丰富高效的量子经典混合计算模型和算法实现。量子 JPA 是量子信号读取过程中重要的器件,其利用低温超导状态抑制多种量子噪声源的激发,避免在放大过程中引入额外的噪声。作为前级放大器使用时,它可以极大地提高读取信号信噪比,使多量子比特的非破坏性读取成为可能。腾讯量子实验室研发的 JPA 工作环境为 $10 \sim 100\text{mK}$,提供低噪声、大带宽的微波放大,可应用于超导量子比特读取和宇宙射线探测等场景。

华为研究团队的主要研究方向是量子计算物理与操控、量子软件、量子算法与应用。华为 HiQ 量子计算云平台提供多种在线开发环境，包括基于开源软件交互式开发环境 Jupyter Notebook、基于云原生开发环境 CloudIDE 和量子线路图形编程环境 HiQ Composer，开发环境已预集成量子计算编程框架，开发者可任意选择环境进行编程体验。MindSpore Quantum 是一个集成在 Mind-Spore 框架中的量子计算开发工具包。MindSpore 是由华为开发的一个开源深度学习训练和推理框架，旨在提供灵活、高效和易于使用的工具，以支持各种 AI 应用的开发。MindSpore Quantum 则是专门为量子计算领域设计的，它允许开发者在 MindSpore 框架内构建、模拟和执行量子算法，从而促进量子计算与传统计算机技术的融合。通过 MindSpore Quantum，研究人员和开发者可以利用量子计算的潜力来解决复杂问题，例如优化问题、材料科学模拟和药物发现等。这个工具包提供了一系列的 API 和工具，使得用户可以在不需要深入了解量子力学的前提下进行量子编程和实验。

4.1.8 量子安全相关产业动态

量子通信主要是指量子加密通信，即利用量子的叠加态和纠缠效应，在经典通信的辅助下进行量子密钥的产生、分发和接收，这在很大程度上可以提升信息的安全性。量子通信是新一代信息网络安全解决方案的核心，得到国家政策的大力支持，因此，量子随机数发生器（Quantum Random Number Generator，QRNG）的发展得到推动。量子随机数发生器是量子通信行业的核心设备之一，是基于量子力学和量子效应产生的真随机数系统，在实用化量子密码系统等对随机性质量和安全性要求较高的领域具有重要的应用。

新思界产业研究中心整理发布的《2022—2026 年中国量子随机数发生器行业市场行情监测及未来发展前景研究报告》显示，量子随机数发生器是量子保密通信系统的核心部件，主要依赖量子本身的随机性特性产生随机数。由于量子的随机性，即一个量子经过一段时间演化后的状态无法被精确预测，与任何外部因素无关，因此基于量子随机性产生的随机数是完全随机的，具备相较传统随机数产生方式更高的安全性。

目前，量子通信技术已经进入实际应用阶段，"京沪干线"于 2013 年 7 月立项，于 2017 年 8 月底在合肥完成了全网技术验收，2017 年 9 月 29 日正式开通，全长 2000 余公里，主要节点包括北京、济南、合肥和上海，其可以基于可信中继方案实现远距离的量子安全密钥分发。随着量子通信逐步进入实际应用阶段，中国量子随机数发生器的产品市场也得到发展。目前，中国量子随机数发生器生产企业主要包括科大国盾量子技术股份有限公司（简称国盾量子）、中国电子科技网络信息安全有限公司和浙江九州量子信息技术股份有限公司。

国盾量子源于中国科学技术大学，主要从事量子保密通信产品的研发、生产、销售及技术服务，是世界首条远距离量子保密通信干线"京沪干线"、国家广域量子骨干网（一期）等项目的量子设备提供商。

中国电子科技网络信息安全有限公司于 2015 年 5 月经国务院批准成立，是中国电子科技集团有限公司根据国家总体安全战略需要，以中国电科三十所、三十三所为核心，汇聚内部资源重点打造的网络安全子集团。

浙江九州量子信息技术股份有限公司是一家量子应用全产业链企业，涵盖以新一代子密钥分发设备和单光子探测器等为代表的量子网络基础建设设备与以量子随机数发生器和量子密钥云为代表的量子密码应用产品两大系列。其重点集中于量子力学实现与经典计算技术相结合，在量子软件领域没有深入研究。

4.2　国际量子技术现状

量子编程语言和量子编译器对执行量子算法所需的资源会产生巨大影响，编译器在将算法转换成机器可执行的代码时会进行许多资源优化。这些优化可以有效节省算法所需的量子比特数和时间，从而加速量子计算。目前，NISQ 系统对软件生态系统的质量和效率特别敏感，具体来说，噪声或者误码特征等信息会进入堆栈，影响算法和映射的选择。同样，算法特征的信息会从堆栈向下流动，影响映射的选择。也就是说，NISQ 系统需要每一层堆栈之间的通信，这意味着简化系统设计的机会更少了。因此，高级量子编程语言应该在抽象与细节之间取得平衡。这一方面可以简单地表述量子算法和应用，另一方面允许程序员来指定足够多的算法细节，从而将量子算法映射到硬件及基本运算的软件工具。一些量子编程语言采用的方法是，基于量子电路的软件工具从电路宽度和深度入手，对特定的量子数据层进行分析和优化。

量子计算作为一种前沿科技领域，正在逐步展现其潜在的革命性能力。在这个领域内，特定的量子编程语言发挥着不可或缺的作用，以支持算法的高级抽象和精确数学实现。一方面，函数式编程语言，如 Q#、Quipper、Quafl 及 LIQUi|>（通常被称为 Liquid），因其代码的紧凑性和较低的错误率，在量子算法的编写上显得尤为重要。这些语言优化了代码的可读性和可维护性，使得

算法的数学基础得以清晰表达，同时降低了编程错误的可能性。另一方面，指令式编程语言，如 Scaffold 和 ProjectQ，提供了一种不同的方法。它们允许程序员直接修改变量，从而提供更大的灵活性和控制能力。这种直接控制的能力是至关重要的，因为量子程序的规格要求极为严格。量子编译工具通过这些语言的支持，能够更有效地分析量子数据层，优化执行逻辑，从而提高量子计算的执行效率和可靠性。然而，量子计算领域面临的一个主要挑战是，专业知识的稀缺性。量子算法和技术的复杂性使得这一领域的知识不易获得和扩展。因此，尽管量子计算技术的潜力巨大，但传统咨询服务往往无法提供量子风险投资者期望的经济回报。为了解决这一问题，一种常见的方案是，提供量子机会评估和试点项目。这些项目不仅能帮助投资者理解量子计算的潜力，还能为初创企业提供实际的经验和反馈。在理想情况下，通过这些评估和试点项目，量子计算公司能够与知名客户建立起大额商业合作关系。这种合作关系不仅标志着公司在这一未来领域的活跃地位，还能为客户带来实质性的好处。客户可以从量子计算这一前沿技术革命中获益，通过自身的研发活动，探索量子计算在各自业务中的应用潜力。因此，发展这样的客户关系，对于量子计算公司和其客户而言，都是走向成功的关键一步。

在当前的技术革新浪潮中，量子计算作为前沿科技的代表之一，正在以迅猛的速度发展。在量子软件层面，主要的发展方向展现了行业对高效、灵活及标准化工具的渴求。这些方向不仅包括开发具备自动调度能力的量子编译器，这类编译器能够优化代码执行，降低量子比特的错误率，还强调演示多个硬件控制后端的分布式编程能力，旨在通过分布式系统提升计算效率和灵活性。此外，行业内还在积极推动标准化跨多种技术工作的中间表示框架，这种框架可以促进不同量子计算平台间的兼容与互操作，大大提升软件的通用性和可移植性。在这一背景下，例如 C-Ware 通过其 Forge 平台积极推进算法研究项目，并致力于提高项目执行的效率。Forge 平台将专有技术整合并打包到未来的服务产品中，这种做法为量子计算的商业应用奠定了基础。Forge 平台提供了多种具有广泛适用性的组件，包括数据加载器和低电路深度的振幅估计等，这些组件已被广泛应用于优化库、量子机器学习、线性代数库和蒙特卡洛模拟库中。C-Ware 公司对行业领先的 Q2B 活动的长期推广，已经被证明是一次具有远见的成功举措，通过这种方式，公司展示了其在量子计算领域的实力和影响力。此外，Quantinuum 公司（前身为剑桥量子）也在量子软件领域取得了显著成就。借助其 TKET 编译器的领先性能及跨硬件能力，Quantinuum 在潜在的量子应用领域确立了自己的地位。利用这一势头，公司正直接瞄准与主要商业和机构合作伙伴的长期合作关系，期望通过深化合作推动量子计算的商业化进程。特别是，Quantinuum 推出的 Quantum Origin 网络安全密钥生成解决方案标志着该公司在软件即服务 (Software as a Service，SaaS) 领域的重要进步。这项服务的推出不仅预示着 Quantinuum 在网络安全应用领域的扩展，还引发了行业对类似服务能否产生持续收入增长的广泛关注。

通过上述分析，我们可以看到量子算法的研究、量子编程语言的开发、软件生态系统的优化，以及量子技术的应用之间存在着紧密的联系。量子算法提供了解决复杂问题的新方法，量子编程语言使这些方法能够被实现和优化，软件生态系统的高级功能保证了算法能在现有硬件上有效运行，最终这些技术的融合和应用推动了量子计算向商业化和实用化迈进。

4.2.1　Cirq

Cirq 是 Google Quantum AI 团队开发的一个 Python 库，用于编写、操控和优化量子电路，并使其在量子计算机或者模拟器上运行。

Cirq 的特点：

1）对量子电路的原生支持：Cirq 允许用户直接在量子电路层面定义和操作量子计算。它提供了一套丰富的工具，包括对常用的量子门、量子电路的优化和模拟等。

2）针对 NISQ 设备的优化：Cirq 被设计用来在 NISQ 设备上运行。这些设备通常只有几十到几百个量子比特，且存在噪声和误差。Cirq 提供了一些工具来模拟这些设备的噪声和误差，帮助用户优化他们的量子电路。

3）与 Google Quantum Engine 的集成：Google Quantum Engine 是 Google 提供的一个量子云服务，允许用户在 Google 的量子硬件上运行他们的 Cirq 程序。

2019 年，Google Quantum AI 团队宣布 Sycamore 量子处理器成功实现了"量子霸权"，这意味着他们的量子计算机在一些特定的任务上超越了最强的经典超级计算机。在这个实验中，团队使用 Cirq 来编写和优化运行在 Sycamore 上的量子电路。

在教育和研究领域，Cirq 也被广泛使用。例如，用于教授量子编程的课程，以及在研究中模拟和优化复杂的量子电路。目前，量子计算仍然处于早期阶段，真正的商业应用还很有限。Cirq 和 Google Quantum Engine 主要被用于实验和研究，而不是实际的生产环境。未来，随着量子计算技术的进步，我们期待看到更多的商业应用。

4.2.2　Qiskit

Qiskit 在量子计算领域中也有着广泛的影响力。Qiskit 是 IBM Q 团队开发的一个开源量子计算框架，用于操纵和运行量子电路。

Qiskit 的特点：

1）量子电路的原生支持：Qiskit 提供了全面的 API，用于构建、优化和模拟量子电路。其库中含有各种预定义的量子门，方便用户组装自己的量子电路。

2）针对 NISQ 设备的优化：Qiskit 能够模拟带噪声的量子电路，这是对现实世界中的量子计算机一个重要的近似。它具有误差缓解和噪声模型等高级功能。

误差可以用 Kraus 操作符（E_k）来描述，其中量子态（ρ）的演化为 $\sum_k E_k \rho E_k^\dagger$。

3）与 IBM Quantum Experience 的集成：IBM Quantum Experience 是一个云平台，允许用户通过网络接口访问 IBM 的量子硬件。通过 Qiskit，用户可以轻松地将算法部署到 IBM 的量子硬件上。

其应用和影响如下：

1）量子霸权与 IBM：尽管 IBM 没有像 Google 一样宣布实现量子霸权，但他们的量子处理器（如 IBM Q System One）也在进行量子随机漫步等高级研究，而且 IBM Quantum 实现了 127 量子比特的云服务，它是目前最成功的量子云服务供应商。

2）教育与研究：Qiskit 也广泛应用于教育和研究领域，如用于教学、研究，以及在学术论文和实验中模拟复杂的量子电路。

3）商业应用的潜力：虽然普适量子计算目前还处于研究和开发阶段，但 IBM 正在探索将量子计算应用于金融模型、物质科学和优化问题等多个领域。

综上所述，Qiskit 与 Cirq 一样，都是量子计算发展中的重要角色。尽管量子计算还在发展初期，但这些平台和框架为未来的商业应用与科学研究提供了强大的工具。

4.2.3 Q#

Q# 是由 Microsoft 开发的一种量子编程语言，用于描述量子算法和量子电路。它是 Microsoft Quantum Development Kit 的一部分，并与 Visual Studio 和 Visual Studio Code 完美集成。Q# 提供了一系列专为量子计算设计的数据类型和运算符，例如量子比特和泡利矩阵。它还提供了各种预定义的量子门，如 H 门、Pauli-X 门等，以及用于量子错误纠正和量子模拟的复杂算法。

Q# 的特点：

1）针对 NISQ 设备的优化：与 Cirq 类似，Q# 也关注 NISQ 设备的特性。它允许用户自定义噪声模型，并提供工具来估计和优化量子电路在存在噪声的条件下的性能。

$$量子噪声模型 = \sum_i p_i \mathcal{E}_i(\rho), \ 其中 \ \mathcal{E}_i(\rho) = A_i \rho A_i^{\dagger}$$

2）集成 Azure Quantum：Azure Quantum 是 Q# 与 Microsoft Azure Quantum 服务的紧密集成，是一个云服务平台，支持多种量子硬件和模拟器。用户可以方便地将其 Q# 程序部署到 Azure Quantum 上运行。

Microsoft 正在积极研究拓扑量子计算，并提出了 Majorana 零模（Majorana Zero Mode）的概念，其有望提供更高的错误容忍度。

$$Majorana \ 零模: \gamma_1 = \mathrm{i}(f - f^{\dagger}), \ \gamma_2 = f + f^{\dagger}$$

Q# 也被广泛用于教育和研究领域，它支持各种量子算法和对数据结构的模拟，如量子搜索、量子纠缠和量子机器学习等。

目前 Q# 主要用于实验和研究，但随着量子计算技术的不断成熟，预计将会有更多的商业应用开始使用 Q#，尤其在优化问题方面。

总体而言，Q# 是一门强大的量子编程语言，它不仅提供了对量子计算原生的、深度集成的支持，还与 Azure Quantum 服务进行了全面集成，使得开发和部署量子应用变得更加方便。

4.3 量子计算对信息安全体系的影响及对全球安全环境的展望

随着量子计算技术的飞速发展，其对全球信息安全体系的影响逐渐凸显，引发了广泛的关注和讨论。量子计算不仅带来了前所未有的计算能力，还给现有的加密技术提出了前所未有的挑战，迫切需要探讨后量子安全的解决方案。下面将探讨量子计算对信息安全体系的影响，从后量子安全的前沿研究开始，回顾以 Microsoft、Google、IBM 为代表的海外科技巨头与国内相关机构的后量子安全发展历程。同时，我们将提供近期量子通信与安全领域的投融资分析，以及对量子安全部署场景与重点行业应用的展望，为读者呈现一个全面的量子计算与信息安全的未来图景。

4.3.1 后量子安全的前沿研究

在全球信息科技领域，美国的 Microsoft、Google、IBM 是无可争议的巨头，它们都在后量子计算 (Post Quantum Computing，PQC) 领域做出了重要的贡献。由于本节主要介绍与技术发展动向相关的内容，有关后量子安全的概念在后续章节介绍。下面的内容主要来源于光子盒 2022 年 5 月发布的《后量子密码（PQC）——未来安全的风暴热点》报告。

海外科技巨头在 PQC 领域的贡献：

1）Microsoft：Microsoft 已参与了 FrodoKEM、SIKE、Picnic、qTESLA 四个用于签名和密钥交互的 PQC 项目的研究，而且在 PQC 库的开发和安全协议集成上也投入了大量的精力。更进一步，Microsoft 发布了基于格密码库（LatticeCrypto）的项目 PQCrypto-VPN，并在 OpenVPN 中实施了 PQC 算法，以在 VPN 环境中对 PQC 算法的功能和性能进行测试。Microsoft 研究院还与许多科技公司、大学和研究机构合作，共同开发了后量子密钥封装机制 Supersingular Isogeny Key Encapsulation（SIKE）和后量子数字签名方案 qTESLA。

2）Google：Google 从 2016 年开始涉足 PQC 领域，它在 Chrome 浏览器的 Canary 测试版本中实施了名为 New Hope 的后量子密钥交换算法的实验。到 2019 年，Google 宣布将部署一种名为 CECPQ2（Combined Elliptic-Curve and Post-Quantum Key Exchange）的新的 TLS 密钥交换方法。2023 年，

Google 开始部署混合密钥封装机制（Key-Encapsulation Mechanism，KEM），用于保护在建立安全的 TLS 网络连接时共享的对称加密机密。这一更新标志着 Google 在提高其浏览器 Chrome 对抗量子计算机潜在威胁的安全措施方面迈出了重要步伐，Google 展示了其对保持互联网通信安全的持续承诺，特别是在面对量子计算发展所带来的挑战时。此外，Google 与 Cloudflare 合作，探索 PQC 如何在实践中保护 HTTPS 连接。Google 母公司 Alphabet 还孵化出了初创公司 SandboxAQ，专门研究后量子密码系统和相关的隐私增强技术。

3）IBM：IBM 研究部门于 2019 年与多所大学共同开发了新的量子安全算法，该算法作为 CRYSTALS 格密码学套件的一部分，已开源提交给 NIST 进行标准化。此外，IBM 还在 IBM TS1160 磁带驱动器原型上成功测试了 CRYS-TALS。2022 年，IBM 发布了首个量子安全系统——IBM z16，它基于格密码理论来开发和优化加密算法与数字签名技术。

国内机构的 PQC 研究主要有两类：一类注重数学算法研究，如清华大学、复旦大学、上海交通大学等；另一类则注重硬件融合，如中国科学技术大学、国盾量子、启科量子等。由中国科学技术大学、国盾量子、国科量子通信网络有限公司（简称国科量子）、济南量子技术研究院与上海交通大学等单位组成的联合团队完成了国际首次 QKD 和 PQC 融合可用性的现网验证。该研究证明了"PQC+QKD"的融合方案能够有效适应规模网络的交互通信条件，在实际应用中具有可行性，为 QKD 设备大规模认证提供了一种便利的新型手段。

4.3.2 量子时代信息安全面临的挑战

未来对量子计算技术的研究仍处在发展的初期阶段，针对我们如何做好准备以迎接量子计算技术的突破，我们的了解尚且不足。尽管具备破坏当前密码体系能力的全功能普适量子计算机可能还需要十年甚至更长的时间才会出现，但我们已经认识到，实现对后量子密码学方法的过渡也可能需要相当漫长的时间，可以参考从 IPv4 协议到 IPv6 协议的过渡现状，IPv6 协议已经具有相当成熟的技术体系，但是全球范围内的硬件更新与拓扑部署仍然漫长，截至 2024 年 3 月仍然没有达到硬件全面使用 IPv6 地址。后量子密码的过渡时间受制于硬件设计难度与成本，全面过渡的时间只会更长。鉴于加密信息的长期存在和威胁的严重性，公共部门和私营部门都在努力开发能够抵御量子攻击的算法，并为其被广泛采用做准备。

目前，我们依赖的公钥加密技术基于一个假设：尽管经典计算机可以容易地完成大素数的乘法运算，但反过来，如果没有经过数千年的处理，就无法对该素数进行高速因数分解。然而，Peter Shor 在 1994 年提出了一种理论，即一台强大且具有容错性的量子计算机可以在非常短的时间内找到整数的质因数。这意味着现今的许多加密标准可能会面临挑战。然而，至今，量子计算机破解密码的能力仍然处于表现出巨大潜力的阶段。具有密码学相关应用的量子计算机可能需要 1 000 ~ 10 000 个纠错量子比特（每个纠错量子比特可能需要大约 1 000 个物理量子比特），但到 2024 年 3 月为止，人类社会中最大的功能量子计算机只有百个量子比特级量子计算机，而且没有纠错能力。估计我们还需要十年以上的时间来开发出能破解 RSA 2048 或类似公钥加密的量子计算机。尽管我们可能还需要十年以上的时间来应对当前加密标准所面临的风险，但量子计算机对国家安全、民用通信和数据存储的影响将是巨大的。许多系统和流程，如数字签名、通信、电子商务和数字身份，都依赖于公钥加密。如果非对称加密变得易于破解，那么这些机制将变得易受攻击，每个行业和部门都会受到影响。这会给试图保护国家机密的政府，以及负责保护客户和用户数据的公司带来巨大的挑战。

在 21 世纪初，密码学界的一项重要发现是一些新的公钥密码学协议，这些协议被设计为能够抵抗即将到来的量子计算机时代的解密能力。这标志着后量子安全加密技术的诞生，它旨在为未来可能出现的量子威胁提供坚固的防线。尽管这一发现具有划时代的意义，但将这些理论转换为实用的安全协议，并在全球范围内实现过渡，预计将是一个长期的、充满挑战的过程，且这一过程可能需要经历数十年的时间，涉及复杂的研究、开发、标准化和广泛部署的各个阶段。鉴于量子计算机发展的不确定性和后量子加密技术过渡所需时间的长期性，对全世界来说，将后量子密码学的研究和部署作为当务之急显得尤为重要。这不仅是为了提前准备好抵御量子时代潜在的安全威胁，还是为了确保在量子计算机实现其理论上的突破性能时，保证海量信息的安全可以得到可靠保护。因此，全球政府、企业界必须采取积极主动的措施，而不是等到量子威胁临近时才被动应对。这包括加强后量子密码学的研究、快速推进标准化进程，以及制定和实施长期的安全协议部署计划。通过这些措施，我们可以为量子计算带来的变革做好全面的准备。

在 2016 年，美国 NIST 启动了一项流程，用于征集、评估和标准化后量子加密算法。到 2020 年 7 月，他们已经将候选者缩减到 9 个公钥加密和 6 个数字签名算法。他们的目标是确定一种或几种加密算法，这些算法可以被经典计算机使用，且"在可预见的未来能够保护敏感的政府信息，包括在量子计算机出现之后。"这个标准化过程预计将在 2024 年年底完成，之后供应商可以开始为期十年的部署过程。

开发后量子密码的挑战之一是，我们没有足够大的容错量子计算机来测试这些算法对量子攻击的抵抗力。这是一个普遍存在的密码学问题，而非只在量子密码学中存在——算法的安全性是无法被证明的，必须随着时间的推移进行持续的评估。尽管测试方法将会继续改进，但验证后量子算法"切实的"安全性还需要数年的时间。另一个挑战是效率，后量子密码系统通常要求更多的计算资源，主要是因为它们涉及的公钥和签名的尺寸更大，加解密及生成密钥算法的速度相对较慢，这些因素综合导致其相比于现有密码系统而言，对计算能力的要求更为严格。用户通常更习惯于使用安全性稍差但速度更快的服务，这对于后量子加密的采用构成了障碍。此外，如果后量子密码学需要显著增加互联网和相关商业交易的成本，那么就会引发许多权益和能源问题。

4.3.3　量子革新与信息安全：从诺贝尔奖到全球技术竞争

2022 年 10 月 4 日，是科学界具有历史意义的一天。诺贝尔物理学奖被授予那些通过纠缠光子实验推翻了贝尔不等式，并开启了量子信息科学这一全新领域的三位物理学家。这一殊荣的颁发，既标志着对他们为量子信息学奠定基础的创新研究的认可，又是对量子力学以及量子纠缠理论的一次重要肯定。我们正生活在一个前所未有的技术革新时代，以人工智能和数字科技为代表的新一代信息技术正迅速渗透我们工作和生活的各个方面。然而，随着技术的快速发展，信息安全问题变得越发突出。数字信息泄露事件频发，提醒我们需要对网络世界保持高度警觉。量子计算机带来的是一种双重影响：一方面，其强大的计算能力预示着社会将迎来飞速的进步；另一方面，它对当前依赖大数分解、离散对数等基础的公钥密码体系构成了巨大的威胁。

在这样的背景下，密码技术成为网络安全的基石。以量子力学为基础的量子信息安全技术，简称量子安全技术，如 QKD（Quantum Key Distribution，量子密钥分发）、QT（Quantum Teleportation，量子隐形传态）和 QSDC（Quantum Secure Direct Communication，量子安全直接通信），以及基于复杂数学算法的 PQC（Post-Quantum Cryptography，后量子密码学），在这个信息安全的新纪元中，被期待扮演一个至关重要的角色。尽管基于物理技术的 QKD 密码系统已在特定领域得到应用，但该领域整体仍处于发展的初期阶段。对于当前面临破解风险的密码学体系，我们寄希望于后量子密码能够提供一种长期可靠的应对策略。

2022 年，面对全球经济增长速度的放缓，量子通信与安全产业的发展经历了短暂的滞缓。但在美国、中国、日本等科技发达国家，并未停止在量子通信和安全领域的探索。这些国家深知，量子通信和安全将是未来国际竞争的关键领域，忽视它可能带来不可预知的后果。目前，国防军工、电力网格和金融业依然是量子通信与安全技术的主要应用场景。为了推动产业的持续发展，寻找并满足新的应用需求变得尤为重要。回望 2023 年，我们对量子通信与安全产业的未来充满信心，期待 QKD、QRNG 和 PQC 等技术在更多领域的应用，推动信息安全技术不断前进。在量子信息科学的新纪元中，随着技术的不断成熟和应用的拓展，我们有理由相信，这些先进的量子安全技术将会为全球信息安全领域带来革命性的变化。

4.3.4   近期量子通信与安全领域投融资分析

2022 年，全球量子通信与安全领域的融资环境发生了重大变化。经过一年的激烈竞争和持续的技术发展，这一前沿领域中初创企业的融资总额下降明显，也出现了新的投资趋势和技术革新。

2022 年，全球量子通信与安全领域的初创企业总共获得了约 3.96 亿美元的融资，与 2021 年的 8.43 亿美元相比，下降了近一半。这主要是因为 2021 年有两家公司的大规模融资推高了整体水平：英国的 Arqit 公司在美国以 SPAC 形式上市，获得约 4 亿美元收益，中国的国科量子通过股权融资获得约 2.25 亿美元。相比之下，2022 年没有任何一家量子通信与安全领域的公司上市。尽管整体融资额度下降，但美国的 Sandbox AQ 公司作为一家从 Alphabet（Google 母公司）剥离出来的公司，仍然获得了 9 位数的融资，这可以看作量子通信与安全领域的一大亮点。Sandbox AQ 公司正在与 SoftBank 合作，共同展示软银网络上的 PQC 技术验证，用于 VPN 等实际应用。

在被投资的国家方面，美国获得了最多的融资，达到约 1.88 亿美元，其次是瑞士、英国和中国。这一情况可能和美国的量子通信与安全初创企业数量较多、美国网络安全领域政策发布较多、欧美资本市场更加开放和活跃等因素有关。在技术领域方面，以 QKD、QRNG 等硬件为主的企业融资总额高于 PQC

企业。其中，PQC 领域的企业共获得约 2.09 亿美元投资，而量子力学加密领域的企业共获得约 1.51 亿美元投资，量子软件平台类公司共获得约 0.36 亿美元投资。这预示着未来随着 PQC 算法的标准化，可能会出现一些 PQC 算法应用的初创公司，PQC 与 QKD、QRNG 等硬件领域的投资比重可能会发生新的调整。除了投融资情况，量子通信与安全领域的交叉研究也在持续深入。5G、6G 和量子通信与安全的结合，以及计算网络等更多领域和量子通信与安全的结合，这些基于现有成熟技术的交叉性研究正在加速量子通信与安全技术的实用化进程。例如，德国网络设备供应商 UET 与德累斯顿工业大学启动 6G-QuaS 研究项目，目标是实现更安全的通信和性能增强的应用，并结合量子技术与现有电信基础设施，显示出具有新加密协议的量子网络相对于以前系统设计的优势。中国的本源量子与中国移动通信研究院合作，为 5G 和 6G 面临的算力瓶颈探索量子算法解决方案。美国的亚马逊成立 AWS 量子网络中心，为量子网络开发新的硬件、软件和应用程序[①]。

此外，中国的量子通信行业正在经历一次重要的转型。这个变化不仅局限于对产品的创新和调整，还广泛涉及对企业地理分布和结构布局的重塑。在不远的未来，行业整合、区域结构的优化及企业内部架构的改革，都将成为行业结构调整的核心内容。随着政府对量子通信行业规范政策的出台，行业将逐步规范，全社会的安全意识和网络防护意识将得到提高。大量的机构和社会资本正在涌入量子通信领域，这强烈地推动了该行业市场的飞速发展，预示着量子通信行业的发展潜力巨大[②]。

随着国内政策环境的优化，更多的需求将被激发。量子通信行业会紧密结合产业链上下游资源，充分把握用户需求的变化，进一步丰富行业应用场景。通过不断提升产品与服务质量，驱动量子通信产业应用的爆发式增长。目前，中国的量子行业正处于快速发展的初期阶段，量子通信市场正展现出其巨大的发展动力。

4.3.5　量子安全部署场景与重点行业应用

在这个数字化的时代，保障数据安全与信息传输的安全性已经变得越来越重要。随着信息技术的不断发展和广泛应用，信息安全已经从单一地保护个人隐私和公司机密，上升为关乎国家安全和社会稳定的战略议题。面对挑战，量

[①] 参考光子盒发布的《2023 全球量子通信与安全产业发展展望》报告。
[②] 参考数观天下发布的《量子＋密码技术解读报告（2023）》。

子安全通信技术正在政府、军队、能源、金融、交通等重点行业展示出其无可匹敌的优势。下面介绍量子安全领域中可以预想到的重点行业应用，这些只是一些代表案例，并没有涵盖所有的应用，量子技术的新颖性决定了它无穷的成长空间。下面的内容总结于研报[①]。

1）能源领域：量子加密技术被广泛应用于智慧能源信息系统。传统的加密方法已无法满足庞大的数据量下的信息安全需求，但量子加密技术却可以轻松解决这个问题。例如，在配电自动化系统中，量子技术可以通过生成量子真随机数替代原有电网的固定密钥，对电力系统的关键信令进行加密，从而提高设备的安全等级。

2）金融领域：随着信息化程度的提高，数据越来越集中，数据安全问题也变得越来越突出。在日常业务中，银行会产生海量的用户信息、交易数据、日志数据等，针对这些具有复用价值的数据，如何安全存储和有效传输成为银行面临的一项重要挑战。银行可以利用量子保密通信技术，根据"两地三中心"体系（一个同城灾备中心、两个异地备份中心）结构，对同城和异地之间的通信链路进行加密，确保数据传输的安全。

3）交通领域：在交通领域，随着交通行业信息化程度逐渐提高，数据安全已经成为智慧交通发展建设中的关键因素。通过使用量子加密技术，可以确保省交通厅中心到站级服务器、站级服务器到车站及车辆的数据传输安全。省交通厅中心到站级服务器通过 QKD 网络分发量子密钥，站级服务器到车站及车辆通过公私钥体系分发量子密钥。省中心密钥云服务器完成车路协同系统所需要的对所有密码的全生命周期管理；车站及车辆设备的密钥采用三层密钥管理体系，密钥源是真随机数芯片。

4）工业互联网：随着工业互联网在能源、交通、制造、国防等行业领域的广泛应用，保障其安全性变得尤为重要。对此，量子安全技术将会对工业互联网终端数据链路防护起到关键作用，量子密钥云平台与终端进行身份认证并在线分发量子密钥，终端采集数据经过量子加密后传输到服务端进行解密。

5）医疗卫生：在移动医疗、AI 医疗影像、电子病历等数字化应用的普及下，医疗数据的保护显得尤为重要。通过使用量子密钥云平台进行网络通信数据的加密，可以确保医疗数据的安全。一个有效的解决方案是，分级的量子安全网络架构。其原理是利用量子密钥云平台服务系统对网络通信数据进行加密。

根据医联体的业务需求，二级医院、县级医院、乡镇卫生院的各个终端设备需要配备密钥终端盒或软件开发套件（Software Development Kit，SDK）；监控摄像头、门诊管理系统、一体机（SDK加密）、支付管理系统（SDK加密）等设备的终端数据通过终端盒或SDK将加密好的数据通过专网或公网上传，在医联体数据处理中心（三级医院）前串接密钥云平台。其中，量子密钥云平台提供量子密钥分发、数据加解密功能，监控摄像头、门诊计算机、一体机、支付管理系统等设备终端通过密钥云终端盒、SDK方式接收量子密钥并进行数据加解密。

6）文化旅游：自数字技术兴起以来，旅游业就成为数字技术应用的重点领域，推动"互联网＋旅游"深化发展，提升旅游产业数字化水平，能够助力数字中国建设。在旅游业发展的同时，数据安全和隐私保护成为亟待解决的问题。为了应对这些挑战，旅游业需要充分利用现有的网络环境和政务云平台资源，对包括景区通信链路，与横向部门、涉旅企业及运营商等数据整合链路进行全面的安全设计。在安全设计中，量子密钥云平台为诸多基于密钥的技术问题提供了有效的解决方案。通过利用量子加密技术，可以在确保旅客信息安全的同时，保护整个旅游产业链的数据传输过程免受威胁，从而建立一个更加安全、可靠的旅游信息环境。这种整合性的安全设计不仅提高了旅游产业的数据安全水平，还为旅游业在数字时代的持续发展提供了坚实的基础。

7）教育：在高校信息化建设发展的同时，信息资源的安全成为不能忽视的问题。在不改变已部署的设备网络架构基础上，添加量子密钥云平台是一种好的解决方案。针对智慧教育大数据应用模式，量子密钥云平台需要构建相应的服务模型，以有效支撑其服务系统的优化设计，使构建的密钥分发服务系统能够更加贴近实际应用。

8）电商物流：伴随着《数据安全法》的出台，我国数据活动的监管将迎来新时代，个人信息安全也会得到愈发全面的保护，用户的数据安全问题将会更加受到监管部门的关注。电商远程支付服务业务系统包含支付客户端和支付平台两部分，该系统的密码应用主要解决与支付交易资金转移相关的安全问题，用户通过移动终端上的支付客户端应用软件发起支付交易请求，支付平台响应和处理支付客户端的交易请求，之后与清算机构系统进行资金结算。通过量子加密技术，可以保障支付交易资金转移的安全性，防止数据丢失和泄露。

量子编程实践

本章将正式进入量子编程的世界，此后相关的量子安全理论会以理论加程序的方式进行介绍。需要注意的是，量子程序与经典程序最大的不同是，基于概率运行程序，量子程序的运行结果没有"一定"的概念，我们只能从概率上统计并总结量子程序可能获得的结果，并且在使用这些结果时，会人为地舍弃一部分没有用的数据。这部分数据是我们经过理论推演确定的，是由量子计算机天然的不可避免的误差导致的。

下面我们进入一个更加实用和操作性很强的领域——量子编程实践，本章所有内容基于 Windows 系统。

5.1 基于图形可视化界面的量子编程简单方法

下面专注于量子编程的简单方法——基于图形可视化界面的方式。通过介绍 IBM Quantum 和 IBM Quantum Composer，两个在量子编程初学者中极受欢迎的工具，不仅能帮助读者理解量子计算的基本概念，还能让他们实际动手编写第一个量子程序。

本节作为量子编程实践章节的起点，旨在为完全不熟悉量子编程的读者提供一个相对简单和直观的切入点。它将为后续更复杂、基于 Python 和 Jupyter Notebook 的 Qiskit 编程，以及具体的量子计算应用案例打下坚实的基础。

让我们开始这一刺激和富有成效的量子编程之旅吧。

5.1.1 IBM Quantum

IBM 是 Qiskit 背后的主要推动力，提供了云量子计算服务 IBM Quantum Experience。Qiskit 是 IBM 为其云量子计算服务创建的一个开源的量子计算框架，它也得到了学术机构等外部支持者的贡献。通过 Qiskit 和 IBM Quantum Experience，IBM 旨在推动量子计算的发展，让更多人能够访问和利用量子硬件。

Qiskit 是一种开源工具，旨在使量子计算更容易被访问和探索。作为一家全球科技领袖企业，IBM 通过 Qiskit 支持量子计算的开发和普及。Qiskit 提供了用于创建和运行量子程序的工具，同时因为 Qiskit 支持 Python 语言编写，所以可以运行在经典的计算机上，Qiskit 也可以通过 IBM 提供的云服务将程序运行在真实的量子硬件上。因此，如果我们想要尝试 Qiskit 编程，最好的方法就是通过 IBM Quantum 进行。

截至 2023 年 9 月，IBM 推出了 127 量子比特的真实量子云计算服务器。换言之，我们可以在本地经典计算机上编译量子程序，并将这些程序发送到 IBM 的量子云计算服务器，在真实量子计算机上运行程序并观察结果。起初，IBM 向所有用户免费提供最多 7 量子比特的量子云计算服务器；127 量子比特版本的量子云计算服务器需要付费使用。对于量子计算的学习者来说，免费的量子云计算服务器已能满足需求，但是如果科研工作者需要访问更多的量子资源，则付费版本的 127 量子比特量子云计算服务器无疑能提高强化实验与仿真的可能性。2024 年 1 月，IBM 也向免费用户开放了对 127 量子比特真实量子计算机的访问权。

图 5-1 是 IBM Quantum Computing 的首页，下图是注册页（在首页单击 "Sign in to platform" 即可进入），使用对应的 IBM Quantum 服务首先需要注册 IBM Quantum 的账号，也就是如图所示的 IBMid。单击 "Create an IBMid" 就可以进入注册界面，IBM 官网支持中文，因此如果你的浏览器默认语言是中文，则接下来会进入中文导视图，如图 5-2 所示。

单击图 5-2 中的 "创建 IBMid" 后，会进入图 5-3 所示的填写信息界面。在该界面一次填入必要的信息，并且接收验证码进行验证。验证码是一个七位数代码，输入后会弹出一个 "关于您的 IBMid 账户" 弹窗。这是一个类似于服务条款的公示，直接单击 "继续" 会弹出【IBM Quantum End User Agreement】协议，必须同意该协议才能继续。之后，会弹出【Tell us a little more about yourself】页面，只需填完要求的信息就可以完成注册了。

完成注册之后，进入 IBM Quantum 的主界面（旧），如图 5-4 所示。新界面只对页面设计进行了改动，功能组件不变，我们将重点介绍该界面的功能组件，新界面将在稍后进行部分展示并介绍。其中，IBM 的 API token 主要用于 API 的安全管理，特别是在身份验证和授权方面。通过使用 OAuth 2.0 标准，

API token 可以帮助确认或拒绝未授权的用户, 只允许已授权的用户访问后端服务器上的 API 服务。此外, IBM 的 API Connect 还能安全地公开 API, 并通过 API Gateway 提供对开放 API 服务的单一访问路径, 以及对正在使用的 API 的服务、安全和流量控制的实际执行。简单来说, API token 是使用其他软件访问 IBM 量子计算机的必要信息, 在后续使用 Python 进行编程时, 也会展示这部分。只要使用 Python 调用对应函数和接口并指定唯一的 API token, 就可以在 Python 程序中编译量子程序并访问真实量子计算机了。

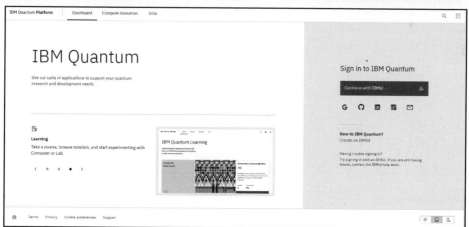

图 5-1 IBM-Quantum 首页(上)与注册页(下)

"View all" 是对应的 IBM 账号拥有的使用量子计算机的权限, 单击它可以查询目前 IBM 开放云服务的所有量子云计算机及自己可以使用的量子资源。

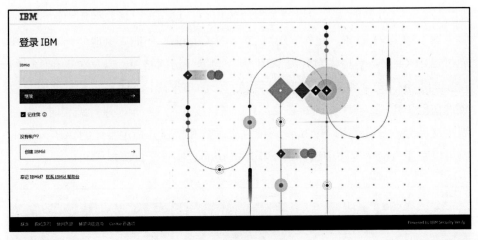

图 5-2   创建 IBMid

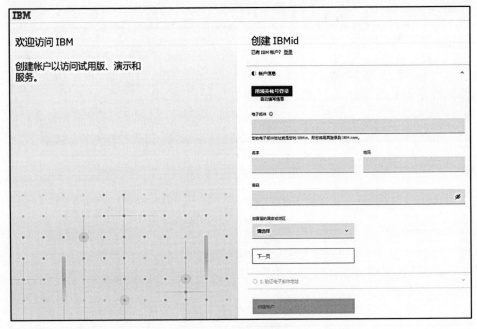

图 5-3   创建 IBMid

如图 5-5 所示,该页面展示了当前账号所能访问的所有量子资源,其中最多的是 7 量子比特的真实量子计算机,当然,其中也有几百甚至上千个量子模拟器,它们拥有更多的理论量子比特容量。由于模拟量子计算机是基于理论的,会导致理论与现实存在误差,也就是说无法完全"复刻"真实的量子计算的运行结果,因此在实际的部署和操作中,相关人员更倾向于选择真实的量子计算机。

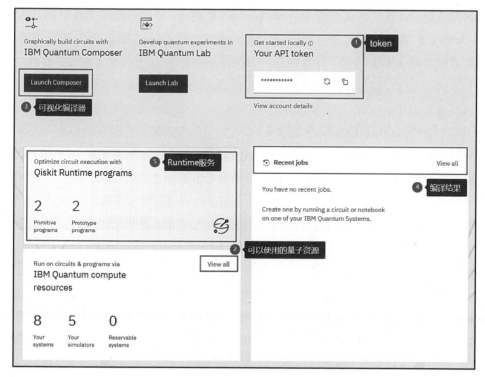

图 5-4 IBM Quantum 主界面（旧）

图 5-5 IBM Quantum 可用资源

Launch Composer 是可视化编译平台，我们会在后续部分详细介绍，在这个平台上可编辑量子程序。Recent jobs 是编译器中运行的量子程序在被发送到真实量子计算机或模拟量子计算机后的进程列表，可以查询编译程序在 IBM Composer 或其他编译器中的运行结果。Qiskit Runtime programs 是由 IBM 推出的一种云原生的量子计算服务，采用即用即付的模式。通过提高在模拟分子方面的速度，使量子工作负载加速 120 倍，Qiskit Runtime 可以支持在云上运行量子程序。

IBM Quantum Lab 基于 Jupyter 环境，给用户提供了完整的 Jupyter 功能。另外，加上 Qiskit 的能力，用户可以通过编程方式在 Quantum Lab 中与量子处理器进行交互，创建量子电路，并将其编译为 OpenQASM，以在真实的量子系统上对程序进行更高精度的操作。IBM Quantum Lab 是基于 Python 的量子编译平台，是量子编程的进阶版，提供了不需要本地安装的在线可编译环境。IBM 宣布从 2024 年 5 月 15 日开始停止该项服务，因此编程时额外搭建基于 Jupyter 的编程环境会更加"一劳永逸"。

IBM Quantum Composer 是一种图形化的工具，用户可以通过拖曳来创建量子电路，并能在各种硬件和模拟器上运行它们及以多种方式可视化结果。自 2021 年 5 月以来，Composer 已经经历了一些更新和增强，包括新的布局、特性、更好的导出选项、视觉改进等。总体来说，IBM Quantum Composer 更适合那些希望通过图形化界面快速入门和理解量子计算的用户，而 IBM Quantum Lab 则为有经验的开发人员和研究人员提供了更深入、更灵活的编程环境。两者都可以免费使用，并可访问若干真实量子计算机；有 IBM Quantum Network 许可的用户还可以访问高级量子系统。在本书中，我们的下一节内容主要基于 IBM Quantum Composer，这一部分内容适用于没有任何基础的学习者，因为通过对可视化图形拖曳即可获得结果，所以不需要任何对编程的了解。而对于后续一些概念性的难题，我们会偏向于使用基于 Python 的 Qiskit 编程来解决。

由于 IBM Quantum 的更新一直非常频繁，即便是在本书写作期间（短短的 4 个月）也发生了两次重大的版本更新，这些更新导致本书的部分内容出现了不一致的现象，例如主界面的设计变化。这些更新截至 2024 年 2 月，并不会对相关内容的学习产生影响。

IBM Quantum 的最新动态

第一次更新：首先是主页面的换代，图 5-4 的主页面发生了很大变化，但是其根本的功能并没有发生变化，因此并不妨碍读者学习本书内容。如图 5-6 所示，该页面相较于更新之前的版本，维持了原本的基本功能，删掉了 Runtime 服务的直接访问接口，但是常用接口仍然存在。图 5-6 中 Learning 栏中的 IBM

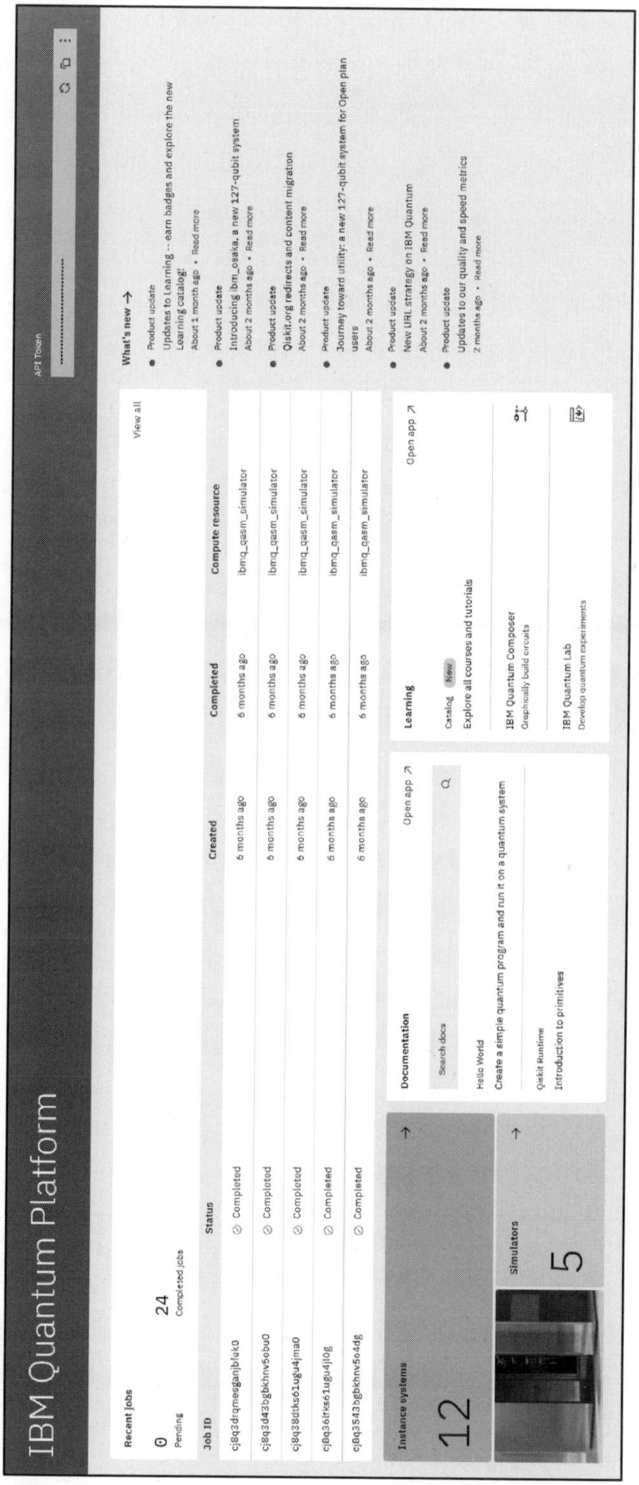

图 5-6 更新后的 IBM 主界面

Quantum Composer 是进入 IBM 可视化编程界面的入口；页面右上角是 API token，可以复制该 token 进行各种相关服务；Recent jobs 是浏览曾经执行过的所有量子程序结果的界面；左下角的 Instance system 和 Simulators 是浏览当前账户可使用的量子资源的界面（包括模拟机与真实量子计算机)。

第二次更新：在 2023 年 9 月 16 日接到如下通知：

IBM Quantum 正在更新为仅包含 100 量子比特以上的"实用规模"系统，并且 27Q 以下的所有量子系统将停止服务。

接下来 5，7，16 量子比特的系统将分两次终止。

1）于 2023 年 9 月 26 日起，以下量子系统服务将被终止：

ibmq_lima、ibmq_belem、ibmq_quito、ibmq_manila、ibmq_jakarta、ibmq_guadalupe。

2）于 2023 年 11 月 28 日起，以下量子系统服务将被终止：

ibm_perth、ibm_lagos、ibm_nairobi。

3）27 量子比特的系统服务将在 2023 年 9 月至 2024 年 3 月之间逐渐终止。

换言之，实验用的真实量子计算机服务将被停用，接下来小规模的量子计算在 IBM 的企划中将只能在模拟量子计算机上实现。不过这对本书读者并没有过多的影响，虽然很多免费的真实量子资源服务被停用（免费用户可以访问 5 和 7 量子比特的资源)，但是其量子模拟功能仍然存在，对于多数从事理论研究和教育学习领域的读者，活用模拟量子计算机仍然能够拥有很高的价值。

第三次更新：2024 年起，向免费用户开放 3 台 127 量子比特真实量子计算机的访问权限。

现在免费用户可以访问 127 量子比特计算机，三台可用计算机的名字为 ibm_brisbane、ibm_osaka 和 ibm_kyoto。这对量子学习者而言无疑是一个好消息。

5.1.2　IBM Quantum Composer

在主界面上单击"Launch Composer"（在新界面中，直接单击 Learning 中的"IBM Quantum Composer"）进入可视化编程界面。界面的视觉效果如图 5-7 所示，大体上可以分割为 6 个区域。

区域①是一个简单的列表索引功能区，由于我们使用 IBM Quantum Composer 编译的程序实例可能有多个，因此区域①会自动存储这些实例，方便随

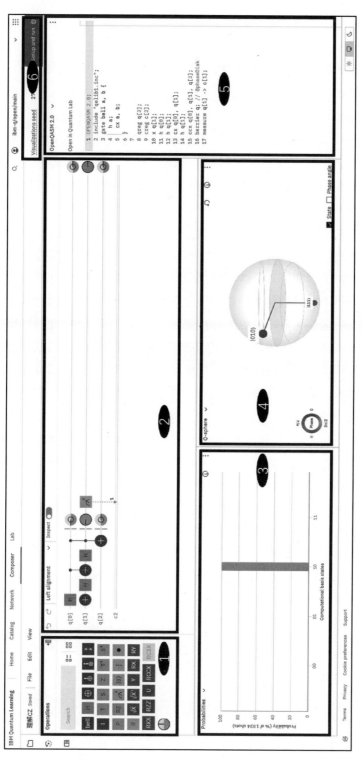

图 5-7 IBM Quantum Composer

时切换不同程序。区域②是编译区，比如 H 门能将纯态量子比特转换为等概率叠加态的量子比特。我们可以直接将操作区的门拖曳到右边的线路上，从而构建想要的量子电路。量子电路中的 q 数组表示量子寄存器，如图 5-7 所示有 $q[0]$ 到 $q[3]$ 总计四个量子寄存器，一般每个量子寄存器存储 1 个量子比特，因此我们可以通过增加或减少寄存器的数量来操纵量子程序中的量子比特数量。其中，$c4$ 是经典比特数目的经典比特寄存器，如果程序中显示 $c3$，则意味着这个经典比特寄存器中只有 3 个经典比特。区域③和④都是实时区域，会随着对区域②的操作而不断变化，区域③可以表达该量子电路中可能出现的所有情况的理论分布概率，区域④则在 Q-sphere 中展示对应的相位角和量子态的矢量表现。区域⑤是根据可视化图形的拖曳结果进行自动化的基于 Python 的编程代码，可以通过这种方式来学习基于 Python 的量子编程。区域⑥简单来说就是选择你要交付的服务器，即这段程序将要发送到哪一台量子计算机或者模拟器中，之前介绍了即便是免费用户也可以使用多个量子资源，因此这一步只需要选择想要交付的服务器即可。需要注意的一点是，如果选择交付给模拟量子计算机，则计算速度非常快，因为模拟量子计算机是基于严格的数学逻辑设计的，其本质是用经典计算机的功能组件构建量子计算的逻辑。因此，使用模拟量子计算机基本上可以实现像普通编程一样运行就能得出结果。但是如果选择交付给真实量子计算机，则会存在队列等待问题。因为不止一位用户选择在真实量子计算机上运行程序，即使你的程序非常基础且简单，但等待队列中其他用户完成量子计算仍然需要不少时间。如果选择交付给真实量子计算机，等待结果的时间基本上要以小时为单位。

要注意 Bloch 球与 Q-sphere 不同，它们的主要差异可以从适用对象、表示能力和几何性质三方面进行区分。

（1）适用对象

1）Bloch 球主要用于表示两级量子系统（单个量子比特）的纯态空间，以及与之对应的混合态。对于多量子比特系统，Bloch 球的可视化能力不再适用。

2）Q-sphere 是一种图形化工具，用于展示多量子比特系统的状态。它能详细显示系统的振幅和相位信息，适用于从单量子比特到多量子比特状态的表示，包括复杂的纠缠态。通过 Q-sphere，我们可以直观地理解和分析量子系统的行为，包括其叠加态和纠缠特性。这使得 Q-sphere 成为研究和教育中分析量子计算状态的有力工具。

（2）表示能力

1）Bloch 球可以将 2D 复杂的状态向量映射到现实 3D 空间中，作为纯态的几何表示，但是当涉及一般的多量子比特状态，如纠缠态时，它就无法再绘制了。

2）Q-sphere 能够提供多量子比特和单量子比特状态的完整可视化，包括它们的相位和振幅。Q-sphere 上球的颜色代表基态振幅的相位角，球的半径与基态振幅的幅度成比例。

（3）构造与几何性质

1）Bloch 球是一个单位 2-sphere [2-sphere 通常指的是三维空间中所有点到某个固定点（中心）的距离等于某个常数（半径）的集合，当其半径为 1 时，就称为单位球面]，正交状态向量对应的是一对相对的点。Bloch 球的南北极通常选择与标准基向量对应。

2）Q-sphere 通过在其表面上用小球表示量子系统的状态，展示量子系统的计算基态。Q-sphere 上球的数量与量子比特的数量有关，颜色和半径分别表示相位角和振幅。蓝色表示相位角是 0，红色表示相位角是 π，颜色的变化符合颜色的渐变效果。

5.1.3 基于图形可视化界面的量子编程案例

下面我们要实际构建一个量子程序，并且将这个量子程序同时发送给真实量子计算机和模拟量子计算机，比较程序的运行结果。

量子程序选择 2 量子比特的简单程序，先使用 H 门制备叠加态并用 CNOT 门制造纠缠态，然后测量处于纠缠态的量子程序，看看最终结果和理论结果是否一样。在开始编程之前，要先在数学逻辑上计算这个电路。在默认的量子电路中，由于每个寄存器的初始值都为 $|0\rangle$，因此假设我们在对第一个量子比特进行 H 门操作后，执行第一个量子比特为控制比特且第二个量子比特为目标比特的 CNOT 门，则可以得到如下表达式：

$$\text{CNOTH} |0\rangle |0\rangle = \text{CNOT} \left(\frac{1}{\sqrt{2}} \begin{pmatrix} 1 & 1 \\ 1 & -1 \end{pmatrix} \begin{pmatrix} 1 \\ 0 \end{pmatrix} \right) |0\rangle$$

$$= \text{CNOT} \frac{1}{\sqrt{2}} \begin{pmatrix} 1 \\ 1 \end{pmatrix} |0\rangle = \text{CNOT} \frac{|00\rangle + |10\rangle}{\sqrt{2}}$$

$$\mathrm{CNOT}\frac{|00\rangle + |10\rangle}{\sqrt{2}} = \frac{|00\rangle + |11\rangle}{\sqrt{2}}$$

我们利用上式表述的方法获得了一个标准的 Bell 态，按照该公式进行展开，最终的测量结果中 $|00\rangle$ 和 $|11\rangle$ 的概率应该分别为 50%。按照上述思路直接拖曳一个可视化的量子电路程序，效果如图 5-8 所示。

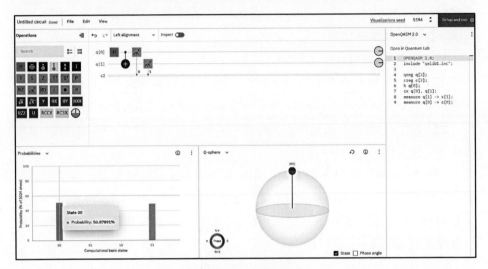

图 5-8　Bell 态制备程序

从图 5-8 中可以看到我们构造的简单量子电路，且在左下角的概率视图（Probalities）中，预测显示的结果表明最终程序运行的结果是 $|00\rangle$ 和 $|11\rangle$ 的概率分别为 50%。右下角的 Q-sphere 也很好地展示了当前的量子态：$|00\rangle$ 是两个竖直向上的矢量叠加，其方向不变，相位角为 0；$|11\rangle$ 是两个竖直向下的矢量叠加，其方向不变且相位角为 π。此后，单击按钮 "Setup and run" 运行程序，会出现如图 5-9 所示的界面。

这是运行程序的最后一个界面，我们从左边的列表中选择想要交付的服务器，可以是真实量子计算机，也可以是模拟量子计算机。模拟量子计算机容量更大，但是其结果不可能完全"复刻"真实量子计算机，因为模拟计算只能以已知的定律进行推演，必然会忽略还未发现的规律，而真实量子计算机则没有这个缺陷。

我们会将这个程序分别发送给不同的量子云计算服务器，令它们执行量子计算并返回结果。由于真实量子计算机的队列等待时间非常长，因此建议在私

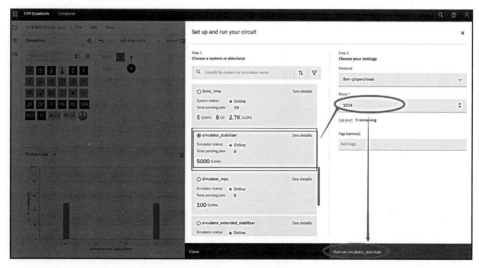

图 5-9 运行程序

下实验时一定要先发送给真实量子计算机。在界面中其实很好区分真实量子计算机和模拟量子计算机，真实量子计算机相较于模拟量子计算机属于比特数量非常少的，免费用户起初最多只能使用 7 量子比特的。然而，由于后来 IBM 发布了停用低量子比特的真实量子计算机服务，目前免费用户无可用的低量子比特真实量子计算机，可以访问 3 台 127 量子比特的大型真实量子计算机（它相较于 5000 到 10 000 不等的模拟量子计算机的量子比特数目而言仍然非常少），但由于访问载荷的问题，实际运行程序时会有非常长的排队等待时间。此外，还有一个变量需要注意，就是 shots 变量，这个变量表示该量子电路会执行多少次。简单来说，由于量子计算基于概率，如果测量次数较少，可能会出现概率分布不准确的情况，因此我们需要将这个数值调整得足够大，1000 是一个非常合适的数值，可以直观地观察概率分布。一个非常简单的例子，如果只测量 1 次，则得到其中一种结果的概率为 100%，另一种为 0，这显然是不严谨的。而 1000 次的重复结果可以几乎无视这种情况出现的概率，对于我们编译的这个案例而言，只要两个结果的概率大体在 50% 左右浮动，就说明理论结果与现实结果是相同的。

如图 5-10 所示，我们可以通过左方菜单找到已经发送到云计算服务器的任务，在任务完成后会显示对号标记，单击已完成的任务就可以查看运行结果。通过图 5-10 可以看出，真实量子计算机的结果等待时间是非常长的，哪怕执行一个如此简单的程序。

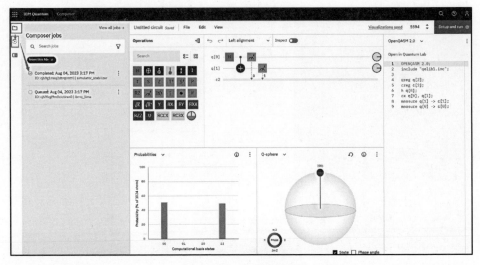

图 5-10 运行结果查询

如图 5-11 所示，基于模拟器完成的结果表明，$|00\rangle$ 和 $|11\rangle$ 两个状态的分布比例是 $501:523$，非常接近各占一半的分布。换言之，两种状态出现的概率分别为 50%，也就证明了我们之前通过数学方法计算的理论结果是没有问题的。然而，当我们查看图 5-12 所示的真实量子计算机的结果时，发现不仅有 $|00\rangle$ 和 $|11\rangle$ 两种状态的运行结果，还有 $|01\rangle$ 和 $|10\rangle$，量子态 $|00\rangle$、$|01\rangle$、$|10\rangle$ 和 $|11\rangle$ 的分布比例分别为 $496:30:19:479$，概率分别为 48%，3%，2% 和 47%，显然，有两个出现概率特别低的结果。当 shots 足够大时，这些结果对最终测量

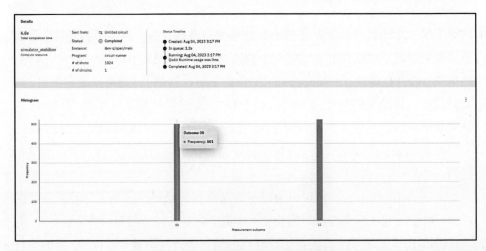

图 5-11 运行结果（模拟量子计算机）

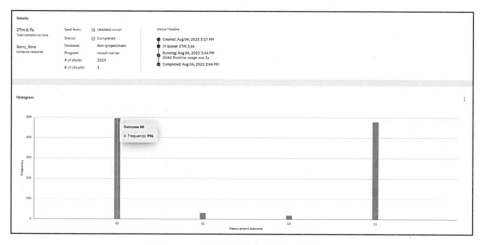

图 5-12　运行结果（真实量子计算机）

结果的影响很小，之所以出现这些结果并非因为理论是错的，而是因为真实量子计算机对物理环境非常敏感，哪怕细微的震动也会导致出现错误。因此，真实量子计算机的运行结果中出现了本不应该出现的部分数据，这正是量子计算机反直觉的地方。反直觉的这部分数据基于我们的理论分析及低概率分布的事实，属于误差数据，使用时会被舍弃。

5.2　基于 Qiskit 的量子编程进阶方法

下面将带领读者走向一个更加高级和灵活的量子编程平台——基于 Python和 Jupyter Notebook 的 Qiskit。

下面详细介绍 Qiskit 的核心组成部分，以及如何进行安装和配置。我们将通过编写和运行一个基础的量子程序来展示 Qiskit 如何使量子计算变得更加直观和易于实现。其目的是不仅了解如何使用 Qiskit，而且理解 Qiskit 为什么被视为量子编程中更加强大和可扩展的工具。本节将为接下来的应用实战部分，特别是量子算法的实现和优化，提供必要的背景和工具。

5.2.1　基于 Qiskit 的量子编程概论

Qiskit 是一个开源的量子计算框架，由 IBM 提供。它提供了用于创建和运行量子程序的工具。Qiskit 的名字来源于 "Quantum Information Science Kit"，它由四个主要的部分组成。

1）Qiskit Terra：这是 Qiskit 的基础库，提供了用于构建量子电路和量子算法的基础工具。

2）Qiskit Aer：这部分提供了一些量子模拟器，可以在经典计算机上模拟量子电路的运行。

3）Qiskit Ignis：这部分包含一些用于量子错误校正和量子系统校准的工具。

4）Qiskit Aqua：这部分提供了一些更高层次的工具，可以帮助用户设计和实现自己的量子算法。

在 Qiskit 中，我们可以先使用量子门（如 X、Y、Z、H、CNOT 等）来构建量子电路，然后在量子模拟器或真实的量子硬件上运行这些电路；也可以使用 Qiskit 提供的预定义的量子算法，如量子傅里叶变换（Quantum Fourier Transform，QFT）、量子相位估计（Quantum Phase Estimation，QPE）等。此外，Qiskit 还提供了一些用于量子机器学习、量子优化和量子化学的工具和库，使用户可以更容易地将量子计算应用到这些领域。

简单来说，Qiskit 作为一个开源量子计算软件开发工具包，由于它是基于 Python 的，因此我们可以使用 Python 的命令来简单安装与配置它。当然，想要实现量子编程，绝非这一种方式，前文提到的多种语言与框架，如 Cirq、Q# 等都可以实现。因为 Qiskit 程序画出来的电子电路图更美观（第 3 章例题中展现的量子电路图就是使用 Qiskit 的 Mpl 方式绘制的，比起单纯输出字符串，可读性与美观程度要高很多)，所以我们选择 Qiskit 作为编程的框架，所有的量子语言都可以实现这些基本的编译逻辑。

5.2.2　Qiskit 的安装与配置

因为 Qiskit 是基于 Python 编写的程序，所以我们首先需要在电脑上安装 Python。Qiskit 库的更新速度非常快，在 Qiskit 更新之后低版本 Python 的某些命令语句或者函数就会失效，因此建议使用 Python 的最新版本。此外，这里我们使用 Jupyter Notebook 配合 Python，Jupyter Notebook 是一种开源的 Web 应用程序，允许我们创建和分享包含实时代码、方程、可视化和叙述性文本的文档。它的名字来源于 Julia、Python 和 R 三种编程语言，是数据科学和机器学习领域非常流行的工具。

Jupyter Notebook 的优势：

1）交互式编程环境：Jupyter Notebook 提供了更加灵活的交互式编程环

境，可以逐个运行代码单元，检查和调试代码，并逐步构建复杂的数据分析。

2）支持多种编程语言：不仅支持 Python，还支持 R、Julia 和其他语言。

3）数据可视化：内嵌各种图表库，方便展示数据分析结果。

4）教学和演示：它的交互性和易于理解的界面使其成为教学和演示的理想选择。

5）易于共享：可以将笔记本共享为 HTML、PDF 等格式，方便其他人查看。

6）与数据科学工具集成：可以与 NumPy、Pandas、Matplotlib 等库集成。VS Code 和 Visual Studio 更侧重于软件开发，而 Jupyter 更侧重于数据分析和科学计算场景。

当然，VS Code 和 Visual Studio 等工具也具有强大的功能和灵活性，特别是在软件开发方面。VS Code 有一个 Jupyter 插件，允许在 VS Code 环境中运行 Jupyter Notebook。由于我们接下来搭建的环境是基于 Python 和 Jupyter Notebook 的，因此首先安装 Anaconda 作为一个特殊的命令行启动环境。Anaconda 是一个流行的 Python 和 R 的发行版本，被设计用于科学计算、数据分析和机器学习等领域。它提供了一种便捷的方式来管理和部署各种不同版本和环境的 Python 与 R。

Anaconda 是一个 Python 集成开发软件，基于云的存储库可以查找并且安装超过 7500 个数据科学和机器学习模块。Anaconda 的主要功能如下。

1）包管理：Anaconda 附带了一个强大的包管理器 Conda。你可以使用 Conda 来安装、更新和管理 Python 或 R 包。Anaconda 预装了许多常用的科学计算和数据科学包，如 NumPy、Pandas、Matplotlib、SciPy 等。

2）环境管理：Anaconda 可以用于创建和管理独立的环境，每个环境都可以有自己的 Python 版本和包。这对于处理依赖性冲突和维护多个项目非常有用。

3）Jupyter Notebook：Anaconda 附带了 Jupyter Notebook，你可以在 Notebook 中编写和运行代码，还可以添加文本、图像、公式等，非常适合进行数据探索和报告编写。

4）其他工具：Anaconda 还包含其他一些工具，如 Spyder（一个 Python IDE）、Anaconda Navigator（一个图形化的 Anaconda 和 Conda 管理器）等。

通过搜索 "Anaconda Navigator" 进入官网并找到下载按钮，大概的流程如下。

1）下载 Anaconda：下载相应的 Anaconda 版本，由于 Anaconda 已经包

含了 Python，因此无须单独安装 Python。

2）安装 Anaconda：下载完成后，按照安装向导提示的步骤完成安装。安装过程中可能会遇到各种问题，如安装时出现错误，这时可参考网络教程。

3）配置 Anaconda：安装完成后，可以按需设置 Anaconda 镜像源，以提高包下载速度。

4）验证安装：安装并配置完毕后，可以通过在命令行中输入一些命令，如 conda list，来检查 Anaconda 是否已经成功安装。

5）创建和管理虚拟环境：如果你需要的包要求不同版本的 Python，则无须切换到不同的环境，因为 Anaconda 同样是一个环境管理器，仅需要几条命令就可以创建一个完全独立的环境来运行不同的 Python 版本，你还可以继续在常规的环境中使用常用的 Python 版本。

首先，进入官网并下载相应的 Anaconda 版本，打开安装程序的初始界面，一直单击 "Next>" 按钮，如图 5-13 所示。直到看到图 5-14 所示的勾选选项的界面，按照图示勾选即可。特别注意，不要勾选第二项（将 Anaconda 添加到环境变量中），这可能会导致与其他程序产生冲突。然后，单击 "Install" 按钮并等待安装完成，安装完成后的前两个选项可选可不选。勾选第三项的主要目的是，需要最新版本的 Python 来保证一直适配 Qiskit 的快速迭代。

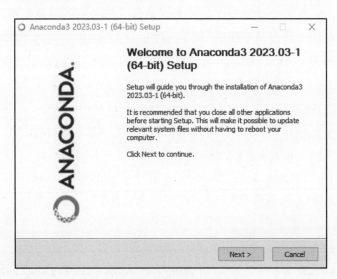

图 5-13　安装软件初始界面

在搜索栏中输入 "cmd"（命令提示符的简写），会弹出图 5-15 所示的页

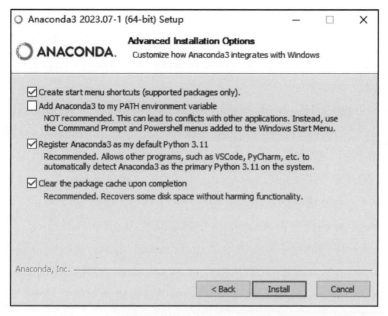

图 5-14 安装软件勾选选项

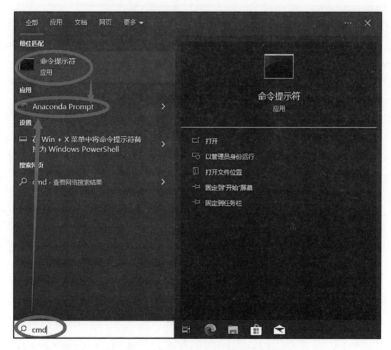

图 5-15 "Anaconda Prompt" 窗口

面，单击"Anaconda Prompt"就会启动一个黑窗口（类似 CMD 窗口）。只要能打开这个黑窗口，就说明 Anaconda 安装成功了。直接在打开的窗口内输入命令"python--version"，如果当前版本的 Python 出现，则证明 Python 安装成功了。

　　由于 Jupyter Notebook 是基于 Anaconda 的，因此一般情况下正常安装 Anaconda 之后会自动安装 Jupyter Notebook，此时我们就可以直接使用了。如图 5-16 所示，启动 Jupyter Notebook 的方式很简单，就是在 Anaconda 控制台界面输入命令"jupyter notebook"（注意，中间需要有一个空格）即可。在正常情况下，会使用你的默认浏览器打开一个网页，如图 5-17 所示。如果你的电脑因为一些原因没有在 Anaconda 中自动安装 Jupyter Notebook，则可以通过在 Anaconda 控制台中输入命令"conda install jupyter notebook"进行自动安装。Jupyter Notebook 的默认路径为 localhost:8888，如果在 Anaconda 控制台中显示 Jupyter Notebook 已经启动但是没有进入对应的界面，则可以直接输入这个路径到浏览器中，通过路径名进行访问。

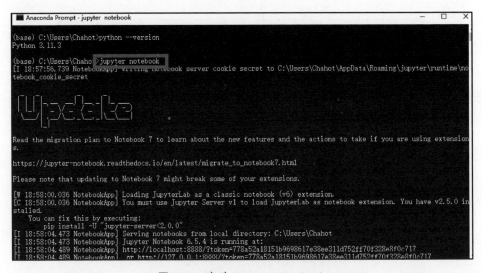

图 5-16　启动 Jupyter Notebook

　　安装 Qiskit 的方式与 Jupyter Notebook 的相似，需要使用 Anaconda Prompt，但是需要注意的是，Qiskit 并不是安装 Anaconda 的默认配置，我们需要手动安装 Qiskit。为了让有其他编程需求的用户有更好的体验，在安装 Qiskit 之前，建议单独创建一个用于 Qiskit 的环境，这样可以将量子编译环境与普通的 Python 编译环境加以区分，也不会破坏已有的 Python 编译环境与程序。

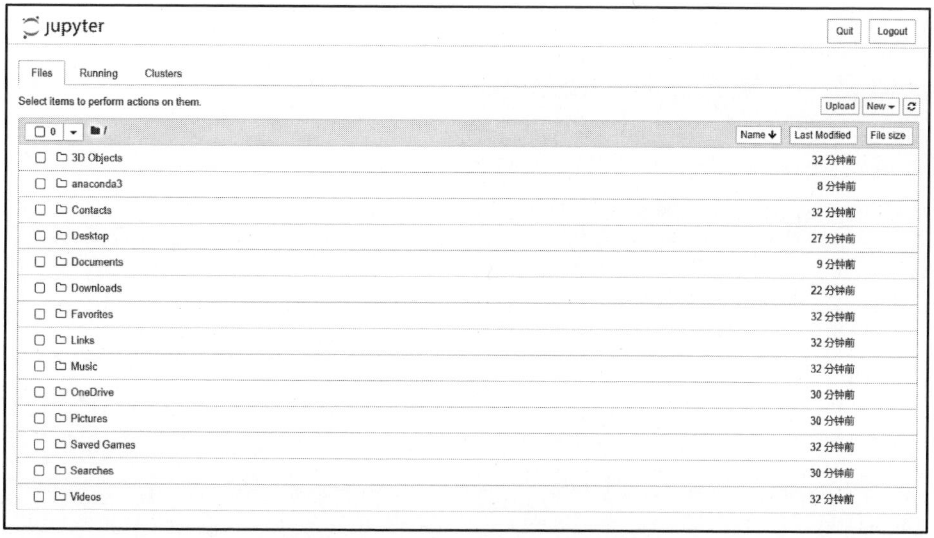

图 5-17 Jupyter 默认界面

要想创建专门用于 Qiskit 的环境，需要使用两句命令：第一句是"conda create -n'Name' python=3"，该语句截至 Python 4 代面世之前都是有效的，Name 变量可以是你想要的任何名称，也就是 Qiskit 编译环境的名字。Python=3 中的 3 指的是 Python 的版本标识符，目前最高版本为 3.11（截至 2023 年 9 月）。

如图 5-18 所示，在输入命令"conda create -n 'Chahot_Q' python=3"后，会以字符串的形式出现一个问句"Proceed（[y]/n）？"。此时，在命令栏内输入 y 并按回车键确认。该命令会生成一个名为 Chahot_Q 的 Python 编译环境。然后使用图 5-19 所示的命令"conda activate 'Name'"激活环境，或者进入环境进行配置。由于图中环境名 Name=Chahot_Q，所以使用的命令语句为"conda activate 'Chahot_Q'"。最后，在被激活的环境下使用 pip 命令安装 Qiskit 即可，命令语句为"pip install qiskit"，这时 Qiskit 就会在指定的目录下安装。

如果出现"pip 不是内部或者外部命令，也不是可运行的程序或批处理文件"的错误，则需要对 pip 进行环境变量的路径设定。Python 开发中，正确设置 pip 路径是很重要的，因为它确保你能够在命令行或终端中直接使用 pip 命令来安装、更新或移除 Python 包。如果没有正确设置 pip 路径，系统可能无法识别 pip 命令，导致包管理操作失败。

如图 5-20 所示，首先通过在控制台中输入命令"python -c "import sys;

图 5-18　生成 Python 编译环境

```
(base) C:\Users\Chahot>conda activate 'Chahot_Q'
('Chahot_Q') C:\Users\Chahot>pip install qiskit
```

图 5-19　输入命令 "conda activate'Chahot_Q'"

print（sys.executable）""，找到 python 文件的实际安装路径，其通常位于
Python 安装目录下的 Scripts 文件夹，如 C:\Python39\Scripts。如果是 Ana-
conda 默认安装的，一般不会出现这个问题，但是路径是 C:\Users\用户名\
anaconda3。然后，按照下列方法将该路径添加到系统的环境变量中。

1）单击"计算机"或"此电脑"图标，选择"属性"。

2）单击"高级系统设置"。

3）在"高级"选项卡下，单击"环境变量"按钮。

4）在"系统变量"下找到"Path"变量，然后单击"编辑"。

5）在变量值最后添加 pip 的路径（如果路径之间没有用分号隔开，则需
要添加分号)。

6）确认并关闭所有窗口。

7）打开一个新的命令提示符窗口，尝试再次运行 pip。

```
(base) C:\Users\Chahot>python -c "import sys; print(sys.executable)"
C:\Users\Chahot\anaconda3\python.exe
```

图 5-20　寻找 Python 文件的实际安装路径

需要注意命令行中中英文输入法的区别，如果使用中文输入法输入单引号，则为 'content'；如果使用英文输入法输入，则为 'content'。如果中文输入法下键入引号也会导致 pip 寻找路径失败的问题，必须使用英文输入法键入相关命令。图 5-21 展示了 """" 和 """" 没有正确区分导致的 pip 失效问题。右图中，在进入对应环境后环境名出现了乱码，因为中文字符在控制台上没被识别，因此导致了无法调用 pip 到正确路径的问题。

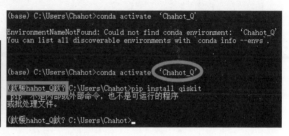

图 5-21　输入法错误

在出现图 5-22 所示的成功安装提示后，说明 Qiskit 在指定路径下安装成功。接下来，我们只需要激活 Python 与 Jupyter Notebook 的联动 Kernel，以保证后续能够在 Jupyter Notebook 工作环境中使用这个环境即可。另外，在成功使用命令 "conda activate 'Chahot_Q'" 激活工作环境后，还需要在该环境下执行命令 "conda install ipykernel" 和 "pip install ipykernel" 建立 Qiskit 与 Jupyter Notebook 的连接。安装过程与之前的安装过程类似，在弹出需要输入确认的消息时，键入 "y" 并等待安装成功即可。安装成功后会出现 "done" 的提示符。如图 5-23 所示，要使用命令 "python -m ipykernel install --name=Chahot_Q --display-name=Chahot_FinalQ" 将创建的环境写入 Jupyter Notebook。

下面用同样的方法安装 Qiskit 的可视化插件，因为我们编译的量子程序需要对量子电路的图像和分析结果进行可视化处理，所以在对应环境下使用 "pip install qiskit[visualization]" 命令安装插件，切记安装的位置仍然是我们创建的 Qiskit 环境。在安装完可视化插件以后，基于 Python 的 Qiskit 编译环境就已

图 5-22   Qiskit 安装成功

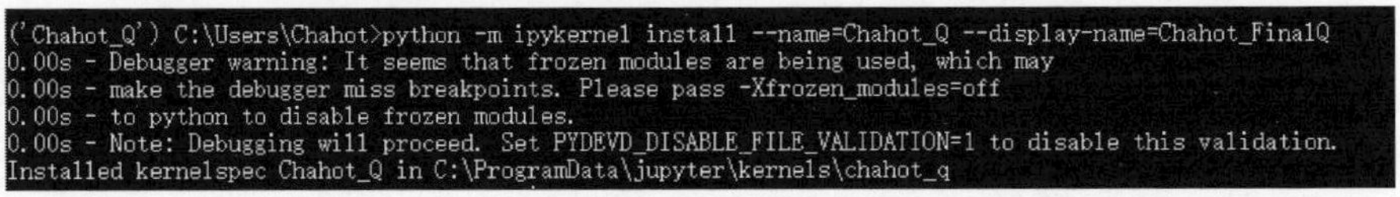

图 5-23   将创建的环境写入 Jupyter Notebook

经配置完成了。但是输出 Qiskit 电路的方式默认有三种，分别是字符串、LaTeX 和 Matplotlib，其中 Matplotlib 的可视化效果最好，下面我们设置一下量子电路的默认输出方式，以性能最好的 Matplotlib 为例。

首先，如图 5-24 所示，在 "C:\Users\你的用户名" 目录下新建文件夹 ".qiskit"。然后，在文件内创建名为 "settings.conf" 的文件，用任意方式打开该文件并进行编辑，输入以下代码段：

```
[default]
circuit_drawer = mpl
```

Qiskit 绘制的图片默认是 png 格式的，我们可以将其设置为 SVG 矢量图格式，以获取可以在任意缩放下保持清晰度的图片。

首先，在 "C:\Users\你的用户名" 目录下新建并进入 ".ipython" 文件夹（已有则不需要重复）。然后，在目录下新建 "profile_default" 文件夹，并在其中新建 "ipython_kernel_config.py" 文件，写入以下代码：

```
c.InlineBackend.figure_format = 'svg'
```

这样，默认的图片输出格式就被设置为高清矢量图格式了。

图 5-24 创建".qiskit"文件夹

5.2.3 基于 Qiskit 的量子编程案例

在完成上面的所有配置后，如果此时 Jupyter Notebook 已经启动，则需要重启才能看到配置的新环境。Jupyter Notebook 的重启非常简单，只需要关闭 Anaconda Prompt 并重新打开，再次输入 Jupyter Notebook 的启动命令即可。在 Jupyter Notebook 启动时，会有源源不断的信息在 Anaconda Prompt 中生成。

重启后的 Jupyter Notebook 与安装时的看上去并没有任何区别，但是当新建 Notebook 时，便可以看到新建的量子环境，如图 5-25 所示。

下面就可以正式编译程序了，与之前使用 IBM Quantum Composer 不同的是，从此刻开始我们需要以纯代码的形式来进行程序的编译。第一个量子程序仍然同第 5.1.3 节的练习一样，制备一个简单的 Bell 态并测量，根据之前的结果可以确认，测量的结果应该是 |00⟩ 和 |11⟩ 的概率分别为 50%。整段程序代码如下：

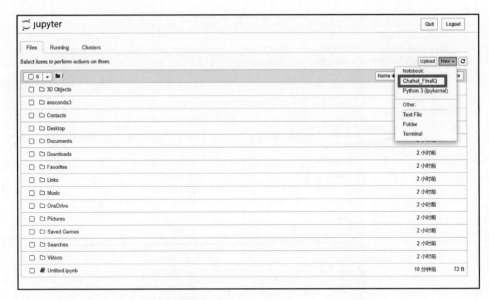

图 5-25 新建量子环境的 Qiskit-Jupyter Notebook

```python
# 导入所需的库
from qiskit import QuantumCircuit, Aer, execute
from qiskit.visualization import plot_histogram

# 创建一个量子电路，包括2个量子比特和2个经典比特
bell_circuit = QuantumCircuit(2, 2)

# 应用Hadamard门到第一个量子比特上
bell_circuit.h(0)

# 应用CNOT门
bell_circuit.cx(0, 1)

# 测量2个量子比特
bell_circuit.measure([0, 1], [0, 1])

# 使用Qiskit Aer模拟器执行量子电路
simulator = Aer.get_backend('qasm_simulator')
result = execute(bell_circuit, simulator, shots=1000).result()

# 获取并可视化结果
```

```
counts = result.get_counts(bell_circuit)
plot_histogram(counts)
```

其中，QuantumCircuit 用于创建和操作量子电路。Aer 是 Qiskit 的一个模拟器后端，用于在本地计算机上模拟量子电路的执行。execute 是一个用于提交量子电路到后端（例如模拟器或真实量子硬件）执行的函数。plot_histogram 是一个用于可视化量子电路测量结果的直方图函数，这个函数在分析和展示量子算法的结果时非常有用。

量子门在电路中的操作也非常方便，只需要声明电路和对应的寄存器序号，即可在对应的电路上添加量子门，量子门用简写表达，H 表示 Hadamard 门，cx 表示 CNOT 门。

simulator = Aer.get_backend('qasm_simulator')：表示设置使用 Aer 库中的 'qasm_simulator' 作为后端模拟器。QASM（Quantum Assembly Language）模拟器允许运行和模拟以 QASM 为基础的量子程序。

result = execute（bell_circuit, simulator, shots=1000).result()：表示用先前定义的模拟器执行量子电路，并指定运行次数（shots）为 1000 次。.result() 方法用于获取执行后的结果对象。

counts = result.get_counts(bell_circuit)：表示从结果对象中提取测量计数，这些计数反映了每个可能的测量结果出现的次数。

plot_histogram(counts)：表示使用先前导入的 plot_histogram 函数将测量计数以直方图的形式可视化。直方图的每个柱代表不同的测量结果，柱的高度表示该结果出现的频率。

在 Qiskit 中，measure() 方法用于在量子电路中添加测量操作。它的语法是 circuit.measure([qubit_list], [classical_bit_list])，解析示例代码中的片段即测量名为 bell_circuit 的电路，要测量的 qubit 的列表是第 0 位和第 1 位寄存器，共计两个量子比特；同时，将测量的结果反映到经典比特列表的第 0 位和第 1 位寄存器上。因此，这可以让你定向地将量子电路中某些寄存器的数据测量到经典寄存器上。

运行代码后，可以使用 "circuit.draw('latex/text/mpl')" 代码输出编译的电路图。如图 5-26 所示，分别展示了 bell_circuit.draw（'text'）和 bell_circuit.draw（'mpl'）的电路图效果，很明显 Matplotlib 的可视化效果更加精致。虽然也可以使用 LaTeX 输出电路图，但是需要额外安装 LaTeX 的库，默认情况下无法直接使用。由于前面配置了默认的显示方法,因此可以不标注变量名,直接运行 "bell_circuit.draw()" 就默认输出 Matplotlib 格式的结果。

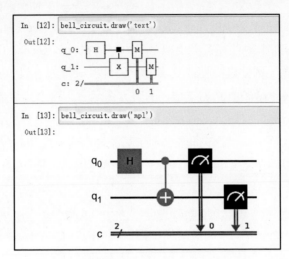

图 5-26　bell_circut.draw() 运行结果

如图 5-27 所示,我们可以观察到基于模拟量子计算机运行的程序结果,$|00\rangle$ 和 $|11\rangle$ 的分布比例是 499:501,概率都是 50%,与之前的理论结果完全相符。至此,基于 Jupyter Notebook-Python 和 Qiskit 的量子程序编译完成。

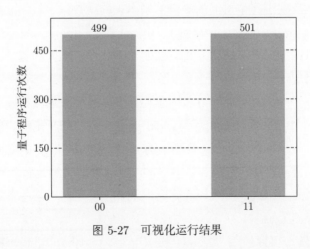

图 5-27　可视化运行结果

接下来,使用真实量子计算机进行上述程序的编辑,这一步需要使用 IBM 账号和 token,另外由于真实量子计算机的队列等待问题,因此消耗的时间会比较长。

```python
from qiskit import IBMQ, QuantumCircuit, transpile, assemble
from qiskit.visualization import plot_histogram


# 你的IBM Quantum Experience API token
API_TOKEN = 'API_TOKEN' #该语句只运行一次，即可在不同的Notebook之间生效


# 通过API token连接到IBM Quantum Experience
IBMQ.save_account(API_TOKEN)
    #该语句只运行一次，即可在不同的Notebook之间生效
IBMQ.load_account()


# 创建一个Bell态量子电路
bell_circuit = QuantumCircuit(2, 2)
bell_circuit.h(0)
bell_circuit.cx(0, 1)
bell_circuit.measure([0, 1], [0, 1])
bell_circuit.draw()


# 获取IBM Quantum Experience的提供者，ibm-q是默认免费提供者
provider = IBMQ.get_provider('ibm-q')


# 选择一台真实量子计算机作为后端
backend = provider.get_backend('REAL-MCHINE') # 选择合适的量子计算机


# 编译量子电路并运行(旧方法)
# tq_circuit = transpile(bell_circuit, backend)
# qobj = assemble(tq_circuit, shots=1000)
# result = backend.run(qobj).result()


# 将量子电路转换为Qobj
t_qc = transpile(bell_circuit, backend)
qobj = assemble(t_qc, shots=1000)


# 使用后端运行Qobj并获取结果
result = backend.run(t_qc, shots=1000).result()


# 获取并可视化结果
counts = result.get_counts(bell_circuit)
plot_histogram(counts)
```

　　在程序中，因为需要使用一些其他的函数，所以我们需要引入完全不同的库。IBMQ 是 Qiskit 库的一部分，用于与 IBM 的量子计算机进行交互。通过使用 IBMQ 的方法，可以加载你的 IBM Quantum Experience 账号、获取可用的量子计算机后端、执行量子电路等。此外，由于量子电路通常需要针对特定的量子计算机硬件进行优化，transpile() 函数接收一个量子电路和目标后端作为输入，并返回一个新的、针对该后端优化的量子电路，因此它会将电路中的逻辑量子门转换为在给定后端上实际可执行的物理量子门。assemble() 函数接收一个或多个量子电路和执行配置，并将其组装成一个 Qobj 对象，该对象可以被 Qiskit Aer 或 IBM Quantum 后端执行。这个步骤是将量子电路发送到后端执行之前的最后一步。

　　如图 5-28 所示，我们首先复制 IBM 账号的 token 并将其粘贴到代码中，然后运行 save() 函数，即可将 token 保存到量子环境中。需要注意的是，save() 函数只需要执行一次，所有同环境下的量子程序就都可以直接使用 load() 函数

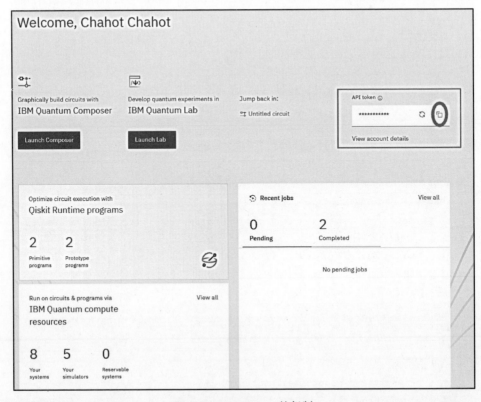

图 5-28　API token 的复制

来调取 IBM 账号的用户信息。而 REAL-MACHINE 的值与 IBM 账号中"Your Sources"内的真实量子计算机的计算机名对应即可, 图 5-29 中的 ibmq-manila 就是一个 5 量子比特的可被使用的量子计算机。当然, 图中有 8 台可供选择的真实量子计算机, 任选其一即可。在 IBM 进行几次重大更新后, 从 2024 年开始所有 5 量子比特、7 量子比特等小规模的真实量子计算机服务被停用, 因此读者在学习这一部分内容时会找不到 5 量子比特的机器。这个不需要担心, 取而代之的是 3 台 127 量子比特的真实量子计算机, 但是由于世界各地的大量访问, 排队等待的序列与等待时间会非常长。建议读者后续练习编程时尽可能使用模拟量子计算机, 这样可以非常快速地得出计算结果。

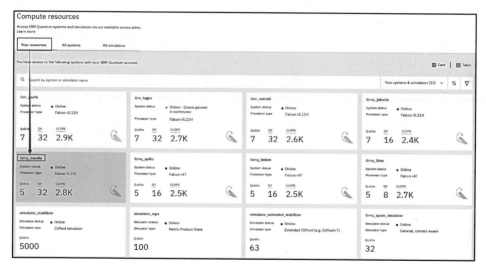

图 5-29 可供选择的真实量子计算机列表

需要注意的是, 当我们运行程序时, 如果出现"The 'qiskit-ibmq-provider' library is required to use 'IBMQ provider'. You can install it with 'pip install qiskit-ibmq-provider'."的错误, 则说明没有安装 provider 库函数, 需要使用"pip install qiskit-ibmq-provider"命令安装库函数到我们的环境中。此外, 上述代码段中存在一部分 Qiskit 更新后发生变动的代码, 传递一个 Qobj 给 Backend.run 的方式已经被弃用, 现在应该直接传递量子电路或脉冲调度作为参数而不是 Qobj。替换的方式如下所示:

```
# 将量子电路转换为Qobj
t_qc = transpile(bell_circuit, backend)
qobj = assemble(t_qc, shots=1000)

# 使用后端运行Qobj并获取结果
result = backend.run(t_qc, shots=1000).result()
```

在这里，transpile() 函数将电路优化为特定后端，并通过 assemble() 函数将其转换为可以由后端运行的 Qobj。然后，就可以调用 backend.run 来运行转换后的电路了。

最终，这个程序画出的量子电路图与图 5-27 的 mpl 显示结果应该是一致的，测量结果如图 5-30 所示，量子态 $|00\rangle$、$|01\rangle$、$|10\rangle$、$|11\rangle$ 的分布比例为 $475:34:43:448$，概率分别为 48%，3%，4%，45%。与之前使用 IBM Quantum Composer 的结果大致相同，真实量子计算机中会因为误差而出现一部分其他的结果。

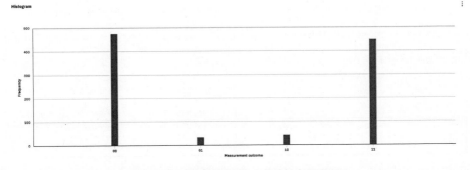

图 5-30　程序输出结果（真实量子计算机）

至此，我们完成了量子编程的进阶，上述方法与在 IBM Quantum Computing 官网中直接单击 IBM Quantum Lab 的效果本质上是一致的，都能达到开发量子程序的目的，但是 IBM Quantum Lab 的界面不够简洁，而且字体偏小，最重要的是它是一种基于云的编译方法，无法脱机使用。

5.3　应用实战：通过量子编程计算 π

下面通过量子编程来实现一个有意义的功能。想要计算 π 小数点后无限位数的数值，需要使用 QPE 算法。QPE 算法是一种用于测量一个量子态相位的算法。QPE 算法的核心是相位估计电路, 该电路由一系列的 Hadamard 变换、控制相位旋转门和逆量子傅里叶变换 (Inverse Quantum Fourier Transform, IQFT) 等组成。其中, 控制相位旋转门是 QPE 算法的重要组成部分, 而 T 门是最常用的控制相位旋转门之一。通过施加 T 门, 我们可以将任意一个量子态的相位旋转一个固定的角度 $\theta = \frac{\pi}{4}$。因此, 在量子相位估计中, 我们可以先将待求相位所对应的幂级数展开, 然后通过控制相位旋转门将待求相位对应的相位旋转到一个能够处理的角度。最后, 通过逆量子傅里叶变换将相位转换为一个整数, 从而得到待求相位。

5.3.1 量子傅里叶变换

量子傅里叶变换是一种在量子计算中应用的算法, 通常与量子搜索和因子分解等问题有关。傅里叶变换是一种分析信号在频率域上的表现的数学工具。在经典计算中, 离散傅里叶变换 (Discrete Fourier Transform, DFT) 可以在 $O(n \log n)$ 的时间复杂度内完成, 其中 n 是信号的长度。量子傅里叶变换是傅里叶变换的量子版本, 能够在量子计算机上以更快的速度运行。它的时间复杂度大约是 $O(n \log^2 n)$, 比经典算法快得多。

傅里叶变换是数学、工程学中一种广泛使用的数学工具, 它能将信号从时间域或空间域转换到频率域。傅里叶变换与其逆变换一起构成了时间域和频率域之间的桥梁。傅里叶变换的基本思想是, 将一个复杂的信号分解为一系列简单的正弦波或余弦波的叠加。换句话说, 任何复杂的波形都可以被表示为不同频率、振幅和相位的简单正弦波或余弦波的总和。傅里叶级数是傅里叶变换的一种特殊形式, 适用于周期信号。周期信号可以被表示为一组正弦和余弦函数的叠加, 每个函数对应一个特定的频率分量。傅里叶变换在许多领域都有广泛的应用, 包括信号处理、图像分析、量子力学、电子工程等。它用于完成分析信号的频率组成、滤波、压缩、去噪等任务。傅里叶变换通过将复杂的信号分解为一组简单的波动, 提供了深入了解信号结构的方式。不论是连续信号还是离散信号, 也不论是周期信号还是非周期信号, 傅里叶变换都有相应的分析工具, 它是现代科学和工程中不可或缺的数学工具。

为了理解傅里叶变换, 我们需要从傅里叶级数开始定义, 因为它是傅里叶变换的基础。傅里叶级数允许我们将任何周期函数表示为正弦和余弦函数的组合。给定周期为 T 的连续函数 $f(t)$, 我们可以将其表示为

$$f(t) = a_0 + \sum_{n=1}^{\infty} \left[a_n \cos\left(\frac{2\pi nt}{T}\right) + b_n \sin\left(\frac{2\pi nt}{T}\right) \right]$$

其中，系数可以通过以下方式计算：

$$a_0 = \frac{1}{T} \int_0^T f(t) \mathrm{d}t$$

$$a_n = \frac{2}{T} \int_0^T f(t) \cos\left(\frac{2\pi nt}{T}\right) \mathrm{d}t$$

$$b_n = \frac{2}{T} \int_0^T f(t) \sin\left(\frac{2\pi nt}{T}\right) \mathrm{d}t$$

傅里叶变换是傅里叶级数非周期信号的扩展，它允许我们分析和表示非周期函数。在了解傅里叶变换之前，我们需要先了解时间域和频率域的概念。

时间域：在时间域中，我们关注的是信号或系统随时间变化的行为。例如，音频信号可以表示为声压（或电压、电流）随时间的变化，我们可以直接看到信号的振幅、周期等信息。电路分析、控制系统的时域分析等都是以时间为基准进行的。

频率域：在频率域中，我们关注的是信号或系统在各个频率下的行为。这通常是通过将信号或系统的时间域表示转换为频率域表示来完成的，常用的工具有傅里叶变换、拉普拉斯变换（Laplace Transform）等。在频率域中，我们可以更直接地看到信号的频率成分，分析系统对不同频率输入的响应。例如，针对音频信号可以通过频谱分析看到不同频率成分的强度，电路分析、控制系统的频域分析等都需要用到频率域。

傅里叶变换是通过以下公式定义的：

$$F(\omega) = \int_{-\infty}^{\infty} f(t) \mathrm{e}^{-\mathrm{j}\omega t} \mathrm{d}t$$

其中，$F(\omega)$ 是频率域中的函数，$f(t)$ 是时间域中的函数。在工程领域中，j 是虚数单位（在数学领域中，我们用 "i" 来表示虚数单位，而在工程领域中，特别是在电子和电气工程中，"j" 常常被用来表示虚数单位，以避免与电流的符号 "I" 发生混淆）。j 是虚数单位，可以用 i 替换。逆傅里叶变换允许我们从频率域转换回时间域。逆傅里叶变换的定义为

$$f(t) = \frac{1}{2\pi} \int_{-\infty}^{\infty} F(\omega) \mathrm{e}^{\mathrm{j}\omega t} \mathrm{d}\omega$$

傅里叶变换允许我们在时间域和频率域之间转换，从而深入了解信号的结构和特点。我们可以使用傅里叶级数来理解周期信号，使用傅里叶变换来理解非周期信号。

量子傅里叶变换利用了量子干涉和量子叠加的特性。给定一个复数向量 $(x_0, x_1, \cdots, x_n)$，其对应的量子傅里叶变换为

$$\mathrm{QFT}(x_k) = \frac{1}{\sqrt{n}} \sum_{k=0}^{n-1} \left(\sum_{j=0}^{n-1} x_j \cdot \exp\left(\frac{2\pi\mathrm{i}jk}{n}\right) \right) |k\rangle$$

此变换可以通过一系列量子门来实现，例如 H 门和 CNOT 门等。对于经典的离散傅里叶变换，我们有一个长度为 N 的复数向量，对其进行变换的运算时间复杂度为 $O(N \log N)$，这是由于 DFT 需要对每个复数向量进行 N 步操作。然而，对于量子傅里叶变换，我们可以利用量子系统的并行性质。在量子系统中，由于一个量子态可以在所有的计算基态上进行并行操作，因此，对于一个长度为 N 的量子态，只需要 $\log N$ 步操作即可对每个量子位施加一次旋转门，这使得 QFT 的时间复杂度为 $O(\log N \cdot \log N) = O(\log^2 N)$。更直观地理解，经典计算机在执行傅里叶变换时，需要逐一处理输入的每个元素，而在量子计算机上，由于量子态的叠加性质，我们可以同时对所有的输入状态进行操作，从而大大提高了运算效率。

接下来，让我们看一个 QFT 的程序案例，代码如下：

```
from qiskit import QuantumCircuit, Aer, transpile, assemble
from qiskit.visualization import plot_histogram
from qiskit.providers.aer import AerSimulator
import matplotlib.pyplot as plt
import numpy as np
def qft_rotations(circuit, n):
    """在给定数量的量子比特上执行QFT的旋转部分"""
    if n == 0:
        return circuit
    n -= 1
    circuit.h(n)
    for qubit in range(n):
        circuit.cp((2 * np.pi) / (2 ** (n - qubit)), qubit, n)
    qft_rotations(circuit, n)
```

```python
def swap_registers(circuit, n):
    """交换寄存器"""
    for qubit in range(n//2):
        circuit.swap(qubit, n - qubit - 1)
    return circuit

def qft(circuit, n):
    """量子傅里叶变换"""
    qft_rotations(circuit, n)
    swap_registers(circuit, n)
    return circuit

# 创建3个量子比特的量子电路
n = 3
qc = QuantumCircuit(n)

# 创建你想要的输入态(例如,将所有量子比特置于|1)态)
qc.x(range(n))
# 应用QFT
qft(qc, n)
# 测量所有量子寄存器内的数值并输出量子电路图
qc.measure_all()
qc.draw()

# 使用Qiskit的Aer模拟器
simulator = Aer.get_backend('aer_simulator')

# 转译电路
compiled_circuit = transpile(qc, simulator)

# 运行电路并获取结果
result = simulator.run(compiled_circuit).result()

# 获取并可视化结果
counts = result.get_counts()
plot_histogram(counts)
plt.show()
```

首先在给定数量的量子比特上执行 QFT 的旋转部分,然后交换寄存器。执

行 QFT 的旋转部分涉及对每个量子比特应用 H 门，并对其余的量子比特进行
受控旋转。交换寄存器的步骤涉及将量子比特的顺序反转，这是因为 QFT 产
生的输出顺序是反的。最后，代码将测量所有的量子比特，并用直方图可视化
结果。该程序的执行电路图如图 5-31 所示，在该程序中，QFT 应用于一组输
入量子比特，结果是输入量子比特的傅里叶变换。QFT 将每个输入量子态转换
为一组复数概率幅度，每个幅度对应于可能的输出量子态。这就是为什么你看
到的结果是一组可能的量子比特组合的概率分布。

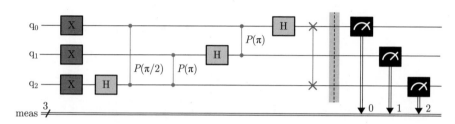

图 5-31 QFT 量子电路

下面用数学公式来尝试验证我们想要的结果，由于程序中 3 个量子比特所
有可能的组合为 8 种，因此程序中 $N = 8$。其中，$e^{\frac{2\pi i j k}{N}}$ 是复数，i 是虚数单
位，j 和 k 都是整数（j 是输入态索引，k 是输出态索引），分别代表输入和输
出量子比特的值。在对 k 的所有可能值进行求和后，就能得到我们想要的概率
总分布结果。在例子中，由 $j = 0$（输入态是 $|000\rangle$），可得所有的 $e^{\frac{2\pi i j k}{N}}$ 都是
1。因此，预期的输出态应该如下：

$$\text{QFT}(x_k) = \frac{1}{\sqrt{n}} \sum_{k=0}^{n-1} \left(\sum_{j=0}^{n-1} x_j \cdot \exp\left(\frac{2\pi i j k}{n}\right) \right) |k\rangle$$

代入公式可得：

$$\frac{1}{\sqrt{8}} \sum_{0}^{7} |k\rangle = \frac{|000\rangle + |001\rangle + |010\rangle + |011\rangle + |100\rangle + |101\rangle + |110\rangle + |111\rangle}{\sqrt{8}}$$

按照我们之前所理解的，每个量子态的概率就是所有可能的量子态的系数
平方和。也就是说，每个量子态出现的概率相等，以八分之一（12.5%）的概率
均匀分配。QFT 程序执行结果如图 5-32 所示，在误差范围内，概率分布大概
等同于我们的计算结果，因此可以说我们的理论结果与实践结果是一致的。

在使用 plt.show() 函数时，需要注意一点。在许多环境中，plt.show() 函

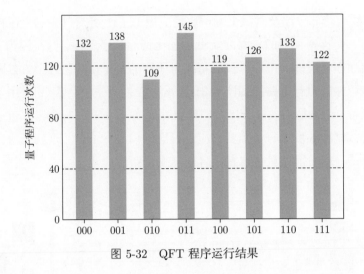

图 5-32　QFT 程序运行结果

数会强制 Matplotlib 绘制并显示所有待处理的图形，阻塞代码执行，直到所有的图形窗口都被关闭。这意味着如果你的代码中有一个 plt.show() 函数调用，则 Python 会暂停运行，等待所有的图形窗口关闭后再恢复运行。在某些环境（特别是 Jupyter Notebook 或其他的交互式 Python 环境）中，图形可能会在没有调用 plt.show() 函数的情况下自动显示。在这种情况下，你会发现，代码中包含 plt.show() 函数实际上没有任何效果，甚至可能会阻碍图形的显示。如果你在 Jupyter Notebook 或类似的交互式环境中运行代码，并且删除 plt.show() 函数后你的图形也能正常显示，那么很可能就是因为这个环境已经被配置为自动显示图形了。如果你的环境已经被配置为自动显示图形，那么你就不需要 plt.show() 函数。

傅里叶变换是一个非常有用的工具，当我们能够操作量子傅里叶变换时，就已经可以自发地去拓展并解决很多类型的问题了。

5.3.2　量子相位估计

量子相位估计是一种非常重要的算法，它是许多其他重要量子算法的基础。它的目标是评估一个酉算符（Unitary Operator）的特定基态对应的特征值的相位。"酉算符"在物理学和数学中是一个重要的概念，尤其在量子力学中。酉算符是在复数域上定义的一个线性变换，其性质是自身与自身的共轭转置相乘等于单位矩阵，也就是说酉算符是保持内积不变的算符。换句话说，每个量子门都是一个酉算符，每个量子操作都满足经过两遍相同的量子门后恢复执行第一次操作之前的初始量子态的特性。

$$UU^\dagger = U^\dagger U = I$$

在介绍量子相位估计之前，我们需要先了解特征态和特征值的概念。在量子计算和量子力学中，特征态和特征值的概念与在线性代数中的概念相同。给定一个线性算符 A，如果存在一个非零的向量 $|\psi\rangle$，使得当 A 作用在 $|\psi\rangle$ 上时，结果仍然是 $|\psi\rangle$ 本身或其倍数，即

$$A|\psi\rangle = \lambda|\psi\rangle$$

那么，我们称 $|\psi\rangle$ 是算符 A 的一个特征向量，而 λ 是对应的特征值。在量子力学中，我们通常把特征向量称为特征态，量子态的演化和测量结果的预测常通过作用于这些态的算符来描述。特定的算符对应于特定的物理量测量，其特征态（量子态）与可能的测量结果相对应，而这些特征态的特征值则被直接关联到测量结果的具体值。算符的特征态对应可能的测量结果，而特征值则对应如果系统处于特定的特征态，那么进行测量时我们会得到的结果。比如，Z门（Pauli-Z 算符）。它的矩阵形式为

$$\sigma_z = |0\rangle\langle 0| - |1\rangle\langle 1| = \begin{pmatrix} 1 & 0 \\ 0 & -1 \end{pmatrix}$$

由于 $Z|0\rangle = |0\rangle$，$Z|1\rangle = -|1\rangle$，所以这个算符的特征态是 $|0\rangle$ 和 $|1\rangle$，对应的特征值分别是 1 和 -1。这意味着，如果一个量子系统处于 $|0\rangle$ 态，那么对其进行 Z 门操作，我们将得到结果 1；而如果系统处于 $|1\rangle$ 态，那么测量的结果是 -1。注意，这里说的测量不是量子态测量结果，而是特征值。

下面详细介绍量子相位估计的具体步骤。

1）准备阶段

两个寄存器：第一个寄存器包含 t 个量子比特，初始状态为 $|0\rangle$；第二个寄存器包含 n 个量子比特。该寄存器的状态是我们想要估计相位的状态，记作 $|u\rangle$。因此，初始状态可以表示为

$$|\psi^0\rangle = |0\rangle^t \otimes |u\rangle = |00\cdots 0\rangle|u\rangle$$

2）H 门操作

在第一个寄存器每个量子比特上施加 H 门，使每个 $|0\rangle$ 状态都变为 $\frac{1}{\sqrt{2}}(|0\rangle +$

$|1\rangle$)态。这会产生以下的总体态：

$$|\psi^1\rangle = \frac{1}{\sqrt{2}^t} \sum |j\rangle \otimes |u\rangle$$

在这里，j 表示从 0 到 $2^t - 1$ 的所有可能的 t 比特字符串。

3）**控制-U 门操作**

施加控制-U 门操作，这里的"-U"是对于一个经过 H 门操作的控制量子比特，其处于 $|0\rangle$ 和 $|1\rangle$ 态的概率都是 50%。这就意味着，对于目标比特，控制-U 门既有可能产生 U 对应的相位，也有可能不产生任何相位（即-U）。也就是当一个控制比特在 $|1\rangle$ 态时，就在另一个量子比特上执行 U 门；当控制比特在 $|0\rangle$ 态时，不进行任何操作。这就会导致控制-U 门在控制比特处于不同状态时，针对目标比特产生的相位是不同的。实际上，这两种情况会同时发生，并以复数的形式表现在量子系统的最终态上。由于对于某个 $|\psi\rangle = |u\rangle$，$U|u\rangle = e^{2\pi i\phi}|u\rangle$，因此，我们对第一个寄存器的每个量子比特应用相应的控制-U^j 操作，最终的量子态为

$$|\psi^2\rangle = \left(\frac{1}{\sqrt{2}^t}\right) \sum |j\rangle \otimes U^j |u\rangle$$

$$= \left(\frac{1}{\sqrt{2}^t}\right) \sum |j\rangle \otimes e^{2\pi ij\phi} |u\rangle$$

4）**逆量子傅里叶变换**

在第一个寄存器上应用逆量子傅里叶变换，得到：

$$|\psi^3\rangle = \left(\frac{1}{2^t}\right) \sum |k\rangle \otimes e^{2\pi ik\phi} |u\rangle$$

如果现在测量第一个寄存器，则得到的结果 k 将是 ϕ 的一个更好的估计，也就是说 $k \approx 2^t\phi$。然后我们再用常规的计算方法来估计 $\phi \approx \frac{k}{2^t}$。

需要注意，这种算法只能在状态 $|u\rangle$ 是酉算符 U 的特征态时工作，并且我们想要知道对应的特征值的相位 ϕ。对于一般的 $|\psi\rangle$，我们通常需要一种方法来创建包含 $|u\rangle$ 的叠加态。

接下来，我们仍然使用量子程序来重现 QPE 算法。考虑如下的案例，假设我们想要估计酉算符 U 的特征值的相位，其中 U 是一个 Z 门，并且知道 Z 门的一个特征态是 $|1\rangle$。在此基础上，程序如下：

```python
from qiskit import QuantumCircuit, transpile, Aer, execute
from qiskit.visualization import plot_bloch_multivector, plot_histogram
import numpy as np


# 1. 创建一个量子电路，用3个量子比特进行相位估计，加上一个额外的量子比特
存储|ψ⟩
t = 3
qc = QuantumCircuit(t + 1, t)


# 2. 将量子比特t设置为状态|ψ⟩
qc.x(t)


# 3. 在量子比特t上应用H门
for qubit in range(t):
    qc.h(qubit)


# 4. 对每个H门后的量子比特，应用适当的控制-U门
repetitions = 1
for counting_qubit in range(t):
    for _ in range(repetitions):
        qc.cp(np.pi, counting_qubit, t) # controlled-U
    repetitions *= 2


# 5. 应用逆量子傅里叶变换
# 在这里，由于 t=3，因此我们需要调整swap和controlled-phase门的位置
# 注意：这种方法只适用于比特数量为2的幂次时，如2，4，8，16等
for i in range(t//2):
    qc.swap(i, t-i-1)
for j in range(t):
    for m in range(j):
        qc.cp(-np.pi/2**(j-m), m, j)
    qc.h(j)


# 6. 最后，进行测量
qc.measure(range(t), range(t))
qc.draw()


# 测量的另一种实现方法，执行程序时，只选择其中之一执行
```

```
qc.measure([0,1,2], [0,1,2])
qc.draw()

# 7. 使用模拟器执行量子电路
backend = Aer.get_backend('qasm_simulator')
shots = 4096
results = execute(qc, backend=backend, shots=shots).result()
answer = results.get_counts()

# 8. 打印结果并绘图
print(answer)
plot_histogram(answer)
```

下面按步骤对程序进行分析。

1）量子电路和量子比特的初始化：先创建一个包含 4 个量子比特和 3 个经典比特的量子电路。前三个量子比特用于存储相位估计的结果，第四个量子比特用于存储我们想要估计相位的量子态。

2）准备量子态：qc.x(t) 将第四个量子比特（从 0 开始计数，t=3 对应第四个量子比特）的状态从 $|0\rangle$ 变为 $|1\rangle$。在这个例子中，假设我们要对 Z 门的一个特征态 $|1\rangle$ 进行相位估计，也就是说在这一步设定被估计的量子态初始值。

3）应用 H 门：在前三个量子比特上应用 H 门，这会将每个量子比特从基态转变为两个基态的叠加态。

4）应用控制-U 门：对每个经过 H 门操作的量子比特进行适当次数的控制-U 门操作。在这个例子中，U 是 Z 门，它的一个特征态是 $|1\rangle$，对应的特征值的相位是 π。因此，我们用 "qc.cp(np.pi, counting_qubit, t)" 实现控制-U 门，这里的 np.pi 就是 π。在 Qiskit 中，qc.cp(theta, control_qubit, target_qubit) 表示一个控制相位门，也被称为控制-RZ 门。这个门的效果是，如果控制比特（control_qubit）处于 $|1\rangle$ 状态，那么在目标比特（target_qubit）上施加一个相位旋转，旋转角度为 θ。如果控制比特处于 $|0\rangle$ 态，那么目标比特的状态不会改变。

5）应用逆量子傅里叶变换：这一步对第一步中准备的量子态进行操作，产生一个新的量子态，该量子态的测量结果可以用来估计相位。这个变换在 Qiskit 中使用一系列的 H 门、Swap 门和控制相位门实现。具体细节已经在上一节中介绍。

6）测量：测量前三个量子比特，并将结果存储到经典寄存器中。

7）执行量子电路：使用 Qiskit 的模拟器来模拟这个量子电路的执行。

8）打印结果：打印量子电路的测量结果。输出结果是一个二进制字符串，值是得到这个测量结果的次数。最后，我们对其进行可视化，以图片的形式输出并观察直观的分布。

整个程序的量子电路图如图 5-33 所示。在这个例子中，我们知道 Z 门的特征态 $|1\rangle$ 对应的特征值的相位是 π，因此，我们期望得到的相位估计结果是 π。在量子相位估计中，我们的目标是找到一个数 ϕ，使得 $U|\psi\rangle = e^{2\pi i\phi}|\psi\rangle$。$\phi$ 是介于 0 和 1 之间的一个实数，并希望以二进制数的形式估计这个值。因为我们只有有限的 t 个比特，只能精确地表示形式为 $\frac{j}{2^t}$ 的数（这里的 j 是一个整数），这就是我们试图去做的事情。在这个例子中，U 是 Z 门，我们知道 $|1\rangle$ 是 Z 门的一个特征态，对应的特征值是 -1，因此，我们有 $U|1\rangle = e^{2\pi i\phi}|1\rangle = -1|1\rangle$。这意味着 $e^{2\pi i\phi} = -1$，使用欧拉公式将其展开后可得 $\phi = \frac{1}{2}$。然后，我们希望找到一个最接近 $\frac{1}{2}$ 的形式为 $\frac{j}{2^t}$ 的数，且 $t = 3$，可以发现 $\frac{4}{8}$（$\frac{1}{2}$）是一个精确的表示。因此，我们期望测量结果中 $j = $ '100' 的次数最多。需要注意一点，这里得到的 ϕ 是一个 2 的负数次幂，对应到二进制中，2 的负数次幂就是小数点向左移动多少位的问题。二进制数的小数部分表示相位 ϕ。比如说，如果我们得到的二进制数是 0.101，那么它对应的十进制数就是 $0.5 + 0.0 + 0.125 = 0.625$，这就是估计得到的相位。务必确定这个相位的数值介于 0 和 1 之间，如果获得了一个大于 1 的数值，则证明计算有误。

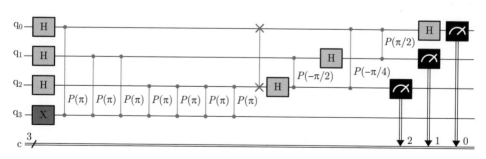

图 5-33 QPE 量子电路

如图 5-34 所示，这是 3 量子比特的模拟量子电路的执行结果。可以看到，我们期望的数值 100 的占比是 100%。这也就验证了我们的理论结果，因为二进制数的 100 等于十进制数的 4,而模拟量子计算机是基于数学理论制造的,也就是说计算结果永远偏向于理论数值,如果使用真实量子计算机则会因为物理环境的限制出现其他结果。总的来说,该算法的逻辑会导致随着 t 值的增加,精确度大幅提升的同时,开销也会呈指数级上升。在编辑程序的时候,即使量子模拟器最大的理论量子数量能达到 5000,实际上 t 值大于 30 以后就已经是"拉满"资源的情况了,因为指数级的量子电路交互会带来巨大的电路开销。

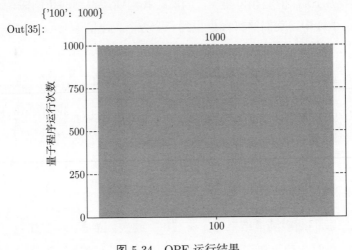

图 5-34   QPE 运行结果

能够出现 100% 的模拟结果的原因是,在上述运算中我们设定的数值正好有一个能够完美复合的临界值,在我们将酉算符的旋转角度 π 改成 $\dfrac{\pi}{6}$ 后,则有图 5-35 所示的结果。在这个例子中,ϕ 的值随特征值发生变化而变化。此次酉算符的特征值有两个:

$$\lambda_1 = \exp\left(-\frac{i\pi}{6}\right) = \cos\left(\frac{\pi}{6}\right) - i\sin\left(\frac{\pi}{6}\right) = \frac{\sqrt{3}}{2} - \frac{i}{2},$$

$$\lambda_2 = \exp\left(\frac{i\pi}{6}\right) = \cos\left(\frac{\pi}{6}\right) + i\sin\left(\frac{\pi}{6}\right) = \frac{\sqrt{3}}{2} + \frac{i}{2}.$$

根据欧拉公式展开,有

$$e^{ix} = \cos x + i\sin x$$

即

$$e^{2\pi i\phi} = \cos(2\pi i\phi) + i\sin(2\pi i\phi)$$

$$2\pi i\phi = \frac{\pi}{6}$$

$$\phi = \frac{1}{12} \approx 0.083$$

在得到 ϕ 的值后，有 $\frac{j}{2^t} = \frac{j}{2^3} = \frac{j}{8}$，这个数值明显介于 $\frac{1}{8}$ 和 0 之间，然后计算它们之间的绝对差值，有 $|\Delta_0^{\phi}| = 0.083$，$|\Delta_{\frac{1}{8}}^{\phi}| = 0.041$，也就是最小的数值 001 是我们的最大期望值。如图 5-35 所示，实际上 001 也是最大期望值，符合理论预期。随着 t 值的增加，精度会不断提高，实际上即便在 $t = 10$ 的情况下，最高概率的结果与理论数值之间差距为 1 左右的情况也经常发生，这是由量子计算机的各种噪声与不确定性及模拟计算机的设计缺陷决定的。在量子计算领域只要理论数值与实验数值差距不过于离谱，都是可以接受的。

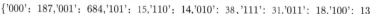

{'000': 187,'001': 684,'101': 15,'110': 14,'010': 38,'111': 31,'011': 18,'100': 13

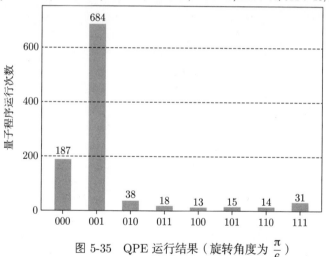

图 5-35　QPE 运行结果（旋转角度为 $\frac{\pi}{6}$）

现在附加一个逆思路的程序，即给出 ϕ 值后，根据 ϕ 值的变化输出最高可能性的解。为了区分逆序，用 θ 代替 ϕ。程序代码如下：

```
from qiskit import QuantumRegister, ClassicalRegister, QuantumCircuit,
    execute, Aer
from qiskit.circuit.library import QFT
from qiskit.visualization import plot_bloch_multivector, plot_histogram
```

```python
import numpy as np

def qpe(t, theta=0.5): #修改theta就是修改Phi的值
    qr_aux = QuantumRegister(t, 'aux')
    qr_eigen = QuantumRegister(1, 'eigen')
    cr = ClassicalRegister(t, 'aux_read')

    qc = QuantumCircuit(qr_aux, qr_eigen, cr)

    # Prepare eigenstate
    qc.x(qr_eigen)
    qc.barrier()

    # QPE - step 1: 量子叠加
    qc.h(qr_aux)
    qc.barrier()

    # QPE - step 2: 量子纠缠
    for idx in np.arange(t):
        for digit in np.arange(2**idx):
            qc.cp(theta*2*np.pi, qr_aux[idx], qr_eigen)
    qc.barrier()

    # QPE - step 3: 逆 QFT
    qft_inv = QFT(t).inverse()
    qc.append(qft_inv, qr_aux[:])
    qc.barrier()

    # QPE - step 4: 测量
    qc.measure(qr_aux, cr)

    return qc

# 以t=3为例
t = 3
qc = qpe(t)
#qc.draw()
```

```
# 使用模拟器执行量子电路
backend = Aer.get_backend('qasm_simulator')
shots = 1000
results = execute(qc, backend=backend, shots=shots).result()
answer = results.get_counts()

# 打印结果并绘图
print(answer)
plot_histogram(answer)
```

该程序与之前的 QPE 程序相似，在 t 和 ϕ 相同的前提下，可以输出完全相同的解。但是，这个程序的精度更高，在同等精度下，结果更加接近理论数值。在 $t = 10$ 时，j 的最佳数值是 85，而该程序展现的精度远远高于之前的正序程序，这得益于更精确的 QPE 与 QFT 的函数定义。这里就不展示结果了，读者可以自己尝试对这些程序进行编辑和练习。

5.3.3 基于 QPE 的 π 推算程序

在了解了 QPE 与 QFT 之后，让我们来通过实战加深对这些算法的理解。相关程序的说明比较长，接下来我们分段进行介绍。

首先，对该程序必要的库进行提前声明，这里使用的库与之前的大致相同。

```
from qiskit import QuantumRegister, ClassicalRegister, QuantumCircuit
from qiskit.circuit.library import QFT
from qiskit.providers.fake_provider import FakeGeneva
from qiskit_aer.noise import NoiseModel
from qiskit_ibm_runtime import QiskitRuntimeService, Session, Sampler,
    Options
from qiskit.circuit import Parameter
import numpy as np
```

这段代码主要是导入执行量子计算和模拟量子计算的必要模块与工具。

1）from qiskit import QuantumRegister, ClassicalRegister, QuantumCircuit：

① QuantumRegister：用于创建和管理量子比特寄存器。

② ClassicalRegister：用于创建和管理经典比特寄存器，它们可用于存储量子电路的测量结果。

③ QuantumCircuit：用于创建、修改和管理量子电路。

2）from qiskit.circuit.library import QFT：从 Qiskit 的内置电路库中导入量子傅里叶变换。

3）from qiskit.providers.fake_provider import FakeGeneva：Qiskit 提供了一系列伪后端来模拟真实的 IBM 量子硬件。FakeGeneva 是其中的一个，它模拟了一个名为 Geneva 的 27 量子比特的设备。

4）from qiskit_aer.noise import NoiseModel：从 Qiskit Aer 模块中导入噪声模型。噪声模型允许用户模拟真实量子硬件上的各种噪声源。

5）from qiskit_ibm_runtime import QiskitRuntimeService, Session, Sampler, Options：

① 这些都是 Qiskit 运行时服务模块的组成部分。

② QiskitRuntimeService：允许用户与 IBM Quantum Experience 云服务交互。

③ Session：是一个上下文管理器，用于设置执行量子电路的特定参数。

④ Sampler：用于执行量子电路并获取结果。

⑤ Options：用于设置执行量子电路的特定选项，如模拟器设置和错误恢复级别等。

6）from qiskit.circuit import Parameter：从 Qiskit 的电路模块中导入 Parameter。这允许用户创建带有参数的量子电路，这些参数可以在执行电路之前或之后被分配具体的值。

7）import numpy as np：导入 NumPy 库，并使用常用的别名"np"来引用它。NumPy 是 Python 的一个核心科学计算库，提供了强大的数值计算功能。

```
# 设置后端和噪声模型
fake_backend = FakeGeneva() # 27量子比特模拟设备
noise_model = NoiseModel.from_backend(fake_backend)
backend = "ibmq_qasm_simulator"
```

这段代码为后续的量子算法和模拟创建了一个基础环境。我们仍然使用模拟量子计算机进行计算（主要是速度原因），并定义了两个重要的函数，函数应用了 QPE 与 QFT。

```
def create_qpe_circuit(theta, num_qubits):
'''QPE 核心程序'''
first = QuantumRegister(size=num_qubits, name='first')
second = QuantumRegister(size=1, name='second')
classical = ClassicalRegister(size=num_qubits, name='readout')
qpe_circuit = QuantumCircuit(first, second, classical)
qpe_circuit.x(second)
qpe_circuit.barrier()
qpe_circuit.h(first)
qpe_circuit.barrier()
for j in range(num_qubits):
qpe_circuit.cp(theta*2*np.pi*(2**j), j, num_qubits)
qpe_circuit.barrier()
qpe_circuit.compose(QFT(num_qubits, inverse=True), inplace=True)
qpe_circuit.barrier()
qpe_circuit.measure(first, classical)
return qpe_circuit
```

这个函数创建了一个用于 QPE 的电路。函数定义 def create_qpe_circuit (theta, num_qubits)：接收 theta（相位值）和 num_qubits（量子比特数量）两个参数。

创建寄存器：

first = QuantumRegister(size=num_qubits, name='first')：创建一个量子寄存器，包含 num_qubits 个量子比特。

second = QuantumRegister(size=1, name='second')：创建一个只包含一个量子比特的量子寄存器。

classical = ClassicalRegister（size=num_qubits, name='readout'）：创建一个经典寄存器，用于测量结果。

qpe_circuit= QuantumCircuit（first, second, classical）：创建一个新的量子电路，其中包含之前创建的量子寄存器和经典寄存器。

qpe_circuit.x(second)：在第二个量子寄存器上应用 NOT 门。

qpe_circuit.barrier()：添加一个障碍，这对电路的执行没有实际效果，但有助于在可视化中区分不同的电路部分。

qpe_circuit.h（first）：在第一个量子寄存器的所有量子比特上应用 H 门，生成量子叠加。

循环控制相位门：

for j in range（num_qubits）：针对第一个寄存器中的每一个量子比特。

qpe_circuit.cp（theta*2*np.pi*(2**j)，j，num_qubits）：应用一个控制相位门，其相位为 theta*2*np.pi*(2**j)。由于在 QPE 中我们不止一次地应用 U 门，因此实际上 U 门的控制次数为 U^{2^j}，这就是这个数值的由来。

qpe_circuit.compose（QFT(num_qubits, inverse=True), inplace=True）：在第一个量子寄存器上应用逆量子傅里叶变换。到此 QPE 结束，准备测量。

qpe_circuit.measure（first, classical）：测量第一个量子寄存器并将结果存储在经典寄存器中。

return qpe_circuit：返回创建的 QPE 电路。

```
def binary_to_decimal(binary_str):
    """将二进制数转换为十进制数的函数"""
    return int(binary_str, 2)/2**len(binary_str)
```

这个函数将二进制字符串转换为十进制小数表示。

def binary_to_decimal(binary_str)：函数定义，接收 binary_str 参数，这是要转换的二进制字符串。

return int(binary_str, 2)/2**len(binary_str)：

int(binary_str, 2)：将二进制字符串转换为整数。

/2**len(binary_str)：由于假设二进制数是一个小数（即小数点在最前面），因此通过该字符串的长度除以 2 的幂来获得它的小数表示。

定义完需要的函数之后，只需要定义第一个量子寄存器中需要存储的数量即可。

```
num_qubits = 10
    # 这里的数值可以是任意值，该值等同于多少个辅助量子比特
    # 当数值大于10 时，速度会特别慢（电路构造难度呈指数级上升）
theta = Parameter('theta')
qpe_circuit_parameterized = create_qpe_circuit(theta, num_qubits)
phases = [np.pi/4]
individual_phases = [[ph] for ph in phases]
service = QiskitRuntimeService()
options = Options(
    simulator={"noise_model": noise_model},
```

```
    resilience_level=1
)
with Session(service=service, backend=backend):
    job_id = Sampler(options=options).run(
        [qpe_circuit_parameterized]*len(individual_phases),
        parameter_values=individual_phases
    )
    results = job_id.result()
binary_result = max(results.quasi_dists[0].binary_probabilities ( ) ,
key=results.quasi_dists[0].binary_probabilities().get)
pi_estimate = binary_to_decimal(binary_result) * 2 * np.pi
print(f"Estimated value of Pi: {pi_estimate}")
```

num_qubits = 10：设置量子位的数量为 10，这将直接决定 QPE 的精度，数值越大精度越高，耗费时间越长。

theta = Parameter('theta')：定义一个参数，它是一个可以在后续操作中被赋值的占位符。这使我们可以为同一个电路赋予多个不同的值。

qpe_circuit_parameterized = create_qpe_circuit(theta, num_qubits)：使用先前定义的函数 "create_qpe_circuit" 创建一个 QPE 电路，该电路是关于参数 "theta" 的函数。

phases = [np.pi/4]：定义一个相位列表，其中只有一个值 np.pi/4，这是要用于 "theta" 的值，即本次模拟中使用 $\frac{\pi}{4}$ 作为算符的实际效果值。

individual_phases = [[ph] for ph in phases]：这行代码的目的是对相位值的列表进行格式转换，使其适配后续代码的需求。具体操作是将每个相位值封装到一个单独的子列表中，从而将原始列表转换成一个嵌套列表。这样的格式调整确保了后续代码可以正确地处理每个独立的相位值。

service = QiskitRuntimeService()：初始化 Qiskit Runtime Service，它允许我们使用 Qiskit 的运行时框架执行量子程序。

options = ...：这定义了运行量子程序时要使用的选项。这里选择了一个带有先前定义噪声模型的模拟器，并设置了韧性级别。

with Session(service=service, backend=backend)：表示启动一个会话，用于在给定的后端上与 Qiskit 运行时服务交互。

job_id = Sampler...：在给定的后端提交一个量子程序并执行。在这里，我们重复执行参数化的 QPE 电路，并为其赋予定义的相位值。我们从这个执行中获得一个工作 id,稍后可以用于检索结果。

results = job_id.result():用工作 id 检索量子程序的结果。

binary_result = max(...):从结果中找到最有可能的二进制输出(这是 QPE 的输出),其代表估计的相位值。

pi_estimate = binary_to_decimal(binary_result)* 2 * np.pi:使用先前定义的函数将二进制的结果转换为十进制,并使用该值来估算 π。

print(f'Estimated value of Pi: {pi_estimate}'):打印出估算的 π 值,但是打印出来的值的精度略差,原因会在接下来的数学分析中揭晓。

在这个程序中,$e^{i\theta}$ 是特征值,我们需要让 $\theta = \dfrac{\varphi}{2\pi} = \dfrac{1}{8}$ 才能保证 $\varphi = \theta \cdot 2\pi \Rightarrow \pi = \dfrac{\varphi}{2\theta}$, $\varphi = \theta \cdot 2\pi = \dfrac{\pi}{4}$,如此需要调用 QPE 才有 $\pi_{估计} = 2\pi\theta'$。需要注意的是,基于 QPE 算法推算出的数列只能是 $0 \sim 1$ 的小数,但是 π 是一个大于 1 的数,因此需要对预测到的二进制字符串进行一定的处理,即将最终的预测结果乘以 4,也就是在二进制数列的前提下将小数点向右移动两位,这样就能得到一个最终预测到的数值 π。所以,我们不能直接打印这个预测值,需要将其小数点右移两位并把小数点左边的数作为十进制的整数部分,然后对这些数进行求和得到 π 的近似值。因此,需要对以下函数进行定义:

```python
def binary_with_integer_to_decimal(binary_str):
    """转换函数"""
    # 将字符串分为整数部分和小数部分
    integer_part = binary_str[:2]
    fractional_part = binary_str[2:]

    # 整数部分
    decimal_integer = int(integer_part, 2)

    # 小数部分
    decimal_fraction = sum([int(bit) / (2 ** (index + 1)) for index,
    bit in enumerate(fractional_part)])

return decimal_integer + decimal_fraction

decimal_value = binary_with_integer_to_decimal(binary_result)
print(f"Binary {binary_result} corresponds to the decimal value:
```

```
{decimal_value}")
```

如图 5-36 所示，可以看到最终输出的预测值是 3.140625（十进制数）和 11.00100100（二进制数）。这和我们所知道的 π 值非常接近（3.1415926），也就证明了理论的正确性。随着量子比特数量的增加，预测的精确度也会随之提高，因此该数列没有完全"复刻" π 也是正常的，本来我们使用的方法就是求解近似值的。

```
decimal_fraction = sum([int(bit) / (2 ** (index + 1)) for index, bit in enumerate(fractional_part)])

    return decimal_integer + decimal_fraction

decimal_value = binary_with_integer_to_decimal(binary_result)

print(f"Binary {binary_result} corresponds to the decimal value: {decimal_value}")
Binary result: 1100100100
Estimated phase value: 4.933282213840222
Binary 1100100100 corresponds to the decimal value: 3.140625
```

图 5-36 基于 QPE 的 π 推算结果

如图 5-37 所示，我们可以把上述程序可视化，但是意义不大，主要原因是结果的分布种类非常多，而我们只在乎其中概率最高的结果。通过图 5-37 甚至无法肉眼读取各种分布情况，因此在代码中省略了直方图的可视化代码。

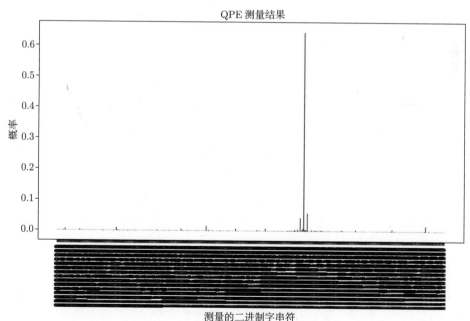

图 5-37 基于 QPE 的 π 推算结果分布图

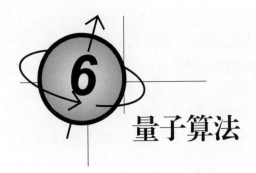

6 量子算法

本章是本书关键的一章，将专注于量子算法这一核心主题。下面进一步讲述如何通过量子算法来解决具体的问题。

本章将介绍 Grover 算法、量子纠错算法、Shor 算法和量子随机游走算法，以及基于这些量子算法衍生或拓展出的一些应用或实战。这些算法都是经典且广为传颂的量子算法。每节不仅会深入介绍算法的理论基础，还会通过编程实践让读者更直观地理解这些算法的工作原理和应用场景。

本章的代码仍然基于进阶版编程技术，而非 IBM Quantum Composer。对 Python 不熟悉的读者，在尝试编程时可以选择忽略代码部分，只根据电路图在 IBM Quantum Composer 上进行一比一绘制。

6.1 Grover 算法

Grover 算法是一种用于非结构化数据搜索的量子算法。下面首先了解数据检索的基本概念及 Grover 算法优化的过程，然后通过两个编程实践（基于 Grover 算法的量子秘密推测和量子优化），展示其应用的多样性和效率。

6.1.1 数据检索与 Grover 算法

Grover 算法是对检索类问题提供二次加速（非指数加速）的一种著名算法，即便只是提供二次加速，其在安全领域也有着非常大的意义。安全性可以用时间复杂度表示，对于一个需要计算时间为 2^{128} 的解密过程，提供二次加速就意味着只需要 2^{127} 的时间复杂度。换句话说，节省了一半的时间，指数越大，该算法越有价值。Grover 算法对时间复杂度为 $O(N)$ 的问题而言，只需要 $O(\sqrt{N})$ 的复杂度即可。Grover 算法的精确定义如下。

给定一个黑盒函数 $f: \{0,1\}^n \rightarrow \{0,1\}$，有一个特定的字符串 ω 使得

$f(\omega) = 1$，且其他所有 $x(x \neq \omega)$ 的 $f(x) = 0$。在经典计算机上，要找到这样的比特序列，最坏的情况是需要尝试所有的 2^n 种可能的输入，但是使用 Grover 算法最多只需要尝试 2^{n-1} 种可能的输入。

Grover 算法的过程简单来说可以分成三步：第一步是准备初始态，将量子态制备为叠加态，使用 H 门即可完成操作。第二步是迭代步骤，构造一个 G 函数并进行反复迭代。该迭代会令目标状态的振幅放大，该振幅将不断接近于 1，在接近于 1 时对量子态进行测量就可以以极高的概率获得我们想要的解。第三步是测量步骤，即在迭代 G 函数足够多后直接测量，测量只进行一次。

量子态的初始化过程如下：

$$|\psi\rangle = \frac{1}{\sqrt{2^n}} \sum_{x=0}^{2^n-1} |x\rangle = |s\rangle$$

在有关 Grover 算法的文献中，用 $|s\rangle$ 表示均匀叠加态，这个记号来源于 "search" 的首字母。这个均匀叠加态经常被作为 Grover 算法的起始状态，因为它包含了所有可能的解。在这个公式中，n 是量子比特数，其中每个 $|x\rangle$ 都有相等的振幅。

G 函数的构造如下（该步骤需要迭代约 $\sqrt{2^n}$ 次）。

第一步：神谕（Oracle）操作。"神谕" 在量子算法中是一个抽象概念，它是一个特殊的黑盒（或称为子程序），可以实现某种特定的函数操作。在 Grover 算法中，神谕的作用是识别并标记满足某些条件的解。这一步的目标是将我们想要的解（即黑盒函数输出为 1 的那个输入）对应的量子态加上一个负号。通过这个变化，后续的步骤可以用来放大这个特定的解。假设 $|\omega\rangle$ 是我们想要找到的解对应的量子态，我们不知道这个量子态是什么，但我们有一个被称为神谕的黑盒函数，当把 $|\omega\rangle$ 作为输入给神谕时，神谕会输出 1，而对于其他任何输入，神谕都会输出 0。即

$$f(x) = \begin{cases} 1, & x = \omega \\ 0, & x \neq \omega \end{cases}$$

转换黑盒函数 f 的神谕函数对于任何操作都可以表示为

$$U_\omega |x\rangle = (-1)^{f(x)} |x\rangle = \begin{cases} -|x\rangle, & x = \omega \\ |x\rangle, & x \neq \omega \end{cases}$$

因此，当将神谕函数作用在均匀叠加态上时，则有

$$U_\omega \left| s \right\rangle = \frac{1}{\sqrt{2^n}} \left(- \left| \omega \right\rangle + \sum_{x \neq \omega} \left| x \right\rangle \right)$$

第二步：振幅放大，也被称为扩散（Diffusion，与密码学中的定义不同），即将均匀叠加态中距离较远的部分增强，并将靠近均匀叠加态的部分减弱，也被称为倒转平均步骤，该步骤实际上由两步组成，分别是关于基态的倒转和关于平均的倒转。

关于基态的倒转比较简单，针对基态 $\left| s \right\rangle = \frac{1}{\sqrt{2^n}} \sum_{x=0}^{2^n-1} \left| x \right\rangle$ 而言，数学上这个变化可以表示为

$$\left| x \right\rangle \rightarrow 2 \left| s \right\rangle - \left| x \right\rangle$$

关于平均的倒转是使得每一个振幅对于均匀叠加态的平均振幅进行反转，实现了对目标态振幅的增强。对于给定的态 $\left| \psi \right\rangle = \sum_x a_x \left| x \right\rangle$，其中 a_x 是 $\left| x \right\rangle$ 的振幅。数学上的变化可以表示为

$$\left| \bar{a} \right\rangle = 2\bar{a} - a_x, \quad \bar{a} = \frac{1}{2^n} \sum_x a_x$$

将这两个变化结合起来，得到的总变化算符用 $\boldsymbol{U}_s$ 表示，如下

$$\boldsymbol{U}_s = 2 \left| s \right\rangle \left\langle s \right| - \boldsymbol{I}$$

为了理解这个公式，我们需要了解投影算符和向量反射。在第 3 章已经介绍了投影，如果向量之间平行则投影为 1，如果向量之间垂直则投影为 0。投影算符可以用 $\left| s \right\rangle \left\langle s \right|$ 表示，如果两个向量之间存在夹角，则 $\left| s \right\rangle$ 的反射是 $\left| x \right\rangle$ 对于 $\left| s \right\rangle$ 的投影沿着 $\left| s \right\rangle$ 进行两倍的延伸，再从原向量 $\left| x \right\rangle$ 中减去这个延伸，即

$$\boldsymbol{R}_s \left| x \right\rangle = \left| x \right\rangle - 2 \left| s \right\rangle \left\langle s | x \right\rangle$$

其中，若 $\left| x \right\rangle$ 是任意状态，则我们希望构造一个通用的希尔伯特空间矩阵，则有

$$\boldsymbol{R}_s = \boldsymbol{I} - 2 \left| s \right\rangle \left\langle s \right|$$

在 Grover 算法中，当对均匀叠加态进行反射时，实际上是对初始态反射这个方法，即 $\boldsymbol{U}_s = -\boldsymbol{R}_s = 2 \left| s \right\rangle \left\langle s \right| - \boldsymbol{I}$。该步骤会迭代多次，但是并非次数越

多越好，在次数高于一定程度后，会错过最大振幅进而导致振幅减小，反而降低了正解的概率。

第三步，测量。测量被神谕标记出来的对应值，此时有极高的概率获得想要的值。

鉴于数学公式比较难理解，我们用直方图的形式进行操作。在生成 $|s\rangle$ 后，所有量子态的振幅均相等，因此如果反映到直方图中，则其 y 值比全部相等。我们使用神谕函数就是对目标的量子态进行标记，标记后在直方图中会显示特别的颜色，神谕函数会令其值反转为负数，如图 6-1 所示。图 6-1 的上图表示神谕函数的标记作用，下图表示反转效果。图 6-2 所示为扩散算符，由公式可知首先需要计算平均反转后的平均振幅，即 $\dfrac{1+1+1-1+1}{5}=0.6$，然后令平均值等于 G，用平均值 2 倍的平均振幅减去原振幅。对于非 ω 而言，为

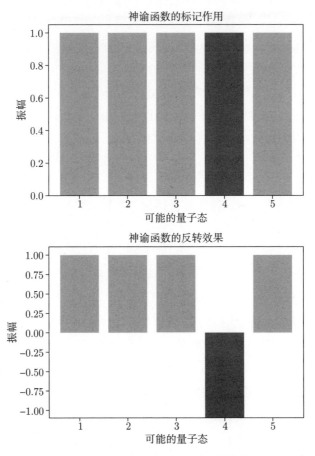

图 6-1 神谕函数的标记作用和反转效果

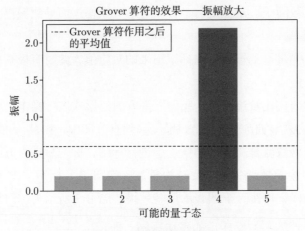

图 6-2   扩散算符的效果

$1.2 - 1 = 0.2$；对于目标 ω 而言，则为 $1.2 - (-1) = 2.2$。可以看到，在这一步中非目标的振幅减小，而目标的振幅被放大了。

在了解了 Grover 算法的原理后，接下来看如何在量子程序中实现这个效果。Grover 算法在量子程序中的构建方法如下。

1）初始化：将所有量子比特都设置为状态 $|0\rangle$。

2）Hadamard 变换：对每个量子比特应用 H 门，以创建均匀的叠加，这会产生一个均匀叠加的量子态。

$$|s\rangle = (H^{\otimes n} |0\rangle^{\otimes n})$$

3）Grover 迭代：每次迭代都包括两个关键步骤：基于神谕的"查询"和基于扩散的"振幅放大"。

① 查询操作：如果一个量子态对应于解，则会翻转这个量子态振幅的符号。这通常通过一个多受控 NOT 门实现，其中"控制"由问题的解的比特定义。

② 振幅放大操作：这个操作包括以下步骤。

a. 对每个量子比特应用 H 门。该操作将量子态从计算基底转换为 H 基底。在 H 基底中，我们可以更容易地实现关于平均的倒转。

b. 对每个量子比特应用 Pauli-X 门。这实际上是一个反转操作，将 $|0\rangle$ 映射到 $|1\rangle$，反之亦然。此操作有助于以后针对特定的状态（如 $|0\rangle^{\otimes n}$）应用多受控 Z 门。

c. 应用一个多受控 Z 门，所有量子比特都是其控制比特，最后一个量子比特是目标比特。仅在多个控制比特均为 $|1\rangle$ 时才会执行此门操作，其本质是在

$|0\rangle^{\otimes n}$ 中引入一个相位翻转。

  d. 再次对每个量子比特应用 Pauli-X 门，并撤销之前的 Pauli-X 门操作。

  e. 对每个量子比特再次应用 H 门，这会将所有的量子比特从 H 基返回计算基。由于在 H 基中执行了关于平均的倒转，因此一旦返回计算基，我们就会看到目标状态的振幅被放大，而非目标状态的振幅被减小。

  4）测量：在完成所需数量的 Grover 迭代后，测量所有的量子比特，最有可能的结果就是目标解。

  需要注意的是，神谕函数的实现取决于实际的问题和它的解。神谕需要被设计得能够识别解，并为这个特定的解翻转振幅的符号。Grover 迭代的次数与解的数量和未知数的总数量有关，适当次数的迭代会令振幅最大化，超过适当次数的迭代会使系统量子态的振幅达到峰值后开始下降，从而逐渐偏离最优解。

  在了解原理之后，让我们来构造一个简单的 Grover 算法的量子电路。为了方便理解，只构造一个拥有 2 个量子比特的电路。根据上面的要求，我们可以按照以下方式设计程序。

```python
from qiskit import Aer, QuantumCircuit, transpile, assemble, execute
from qiskit.visualization import plot_histogram

# 创建神谕函数
def oracle_11(qc):
    qc.cz(0, 1)


# 创建 Grover 放大操作
def inversion_about_average(qc):
    qc.h([0,1])
    qc.x([0,1])
    qc.cz(0,1)
    qc.x([0,1])
    qc.h([0,1])


# 设置量子电路
grover_circuit = QuantumCircuit(2, 2)

# 初始化：应用 H门
grover_circuit.h([0,1])
```

```
# 应用 Grover 选代
oracle_11(grover_circuit)
inversion_about_average(grover_circuit)

# 测量
grover_circuit.measure([0,1], [0,1])
grover_circuit.draw('mpl')

# 执行量子电路
backend = Aer.get_backend('qasm_simulator')
t_qc = transpile(grover_circuit, backend)
qobj = assemble(t_qc)
result = execute(grover_circuit, backend).result()
counts = result.get_counts()
plot_histogram(counts)
```

在上述代码中，首先针对 $|11\rangle$ 创建了神谕函数，神谕函数将标记 $\omega = |11\rangle$。然后使用 Grover 算符迭代 1 次，这里的 Grover 算符是基于 CZ 门进行的。CZ 门的原理与 CNOT 门的类似，当辅助比特的值为 1 时，对控制比特施加 Z 门操作。在 CZ 门的前后用 H 门和 X 门控制变量，进而只放大指定量子态的振幅。inversion_about_average() 函数对电路执行 Grover 的放大操作，实质上是关于基态的倒转。该函数与诸多 X-H 门共同构成 Grover 算符，Grover 算符与神谕算符又共同构成 Grover 算法。整个 Grover 电路图如图 6-3 所示，其中两个实心点连接的线段在电路中表示的就是 CZ 门。执行这个程序最终得到的可视化结果如图 6-4 所示，有 100% 的概率可以获得 $|11\rangle$。

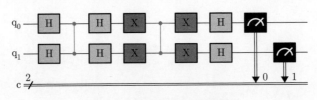

图 6-3　Grover 算法电路图

下面从数学上证明这个结果成立的原理。由于电路有 2 个量子比特，所以它们的均匀叠加态 $|s\rangle$ 的制备过程如下：

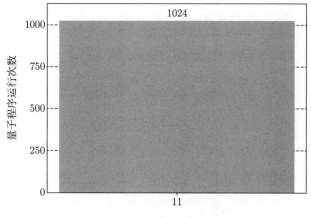

图 6-4 可视化结果

$$|s\rangle = H^{\otimes 2} |0\rangle^{\otimes 2} = H |0\rangle \, H |0\rangle$$
$$= \frac{1}{2}(|00\rangle + |01\rangle + |10\rangle + |11\rangle)$$

此时，如果对 $|s\rangle$ 进行测量，则获得每个态的概率都是 25%，因此初始化条件完成。接下来，使用神谕函数标记 $|11\rangle$，这能够实现我们想要的神谕函数的算符正好是 CZ 门，因为只有当第一个量子比特的值为 1 时，第二个量子比特的值也为 1 的叠加态的相位才会翻转。需要注意，当对量子态的概率进行测量时，需要对振幅进行平方运算，即公式中虽然表示为 $\frac{1}{2}$，但这并不是振幅，而是振幅的平方根。

$$U_\omega |s\rangle = \text{CZ} |s\rangle = \frac{1}{2}(|00\rangle + |01\rangle + |10\rangle - |11\rangle)$$

接下来，我们构造 Grover 迭代算符，因为在进行神谕操作之前的平均振幅是 $\frac{1}{4}$，经过神谕操作后的新平均振幅是 $\frac{1+1-1+1}{4 \times 4} = \frac{1}{8}$，所以在振幅放大操作后，目标量子态的振幅应该为 $\frac{2}{8} - \left(-\frac{1}{4}\right) = \frac{1}{2}$，而其他非目标量子态的新振幅为 $\frac{2}{8} - \frac{1}{4} = 0$，从结果上看振幅消失了。因此，当对这个新的量子态进行测量时，本质上是测量 $|\psi\rangle = |11\rangle$。

6.1.2 编程实践：基于 Grover 算法的量子秘密推测

下面体验一个具体的案例，该案例的目的是对一个秘密信息进行基于量子技术的推测，理想的结果是通过高概率获得该秘密信息。由于 Grover 算法是一种高效的检索算法，能够对遍历任务进行二次加速，因此接下来用 Grover 算法构造这个程序。

```python
import random
from qiskit.quantum_info import Statevector


secret = random.randint(0,7)   # 随机生成一个秘密信息
secret_string = format(secret, '03b')   # 将其转换为量子态
oracle = Statevector.from_label(secret_string)   #
    Statevector是Qiskit中表示量子态的一种对象
```

首先构造一个秘密信息，假设该秘密信息是一个介于 0 ~ 7 的常数（因为我们打算构造一个 3 个量子比特的电路，因此限制了它的取值）。我们想用量子的方式来解决该问题，就需要将数字化字符串转换为量子态，因此还需要一个能够转换数字经典比特和量子比特的函数。在 format() 函数中，我们使用 03b 组合，其中 0 表示用 0 填充左侧未占满的位，3 表示字符串的总长度，b 表示用二进制数表示该字符串。Statevector.from_label() 方法将这个字符串转换为一个量子态向量，它的长度为 2^n，即本程序中的长度为 3。这是因为该程序表达了从所有可能中标记 1 种的功能，3 个的量子比特组合中一共有 8 种不同的组合。在这个例子中，我们用 oracle 来声明该变量，意味着它就是 Grover 算法中神谕的指定对象。

```python
# Search Problem 生成
from qiskit.algorithms import AmplificationProblem
problem = AmplificationProblem(oracle, is_good_state=secret_string)
```

这段代码使用 Qiskit 定义了一个放大问题（Amplification Problem），problem 这一变量被从 Qiskit 的 algorithms 模块导入 AmplificationProblem 类。这个类可以定义和设置一个放大问题，为 Grover 算法做准备。secret_string 定义了我们想在搜索问题中找到的解，而 oracle 则是一个已经构建好的量子电路，它能标记与 secret_string 相对应的量子态。这段代码的目的是为 Grover 算法准备一个问题，该算法将尝试找到与 secret_string 匹配的解。

```
# 声明Grover算法库
from qiskit.algorithms import Grover

grover_circuits = []
for iteration in range(1,3):
    grover = Grover(iterations=iteration)
    circuit = grover.construct_circuit(problem)
    circuit.measure_all()
    #在所有量子比特上添加测量，将量子比特转换为经典比特
    grover_circuits.append(circuit)
# 1次迭代的电路图
grover_circuits[0].draw('mpl')
    #改变索引序号可以看到不同的电路图（更多迭代次数）
```

构造完神谕函数后，就可以构造 Grover 算符了。在 Qiskit 中，像 Grover 一样的经典算符已经被预定义好了，因此我们可以直接调用 Qiskit 的 Grover 函数算法。在第 6.1.1 节，我们自己手动构造了 Grover 算法，其会提高电路图的深度，而 Qiskit 中预定义的函数会使电路图的深度大大降低。图 6-5 所示是我们使用 Qiskit 函数库中 Grover 算法构造的电路图，图 6-6 展示了两次迭代的 Grover 电路图。

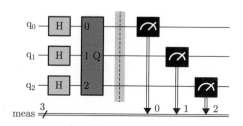

图 6-5 Grover 算法电路图（3 个量子比特）（1 次迭代）

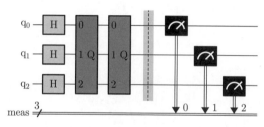

图 6-6 Grover 算法电路图（3 个量子比特）（2 次迭代）

grover_circuits = [ ] 创建了一个名为 grover_circuits 的空列表，用于存储多个 Grover 电路。在循环中，我们将构建的所有 Grover 电路添加到这个列表中，以便后续模拟或执行。通过将多个 Grover 电路添加到同一个列表中，我们可以轻松地比较不同迭代次数的 Grover 算法的性能和效率，并找到最优的搜索策略。

grover = Grover(iterations=iteration) 是 Grover 的迭代函数。range（1,3）返回一个迭代器，包含从 1 开始的整数序列，但不包含序列上限值 3，因此，这个迭代器将依次生成 1 和 2 两个整数，并通过变量将当前迭代次数更新到这里。在 Qiskit 中，Grover 类封装了 Grover 算法的实现，可以直接使用。iterations 参数是一个整数，表示在执行 Grover 算法时应该迭代的次数。

circuit= grover.construct_circuit(problem) 表示这一电路实现了 Grover 算法，并用于查找 problem 对象中指定的元素。problem 对象是一个 AmplificationProblem 类型的实例，描述了我们要查找的目标元素在列表中的状态，并提供了一个用于查询目标元素的神谕电路。construct_circuit(problem) 方法接收一个 AmplificationProblem 对象作为输入，返回量子电路，该电路可以执行 Grover 算法，并找到目标元素。在这个电路中，我们首先将所有的量子比特初始化为 $|0\rangle$ 状态，然后执行多个 Grover 迭代，每次迭代包含：①应用神谕电路使目标元素的状态翻转；②应用 Diffusion 电路使所有非目标元素的状态翻转平均后缩小振幅；③重复步骤 1 和步骤 2，直到搜索目标被定位。

要想使用 Runtime Service，我们必须注册 IBM Quantum 的账号并且正确地加载到了 Jupyter Notebook 环境，这部分在 IBMQ 说明中已经介绍，这里不再重复，只需要执行 IBMQ.load_account() 函数即可。

```python
from qiskit_ibm_runtime import QiskitRuntimeService

service = QiskitRuntimeService()
backend = "ibmq_qasm_simulator"

from qiskit_ibm_runtime import Sampler, Session, Options

options = Options(simulator={"seed_simulator": 42}, resilience_level=0)
with Session(service=service, backend=backend):
    sampler = Sampler(options=options)
```

```
    job = sampler.run(circuits=grover_circuits, shots=1024)
    result = job.result()
print(result)
```

首先, 使用 Qiskit Runtime Service 提供的 QiskitRuntimeService 类, 创建一个与 Qiskit Runtime 进行服务通信的客户端对象 service。然后, Qiskit Runtime 提供一种快速且高效的方式来运行和优化量子程序, 包括 Grover 算法。代码中, Qiskit Runtime Service 提供的 Sampler 类将 Grover 量子电路发送到后端进行模拟或执行。在创建 Sampler 对象时, 我们使用了一个名为 options 的参数, 它是一个包含模拟器选项和容错级别的字典。我们指定 QASM 模拟器的随机种子值为 42, 以确保每次模拟的结果都是相同的。随机种子是一个可以控制随机数生成的值, 它可以帮助我们重现和调试量子程序的结果。此外, 我们将容错级别设置为 0, 表示在模拟或执行过程中不进行任何容错操作, 以加快程序的运行速度和降低错误率, 但这可能会影响结果的准确性和稳定性。Sampler 类封装了 Qiskit Runtime 服务的采样器功能, 可以将量子程序发送到后端执行, 并返回测量结果。options 传递的值是一个包含模拟器选项的词典, 包含 simulator 参数 (种子的值) 和 resilience_level (容错级别)。至此, 所有的程序逻辑设计完成, 接下来设计结果可视化。

```
from qiskit.tools.visualization import plot_histogram
# 整理计算结果
result_dict = result.quasi_dists[1].binary_probabilities()
answer = max(result_dict, key=result_dict.get)
# 输出结果鉴定语句
print(f"Quantum Computer returned '{answer}' as the answer with
    highest probability.\n","And the results with 2 iterations have
    higher probability than the results with 1 iteration.")
# 可视化
plot_histogram(result.quasi_dists, legend=['1 iteration', '2
    iterations'])

# 结果校验
print(f"Quantum answer: {answer}")
print(f"Correct answer: {secret_string}")
print('Success!' if answer == secret_string else 'Failure!')
```

这一段代码的原理是将 Qiskit Runtime 返回的 Result 对象中的测量结果 quasi_dists 转换为一个字典，其中包含每个二进制字符串的测量次数和概率。测量结果可以被表示为一个字典，其中每个键是一个二进制字符串，表示测量得到的状态；每个值是一个整数，表示测量得到该状态的次数。这个字典可以使用 result.get_counts(circuit) 方法获取，其中 circuit 是要测量的量子电路对象。在使用 Qiskit Runtime 服务时，测量结果并不是通过 get_counts() 方法返回的，而是作为 Result 对象的一个属性 quasi_dists 存在的。因此，我们需要使用 binary_probabilities() 方法将 quasi_dists 转换为一个字典，以便对测量结果进行后续处理和分析。binary_probabilities() 方法的工作原理是，将 quasi_dists 对象中的测量结果转换为一个列表，其中每个元素都是一个 BinaryDistribution 对象。BinaryDistribution 对象通常用于表示在进行量子测量后各个可能结果的统计分布。这个对象可以存储一个二进制字符串对应的结果出现的次数和概率，这样的对象可以帮助用户理解和分析量子算法的输出。使用 [1] 索引来获取列表中的第二个元素，意味着我们正在访问列表中存储的第二个 BinaryDistribution 对象，这个对象包含特定于第二次迭代的测量结果。我们使用 binary_probabilities() 方法从该对象中提取二进制字符串和其对应的概率，并将其保存为一个字典 result_dict。该字典的键是二进制字符串，值是对应的测量概率。

answer = max(result_dict, key=result_dict.get) 的作用是从测量结果的字典 result_dict 中获取具有最大概率的状态，即概率分布最大的二进制字符串。这个字符串代表了搜索到的目标元素在列表中的状态。max() 函数的第一个参数是要进行比较的可迭代对象，这里是 result_dict 字典。key 参数是一个可选的函数，用于指定用于比较的键。在这里，我们使用 get() 函数作为 key 参数，它将返回每个键对应的值，即测量概率。通过将 key=result_dict.get 传递给 max() 函数，告诉它在比较字典中的值时使用字典的值作为键，而不是键本身。因此，max() 函数将返回具有最大测量概率的键，也就是我们搜索到的目标元素的状态。answer 变量最终获得的是 1 次迭代或者 2 次迭代中的最大概率事件，并非两次迭代种类中的不同事件。另外，注意本代码中的 key 是字典中的键，而非密码体系中的密钥。最终的输出结果如图 6-7 所示，可以清晰地看到 2 次迭代的效果比 1 次迭代的效果要好，有更高的概率能输出我们理想的结果。

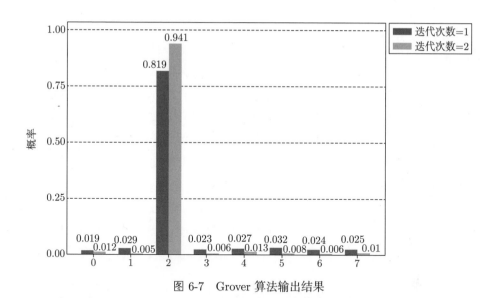

图 6-7 Grover 算法输出结果

6.1.3 编程实践：基于 Grover 算法的量子优化

该案例的目的是体验量子计算机的理论值与真实值之间的误差，以及减小误差的方法，该方法基于 Grover 算法，当然减小误差的方法并不是只有这一种。

```python
from qiskit_ibm_runtime import QiskitRuntimeService, Session, Options,
    Estimator
from qiskit import *
import numpy as np
import matplotlib.pyplot as plt
from qiskit.quantum_info import SparsePauliOp

#channel 参数用于指定通信所使用的 channel, 它的默认值为 'default'
service = QiskitRuntimeService(channel='ibm_quantum')

from qiskit.circuit import Parameter # import the parameter class

theta = Parameter('theta') #设置相位的旋转角度
qc = QuantumCircuit(2,1)
qc.x(1)
qc.h(0)
qc.cp(theta,0,1)
qc.h(0)
```

```
qc.measure(0,0)
qc.draw()
```

对于 IBM Quantum Experience，channel 可以被设置为 'ibm_quantum'
或'ibm_internal'。当将 channel='ibm_quantum' 传递给 QiskitRuntimeSer-
vice 构造函数时，它将创建一个使用 IBM Quantum Experience 的 Qiskit Run-
time 服务的客户端对象。这意味着我们可以使用 IBM Quantum Experience 提
供的量子计算机来运行程序，但是需要有 IBM Quantum Experience 账户并登
录后才能使用此服务。此外，还需要使用 IBMQ 模块进行身份验证，并在登
录后使用 IBMQ.load_account() 方法将 IBM 账号凭据存储在本地配置文件
中，因为只有 IBM 内部的用户才能使用 'ibm_internal' channel 访问 Qiskit
Runtime 服务。

```
qc_no_meas = qc.remove_final_measurements(inplace=False)
display(qc_no_meas.draw('mpl'))
qc.draw()
```

如图 6-8 所示，图的上半部分与下半部分的差异体现在有无测量组件，在这
里我们要介绍一个重要的函数 remove()，该函数可以移除电路中的测量门，并
且根据你的选择在原电路上继续生成其他的操作。qc.remove_final_measurements
(inplace=False) 是 Qiskit 量子电路对象的一个方法，用于移除量子电路中最后
的测量门。inplace=False 表示不是修改原始量子电路对象 qc，而是返回一个
新的量子电路对象；inplace=True 表示原始量子电路对象 qc 将被修改，但 qc
的真实值不变。需要注意不可克隆定理，量子态不可以被复制，这里复制的不
是量子态，而是量子电路。

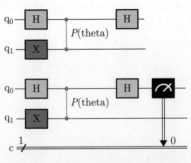

图 6-8　remove() 函数的应用效果

```
phases = np.linspace(0, 2*np.pi, 50)
individual_phases = [[ph] for ph in phases]
print(individual_phases)
```

np.linspace() 方法生成一个包含 50 个元素的一维相位数组，这个数组包含从 0 到 2π 的 50 个等间距的数值。我们使用列表推导式和 phases 数组创建一个列表 individual_phases，它包含 50 个元素，每个元素都是长度为 1 的列表，这个列表包含相位数组中的一个元素。individual_phases 操作的目的是将相位数组中的每个数值都转换为一个长度为 1 的列表，这样在后续的操作中，我们就可以将这个列表传递给 Qiskit 的量子电路对象，以控制量子电路中某些操作（例如旋转门或相位门）的参数。print() 函数的输出结果是 [[0.0], [0.1282282715750936], [0.2564565431501872], [0.38468481472528077], [0.5129130863003744], [0.6411413578754679], [0.7693696294505615], [0.8975979 010256552], [1.0258261726007487], [1.1540544441758422], [1.2822827157509358], [1.4105109873260295], [1.538739258901123], [1.6669675304762166], [1.79519580 20513104], [1.9234240736264039], [2.0516523452014974], [2.179880616776591], [2.3081088883516845], [2.436337159926778], [2.5645654315018716], [2.69279370 30769655], [2.821021974652059], [2.9492502462271526], [3.077478517802246], [3.2057067893773397], [3.333935060952433], [3.4621633325275267], [3.59039160 41026207], [3.7186198756777142], [3.8468481472528078],[3.9750764188279013], [4.103304690402995], [4.231532961978089], [4.359761233553182], [4.4879895051 28276], [4.616217776703369],[4.744446048278463], [4.872674319853556], [5.0009 0259142865],[5.129130863003743], [5.257359134578837], [5.385587406153931], [5.513815677729024], [5.642043949304118], [5.770272220879211], [5.8985004924 54305], [6.026728764029398], [6.154957035604492], [6.283185307179586]]。

由于这些输出结果都是小数点后位数比较多的数，所以当使用推测算法进行值的估算时，精确度会成为一项严峻的挑战。过高的精确度会增加运算复杂度与程序运行时间，过低的精确度则会导致结果失真。

```
ZZ = SparsePauliOp.from_list([("ZZ", 1)])

options = Options(simulator={"seed_simulator": 42}, resilience_level=0)
```

```
with Session(service=service, backend=backend):
    estimator = Estimator(options=options)
    job = estimator.run(circuits=[qc_no_meas]*len(phases),
    parameter_values=individual_phases, observables=[ZZ]*len(phases))
    print(job.result())
```

在这个例子中，我们使用 SparsePauliOp.from_list([("ZZ", 1)]) 方法创建了一个 "ZZ" 的稀疏泡利算符，并将它保存到 ZZ 变量中。稀疏泡利算符是一种用于表示量子系统哈密顿量的方式，它是由多个泡利算符（X、Y、Z 算符）的乘积组成的。在这里，ZZ 算符表示两个量子比特之间的耦合，即它们之间的相互作用能量。第一个元素是一个字符串"ZZ"，表示稀疏泡利算符的类型为"ZZ"。第二个元素是数值 1，表示这个稀疏泡利算符的系数为 1。这段代码使用 Qiskit Runtime 服务商的 Estimator() 方法来进行量子模拟器噪声估计。具体来说，它执行以下步骤。

1）创建一个包含 {"seed_simulator": 42} 的 simulator 字典和 resilience_level=0 的 options 对象。由于噪声容错率为 0 级，即这是一种纯粹的理论环境，因此输出值应该完全贴合理论值。

2）在 Qiskit Runtime 服务上创建一个会话，并指定使用的后端为 ibmq_qasm_simulator。

3）创建一个 estimator 对象，并将 options 对象作为参数传递给它。

4）调用 estimator 对象的 run() 方法来执行量子模拟器噪声估计。该方法需要传递三个参数：

① circuits 参数是一个列表，其中包含了要进行噪声估计的量子电路。这里使用 [qc_no_meas]*len(phases) 来复制一个不带测量的量子电路 qc_no_meas，并重复 len(phases) 次，以便对不同的相位参数进行噪声估计。

② parameter_values 参数是一个列表，其中包含了要用于参数化量子电路的参数值。这里使用 individual_phases 列表来指定不同的相位参数。

③ observables 参数是一个列表，其中包含了要估计的可观测量。这里使用 [ZZ]*len(phases) 来复制一个 ZZ 算符，以便对不同的相位参数进行噪声估计。

5）将噪声估计的结果打印输出。[ZZ]*len(phases) 是一个列表推导式，用于创建一个包含了 ZZ 算符重复 len(phases) 次的列表，这里重复 50 次。

```
param_results = job.result()
exp_values = param_results.values

plt.plot(phases, exp_values, 'o', label='qasm_simulator')
plt.plot(phases, 2*np.sin(phases/2,)**2-1, label='theory')
plt.xlabel('Phase')
plt.ylabel('Expectation')
plt.legend()
```

这段代码的作用是绘制量子电路中两个量子比特的 ZZ 测量值随相位参数 θ 变化的曲线。

param_results 是通过执行 job.result() 得到的,它包含在不同相位参数下执行 ZZ 测量所得到的期望值。exp_values 则是从 param_results 中获取的所有期望值的列表。plt.plot(phases, exp_values, 'o', label='qasm_simulator') 用于绘制散点图,其中横轴为相位参数 θ,纵轴为 ZZ 测量的期望值。

标签 label='qasm_simulator' 表示这些点是通过在 Qiskit 的 QASM 模拟器上运行量子电路得到的结果。

plt.plot(phases, 2*np.sin(phases/2,)**2-1, label='theory') 表示绘制对应的理论曲线。这条曲线是通过计算相位参数为 θ 时两个量子比特的状态向量并求解其 ZZ 测量期望值得到的。

标签 label='theory' 表示这条曲线是基于理论计算的结果,无噪声理论值曲线如图 6-9 所示,展现了理论值与量子计算机模拟结果的完美贴合,每个结

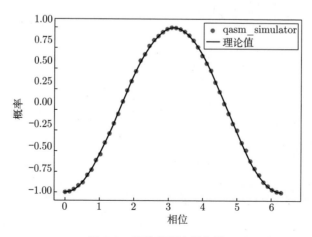

图 6-9 无噪声理论值曲线

果的值都与理论曲线吻合。

接下来，我们在考虑噪声的情况下观察量子计算机的模拟结果和真实结果。我们可以使用 FakeManila（一个 Qiskit 的虚拟后端，模拟一个真实的 IBM Q 设备）和 NoiseModel（用于模拟量子设备的噪声）。首先实例化一个 FakeManila 后端，然后使用 NoiseModel.from_backend() 方法从该后端提取其噪声模型，这意味着 noise_model 已包含模拟 FakeManila 设备中存在的噪声的信息，我们可以通过修改 resilience_level 的值来决定是否拥有噪声和容错检查。

```python
from qiskit.providers.fake_provider import FakeManila
from qiskit_aer.noise import NoiseModel

fake_backend = FakeManila()
noise_model = NoiseModel.from_backend(fake_backend)

# 设置容错级别为0，输出纯理论值
options = Options(simulator={
    "noise_model": noise_model,
    "seed_simulator": 42,
}, resilience_level=0)

# 将容错级别设置为1，输出的结果必然会偏离理论值
options_with_em = Options(
    simulator={
        "noise_model": noise_model,
        "seed_simulator": 42,
    },
    resilience_level=1
)

with Session(service=service, backend=backend):
    sampler = Sampler(options=options)
    job = sampler.run(circuits=[qc]*len(phases),
    parameter_values=individual_phases)
    param_results = job.result()
    prob_values = [1-dist[0] for dist in param_results.quasi_dists]

    sampler = Sampler(options=options_with_em)
```

```
    job = sampler.run(circuits=[qc]*len(phases),
    parameter_values=individual_phases)
    param_results = job.result()
prob_values_with_em = [1-dist[0] for dist in param_results.quasi_dists]

plt.plot(phases, prob_values, 'o', label='noisy')
plt.plot(phases, prob_values_with_em, 'o', label='mitigated')
plt.plot(phases, np.sin(phases/2,)**2, label='theory')
plt.xlabel('Phase')
plt.ylabel('Probability')
plt.legend();
```

Session() 函数允许指定的 service 和 backend 创建一个会话，以便在此后端上运行量子任务。Sampler 对象的作用是根据给定的选项对量子电路进行采样或模拟。使用 sampler 的 run() 方法提交一个量子作业，这个作业将会多次运行量子电路 qc（次数与 phases 的长度相同），而且每次运行都会使用 individual_phases 中的一个不同的参数值，运行结果最终会被存储到 param_results 中。prob_values_with_em = [1-dist[0] for dist in param_results.quasi_dists] 用于处理 param_results 中的测量结果。对于每个 dist（即每次模拟的结果），计算 1-dist[0] 并创建一个新的列表 prob_values。这个计算的具体含义取决于 dist[0] 的内容，一般与某个特定状态的概率有关。在第二次执行 sampler 时，我们添加了容错性，覆盖了之前的 param_result 值，并将运行结果存储到 prob_values_with_em 参数中，方便对二者进行比较。如图 6-10 所示，展示了噪声值、容错值与理论值之间的差异。其中，理论值是用纯粹的数学公式计算出的值（即理论上达到最佳效果的估值，由于能量损耗真实值一定比这个值小），噪声值是只有噪声没有容错机制的运行结果，适用容错结果后的优化结果是容错值。很明显，在同样存在噪声的情况下，有容错机制的程序的执行结果更加接近理论值。

```
# 不设置噪声模型
options = Options(resilience_level=0)
options_with_em = Options(resilience_level=1)
```

如果我们不定义噪声模型，只定义容错等级并执行量子程序，则会得到完全贴合理论值的结果，如图 6-11 所示。程序上除了噪声定义部分，其他部分与之前的程序完全一致，此处省略了其他部分的代码。

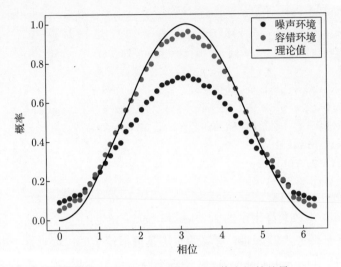

图 6-10　噪声值、容错值与理论值之间的差异

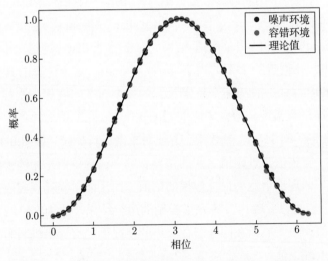

图 6-11　噪声值、容错值与理论值之间的差异（无噪声)

6.2　差错校验与量子纠错算法

下面对差错校验的算法进行深入介绍。我们知道量子计算机会因为一些物理因素不可避免地出现计算误差。在之前的程序实践中，我们也发现在纯理论

计算中，概率为 100% 的量子程序仍然会有低概率出现其他结果的可能，我们需要对这些误差进行理论上的进一步分析。在 Grover 算法实践中，我们已经体会到了噪声模型与容错算法的效果。其中，噪声模型模拟了真实计算机中不可避免的误差，并对结果分布产生了影响，而容错算法又能够在一定程度上抑制这种分布，使得结果与理论预期值相接近。下面展开介绍这些误差、差错校验的原理，以及如何在程序中实现差错检验和纠错。

在经典编码中，常用的检错和纠错方法有奇偶校验、校验和、循环冗余编码等。传统的检错和纠错方法不能直接应用于量子计算，因为量子系统有一些独特的属性，如叠加和纠缠。特别是，由于不可克隆定理无法直接准确地复制一个未知的量子态，这意味着我们无法对一个问题进行单纯备份并分类讨论。研究者开发了量子差错纠正码，如 Shor 码、Steane 码等。这些代码通过特定的方式编码量子信息，使得系统能够检测并纠正一些类型的错误，而不破坏量子信息。这通常涉及使用多个物理量子比特来编码一个逻辑量子比特，以及通过复杂的操作序列来实现错误的检验和纠正。我们需要使用额外的量子比特来构造额外的纠错机制，进而纠正电路中的错误。

量子计算中的错误类型有两种：对于任意量子态 $|\psi\rangle = \alpha|0\rangle + \beta|1\rangle$，一种是由相位出现错误的翻转导致 $|\psi\rangle = \alpha|0\rangle - \beta|1\rangle$ 或者 $|\psi\rangle = -\alpha|0\rangle + \beta|1\rangle$ 的相位翻转错误（Phase-flip Error）；另一种是量子比特的值本身出现了错误的翻转，即如同 $|0\rangle$ 到 $|1\rangle$ 或者 $|1\rangle$ 到 $|0\rangle$ 的位翻转错误（Bit-flip Error）。

6.2.1 量子纠错：量子比特翻转纠错

假设有一个希望被保护的量子态 $|\psi\rangle = \alpha|0\rangle + \beta|1\rangle$，为了保障其值最终一定正确，我们使用额外的两个物理量子比特进行纠错机制的设计。为了保护这个比特免受位翻转错误的影响，我们使用两个额外的物理量子比特，并将它们都初始化为 $|0\rangle$ 状态，初始的整体状态是 $|\psi\rangle|00\rangle = \alpha|000\rangle + \beta|100\rangle$。对这三个量子比特应用一系列的 CNOT 门来编码逻辑量子比特。通过 CNOT 门，可以将第一个量子比特的信息复制到后面两个量子比特上，得到编码态：$\alpha|000\rangle + \beta|111\rangle$。在一段时间后，其中一个量子比特可能会发生位翻转错误。例如，第二个量子比特发生了位翻转错误，整体态就变成了 $\alpha|010\rangle + \beta|101\rangle$。为了检验位翻转错误，可以使用一系列的 CNOT 门和经典比特。通过比较三个量子比特的状态，我们可以确定是否有位翻转错误，以及错误发生在哪一个量

子比特上。一旦检验到位翻转错误并确定了其位置,我们就可以使用 Pauli-X 门来纠正这个错误。在纠错后,可以使用一系列的 CNOT 门及 Toffoli 门将额外的量子比特信息解码回原始的逻辑量子比特上。

如图 6-12 所示,该电路图构造了一个基于测量的纠错电路;而图 6-13 所示为使用 Toffoli 门不需要测量就可以对电路中指定 1 个量子比特的比特翻转错误进行纠错。在生成图 6-12 的代码中,根据测量到的经典比特的结果对第一个量子寄存器中的量子态进行纠错。其中,只有当测量到两个量子态的最终值为 |11⟩ 时,我们才会对第一个量子寄存器进行 X 门操作,如此即可翻转量子比特。如果测量到的经典比特的值不是 11,则说明目标量子比特没有出现翻转错误。对于生成图 6-13 的代码,由于不需要对辅助比特进行测量就可以实现纠错机制,因此会更加高效。因此,我们在不对第一个量子比特进行测量的前提下对其进行了差错校验与纠错,如此第一个量子比特可以继续执行其他的操作,进而完成其他任务。

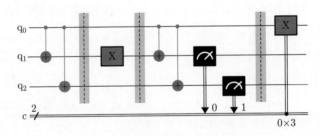

图 6-12 基于测量的量子比特纠错电路

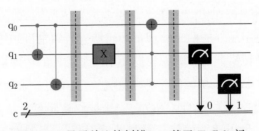

图 6-13 量子单比特纠错——基于 Toffoli 门

下面是图 6-12 与图 6-13 对应的代码。

```
from qiskit import QuantumCircuit, Aer
from qiskit.visualization import plot_histogram


# 创建量子电路
qc = QuantumCircuit(3, 2)

# 步骤1: 编码
qc.cx(0, 1)
qc.cx(0, 2)
qc.barrier()


# 步骤2: 故意添加一个翻转错误(例如, 在第二个量子比特上)
qc.x(1)
qc.barrier()


# 步骤3: 错误检验
qc.cx(0, 1)
qc.cx(0, 2)
qc.measure(1, 0)   # 将第二条线路上的值测量到第一个经典比特上
qc.measure(2, 1)   # 将第三条线路上的值测量到第二个经典比特上
qc.barrier()

# 步骤4: 根据测量结果纠正第一条线路上的错误
cr = qc.cregs[0]
qc.x(0).c_if(cr, 3)   # 当两个经典比特都为1 (即数值为'11' => 3)时, 应用X门

qc.draw()
```

```
from qiskit import QuantumCircuit, Aer
from qiskit.visualization import plot_histogram

# 创建量子电路
qc = QuantumCircuit(3,2)

# 步骤1: 编码
qc.cx(0, 1)
qc.cx(0, 2)
```

```
qc.barrier()

# 步骤2: 故意添加一个位翻转错误(例如，在第二个量子比特上，应对目标比特无
影响)
# 如果错误发生在目标比特，则自动纠错
qc.x(1)
qc.barrier()

# 步骤3: 使用Toffoli门检验错误
qc.ccx(1, 2, 0)  # 当q[1]和q[2]都是1时，翻转q[0]
qc.barrier()
qc.measure(1, 0)
qc.measure(2, 1)

qc.draw()
```

如图 6-14 所示，我们可以明确单个量子比特纠错的原理。上述方法只能校验并纠正 1 个量子比特翻转的错误，如果发生 2 个以上的量子比特翻转，将无法正确地纠错。图示方式适用于所有位置的单一量子比特翻转错误，我们可以用数学公式进行通用性证明。假设 $|\psi\rangle = \alpha|000\rangle + \beta|111\rangle$ 的三位叠加态中第二个量子比特翻转，得到 $|\psi'\rangle = \alpha|010\rangle + \beta|101\rangle$，则在图 6-14 的右图中会因为第二个 Toffoli 门的效果导致量子比特翻转，进而回到原来的量子态。图中的空心点表示对应的量子寄存器值为 0，实心点则表示对应的量子寄存器值为 1。

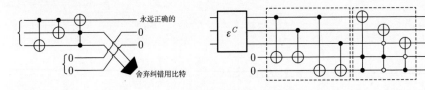

图 6-14　量子纠错原理

6.2.2　量子纠错：相位翻转纠错

对于相位翻转错误，则需要使用 H 门。H 门在 Bloch 球中的效果就相当于令相位进行翻转。对于 $|\psi\rangle = \alpha|000\rangle + \beta|111\rangle$，我们为每一个量子寄存器施

加 H 门，它们的状态就会变为 $|\psi'\rangle = \alpha |+++\rangle - \beta |---\rangle$，即将相位翻转错误变成了量子比特翻转错误，此时只要在对应的量子寄存器上施加 X 门，并再次使用 H 门将所有量子态返回到原态，就可以纠正这个相位翻转错误。

图 6-15 所示是相位翻转错误的纠错电路图。

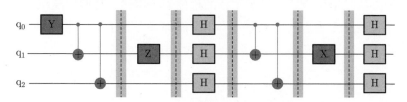

图 6-15　量子相位纠错电路

首先用 Y 门来构造未知量子态，并且让这些量子态进入纠缠态。然后使第二个量子比特进行相位翻转，此时来到 $|\psi\rangle = \alpha |000\rangle - \beta |111\rangle$ 的错误节点。接着令三个量子比特全部通过 H 门，得到 $|\psi'\rangle = \alpha |+++\rangle - \beta |---\rangle$。最后对 $|\psi'\rangle$ 应用 CNOT 门的二维组合，对于任意 $|\psi'\rangle$ 得到以下公式：

$$\because |+\rangle = \frac{1}{\sqrt{2}}(|0\rangle + |1\rangle)), \quad |-\rangle = \frac{1}{\sqrt{2}}(|0\rangle - |1\rangle))$$

$$\therefore |\psi'\rangle_{\mathrm{error}}$$

$$= \alpha \frac{1}{2\sqrt{2}}(|000\rangle + |001\rangle + |010\rangle + |011\rangle + |100\rangle + |101\rangle + |110\rangle + |110\rangle |111\rangle)) -$$

$$\frac{1}{2\sqrt{2}}\beta(|000\rangle - |001\rangle - |010\rangle + |011\rangle - |100\rangle + |101\rangle + |110\rangle - |111\rangle))$$

$$= \frac{1}{2\sqrt{2}}((\alpha - \beta)|000\rangle + (\alpha + \beta)|001\rangle + (\alpha + \beta)|010\rangle + (\alpha - \beta)|011\rangle +$$

$$(\alpha + \beta)|100\rangle + (\alpha - \beta)|101\rangle + (\alpha - \beta)|110\rangle + (\alpha + \beta)|111\rangle)$$

$$= \frac{1}{2\sqrt{2}}((\alpha+\beta)(|001\rangle+|010\rangle+|100\rangle+|111\rangle)+(\alpha-\beta)(|000\rangle+|011\rangle+|101\rangle+|110\rangle))$$

同理可得，正确的量子态展开式应该为 $\alpha |+++\rangle + \beta |---\rangle$：

$$|\psi'\rangle_{\mathrm{correct}}$$

$$= \alpha \frac{1}{2\sqrt{2}}(|000\rangle + |001\rangle + |010\rangle + |011\rangle + |100\rangle + |101\rangle + |110\rangle + |111\rangle) +$$

$$\frac{1}{2\sqrt{2}}\beta(|000\rangle - |001\rangle - |010\rangle + |011\rangle - |100\rangle + |101\rangle + |110\rangle - |111\rangle))$$

$$= \frac{1}{2\sqrt{2}}((\alpha-\beta)(|001\rangle+|010\rangle+|100\rangle+|111\rangle)+(\alpha+\beta)(|000\rangle+|011\rangle+|101\rangle+|110\rangle))$$

由于 HZH=X，因此我们可以通过构造这样的结构将相位翻转产生的影响转移到量子比特翻转上，这里只需要一个 X 门就可以纠正相位翻转的错误。同理，该方法只适用于单一量子比特的相位翻转错误。我们发现 $|\psi'\rangle_{\text{correct}}$ 与 $|\psi'\rangle_{\text{error}}$ 的差距就是在第二个量子寄存器上施加一个 X 门进行相位翻转。

至此，我们了解了 3 量子比特量子纠错码的实际工作原理。

```python
from qiskit import QuantumCircuit
from qiskit.visualization import plot_histogram

# 创建量子电路
qc = QuantumCircuit(3)

# 编码: 将 |psi> 转换为 |000> 或 |111>
qc.y(0)
qc.cx(0, 1)
qc.cx(0, 2)
qc.barrier()

# 模拟相位翻转错误
qc.z(1)
qc.barrier()

# Hadamard变换: 将相位翻转转换为量子比特翻转
qc.h(0)
qc.h(1)
qc.h(2)
qc.barrier()

# 错误检验
qc.cx(0, 1)
qc.cx(0, 2)
qc.barrier()

# 错误纠正: 假设我们已经知道中间的量子比特发生了错误
qc.x(1)
```

```
qc.barrier()

# 应用Hadamard变换，返回到原始编码
qc.h(0)
qc.h(1)
qc.h(2)

# 画电路图
qc.draw('mpl')
```

    量子纠错是一个广大且活跃的研究领域，它保证了量子计算的可靠性，一种好的量子纠错技术应该考虑性能与开销，在可容忍的时间范围内拥有最大的保真率。除了 3 比特量子纠错码，还有注入 Steane 码、Shor 的 9 量子比特编码、表面码、Cats 态纠错码、拓扑码等。本节的目的在于引入量子纠错码并理解其原理，更多的内容会集中在信息安全领域。为了进行一位量子纠错，我们至少需要两个辅助比特，换言之，量子纠错的开销在经典计算领域是巨大的，如果它能够实现可靠的量子计算，那么这种开销在某些情况下就可能是值得的，尤其对于那些无法用经典计算机有效解决的问题。假设我们用 5 量子比特进行计算，且都要求正确率，那么就需要额外的远多于 5 量子比特的辅助比特进行纠错，这种巨大的开销是无法承受的。

6.3 Shor 算法

    Shor 算法是一种有效的量子算法，用于将大整数分解为其质因子，它由 Peter Shor 于 1994 年首次提出，并为量子计算机提供了一个引人注目的应用场景，因为其在量子计算机上的执行速度远超经典计算机上的最好已知算法。目前，使用最广泛的公钥密码系统（例如 RSA 加密）的安全性就是基于大整数分解的困难性。如果存在一种高效的整数分解算法，这些密码系统的安全性就会受到威胁。Shor 算法正是这样一种算法，而且它在量子计算机上是高效的。因此，如果能够构建大型的、实用的量子计算机，那么 Shor 算法可能会对整个互联网安全产生颠覆性的影响。Shor 算法是第一个明确展示量子计算机在某些计算任务上可能远超经典计算机的算法，这为量子计算的实际应用提供了强有力的证据。Shor 的工作启发了后来的量子算法研究，包括 HHL 算法、量子相位估计、Grover 算法等。

6.3.1 Shor 算法对 RSA 的威胁

RSA 是现代密码体系中使用最广范的非对称且计算安全的密码,是现代网络安全的基石。下面从 Shor 算法的视角尝试对 RSA 算法进行高效破解。RSA 算法的细节在第 1.2.3 节已经说明过,在此仅做简单的说明,不再详细展开举例。

RSA 算法的过程如下。

1)选择两个大素数 p 和 q。

2)计算乘积 $N = p \times q$,其中 N 作为公钥的一部分。

3)选择公钥指数 e,使得 e 与 $\phi(N) = (p-1)(q-1)$ 互素。

4)计算私钥指数 d,使得 $d \times e \equiv 1 \bmod \phi(N)$。

5)公钥和私钥的形成:

公钥: (N, e)。

私钥: (N, d)。

6)加密:给定明文消息 M,计算密文 $C \equiv M^e \bmod N$。

7)解密:使用私钥 d,计算 $M \equiv C^d \bmod N$,以恢复原始消息。

Shor 算法的过程如下:

1)选择一个随机整数 a:选择一个小于需要分解的整数 N 的随机整数 a。

2)计算最大公约数:如果 $\gcd(a, N) \neq 1$,则说明已经找到 N 的一个非平凡因子,可以使用经典算法(如欧几里得算法)来完成因数分解。非平凡因子是指不是 1 也不是被分解的整数本身的因子。如果能够找到 N 的一个非平凡因子,则可以通过进一步分解这个非平凡因子和 N 除以这个非平凡因子得到的商来完全分解 N。

3)找到幂的阶:这一步使用量子计算机找到 a 相对于 N 的幂的阶 r,即找到最小的正整数 r,使得 $a^r \equiv 1 \bmod N$。

4)检查阶是否为偶数:如果 r 是偶数且 $a^{\frac{r}{2}} \not\equiv -1 \bmod N$,则 N 的两个非平凡因子可以通过计算 $\gcd(a^{\frac{r}{2}} - 1, N)$ 和 $\gcd(a^{\frac{r}{2}} + 1, N)$ 找到。

5)重复直到成功:如果上述步骤没有成功找到因子,则重复整个过程。

第 3 步是 Shor 算法的核心步骤,需要使用量子傅里叶变换来高效地找到阶 r。RSA 的安全性依赖于大整数分解问题的困难性。如果攻击者能够有效地分解公钥中的 N,就可以计算 $\phi(N)$ 并找到私钥 d。传统上,这是一个非常困难的问题,因为现有的经典算法需要亚指数时间来分解大整数。这就是 Shor 算法发挥作用的地方。通过在多项式时间内分解大整数,Shor 算法在量子计算机上使 RSA 加密变得容易被破解。具体来说，一旦攻击者使用 Shor 算法找到 N 的因子 p 和 q，就可以计算 $\phi(N) = (p-1)(q-1)$，并使用扩展欧几里得算法找到私钥 d。这样，攻击者就可以解密任何使用相应公钥加密的消息。因此，Shor 算法对于现有的公钥加密基础设施构成了重大威胁。如果大规模量子计算机变得现实可行，那么许多现有的加密方案则需要用量子安全的方案来替换。

接下来，我们了解一下 Shor 算法的优化原理，为此需要两组量子寄存器。第一组量子寄存器需要存放 n 个量子比特（n 是满足 $2^n > N$ 的最小整数），第二组量子寄存器需要存放 m 个量子比特（m 是满足 $2^m > N^2$ 的最小整数）。我们首先需要将第一组寄存器的所有量子态初始化为均匀叠加态，将第二组寄存器的初始化为全零态，获得量子态 $|\psi\rangle = |s\rangle |0\rangle = \dfrac{1}{\sqrt{2^n}} \displaystyle\sum_{x=0}^{2^n-1} |x\rangle |0\rangle$。然后进行量子计算，目标是计算 $a^x \bmod N$，并将该结果存储到第二组量子寄存器上，获得量子态 $|\psi'\rangle = \dfrac{1}{\sqrt{2^n}} \displaystyle\sum_{x=0}^{2^n-1} |x\rangle |a^x \bmod N\rangle$。此后，对第一组量子寄存器进行量子傅里叶变换操作，使用周期函数的频率表示第一组寄存器内的量子态，r 与这个频率有关，可以通过逆量子傅里叶变换提取出来。我们测量并得到了与 r 相关的信息，并用连分数算法找到 r。由于 r 满足 $a^r \equiv 1 \bmod N$，因此该求和中的第二组寄存器具有周期性，在使用 QFT 后，第一组量子寄存器的值将变为

$$|\psi'\rangle_{\text{QFT}} = \frac{1}{\sqrt{2^n}} \sum_{k=0}^{2^n-1} \sum_{x=0}^{2^n-1} \mathrm{e}^{\frac{2\pi i k x}{2^n}} |k\rangle |a^x \bmod N\rangle$$

在测量第一组寄存器后，会得到一个与 k 相关的值，k 与 r 的关系如下：

$$k = \frac{2^n s}{r}$$

其中，s 是未知的整数，在必要时，可以通过赋予 s 倍数乘积来寻找想要的 r 值。通过连分数法找到 $\dfrac{k}{2^n}$ 的最佳有理数近似值，这个近似值的分母就是我们想要找的 r 值，一般此时 s 默认为 1。最后，通过计算来验证是否正确，如果不正确，则需要重新开始算法，重新选择 a。

连分数是一种数学表达方式，可以用来表示实数，它特别适用于表示有理数，或者对无理数进行有理数的近似计算，在许多数学和计算领域中都有应用，

包括在 Shor 算法中找到阶。

连分数通常具有以下形式：

$$x = a_0 + \cfrac{1}{a_1 + \cfrac{1}{a_2 + \cfrac{1}{a_3 + \cfrac{1}{a_4 + \cdots}}}}$$

其中，$a_0, a_1, a_2, \cdots$ 是整数。如果所有的 a_i 都是正整数，则连分数被称为简单连分数。如果序列 a_i 在某一点截止，则被称为有限连分数，否则被称为无限连分数。有理数可以表示为有限连分数，无理数可以表示为无限连分数。

连分数的近似值是通过截断连分数的无限展开并计算有限部分来得到的。这可以通过以下递归关系实现：

① 设 $x = a_0 + \cfrac{1}{a_1 + \cfrac{1}{a_2 + \cdots}}$。

② 则 $x = a_0 + \cfrac{1}{x_1}$，其中 $x_1 = a_1 + \cfrac{1}{a_2 + \cdots}$。

③ 重复步骤②，直到得到所需的近似精度。

下面通过一个具体的例子来展示如何使用连分数法求解 $\dfrac{k}{2^n}$。假设有一个数 $x = \dfrac{k}{2^n}$，我们想要找到这个数的连分数表示，并最终得到一个有理数近似。

首先，取 x 的整数部分作为第一个系数 a_0，并计算余数：

$$a_0 = \lfloor x \rfloor$$

$$r_0 = x - a_0$$

对于序列 $\{a_i\}$ 和 $\{r_j\}$ 中的每一项，其索引 i 取自自然数集 $\mathbb{N}$，定义序列项 a_{i+1} 和 r_{i+1} 如下：

$$a_{i+1} = \left\lfloor \frac{1}{r_i} \right\rfloor$$

$$r_{i+1} = \frac{1}{r_i} - a_{i+1}$$

继续这个过程，直到余数 r_i 为 0 或达到所需的精度，然后用系数 $a_0, a_1, a_2, \cdots$ 构建连分数：

$$x \approx a_0 + \cfrac{1}{a_1 + \cfrac{1}{a_2 + \cfrac{1}{a_3 + \cdots}}}$$

假设有 $k = 34$ 和 $n = 7$，则 $x = \dfrac{34}{128}$。可以计算：

$$a_0 = 0, \quad r_0 = \frac{34}{128}$$

$$a_1 = 3, \quad r_1 = \frac{13}{17}$$

$$a_2 = 1, \quad r_2 = \frac{4}{13}$$

$$a_3 = 3, \quad r_3 = \frac{1}{4}$$

$$a_4 = 4, \quad r_4 = 0$$

因此，连分数展开如下：

$$\frac{34}{128} = 0 + \cfrac{1}{3 + \cfrac{1}{1 + \cfrac{1}{3 + \cfrac{1}{4}}}}$$

在 Shor 算法的上下文中，该分母可以直接用作阶 r，或者如果分母不是正确的阶，则可以作为求解阶的一部分。在 Shor 算法中，当将通过连分数展开找到的分母作为阶 r 的候选值时，需要进行一些验证来确保其有效性。首先，需要确保分母 r 是偶数。如果找到的 r 是奇数，则可以尝试将其乘以 2（如果它代表了真正的阶的一半）或继续尝试不同的值。阶 r 的定义是 $a^r \equiv 1 \bmod N$，其中 a 是随机选择的整数，N 是我们想要进行因式分解的数。因此，我们可以通过计算 $a^r \bmod N$ 来验证候选值 r 是否满足这一性质。其次，还需要确保通过阶 r 找到的因子是非平凡的，即不是 1 或 N。我们可以通过计算 $\gcd(a^{\frac{r}{2}} - 1, N)$ 和 $\gcd(a^{\frac{r}{2}} + 1, N)$ 来找到这些因子，并确保它们既不是 1，也不是 N。

下面验证当 $a = 2$，$N = 15$ 时，$r = 128$ 是否是一个可以使用的阶。①128 是偶数。②验证 $2^{128} \equiv 1 \pmod{15}$，为此我们需要使用高速指数运算（在第 1.2.3 节说明过），$2^4 \equiv 16 \bmod 15 = 1$，$2^{128} \equiv 2^{4^{32}} \bmod 15 = 1^{32} \bmod 15 = 1$，证明成立。③ $\gcd(a^{\frac{r}{2}} - 1, N) = \gcd(2^{64} - 1, 15) \equiv \gcd(1 - 1, 15) = \gcd(0, 15) = 15$，

同理 $\gcd(a^{\frac{r}{2}}+1,N)=\gcd(2,15)=1$，在这里，没有找到两个非平凡因子，因此 $r=128$ 不是我们可以使用的阶。

下面再看另一个例子，假设 $a=7$，这次的验证过程可以直接跳到 $r=4$。由于：① $r=4$ 为偶数。② $2^4 \bmod 15 = 16 \bmod 15 = 1$，证明成立。③ $\gcd(2^2-1,15)=\gcd(3,15)=3$；$\gcd(5,15)=5$，这两个数都不是 1 和 N 的数，因此我们找到了两个非平凡因子，即找到了两个可以分解 N 的整数，因数分解成功，$r=4$ 为可以使用的阶。

在 Shor 算法中，连分数用于从测量的结果中找到阶 r。我们可以通过计算 $\dfrac{k}{2^n}$ 的连分数展开表达式，找到其最佳有理数近似，这个近似的分母就是阶 r。通过以上原理就完成了对 RSA 的高速破解，在经典计算机上找到 r 是一个非常耗时的过程，需要亚指数时间。Shor 算法可以在多项式时间内完成同样的任务，这主要是因为 QFT 能够非常高效地处理周期性函数。特别地，QFT 可以在 $O(n^2)$ 的时间内完成，其中 n 是量子比特的数量，而在经典计算机上分析周期性函数可能需要指数时间。这种效率的提升使 Shor 算法能够在实际时间内分解非常大的整数，而这在经典计算机上是不可行的。因此，Shor 算法对许多现代密码系统构成了潜在的威胁。

6.3.2　Shor 算法实践：简单的因数分解

下面基于上面的例子，通过分解 15 这个因数进行 Shor 算法的编译，其代码如下：

```python
from qiskit import Aer, transpile, assemble
from qiskit.circuit import QuantumCircuit
from qiskit.circuit.library import QFT
from math import gcd


def c_amod15(a, power):
    U = QuantumCircuit(4)
    for iteration in range(power):
        if a in [2, 13]:
            U.swap(0, 1)
            U.swap(1, 2)
            U.swap(2, 3)
```

```
        if a in [7, 8]:
            U.swap(2, 3)
            U.swap(1, 2)
            U.swap(0, 1)
        if a == 11:
            U.swap(1, 3)
            U.swap(0, 2)
        if a in [7, 11, 13]:
            for q in range(4):
                U.x(q)
    U = U.to_gate()
    U.name = f"c_amod15({a}, {power})"
    c_U = U.control()
    return c_U


def qpe_amod15(a):
    n_count = 8
    qc = QuantumCircuit(4+n_count, n_count)
    for q in range(n_count):
        qc.h(q)
    qc.x(3+n_count)
    for q in range(n_count):
        qc.append(c_amod15(a, 2**q), [q] + [i+n_count for i in
    range(4)])
    qc.append(QFT(n_count).inverse(), range(n_count))
    qc.measure(range(n_count), range(n_count))
    aer_sim = Aer.get_backend('aer_simulator')
    t_qpe = transpile(qc, aer_sim)
    result = aer_sim.run(t_qpe, shots=2048).result()
    counts = result.get_counts()
    return qc, counts


def process_phases(phases):
    phase = int(phases[0], 2) / (2**8)
    return phase


def get_factors(r, N):
    factor1 = gcd(r, N)
```

```
    factor2 = N // factor1
    return factor1, factor2


N = 15
a = 7
factor_found = False
attempt = 0
while not factor_found:
    attempt += 1
    print("\nAttempt", attempt)
    qc, counts = qpe_amod15(a)
    phases = list(counts.keys())
    phase = process_phases(phases)
    r = int(2**8 * phase)
    if r % 2 == 0:
        factors = get_factors(r//2, N)
        if factors[0] != 1 and factors[1] != 1:
            print("因子找到: ", factors)
            factor_found = True
    if not factor_found:
        print("没有找到因子，尝试不同的a值。")
```

上面的程序是基于 15 这个因数分解特例进行的，Shor 算法的逻辑也是独立编译的。IBM 的 Qiskit 中带有 Shor 算法的算法库，实际上有一种更简单的方法来调用 Shor 算法的逻辑，代码如下：

```
from qiskit.aqua.algorithms import Shor
N = 15
a = 7
shor = Shor(N, a)    # 该算法已经被弃用
result = shor.run(quantum_instance)
print("因子找到: ", result['factors'])
```

这在大型多量子比特的计算中会使代码逻辑更加简洁，但是从 Qiskit Terra 0.22.0 开始，Shor 算法已经被弃用，并在 0.24.0 版本中被删除。虽然 Shor 算法已被弃用，但我们仍然可以手动构建 Shor 算法。

现在的 Shor 算法构建主要也基于量子相位估计和逆量子傅里叶变换算法逻辑，因此手动构建只需要按步骤进行即可。在此强调这一点是想要让读者明

白，Qiskit 与量子编程仍然是最尖端、最新颖的技术组合之一，它们的更新、迭代可能是按月进行的。当读者阅读到这部分内容时，部分算法和实现可能会因为后端算法迭代而不可行，但是其数学上的实现逻辑与物理上的测量逻辑是永远不变的。在官方的算法库或者后端逻辑更新后，即便部分功能不可用，我们仍然可以通过自己设计来实现想要的功能。

最终程序的运行电路图（qc.draw()）如图 6-16 所示，这是一个非常庞大的电路，也体现出 Shor 算法的复杂度，因此当实际应用 Shor 算法时，随着需要分析的比特数的增加，复杂度会随之提高，开销也会随之增加。我们设计的程序应该不断地遍历并且寻找非凡因子，输出的结果是不固定的且基于概率的，有时候可能一次就输出因式分解的结果，有时候可能需要遍历多次。输出结果如下所示：

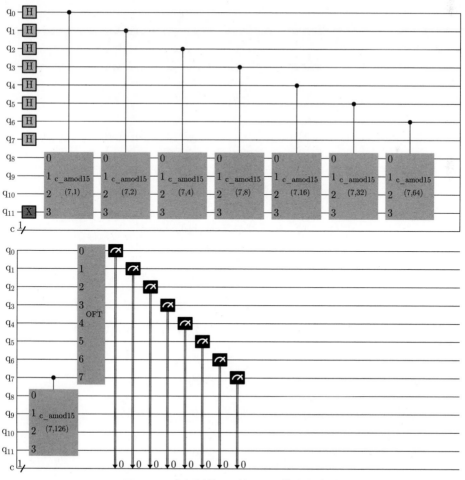

图 6-16 分解因数 15 的 Shor 算法电路图

```
Attempt 1
没有找到因子，尝试不同的a值。
Attempt 2
没有找到因子，尝试不同的a值。
Attempt 3
没有找到因子，尝试不同的a值。
Attempt 4
因子找到：（3，5）
```

最后，运行结果的分布统计如图 6-17 所示，（plot_histogram（counts））的分布结果分别为 00000000,01000000,10000000,11000000。对于一个 8 比特的计数器，可能的测量结果和相应的相位如下。

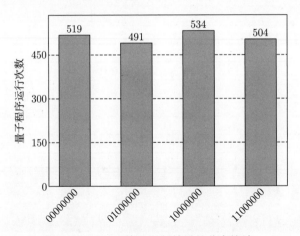

图 6-17　Shor 算法运行结果的分布统计

00000000：对应于相位 $\frac{0}{256}=0$，可能的 r 为 256。当得到的 r 为寄存器的最大值时，如在 8 比特的寄存器中得到 $r=256$，这通常意味着我们没有从量子部分获得有用的信息。在这种情况下，算法可能没有成功地确定 N 的非平凡因子，所以舍弃这个解。

01000000：对应于相位 $\frac{64}{256}=\frac{1}{4}$，可能的 r 为 4。

10000000：对应于相位 $\frac{128}{256}=\frac{1}{2}$，可能的 r 为 2。

11000000：对应于相位 $\frac{192}{256}=\frac{3}{4}$，可能的 r 为 4。

因此，候选值为 2 和 4，只需要依次代入并计算就可以了。计算的过程在之前的部分已经说明过了，可以确定此时 $r = 4$ 为正解，并且通过 r 可以非常简单地计算因式分解的结果。从这些候选值中，我们必须找出合适的 r，这可能需要进一步做经典处理。在 Shor 算法中，不是所有的 r 都是有用的。比如，要想找到满足 $a^r \bmod N = 1$ 的最小正整数 r，其中 a 是随机选择的整数，N 是我们想要分解的数，这可能需要验证多个候选的 r，或者通过其他经典算法来确认正确的 r。

6.4 量子随机游走算法

量子随机游走（Quantum Random Walks，QRWs）算法是量子算法的一个重要分支，涉及量子力学和概率理论。与经典随机游走算法不同，量子随机游走算法在同一时间能够探索多条路径，而不是仅限于单一路径。量子随机游走算法有许多潜在的应用，包括搜索算法（如 Grover 算法，可以用于非结构化数据库的搜索）、组合优化（如图着色问题和旅行商问题）、物理模拟（如模拟复杂的量子系统）等。量子随机游走算法能够有效处理许多经典问题的量子对应版本，包括但不限于在给定的图结构中寻找特定的顶点或边，在一组解中找到最优解，用于研究复杂的量子体系的动力学和统计性质。

量子随机游走算法通过结合量子力学的叠加原理和幺正演化，在多个可能的路径上同时演化，从而在某些应用上超越了经典随机游走算法的限制。它是量子计算一个有趣且有用的分支，其数学的严谨性和实现的复杂性使其成为量子算法研究的主要主题。

6.4.1 随机游走算法与量子随机游走算法

随机游走（Random Walk）是一种统计或随机过程，在计算机科学、物理学、化学、生物学等多个领域都有广泛的应用。这里我们会集中讨论其在图上的随机游走算法，并尝试用数学公式来描述它。

首先我们来定义随机游走在图上的基本概念，考虑一个有向图 $G(V, E)$，其中 V 是顶点集合，E 是边集合。随机游走算法从某个初始节点 $v \in V$ 开始，在每一步按照一定的概率规则沿着与当前节点相连的边移动到下一个节点。

定义 P 为图 G 的转移矩阵，其中每个元素 P_{ij} 代表从节点 i 到节点 j 的转移概率。对于无向图，该转移概率通常是均匀的，即从节点 i 到任何相邻节

点的概率都是 $\dfrac{1}{d_i}$，其中 d_i 是节点 i 的度。

对于连续时间随机游走，转移的时间是连续的，转移的速率由一个速率矩阵 $\boldsymbol{Q}$ 给出。元素 $Q_{ij}(i \neq j)$ 给出了从节点 i 到节点 j 的转移速率，对角线元素定义为 $Q_{ii} = -\sum\limits_{j \neq i} Q_{ij}$，以确保行和为零。

随机游走的性质如下

1）马尔可夫性质：随机游走具有马尔可夫性质，即下一状态只依赖于当前状态，与过去的状态无关。

2）平稳分布：随机游走可能具有平稳分布，即存在一个概率分布向量 $\boldsymbol{\pi}$，满足 $\boldsymbol{\pi P} = \boldsymbol{\pi}$。如果图是连通的、非周期的且所有状态都是经常出现的，那么这样的平稳分布是唯一的。

3）收敛性：在某些条件下，随机游走的状态分布会收敛到平稳分布。设 $p(n)$ 表示在第 n 步之后的状态分布，表达了随机游走在时间步骤无限增加时，其状态分布趋向于平稳分布的概念。即对于任何初始分布 $p(0)$，有

$$\lim_{n \to \infty} p(n) = \boldsymbol{\pi}$$

随机游走在许多领域都有应用，如 PageRank 算法用于网页排名、分子动力学中的粒子运动模拟等。总的来说，随机游走是一种强大而灵活的数学工具，可以用来模拟和分析许多自然与人造系统的行为，其数学结构为理解和控制随机过程提供了坚实的基础。

量子随机游走是随机游走的量子版本，利用了量子力学的原理。由于量子随机游走考虑量子粒子的叠加性和纠缠特性，因此其行为与经典随机游走有显著不同。量子随机游走的类型如下。

离散时间量子随机游走（Discrete-Time Quantum Random Walk）：在离散时间量子随机游走中，系统在离散的时间内演化。其演化由一个酉算符控制，可以表示为

$$U = SC$$

其中，S 是一个硬币算符（Coin Operator），用于描述粒子在不同方向上的内部自由度；C 是一个条件位移算符，用于描述粒子在图上的位置变化。

硬币算符：硬币这一术语来源于经典随机游走的一个经典情形，即在每个步骤中通过抛硬币来决定粒子移动的方向，正面和反面分别对应于不同的移动

方向。将这个经典概念推广到量子情境中，硬币被量子化，并由硬币算符控制。与经典硬币只能是正面或反面不同，量子硬币可以存在于不同方向的叠加态中，这导致了量子随机游走与经典随机游走之间存在显著差异。在离散时间量子随机游走中，系统由位置和硬币两部分组成。位置描述粒子在空间中的位置，硬币描述粒子的内部自由度，例如其在不同方向上移动的概率。

硬币算符是一个酉算符，作用于硬币的量子态，并控制粒子在各个方向上移动的概率。通常，硬币算符可以选择为泡利矩阵，例如在一维量子随机游走中，常用的硬币算符是 Hadamard 变换。这个硬币算符对硬币态进行叠加，使得粒子有相等的概率朝两个方向移动。

连续时间量子随机游走（Continuous-Time Quantum Random Walk）：在连续时间量子随机游走中，系统的演化由一个哈密顿量（Hamiltonian）控制。对于简单图上的连续时间量子随机游走，哈密顿量可以表示为拉普拉斯算符的负数：

$$H = -\Delta$$

其中，$-\Delta$ 是拉普拉斯算符，描述了图的几何结构。拉普拉斯矩阵（Laplacian Matrix）是图论中描述图结构的一种关键矩阵。对于给定的图 $G(V, E)$，其中 V 是顶点集合，E 是边集合，可以通过以下方式定义拉普拉斯矩阵。

对于无向图，拉普拉斯矩阵 L 的定义如下。

1）度矩阵（Degree Matrix）：度矩阵 D 是一个特殊的对角矩阵。其对角线上的元素具有图论中顶点度数的特殊含义，其中对角元素 D_{ii} 等于顶点 i 的度（即与顶点 i 相连的边数）。

2）邻接矩阵（Adjacency Matrix）：矩阵 A，其中如果顶点 i 和 j 之间有边，则元素 A_{ij} 为 1，否则为 0。

3）拉普拉斯矩阵：拉普拉斯矩阵是度矩阵和邻接矩阵的差，即

$$L = D - A$$

对于有向图，还有一种称为有向拉普拉斯矩阵（Directed Laplacian Matrix）的变体。

拉普拉斯矩阵具有一些有用的性质，具体如下。

1）对称性：对于无向图，拉普拉斯矩阵是对称的。

2）半正定：拉普拉斯矩阵的所有特征值都不为负。

3）零特征值：拉普拉斯矩阵的最小特征值为零，对应于图的连通分量数。

4）谱聚类：拉普拉斯矩阵的特征向量可用于谱聚类，有效地揭示图的社区结构。

在连续时间量子随机游走中，拉普拉斯矩阵与系统的哈密顿量有关，描述图的几何结构并决定了系统的动力学演化。拉普拉斯矩阵为图提供了一种自然的代数表示，捕捉了图的许多重要特性。通过对图的拉普拉斯矩阵的研究，可以揭示许多关于图的结构和性质的信息，包括其在量子随机游走中的动态行为。

量子随机游走与经典随机游走的比较如下。

1）叠加：由于量子力学的叠加原理，量子粒子可以同时存在多个状态，因此量子随机游走可以同时探索许多条路径。

2）纠缠：量子随机游走中的粒子可能会相互纠缠，导致整个系统的行为不能简单地归因于各个粒子的行为。

3）扩散速率：量子随机游走的扩散速率通常比经典随机游走的快。在简单的一维随机游走中，经典随机游走的扩散速率与时间的平方根成正比，而量子随机游走的扩散速率与时间成正比。

量子随机游走在量子计算、量子搜索、量子传输等许多领域有着潜在的应用。例如，它可以用来设计更快的量子搜索算法，或者用于研究复杂量子系统的性质。对量子随机游走的研究吸引了理论物理学和数学领域的关注。因为它涉及复杂的物理现象和数学原理，所以这一研究主题不仅在理论层面上对物理学家和数学家具有吸引力，而且对量子信息处理和量子技术的实际应用领域产生了重要影响。这意味着量子随机游走的研究成果不仅增进了我们对基础科学的理解，还推动了量子计算、量子通信等技术的发展和应用。

6.4.2   量子随机游走算法实例

下面是一个离散时间量子随机游走算法在一维线上的简单例子。假设有一条一维无限线，并且行走者在整数点上移动，每个步骤都包括一个硬币抛掷和一个移动步骤。我们选择 Hadamard 变换作为硬币算符 C，这将让每次移动的方向固定为等概率的两个相反的方向。移动算符 S 的作用是根据硬币的状态移动行走者，定义如下：

$$S = \sum_x (|x+1\rangle \langle x| \otimes |0\rangle \langle 0| + |x-1\rangle \langle x| \otimes |1\rangle \langle 1|)$$

其中，$|0\rangle$ 和 $|1\rangle$ 是硬币的基态，分别对应向右和向左移动。演化算符是硬币抛掷和移动操作的组合：

$$U = S(C \otimes I)$$

初始状态：假设行走者从位置 0 开始，并且硬币处于 $|0\rangle$ 态。那么，初始状态可以表示为

$$|\psi(0)\rangle = |0\rangle \otimes |0\rangle$$

为了获得经过 n 步后的状态，我们将演化算符应用于初始状态 n 次：

$$|\psi(n)\rangle = U^n |\psi(0)\rangle$$

计算经特定步数演化后的量子状态可以揭示行走者在各个位置的概率分布。由于对硬币算符的特殊选择（Hadamard 变换），这个例子会产生一种特殊的扩散行为，使得量子随机游走与经典随机游走有所不同。从直觉上来说，最终结果应该处于初始态原点 0 附近，因为向左和向右移动的概率相等，每一个步骤都是另一个步骤的逆操作，但是量子计算的结果往往是反直觉的。让我们通过代数计算来确认这个过程。

下面从以下初始状态开始：$|\psi(0)\rangle = |0\rangle \otimes |0\rangle$。

第一步：依次应用硬币抛掷操作和移动操作，可以得到：

$$|\psi(1)\rangle = \frac{1}{\sqrt{2}}(|1\rangle \otimes |0\rangle + |-1\rangle \otimes |1\rangle)$$

这个结果是粒子以相等的振幅在位置 -1 和 1 之间的叠加状态。

第二步：再次应用硬币抛掷和移动操作：

$$|\psi(2)\rangle = \frac{1}{2}(|2\rangle \otimes |0\rangle + |0\rangle \otimes |0\rangle - |0\rangle \otimes |1\rangle - |-2\rangle \otimes |1\rangle)$$

可以看到，在两个步骤之后，粒子有可能回到原点 0，也可能位于 -2 和 2 之间。因此，位置 0 的概率振幅并不为零。它们处于这些位置的概率分别为 50% 处于 0 的位置，25% 处于 2 或者 -2 的位置。仅仅通过两个步骤就可以发现，越靠近原点（或者说中间）的结果其概率分布越高。

随着更多的步骤，粒子将继续在位置上扩散。由于对硬币算符的特殊选择，量子行走者不会像经典随机行走那样在原点附近集中，实际上，它会表现出一种称为量子扩散的行为，其中粒子沿着线扩散的速率比经典随机游走更快，虽然每一步都有向左和向右移动的相等概率，但是量子随机游走的结果却与经典

随机游走的不同。这是因为量子随机游走涉及概率振幅的叠加和干涉，而不是经典概率的简单叠加。所以，尽管每一步看似都对称，但量子随机游走在多个步骤后会展现出非常不同的行为。

这个例子展示了如何构造一维线上的离散时间量子随机游走。通过选择合适的硬币算符并定义移动规则，我们可以构造系统的演化，并观察其与经典随机游走的区别。

接下来，我们进行量子随机游走实践，实践的环境是一个一维的量子随机游走（随机游走步数为 10），10 步之后尝试分析概率分布的结果。在这个实践过程中，需要考虑的难点有：①实现量子随机游走的逻辑，特别是一维量子随机游走中左移和右移的逻辑。②需要使用尽可能少的量子资源，即尽可能使用最少的量子比特。对于①，这是编程中理所当然的事，而对于②，我们要考虑如何实现二进制中的负数表现，以及如何界定十进制数 0 在量子态下的表示方式。我们可以考虑的是，对于 10 步的量子随机游走，其可能出现的数值应该在 $-10 \sim +10$。对于 $0 \sim 10$ 这 11 个数字组合，4 个比特即可完全表示，5 个比特理论上可以表示 32 个数。而我们只需要表示 22 个数，其余的 10 个数应当作为无效位或者溢出位，从最终结果的统计计算中移除。我们令二进制数表示的 $0 \sim 31$ 数列中的中位数 16 为初始值，即 0。如此做，初始值的状态为 $|10000\rangle$，如果想要制备初始态，则只需要对第一个量子比特进行 X 门操作即可。

我们需要 1 个量子比特表示硬币操作，5 个量子比特表示数值和当前位置。硬币操作非常简单，就是对对应的量子态施加 H 门，但左移和右移的逻辑比较复杂，需要展开说明。

向右移动：量子随机游走算法的函数通过从右到左遍历量子比特来实现向右的移动操作。对于每一个位置，它使用了两个控制门。

1）CCX 门（受控控制 NOT 门，也称为 Toffoli 门）：该门有两个控制量子比特和一个目标量子比特。当两个控制量子比特均为 1 时，目标量子比特的值将被反转。在这个代码中，第一个控制量子比特是硬币量子比特 coin_bit，第二个控制量子比特是当前位置的量子比特 q，目标量子比特是下一个位置的量子比特 (q+1) % n_position_bits。这个取模操作可确保当 q 是最后一个位置时，下一个位置会回绕到第一个位置。

2）CX 门（受控 NOT 门）：该门有一个控制量子比特和一个目标量子比特。当控制量子比特为 1 时，目标量子比特的值将被反转。在这里，控制量子比特是硬币量子比特 coin_bit，目标量子比特是当前位置的量子比特 q。

这种组合的效果是，当硬币量子比特为 1 时，当前位置的值将被复制到下一个位置，并且当前位置的值将被反转。

向左移动：向左移动的逻辑与向右移动的逻辑相似，但有一些关键的差异。

1）X 门（NOT 门）的应用：在每次迭代的开始和结束时，硬币量子比特上都应用了 X 门。这样做是为了确保硬币量子比特为 $|0\rangle$，执行左移操作，而不是为 1。

2）CCX 门和 CX 门：左移操作的 CCX 门和 CX 门与右移操作的相似，但目标量子比特和控制量子比特的选择稍有不同。CCX 门的目标量子比特是当前位置的量子比特 q，第一个控制量子比特是硬币量子比特 coin_bit，第二个控制量子比特是前一个位置的量子比特 (q−1) % n_position_bits。这个取模操作可确保当 q 是第一个位置时，前一个位置会回绕到最后一个位置。CX 门的控制量子比特和目标量子比特与右移操作的相同。

这种组合的效果是，当硬币量子比特为 0 时，当前位置的值将被复制到前一个位置，并且当前位置的值将被反转。

通过这些操作，可以实现一个量子随机行走，其中硬币量子比特的状态决定了行走的方向。当硬币量子比特为 1 时，系统向右移动；当硬币量子比特为 0 时，系统向左移动。代码如下：

```
from qiskit import QuantumCircuit, Aer, transpile, assemble
from qiskit.visualization import plot_histogram


n_position_bits = 5
n_qubits = n_position_bits + 1
coin_bit = n_position_bits
steps = 10
    #该数值如果被更改，则溢出位也会改变，需要额外对程序其他部分进行修改


# 硬币抛掷操作
def coin(circuit):
    circuit.h(coin_bit)


# 向右移动
def shift_right(circuit):
    for q in range(n_position_bits - 1, -1, -1):
        circuit.ccx(coin_bit, q, (q + 1) % n_position_bits)
```

```
        circuit.cx(coin_bit, q)

# 向左移动
def shift_left(circuit):
    for q in range(n_position_bits):
        circuit.x(coin_bit)
        circuit.ccx(coin_bit, (q - 1) % n_position_bits, q)
        circuit.cx(coin_bit, (q - 1) % n_position_bits)
        circuit.x(coin_bit)

# 创建量子电路
qc = QuantumCircuit(n_qubits, n_position_bits)

# 初始化：令十进制数0的位置作为初始位置
qc.x(n_position_bits - 1)

# 准备硬币
qc.h(coin_bit)

# 执行步骤
for _ in range(steps):
    coin(qc)
    shift_right(qc)
    shift_left(qc)

# 测量位置量子比特
qc.measure(range(n_position_bits), range(n_position_bits))

# 运行和可视化结果
backend = Aer.get_backend('qasm_simulator')
t_qc = transpile(qc, backend)
result = backend.run(t_qc, shots=1024).result()
counts = result.get_counts(qc)
plot_histogram(counts)
```

图 6-18 所示为该程序的初步运行结果，该图中还没有进行进一步的数据
处理。由于该量子电路迭代了非常多的步骤，输出可视化的量子电路已经非常
难以理解，因此在此我们省去了该量子程序的量子电路图。有兴趣的读者可以

使用 qc.draw() 方法试着自己输出该量子电路图。

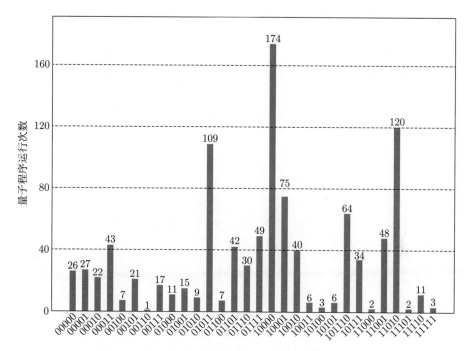

图 6-18　量子随机游走初步运行结果

图 6-18 的运行结果显示了经历十步量子随机游走后，32 个值的分布情况。接下来，我们处理这些数据，处理的逻辑相对简单。由于我们设定二进制数 10000 为初始值，因此在上述分布结果的十进制数表示中减去 16 即可。然后提出小于 −10 与大于 10 的所有值，并将这些值设定为无效值，因为它们超出了可能的理论取值范围。程序的运行结果与分布情况为 {'01011': 109, '10000': 174, '10110': 64, '00011': 43, '10010': 40, '11010':120, '10111': 34, '01111': 49, '01101': 42, '00010': 22, '01110': 30, '00100': 7, '11001': 48, '00111': 17, '00000': 26, '10001': 75, '01001': 15, '01100': 7, '11110': 11, '11111': 3, '11101': 2, '10011': 6, '00101': 21, '10101': 6, '00001': 27, '01000': 11, '10100': 3, '01010': 9, '11000': 2, '00110': 1 }。

针对该结果用以下的程序进行数据清洗：

```
total_counts = sum(counts.values())
valid_counts = {i: 0 for i in range(-10, 11)}
```

```
invalid_count = 0

for binary, count in counts.items():
    decimal = int(binary, 2) - 16 # 减去16以映射到-10到+10的范围
    if -10 <= decimal <= 10:
        valid_counts[decimal] += count
    else:
        invalid_count += count

valid_counts['invalid'] = invalid_count

# 计算概率
probabilities = {key: value / total_counts for key, value in
    valid_counts.items()}

print(probabilities)

import matplotlib.pyplot as plt

# 将概率精确到小数点后两位，并存储为列表
labels = []
values = []
for key, value in probabilities.items():
    labels.append(str(key))
    values.append(round(value, 2))

plt.figure(figsize=(10, 6))
plt.bar(labels, values)
plt.xlabel('Decimal Value')
plt.ylabel('Probability')
plt.title('Probabilities of Decimal Values in Quantum Random Walk')
plt.show()
```

数据经过清洗，得到的结果为 {-10: 0.0009765625, -9: 0.0166015625, -8: 0.0107421875, -7: 0.0146484375, -6: 0.0087890625, -5: 0.1064453125, -4: 0.0068359375, -3: 0.041015625, -2: 0.029296875, -1: 0.0478515625, 0: 0.169921875, 1: 0.0732421875, 2: 0.0390625, 3: 0.005859375, 4: 0.0029296875, 5: 0.005859375, 6: 0.0625, 7: 0.033203125, 8: 0.001953125, 9: 0.046875,

10: 0.1171875, 'invalid': 0.158203125 }。

注意，该结果并不是唯一确定的，每次运行都会出现不同的概率分布，本次截取的数据只不过是其中一次可能的解。针对上述数据进行可视化操作，如图 6-19 所示，可以直观地观察到最终的量子随机游走概率分布。该例子实际上应该满足正态分布，即越靠近中央，对应的数值出现的概率越大；越靠近边缘，对应的数值出现的概率越小。图 6-19 中大体表现出了正态分布的特征，但是仍然有较大的误差，如缺失部分数据（如 4 和 8），以及某些数值不合理的高（−5）。这些误差受制于量子计算的随机性，以及本程序中定义的左移和右移方法的局限性，如果读者可以设计一种更加高效且准确的左移和右移机制，或许能够出现更加精确的概率分布。本算法的数据有效率（精确度）为 84%，即能够在可观测范围内表达对应的理论原理，但是精确度仍然有很大的优化空间。

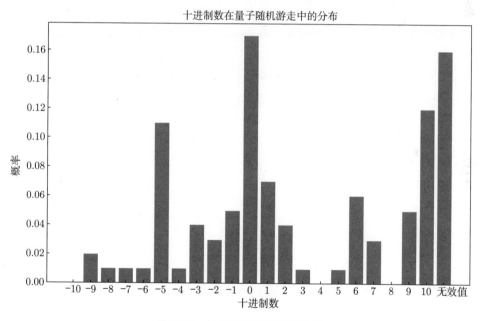

图 6-19 量子随机游走概率分布

量子随机游走的概念和技术在量子计算和量子信息领域有广泛的应用。

1）量子密码学：QRWs 可以用于生成真正随机的密钥，这在量子密钥分发等量子密码学协议中非常重要。真正的随机性提供了额外的安全层，使得潜在的攻击者无法预测或复制密钥。

2）量子搜索和优化算法：QRWs 可以作为量子搜索和优化算法的一部分。

这些算法可用于解决包括网络安全在内的许多复杂问题。例如，QRWs 可被用于设计量子版本的搜索算法来快速搜索大型数据库或解决组合优化问题。

3）随机行为的量子验证：在量子设备的安全性评估和验证方面，随机游走可以用作一种工具。例如，QRWs 的行为可以被用来测试和验证量子设备的随机性，这对于确保量子设备的正确性和安全性至关重要。

4）新型量子协议和算法：QRWs 的理论和技术可以启发我们对新型的量子协议和算法的设计，从而增强现有安全协议的安全性。通过理解和利用量子随机游走的特性，可以创建针对特定安全威胁更有效的量子解决方案。

5）对抗量子攻击：由于 QRWs 的非经典性质，因此它们可以为传统的加密方案提供额外的保护层。未来量子计算机可能能够轻松破解许多传统的加密协议，利用 QRWs 的特性有助于构建更强大的抗量子攻击的协议。

6）量子隐形传态：在某些情况下，QRWs 可被用于量子通信协议，例如量子隐形传态，进一步增强信息的安全性。该算法将在下一章详细说明。

综上所述，量子随机游走在量子安全领域有多方面的重要意义和潜在应用，其独特的量子特性可被用于增强安全协议，创建新的防御机制，或用于更广泛的搜索和优化任务（更快的密码破译速度）。

量子安全与量子网络通信

本章将深入探讨量子安全的基础与前沿问题，以及其在通信中的重要作用。在量子安全的基础部分，围绕量子随机数生成器的工作原理和应用进行深入剖析，探讨如何通过量子态判定和量子完整性验证来确保信息的安全传输。这为我们理解量子通信技术提供了坚实的基础。随后将量子安全的概念扩展到通信领域，涉及量子隐态传输（Quantum Teleportation）、量子超密通信（Quantum Superdense Coding，也叫量子超密编码）、量子无条件安全通信等，并分析不同量子通信方式的安全特性，评估在现实通信系统中的潜在应用。

本章特别关注量子安全认证、量子隐写术、量子密钥分发，以及量子中继与量子网络等前沿话题。这些研究不仅展示了量子技术在信息安全领域的创新应用，还为未来量子互联网的建设提供了新的视角和方向。本章通过对数学公式和严密理论的分析，揭示量子安全背后的深刻原理，提供对量子安全和量子通信的新视野和深入理解。最后，总结主要观点和发现，并展望量子安全的未来研究方向和挑战。这不仅揭示了量子技术在安全领域的潜力，还为量子安全的研究与实践提供了重要的指导。

7.1 量子安全基础

本节作为量子安全与量子网络通信的入口，引领读者深入理解量子安全的基础理念和核心技术。首先介绍量子随机数生成器，它是许多量子安全协议和加密算法的基础。根据量子力学的不确定性原理，量子随机数生成器能提供一种无法预测和复制的安全机制。然后探讨量子态判定和量子完整性验证的安全性分析。这些是理解量子通信和量子加密的关键步骤，也是确保量子信息不被未经授权访问或篡改的关键技术。

7.1.1　量子随机数生成器

量子随机数生成器（Quantum Random Number Generator，QRNG）是一种利用量子力学性质来产生真正随机数的装置。与经典随机数生成器不同，QRNG 不依赖任何确定性的算法来产生随机数，而是利用量子力学现象的随机性本质生成随机数，且生成的随机数没有任何周期性。

QRNG 的原理基于量子力学的某些不确定性原理，如海森堡的不确定性原理。这些不确定性原理表明，在量子系统中，某些物理量的测量是彼此不相容的，这意味着我们不能同时准确地测量这些物理量。例如，粒子的位置和动量就不能同时被准确测量。

一般来说，QRNG 可以通过以下方式实现。

1）光子偏振的测量：当光子通过一个特定方向的偏振滤波器时，其传递与否是一个随机事件，这个过程可以用来产生随机数。

2）能级跃迁：原子或量子点的能级跃迁也可以被用来产生随机数。测量粒子在不同能级之间跃迁的时间间隔可以提供随机数据。

3）真空涨落：真空涨落是量子场论中的一种现象，其中虚拟粒子的产生和湮灭是随机的，这些涨落可以被测量并转化为随机数。

我们先采用光子偏振的方法生成随机数（这是截至目前最容易理解的方法）。光子经过一个 45° 的偏振滤波器后，其偏振状态可以描述为

$$|\psi\rangle = \frac{1}{\sqrt{2}}(|H\rangle + |V\rangle)$$

其中，$|H\rangle$ 表示水平偏振，$|V\rangle$ 表示垂直偏振。通过测量光子的偏振状态，我们可以得到一个随机的二进制输出。如果测量到水平偏振，则输出 0；如果测量到垂直偏振，则输出 1。量子电路的构造非常简单，首先在将一个初始值为 0 或者 1 的信息编码成量子态后，只需要通过一个 H 门即可，如此最终测量后就会有 50% 的概率得到 0 或者 1。然后反复执行这个过程多次，将每次生成的 {0,1} 字符串组合后，就是一个真正的随机数序列。

能级跃迁：原子和分子具有离散的能级。当粒子从一个能级跃迁到另一个能级时，会吸收或释放特定的能量，跃迁的时间间隔是随机的，可以被用来产生随机数。下面考虑一个二能级系统，其能级可以由以下哈密顿量描述：

$$H = \begin{bmatrix} E_1 & 0 \\ 0 & E_2 \end{bmatrix}$$

其中，E_1 和 E_2 是两个能级的能量。在一个给定的时间间隔 Δt 内，系统从能级 1 到能级 2 的跃迁概率可以由费米黄金法则给出：

$$P_{1 \to 2} = \frac{2\pi}{\hbar}|V_{12}|^2 \rho(E_2 - E_1)$$

其中，$\rho(E_2 - E_1)$ 是能量差 $E_2 - E_1$ 处的态密度，V_{12} 是两个能级之间的相互作用矩阵元素。通过测量不同跃迁的时间间隔，我们可以得到一个随机数序列。

真空涨落描述了即使在完全空无一物的真空状态下，也存在着量子场的不断变化，这种变化体现为所谓的"虚拟粒子"的短暂出现和消失。这些虚拟粒子是由量子场的波动产生的，它们虽然不能被直接观测到，但能够通过它们对实际粒子的影响间接得到证实。量子电动力学等量子场论通过这种方式解释粒子间的相互作用和力的传递。在数学领域中，这些现象可以通过谐振子模型的量子化进行简化描述，尽管实际的量子场理论远比这更为复杂。真空涨落的直接测量极为困难，它们的理论模型和效应，如卡西米尔效应（在两块平行、未带电、足够靠近的导体板之间，即使在绝对真空中，也会产生一种吸引力），为我们提供了量子场波动性的确凿证据。一个简单的谐振子的量子化，哈密顿量为

$$H = \frac{p^2}{2m} + \frac{1}{2}m\omega^2 q^2$$

其中，p 是动量算符，q 是位置算符，m 是粒子质量，ω 是振荡频率。

真空态的涨落可以通过位置算符的期望值和方差来描述：

$$\langle q \rangle = 0, \quad \Delta q = \sqrt{\langle q^2 \rangle - \langle q \rangle^2} = \left(\frac{\hbar}{2m\omega}\right)^{\frac{1}{2}}$$

通过测量位置或动量的涨落可以得到随机数。量子涨落的原理也被应用于开发量子随机数生成技术，然而开发量子随机数生成技术通常依赖于特别设计的量子系统，而不是直接从真空状态的涨落中提取随机性。

能级跃迁和真空涨落为量子随机数的生成提供了两种具体的物理机制，它们都依赖于量子力学的基本性质，产生真正的随机性，不能被算法预测或重现。在高精度和高安全性的应用中，这些基于物理的随机数生成方法可以提供优越的性能。不过，实现这些方法可能需要精密的仪器和技术，所以在某些场合中不太方便或不够经济。

量子随机数生成器的主要优势在于产生的随机数是真正随机的，不是伪随机的，这使得 QRNG 在安全通信和密码学等领域具有重要应用。然而，量子随机数生成器通常需要精密的实验设备和精确的控制，这会提升其实现的复杂性和增加成本。量子随机数生成器通过利用量子力学的基本原理，实现了生成真正的随机数，为许多高级应用，特别是为安全和密码学领域提供了有力的工具。与传统的随机数生成器相比，QRNG 提供了不可预测和不可重现的随机性，从而增强了系统的安全性和可靠性。

7.1.2 量子态判定和量子完整性验证的安全性分析

量子态判定和量子完整性验证是量子信息处理中的重要概念，其中涉及一些复杂的物理和数学原理。

量子态判定的问题在于，识别或区分给定的量子态。给定两个或多个量子态的目的是确定量子系统处于哪个态，其核心困难在于根据量子力学的基本原理，测量会改变量子系统的状态。量子态判定的安全性问题主要与不可克隆定理有关，我们可以用数学方式表述这一点。不可克隆定理表示不存在线性和幺正的算符 U，这使得

$$U|\psi\rangle|\phi\rangle = |\psi\rangle|\psi\rangle$$

该定律对于所有量子态 $|\psi\rangle$ 和 $|\phi\rangle$ 成立。这意味着我们无法完全精确地复制未知的量子态。因此，在尝试判定未知量子态的过程中，必须小心，不能泄露过多信息，否则可能会暴露给攻击者足够的信息，被用于重新构造和利用量子态。在量子安全领域，我们主要使用量子相位估计算法对相位进行操作，希望通过放大特定量子态的振幅来高概率获得我们想要的量子态。

量子完整性验证是确保量子信息在传输或存储过程中未被篡改的过程，核心在于使用量子态的性质来确保信息的完整性。量子完整性验证的安全性可以通过数学模型来分析，如量子认证和量子加密等，具体细节将在第 7.2 节详细说明。

基于量子信息的特性，任何第三方的监听或干扰都会被检测到，从而保护信息的完整性。需要强调的是，通信双方可以感知到通信被第三方窃听或干扰，但是无法阻止，能做的就是让通信双方感知到危险的存在，并中断当前通信后尝试重新建立安全通信信道。

总的来说，量子态判定和量子完整性验证的安全性涉及许多复杂的物理和

数学概念，需要通过不可克隆定理、量子认证、量子加密等方式来实现和分析。在处理量子信息时，必须考虑到潜在的攻击和漏洞，并利用量子力学的特性来保护信息的安全和完整。

7.2 量子安全与通信

下面进一步探究量子安全在通信领域的应用，其不仅是量子信息科学的重要组成部分，还是未来量子互联网和量子通信网络中不可或缺的环节。

首先介绍量子隐态传输，它是一种依赖于量子叠加和量子纠缠的通信方式，能在无须传输任何实际信息的情况下实现安全通信。这一机制旨在解决经典通信中固有的安全隐患。接下来，介绍量子超密通信和量子无条件安全通信，这些都是在特定条件下提供比传统加密算法更高安全性的方法。最后，讨论量子密钥分发，这是一种能够生成、传输和共享安全密钥的量子机制，以及量子安全认证和量子隐写术，这些是保护信息安全、防止未授权访问的先进技术。

7.2.1 量子隐态传输

量子隐态传输是一种利用量子纠缠现象在空间上分离的两个量子系统之间传输量子信息的过程。它在某些文献中也被称为量子瞬间移动，之所以被命名为这个名字，是因为这个过程中在破坏了原有量子纠缠态的同时准确重现了某一个量子态。对于重现的量子态而言，这看上去像瞬间移动一样在一个地方消失后并在另一个地方重新出现。当然，这并不是科幻电影中的瞬间传输，而是一种传输量子状态的方法。

量子隐态传输的基本流程如图 7-1 所示，首先要制备一个纠缠的量子态，一般是 Bell 态，出于信任问题，该纠缠态应该被第三方制备并分发，第三方是可被公开信任的（关于可信任第三方在第 1.4.5 节说明过，从量子信息技术的角度，关键在于第三方能否通过特定的机制获得网络中众多节点的认证和信任）。然后纠缠量子比特被分别发送给 Tx 和 Rx，Tx 利用量子纠缠的特性构建量子隐态传输。下面逐步分析量子隐态传输的实现方法。

1. 制备纠缠态

量子隐态传输的基础是纠缠态，通过如下方式准备一个纠缠态：

$$|\varPhi_{\text{Bell}}\rangle = \frac{1}{\sqrt{2}}(|00\rangle + |11\rangle)$$

这是一种最大纠缠态（Maximally Entangled States），如果 Tx 和 Rx 分别拥有其中一个粒子，那么它们的量子系统是高度纠缠的。纠缠是量子力学中一种非常重要和独特的现象，描述了量子系统之间的强关联性。量子系统纠缠的程度不是恒定的，可以有不同的强度。

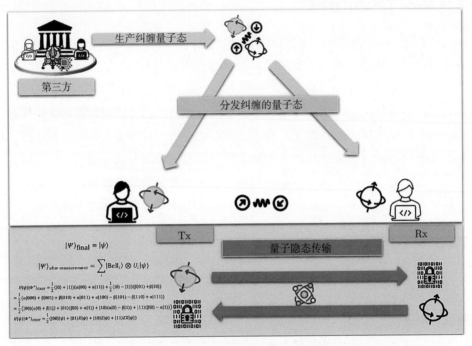

图 7-1   量子隐态传输的基本流程

最大纠缠态是一种特殊的量子纠缠态，其中系统的所有部分彼此完全纠缠。对于两个量子比特的系统，最大纠缠态可以表示为 Bell 态之一：

$$|\Phi_{\text{Bell}}^+\rangle = \frac{1}{\sqrt{2}}(|00\rangle + |11\rangle)$$

$$|\Phi_{\text{Bell}}^-\rangle = \frac{1}{\sqrt{2}}(|00\rangle - |11\rangle)$$

$$|\Psi_{\text{Bell}}^+\rangle = \frac{1}{\sqrt{2}}(|01\rangle + |10\rangle)$$

$$|\Psi_{\text{Bell}}^-\rangle = \frac{1}{\sqrt{2}}(|01\rangle - |10\rangle)$$

这些 Bell 态的一个重要特性是不能通过单独观察系统的各个部分来完全描述系统的状态，即量子系统的总状态不等于其部分的张量积。除了最大纠缠态，还存在不同程度的纠缠，可以通过纠缠熵来量化量子态之间的纠缠程度。纠缠熵是用来量化量子纠缠的一种度量，它衡量的是量子系统的一部分与其余部分之间的纠缠程度。高度纠缠的态在最大纠缠态与完全分离态之间，它们的纠缠熵较高，但没有达到最大值。低度纠缠的态具有较小的纠缠熵，这些态接近于可分离态，但仍具有一些纠缠。在一个复合量子系统中，如果考虑其中一个子系统，纠缠熵可以通过计算该子系统的密度矩阵的冯·诺依曼熵来得到。冯·诺依曼熵是量子信息论中的一个基本概念，用于描述一个量子系统的混乱度或者信息熵。对于一个密度矩阵 $\boldsymbol{\rho}$，它的冯·诺依曼熵定义为

$$S(\boldsymbol{\rho}) = -\mathrm{Tr}(\boldsymbol{\rho}\log\boldsymbol{\rho})$$

密度矩阵的部分迹（partial trace）可以用来描述系统的一部分，从而可以定义纠缠的度量。对于最大纠缠态，纠缠熵达到最大值；对于完全分离态，纠缠熵为零。对于两个量子比特的系统，四种 Bell 态都是最大纠缠态。这意味着它们之间的纠缠程度是相同的，并且达到了这类系统可能的最大纠缠程度。

具体地，如果一个复合系统由 A 和 B 两部分组成，其整体状态为 $\boldsymbol{\rho}_{AB}$，则子系统 A 的密度矩阵 $\boldsymbol{\rho}_A$ 通过对 B 部分进行迹操作得到：$\boldsymbol{\rho}_A = \mathrm{Tr}_B(\boldsymbol{\rho}_{AB})$。然后，$A$ 的纠缠熵定义为 $\boldsymbol{\rho}_A$ 的冯·诺依曼熵：

$$S(\boldsymbol{\rho}_A) = -\mathrm{Tr}(\boldsymbol{\rho}_A\log\boldsymbol{\rho}_A)$$

以其中一个 Bell 态为例，如 $|\Phi^+\rangle$：

$$|\Phi^+\rangle = \frac{1}{\sqrt{2}}(|00\rangle + |11\rangle)$$

如果我们观察其中一个量子比特，那么系统的密度矩阵为

$$\boldsymbol{\rho} = |\Phi^+\rangle\langle\Phi^+| = \frac{1}{2}|00\rangle\langle00| + \frac{1}{2}|11\rangle\langle11|$$

取其中一个量子比特的部分迹，得到混合态的密度矩阵：

$$\boldsymbol{\rho}_A = \mathrm{Tr}_B(\boldsymbol{\rho}) = \frac{1}{2}|0\rangle\langle0| + \frac{1}{2}|1\rangle\langle1|$$

冯·诺依曼熵的定义一般使用自然对数，底数是 e。所以，计算的时候应该使用自然对数 ln。对于这个混合态，纠缠熵如下：

$$S(\boldsymbol{\rho}_A) = -\left(\frac{1}{2}\ln\frac{1}{2} + \frac{1}{2}\ln\frac{1}{2}\right) = \ln 2$$

由于这个结果对于四个 Bell 态都是相同的，所以它们的纠缠程度是相同的，至于是不是最大的纠缠度，纠缠熵的取值范围取决于正在观察的系统维度。当我们谈论纠缠熵时，通常关注的是熵的绝对值，因为熵作为信息的度量，其大小表示系统的不确定性或信息内容，而不是这个量的正负号。对于一个由两个量子比特组成的系统（即每个量子比特都处于二维的希尔伯特空间中），最大纠缠熵的取值是 $\ln 2$。一般来说，如果有一个由两个 d 维量子系统组成的复合系统，则最大纠缠熵的取值是 $\ln d$。考虑一个复合量子系统的最大纠缠态，当我们观察其中一个子系统时，会得到一个混合态，其中所有可能的基态都以相同的概率出现。这意味着密度矩阵的特征值都是 $\frac{1}{d}$，其中 d 是正在观察的子系统的维度。因此，纠缠熵如下：

$$S(\boldsymbol{\rho}) = -\sum_{i=1}^{d} \frac{1}{d} \ln \frac{1}{d} = \ln d$$

2. 量子隐态传输

量子隐态传输的最终目标是，Tx 将它的某个量子态 $|\psi\rangle$ 安全地传送给 Rx。

首先，Tx 和 Rx 向可信任的第三方申请获得一组纠缠的量子态，然后它们分别持有其中的一个量子比特。若如此做，Tx 会自己创建一个量子比特来承载想要传达的信息，加上被分发的一个量子比特会持有 2 个量子比特，而 Rx 只需要一个量子比特即可完成隐态传输。如图 7-2 所示，在 Tx 建立自己持有的两个量子比特的纠缠态后，分别对这两个量子比特进行测量，测量后通过经典信道传输经典比特的信息给 Rx。在该过程中，该信道的内容可能会被窃听，但是窃听者无法通过这些经典信息得到 Tx 想传输的 $|\psi\rangle$ 真实状态，而 Rx 却可以利用这 2 个经典比特信息根据自己持有的量子比特对 $|\psi\rangle$ 进行复现。复现需要使用泡利矩阵的 X 门和 Z 门（也包括 I 门，即不进行任何处理）对自己持有的量子态进行修正，并生成与 $|\psi\rangle$ 完全相同的量子态。注意，$|\psi\rangle$ 已经被 Tx

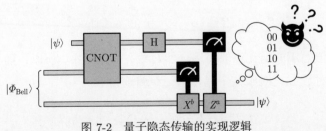

图 7-2　量子隐态传输的实现逻辑

测量了，因为测量量子态 $|\psi\rangle$ 首先会坍缩到经典比特，然后 Rx 会重新制造一个完全相同的 $|\psi\rangle$。

整个过程可以用数学公式精确描述。假设 Tx 想要传输的量子态为 $|\psi\rangle = \alpha|0\rangle + \beta|1\rangle$，整个过程可以表示如下。

1）初始态的总张量积：

$$|\Psi\rangle_{\mathrm{initial}} = |\psi\rangle \otimes |\Psi^-\rangle$$

2）Tx 对第一个和第二个量子比特进行 Bell 测量，系统进入如下态：

$$|\Psi\rangle_{\mathrm{after\ measurement}} = \sum_i |\mathrm{Bell}_i\rangle \otimes U_i|\psi\rangle$$

其中，$|\mathrm{Bell}_i\rangle$ 是 Tx 测量的 Bell 基，U_i 是对 Rx 自己持有的量子态所进行的相应修正操作。对于修正操作 U_i 而言，如果测量结果是 00，则不做任何操作（也可以说执行 I 门操作）；如果是 01，则执行 X 门操作；如果是 10，则执行 Z 门操作；如果是 11，则执行 ZX 门操作（先 X 门后 Z 门）。

3）Rx 根据 Tx 的测量结果执行相应的修正操作，完成态的传输：

$$|\Psi\rangle_{\mathrm{final}} = |\psi\rangle$$

通过这一过程，虽然原始的量子态被测量并破坏，但却准确地重建在 Rx 中。这个过程是不可克隆的，并且需要 Tx 和 Rx 之间有可靠的经典通信渠道。量子隐态传输在量子通信和量子计算中具有重要应用，是量子信息科学的基础组成部分之一。

下面通过一个数学例子并结合图 7-3 所示的量子电路图来实际操演上述过程。

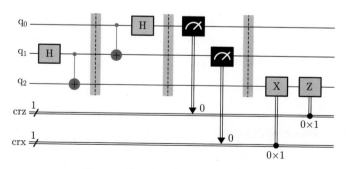

图 7-3　量子隐态传输的量子电路图

初始叠加态为

$$|\Phi^+\rangle = \frac{1}{\sqrt{2}}(|00\rangle + |11\rangle)$$

Tx 想要发送的未知量子态为 $|\psi\rangle = \alpha|0\rangle + \beta|1\rangle$，第一步需要通过一个 CNOT 门与 $|\Phi^+\rangle$ 建立纠缠。

$$|\psi\rangle|\Phi^+\rangle_{\text{CNOT}} = (\alpha|0\rangle + \beta|1\rangle)\frac{1}{\sqrt{2}}(|00\rangle + |11\rangle)_{\text{CNOT}}$$

$$|\psi\rangle|\Phi^+\rangle_{\text{CNOT}} = \frac{1}{\sqrt{2}}(\alpha|000\rangle + \alpha|011\rangle + \beta|101\rangle + \beta|110\rangle)$$

对 $|\psi\rangle$ 进行 H 门操作，使 $|\psi\rangle$ 进入叠加态，由于此时两个系统已经进入纠缠态，因此这个操作也会影响到之前的 Bell 态。

$$H|\psi\rangle|\Phi^+\rangle_{\text{CNOT}}$$

$$= \frac{1}{2}(|0\rangle + |1\rangle)(\alpha|00\rangle + \alpha|11\rangle) + \frac{1}{2}(|0\rangle - |1\rangle)(\beta|01\rangle + \beta|10\rangle)$$

$$= \frac{1}{2}(\alpha|000\rangle + \beta|001\rangle + \beta|010\rangle + \alpha|011\rangle + \alpha|100\rangle - \beta|101\rangle - \beta|110\rangle + \alpha|111\rangle)$$

$$= \frac{1}{2}(|00\rangle(\alpha|0\rangle + \beta|1\rangle) + |01\rangle(\beta|0\rangle + \alpha|1\rangle) + |10\rangle(\alpha|0\rangle - \beta|1\rangle) + |11\rangle(\beta|0\rangle - \alpha|1\rangle))$$

$$H|\psi\rangle|\Phi^+\rangle_{\text{CNOT}} = \frac{1}{2}(|00\rangle|\psi\rangle + |01\rangle X|\psi\rangle + |10\rangle Z|\psi\rangle + |11\rangle ZX|\psi\rangle)$$

通过上述公式我们可以看出，在 Tx 分别测量两个量子比特并传输给 Rx 后，根据其结果，Rx 只需要在本地进行对应的逆操作就可以复现 Tx 想要传输的量子态 $|\psi\rangle$。如果 Rx 收到结果为 00 的经典比特，则说明 Rx 当前持有的原纠缠量子态就是 $|\psi\rangle$；如果收到结果为 10 的经典比特，则只需要对当前的量子态进行一个 Z 门操作就可以复现 $|\psi\rangle$。相对复杂一点的是，如果收到结果为 11 的经典比特，则 Rx 需要先进行 X 门操作再进行 Z 门操作来复现 $|\psi\rangle$，且不论量子态 $|\psi\rangle$ 之前的状态如何，都能够以 100% 概率完美复现。

下面是代码实现，电路图已经在图 7-3 中进行了展示。

```
import numpy as np
from qiskit import QuantumCircuit, QuantumRegister, ClassicalRegister
from qiskit import transpile
from qiskit.visualization import plot_histogram
from qiskit_ibm_provider import IBMProvider
```

```python
from qiskit.circuit import IfElseOp

qr = QuantumRegister(3, name="q")
crz = ClassicalRegister(1, name="crz")
crx = ClassicalRegister(1, name="crx")
teleportation_circuit = QuantumCircuit(qr, crz, crx)

def create_bell_pair(qc, a, b):
    """制备Bell态"""
    qc.h(a) # 叠加制备
    qc.cx(a,b) # 纠缠制备

create_bell_pair(teleportation_circuit, 1, 2)

def tx_gates(qc, psi, a):
    qc.cx(psi, a)
    qc.h(psi)


teleportation_circuit.barrier()
tx_gates(teleportation_circuit, 0, 1)

from qiskit.quantum_info import Statevector, DensityMatrix
from qiskit.visualization import plot_state_city

sv = Statevector([1,0,0,0,0,0,0,0])
sv = sv.evolve(teleportation_circuit)
sv = DensityMatrix(sv)
plot_state_city(sv)

from qiskit.quantum_info import partial_trace

p = partial_trace(sv,[0,1])
plot_state_city(p)

def measure_and_send(qc, a, b):
    qc.barrier()
    qc.measure(a,0)
    qc.measure(b,1)
```

```
measure_and_send(teleportation_circuit, 0, 1)

def rx_gates(qc, qubit, crz, crx):
    qc.x(qubit).c_if(crx, 1)
    qc.z(qubit).c_if(crz, 1)

teleportation_circuit.barrier()
rx_gates(teleportation_circuit, 2, crz, crx)
teleportation_circuit.draw()
```

其中，我们应用了一种新方法——城市图，这种方法可以将密度矩阵可视化。在城市图中，X 轴和 Y 轴分别代表密度矩阵的行和列；实部由柱体的高度表示，虚部由柱体的颜色表示（通常用蓝色表示正虚部，红色表示负虚部），也可以将实部与虚部分割成两个图分别表示，这样就不需要使用颜色区分了。如图 7-4 所示，左图展示实部，右图展示虚部。由于上面的计算过程中并没有出现复数 i 的过程，因此虚部持续为 0。左图的结果出现了 4 簇分布，且每一簇的概率大致相等，说明计算的振幅 $\dfrac{1}{2^2} = 25\%$ 是正确的。对于一个 2 量子比特系统，会有一个 2×2 的网格，每个柱体都代表密度矩阵的一个元素，每个 2×2 的簇都代表一个完全混合的子系统，其中两个基态的概率相等。该系统可以被分解为四个独立纯态的混合态。在量子力学中，密度矩阵的非对角元素（也称为相干元素）与系统的相干性和纠缠关联。非对角线上有许多非零元素

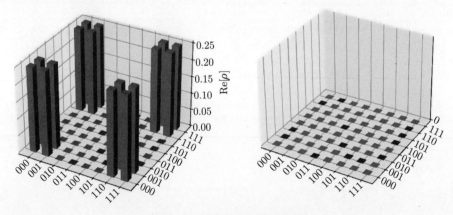

图 7-4　量子隐态传输城市图

可能是系统处于纯态的一种迹象，这表明量子态具有较高的概率相干性。这说明相应的量子态大概率是一个纯态，但这并不是确定的证据，更精确的方法是计算密度矩阵的平方，并检查其是否等于原始密度矩阵。

代码示例中使用了量子态的部分迹来获取特定量子比特的约化密度矩阵（reduced density matrix）。使用部分迹提取特定量子比特的信息，并用迹评估量子态是否为纯态是一种常用的方法，用于从一个多量子比特系统的完整量子态中提取出某些量子比特的局部量子态信息。我们使用密度下降算法只对 Rx 的量子态进行测试，并通过计算密度矩阵的迹来评估量子态的特性，代码中的 sv 变量在最后被转换成一个 DensityMatrix 对象，代表了量子电路执行后的系统状态。如果要计算这个密度矩阵的迹，理论上是对 sv 变量进行操作，代入公式可得出 1，因此可以确认量子态是纯态，如 7-5 所示。Qiskit 中可以通过调用 trace_val = sv.trace() 来完成迹计算操作。第三个量子比特的约化密度矩阵需要我们舍弃第一个和第二个量子比特信息的部分迹获得，其密度矩阵为 $\rho = \frac{1}{2}|0\rangle\langle 0| + \frac{1}{2}|1\rangle\langle 1|$。换言之，该系统不处于任何纯态，而是处于两个基态的混合态中。所有的非对角线元素都为 0，这意味着系统中不存在两个基态之间的量子相干性，由于两个基态的概率相等，且没有相干性，所以这个密度矩阵描述的是一个完全混合态。在纯度的概念中，完全混合态具有最低的纯度，因此在测量时，获取这两个结果的机会是相同的。

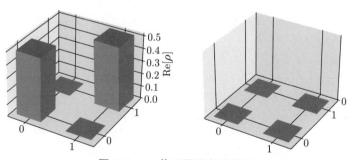

图 7-5 Rx 修正量子态城市图

3. 量子隐态传输进阶：动态构造

进阶版本的量子隐态传输的目的是，使用量子信道进行动态构造（根据经典信息变化）的操作，并对 Rx 的量子态进行操作。

代码如下：

```python
import numpy as np
from qiskit import QuantumCircuit, QuantumRegister, ClassicalRegister
from qiskit import transpile
from qiskit.visualization import plot_histogram
from qiskit_ibm_provider import IBMProvider
from qiskit.circuit import IfElseOp


qr = QuantumRegister(3, name="q")

crz, crx = ClassicalRegister(1, name="crz"), ClassicalRegister(1,
    name="crx") # Tx的经典比特寄存器
crb = ClassicalRegister(1, name="crb") # Rx的经典比特寄存器


dynamics_teleportation_circuit = QuantumCircuit(qr, crz, crx, crb)

def create_bell_pair(qc, a, b):

"""Bell态制备"""
    qc.h(a)
    qc.cx(a,b)

create_bell_pair(dynamics_teleportation_circuit, 1, 2)

def tx_gates(qc, psi, a):
    qc.cx(psi, a)
    qc.h(psi)

dynamics_teleportation_circuit.barrier()
tx_gates(dynamics_teleportation_circuit, 0, 1)

def measure_and_send(qc, a, b):
    qc.barrier()
    qc.measure(a,0)
    qc.measure(b,1)

measure_and_send(dynamics_teleportation_circuit, 0 ,1)

def rx_gates(qc, qubit, crz, crx):
```

```
    with qc.if_test((crx, 1)): # 如果crx值为1，则执行
        qc.x(qubit)
    with qc.if_test((crz, 1)): # 如果crz值为1，则执行
        qc.z(qubit)

dynamics_teleportation_circuit.barrier()
rx_gates(dynamics_teleportation_circuit, 2, crz, crx)
dynamics_teleportation_circuit.measure(2, crb)
dynamics_teleportation_circuit.draw()

from qiskit import transpile
from qiskit_aer import AerSimulator
from qiskit.visualization import plot_histogram

sim = AerSimulator()
transpiled_circuit = transpile(dynamics_teleportation_circuit, sim)

shots = 1000
job = sim.run(transpiled_circuit, shots=shots, dynamic=True)

exp_result = job.result()
exp_counts = exp_result.get_counts()
plot_histogram(exp_counts)

from qiskit.result import marginal_counts

rxs_qubit=2
rxs_counts = marginal_counts(exp_counts, [rxs_qubit])
plot_histogram(rxs_counts)
```

　　如图 7-6 所示，展示了处于量子纠缠下的三个量子比特，为了优化可视化的效果，本程序中将第一个量子比特设置为 Rx 的量子比特，可以看到四种概率近乎相等，理论上应该都是 25%。

　　图 7-7 展示了该程序的量子电路图，其特征就是构造了一个动态函数。图 7-8 复现量子比特的概率，由于在默认情况下新创建的量子比特的值为 0，因此在通过量子隐态传输复原 Tx 想要发送的量子态后，得到的结果是 100% 的概率为 0。

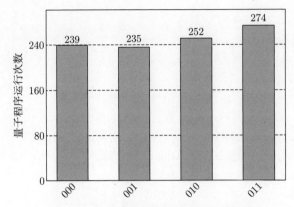

图 7-6　三个量子比特纠缠态的结果分布

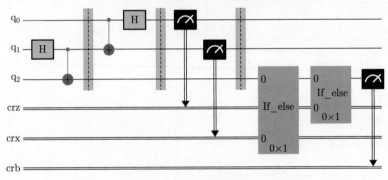

图 7-7　量子电路图

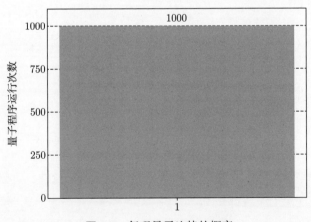

图 7-8　复现量子比特的概率

4. 安全性分析

量子隐态传输是一种基于量子纠缠和经典通信的量子信息传输过程，尽管名字中带有"隐态"，但这并不意味着量子隐态传输本身具有保密性或安全性。

下面分析量子隐态传输的安全性，以及潜在攻击者可能采取的行动。简单概括量子隐态传输的过程如下：

1）Tx 和 Rx 之间共享一对纠缠的量子比特。

2）Tx 通过 Rx 测量他的量子比特和他纠缠对中的量子比特。

3）Tx 通过经典信道将测量结果发送给 Rx。

4）Rx 根据 Tx 发送的测量结果，在它的量子比特上施加适当的量子门，从而重构 Tx 量子比特的状态。

在该过程中，攻击者无法得知通信双方（Tx 和 Rx）事先制备的纠缠量子态信息，因此虽然能够截获经典信息，却无法得知通信内容，这保证了量子隐态传输的安全性。然而，攻击者可能会试图干扰 Tx 和 Rx 之间的纠缠量子比特，这可能会导致传输错误或 Rx 的量子比特状态与 Tx 的初始量子比特状态不匹配。对此，Tx 和 Rx 可以通过执行纠缠态验证来检测干扰。

攻击者也可能会尝试拦截 Tx 通过经典信道发送给 Rx 的测量结果，这不会让攻击者获取关于量子态的任何信息。如果攻击者试图替换或干扰这些测量结果，Rx 将无法正确重构量子态，进而使得 Rx 接收到的信息失真率大大提高，从而被 Rx 检测到攻击。

攻击者还可能会通过尝试监听纠缠量子通道来获取信息。根据不可克隆定理，攻击者无法完全复制量子信息。因为任何尝试监听的行为都会扰动量子态，所以 Tx 和 Rx 都可以通过测试量子态的保真度来检测攻击者的监听行为。

量子隐态传输本身并没有被设计为一种安全的通信协议，其是一种仅凭借量子性质提供信息安全性的通信协议。然而，其使用的量子属性确实提高了攻击的复杂性，并允许对某些类型的攻击进行检测。如果安全性是一个关键因素，那么量子隐态传输可以与其他量子密码学协议（例如量子密钥分发）结合使用，以提供保密性和鲁棒性。要想防御潜在的攻击，Tx 和 Rx 必须小心选择和验证它们的纠缠源，以确保经典信道的完整性，并定期检查传输的保真度和准确性。

7.2.2 量子超密通信

量子超密通信是一种允许两方在共享一对纠缠量子态的情况下，通过发送一个量子比特来传输两个经典比特信息的通信协议。这一过程利用了量子纠缠的性质，使得信息传输的效率翻倍。该协议在测量两个经典比特的信息后，直接使用量子回路进行处理，不需要中断量子信道内部的操作。

图 7-9 所示为量子超密通信的基本逻辑。与量子隐态传输相同，量子超密通信首先需要 Tx 和 Rx 从第三方获取一个 Bell 纠缠态，并分别持有其中的一个量子比特。然后 Tx 对持有的量子态进行 U 门操作，该操作是根据所需传输的两个经典比特数据之间的映射关系来执行的。映射关系如表 7-1 所示。在 Tx 对持有的量子态进行 U 门操作之后，将该量子态发送给 Rx，在该过程中量子态未被测量，因此传输的仍然是量子态。Rx 收到对应的量子态后，在本地只需要进行 Bell 态的纠缠逆操作，解除两个量子态的纠缠并分别测量即可获得两个经典比特。这两个经典比特的传输只需要使用 1 个量子比特，就可以将通信效率提升两倍。

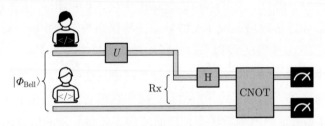

图 7-9　量子超密通信的基本逻辑

表 7-1　量子超密编码 U 算符

Tx 准备的数据	U 算符（编码）	操作后的 Bell 态	Rx 验证的数据
00	I	$\lvert 00\rangle + \lvert 11\rangle$	$\lvert 00\rangle$
01	X	$\lvert 10\rangle + \lvert 01\rangle$	$\lvert 01\rangle$
10	Z	$\lvert 00\rangle - \lvert 11\rangle$	$\lvert 10\rangle$
11	ZX	$\lvert 01\rangle - \lvert 10\rangle$	$\lvert 11\rangle$

基于上述理论，我们使用数学公式对该过程进行推演。假设 Tx 想要传输的数据是 01，根据图 7-9 所示，其应当在自己持有的量子比特上施加 X 门操作，则有

$$X\lvert \varPhi^{+}\rangle = \frac{1}{\sqrt{2}}(\lvert 10\rangle + \lvert 01\rangle)$$

在完成 U 门操作之后，Tx 将自己的量子比特传输给 Rx。Rx 在本地对该量子态进行 Bell 态纠缠的逆操作，即针对第一个量子比特进行 CNOT 门操作后再进行 H 门的操作。

$$X|\varPhi^+\rangle_{\mathrm{CNOT}} = \frac{1}{\sqrt{2}}(|11\rangle + |01\rangle)$$

$$HX|\varPhi^+\rangle_{\mathrm{CNOT}} = \frac{1}{\sqrt{2}}\left(\frac{1}{\sqrt{2}}(|0\rangle - |1\rangle)|1\rangle + \frac{1}{\sqrt{2}}(|0\rangle + |1\rangle)|1\rangle\right)$$

$$HX|\varPhi^+\rangle_{\mathrm{CNOT}} = \frac{1}{2}(|01\rangle - |11\rangle + |01\rangle + |11\rangle)$$

$$HX|\varPhi^+\rangle_{\mathrm{CNOT}} = |01\rangle$$

这时，Rx 在本地完美重现了 Tx 想要传输的数据，现在只需要对这两个量子比特分别进行测量就可以以 100% 的概率获得 01 两个经典数据了。这里需要重点强调，在发送 11 数据时，对于 Tx 正确编码的 U 门操作就是 ZX 门操作，即执行 X 门操作后再执行 Z 门操作。量子算符执行两次等于未执行，U 门操作本质上是互逆的操作，因此对于其他的单算符操作可以不考虑顺序问题，但是对于多算符操作需要严格的顺序互逆。再次重点强调，量子算符不满足交换律，ZX 门与 XZ 门不会产生相同的量子结果。

量子超密通信的代码实现如下，本代码以 11 为例进行了构造。

```python
from qiskit import QuantumCircuit, Aer, execute
from qiskit.visualization import plot_histogram

# 要发送的经典消息
message = '11'

# 创建一个量子电路，包括两个量子比特和两个经典比特
qc = QuantumCircuit(2, 2)

# 准备一个Bell态
qc.h(0)
qc.cx(0, 1)
qc.barrier()

# Tx选择的操作，对应于想要发送的消息
if message == '01':
    qc.x(0)
    qc.barrier()
elif message == '10':
    qc.z(0)
```

```
    qc.barrier()
elif message == '11':
    qc.x(0)
    qc.z(0)
    qc.barrier()
# 如果消息是'00'，则不需要额外操作

# 将Tx的量子比特传递给Rx（在此例中，不需要物理传输）

# Rx对两个量子比特进行Bell测量
qc.cx(0, 1)
qc.h(0)
qc.measure([0, 1], [0, 1])

# 使用模拟器执行量子电路
backend = Aer.get_backend('qasm_simulator')
result = execute(qc, backend, shots=1024).result()
counts = result.get_counts(qc)

# 结果可视化
plot_histogram(counts)

qc.draw()
```

该代码的执行电路图如图 7-10 所示，分为三部分：第三方制备纠缠态、Tx 在本地进行操作和 Rx 收到量子态并进行 Bell 态制备的逆操作。

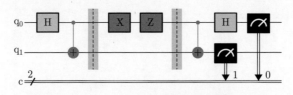

图 7-10   量子超密通信电路图

量子超密编码（Quantum Superdense Coding）结果统计分布如图 7-11 所示，复原对应量子态的概率为 100%（理论模拟器与真实计算机会有偏差，使用真实量子计算机必然会导致一定的失真）。

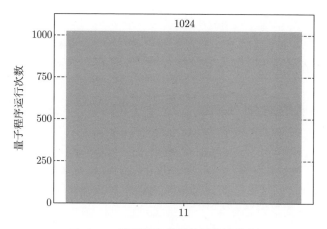

图 7-11　量子超密编码结果统计分布

　　量子超密编码在通信过程中的安全性分析涉及多个方面，主要集中在潜在的攻击和威胁、纠缠源的可靠性及错误率等方面。

量子超密编码的安全性分析如下。

　　1）潜在的窃听攻击：在经典通信中，窃听者可以拦截并复制信息而不被发现。在量子通信中，只要窃听者测量量子比特就会扰动其状态，从而可能会被检测到。在量子超密编码的情况下，潜在的窃听者不可能获取完整的信息。

　　2）纠缠源的可靠性：超密编码依赖于纠缠态的准确准备。如果纠缠源不可靠或被操纵，那么通信的安全性和可靠性都可能会受到影响。因此，确保纠缠源的安全性和完整性是至关重要的。

　　3）量子信道的安全性：在通信过程中，Tx 必须将量子比特发送给 Rx。如果量子信道被窃听或受到干扰，那么信息的完整性可能会受到威胁。例如，窃听者可能会执行特定的量子操作，以获取有关传输信息的知识。

　　4）与量子密钥分发的结合：超密编码可以与其他密码协议结合，以提供进一步的安全保障。Tx 和 Rx 可以创建一个只有他们知道的共享密钥，然后使用这个密钥来加密要通过超密编码发送的消息。

　　5）中间人攻击：如果攻击者能够控制纠缠态的准备和分发，则他们可能会尝试执行中间人攻击。安全的身份验证和信任的纠缠源是防止此类攻击的关键。

　　6）物理层的安全性：除了量子层面的安全考虑，还必须考虑物理设备本身的安全性。例如，设备的防篡改特性，以及对设备存放和处理信息的访问控制。

总的来说，虽然量子超密编码提供了一些天然的安全特性（例如，不可克隆性），但其安全性仍取决于整个系统的许多方面，包括使用的协议、物理设备的安全性、潜在窃听者的能力等。

7.2.3 量子无条件安全通信

在第 2 章，我们了解了基于香农信息论的信息安全定义，其中完美安全将该定义整理成以下三个条件。

1）一次一密：加密后的密文不能透露出明文的任何信息，且在使用对应的密钥解密后，该密钥被废弃。

2）密钥空间等于明文空间：密钥长度至少与明文长度相同，甚至可以大于明文长度。

3）密钥随机性：密钥是随机生成的，不存在周期性和任何重复性。

下面讨论为什么量子通信是无条件安全的通信，在经过本节的学习后，我们将引入量子安全通信领域中非常重要的量子密钥分发技术。量子通信确实可以满足基于香农信息论完美安全定义的三个条件，下面我们详细分析这三个条件在量子通信中是如何实现的。

1）一次一密：在量子通信中，每个量子比特只能被测量一次，测量后量子态就会坍缩。这意味着一旦接收方完成了测量，密钥的量子信息就不再存在。同时，基于量子不可克隆定理，潜在的窃听者也不能复制这些量子态。因此，量子通信满足一次一密的条件，加密后的密文不透露明文的任何信息，而解密后的密钥被废弃。

2）密钥空间等于明文空间：通常量子密钥分发产生的密钥长度与要加密的明文长度相同。实际上，通过选择适当的协议可以生成任意长度的密钥。如果需要也可以使密钥的长度大于明文的长度。这样，量子通信能够确保密钥空间等于或大于明文空间。

3）密钥随机性：量子通信中的密钥是由测量纠缠态或不同量子态的结果产生的。由于量子测量的固有随机性，这些测量结果是真正随机的。更具体地说，对于一个处于纠缠态量子系统的测量结果，无法通过任何经典方法预测。这确保了量子通信生成的密钥是真正随机的，不存在周期性和任何重复性。

因此，量子通信可以满足基于香农信息论完美安全定义的三个条件，这再次强调了量子通信在实现无条件安全通信方面的独特优势。这些特性基于量子力学的基本原理，与任何特定的实施技术或密码学方案无关，即使攻击者拥有无限的算力也无法突破该安全机制。

7.2.4 量子密钥分发

量子密钥分发是一种利用量子力学原理实现的密钥分发技术。它利用量子系统的一些特性，如量子纠缠和量子不可克隆定理，来提供信息传输过程中的安全性保障。QKD 的目的是让通信双方能够共享一串秘密的随机密钥，这串密钥可以用来进行后续的信息经典加密和经典解密。QKD 是一种可以以绝对安全的方式生成经典密钥的方法，不需要考虑密钥配送问题，且生成的密钥只面临暴力破解的安全隐患（实际上，如果密钥的长度超过明文的长度，暴力破解在概率上也是不可能的），因此，也被称为跨时代的量子安全技术。BB84 协议是 QKD 最著名的协议之一，由 Bennett 和 Brassard 于 1984 年提出，下面重点介绍 QKD 协议的细节。

Tx 选择一个随机比特和随机基底（Basis），并根据这些准备一个量子态。在量子计算和通信中，基底是构成量子态空间的正交单位向量组合，使用基底生成的量子态在表达信息 0 和 1 时有两种截然不同的方式。基底有 Z 基底（标准的正交基底，也叫计算基底）和 X 基底（Hadamard 基底）两种。

1）Z 基底：这是最常用的基底，表示为

$$|0\rangle, |1\rangle$$

2）X 基底：与 Z 基底相互正交，表示为

$$|+\rangle = \frac{1}{\sqrt{2}}(|0\rangle + |1\rangle), |-\rangle = \frac{1}{\sqrt{2}}(|0\rangle - |1\rangle)$$

X 基底与 Z 基底之间的关系可以通过 Hadamard 变换表示：

$$|+\rangle = H|0\rangle, |-\rangle = H|1\rangle$$

我们首先需要了解基底与生成信息之间的关系，在量子信息系统中，量子态可以被表示为 $|0\rangle$ 或者 $|1\rangle$，它们一般代表经典信息里的 0 和 1，而 $|+\rangle|-\rangle$ 则对应 0 和 1 的叠加态，二者相位不同但携带的信息是相同的。在有基底的描述中，这些概念与原有概念略有不同。简单的理解方式为，我们使用不同的方式来表达 0 和 1，在 X 基底中 $|+\rangle|-\rangle$ 分别表示 0 和 1，在 Z 基底中 $|0\rangle$ 和 $|1\rangle$ 分别表示 0 和 1，它们强调的是对应基底的量子系统中对 0 和 1 的表达方

式，两种不同基底是对 0 和 1 的不同表达方式。实际上，基底表达的信息由通信双方事前决定，通信双方完全可以以相反的规则来约束信息，例如用 $|1\rangle$ 表示 0，这种反直觉的操作能够进一步加强安全性。以反转 X 基底为例，如果测量结果为 $|+\rangle$，则证明接收到的数值为 1。虽然拥有上述特性，但是 X 基底中两种基本的量子特性并不会消失，即测量结果为 $|+\rangle$ 表示 0 和 1 出现的概率各为 50%。但是这样的测量结果对于 Z 基底而言就是一次错误，该类型的错误信息会在后续步骤中被舍弃。

如图 7-12 所示，展示了所有基底配对的可能性，当 Tx 使用 X 基底生产信息时，意味着在量子电路的最开始部位使用 H 门操作，如此发送的数据都处于叠加态。如果此时 Rx 使用 Z 基底解码，就会出现 q_1 寄存器的情况；如果使用 X 基底解码，则会出现 q_0 的情况。在默认情况下，Qiskit 的初始状态为 $|0\rangle$，默认发送 $|+\rangle$，表示发送的信息为 0；如果想要发送 $|-\rangle$，则只需要在进行 H 门操作之前施加 X 门操作即可。同理，如果选择使用 X 基底接收信息，则会在测量之前添加 H 门（如 $q_0\&q_3$）操作；如果选择 Z 基底，则直接测量，不添加任何门 $(q_1\&q_2)$ 操作。

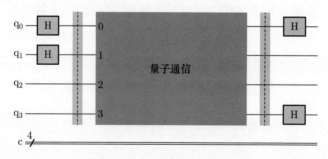

图 7-12 量子密钥基底配对可能性

1. 编码和解码

量子密钥分发原理如图 7-13 所示，Tx 可以通过选择不同的基底来编码信息，Rx 可以随机选择使用不同的基底来解码。如果它们选择的基底相同，那么解码会 100% 成功；如果不同，那么解码将是随机的，只会在概率上获得正确的信息。首先 Tx 与 Rx 会重复该过程发送多个量子比特，然后他们通过经典渠道公开自己选择的基底，并仅保留匹配的部分作为密钥。QKD 提供了一种基于物理原理的安全性保证，与依赖数学难题（例如大数分解）的传统密码学方法相比，它在理论上是完全安全的。

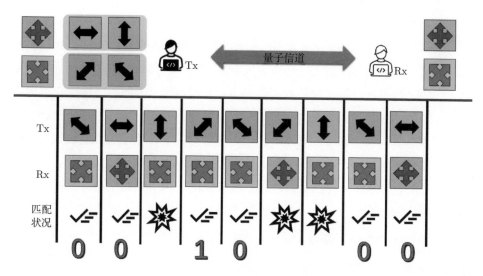

图 7-13　量子密钥分发原理

让我们来实际推演这个过程，假设 Tx 发送 $|0\rangle$ 给 Rx，Rx 会有两种选择：一种是使用 Z 基底测量，另一种是使用 X 基底测量，这两种选择是完全随机的。如果使用了 Z 基底，则基底与产生该量子信息的基底相匹配，换言之，有 100% 的概率获得 $|0\rangle$；如果选择了 X 基底，则只有 50% 的概率获得 $|0\rangle$，另外有 50% 的概率获得 $|1\rangle$。至于理由，图 7-12 展示了所有可能的测量基底与接收信息之间的分布电路，当使用错误的基底时会导致正确率下降 50%。对于 q_0 和 q_2 寄存器而言，不论是发送 0 还是 1，都能够 100% 无误差接受；对于 q_1 和 q_3 寄存器而言，在最终测量量子态之前，会导致量子电路中的量子态仍然处于叠加态，因此测量到 $|0\rangle$ 和 $|1\rangle$ 的概率均为 50%。此时，根据事前约定好的基底与信息的对应规则处理量子态和经典信息之间的映射关系就可以了。再次强调，在 QKD 协议中，测量到 $|0\rangle$ 和 $|1\rangle$ 的结果并不能直接对应信息的结果，根据选择的基底不同可能有不同的表达方式，这取决于事先的约定。如果没有特别的事先约定，最后的测量结果就等同于想要传递的经典信息。

2. QKD 中的基底交换

如图 7-13 所示，在重复发送并随机测量基底之后，只有部分信息会匹配。在该过程中我们要舍去所有不匹配的信息，但是由于即便基底不匹配仍然有 50% 的概率会接收到正确信息，因此需要通信双方进行一步额外的操作来彻底排除这些信息，这一步操作就是基底交换。以图 7-13 为例，Tx 总计传输了 9 比特的数据，其中有 3bits 因为基底不匹配被舍弃，剩余 6 个有效比特。此后，Tx 与 Rx 互换他们测量的基底，即双方同时拥有对方的基底，此时即便在不同基底下，50% 的概率获得正确数据的信息也会被检测出，因此可以精确获得 6 个有效比特的信息。此后会将这 6 个有效比特信息的一部分公布到量子信道中来检测是否有窃听者。如果没有窃听者，则剩余的 3 个比特信息就会被视为一个绝对安全的密钥，用于后续的经典加密环境。如果发现有窃听的现象，则本次 QKD 过程中的信息可能已经被泄露，就会废除本次互换的信息，放弃在本次 QKD 中产生的密钥。

3. QKD 中的窃听探测

窃听者可能会采用以下窃听策略。

1）拦截并测量：窃听者拦截量子比特，用随机选择的基底进行测量，并重新发送测量结果给 Rx。这实际上是攻击者最容易操作且传统意义上最容易成功的方法。

2）侧信道攻击：窃听者尝试通过分析其他信道信息来收集信息。该方法需要强大的硬件设备与专业的分析软件支持，不在我们的讨论范畴。

3）量子纠缠测量：攻击者使用更复杂的量子技术，例如使用纠缠量子比特进行联合测量，但是这需要对当前量子态进行干涉，复杂度过高，在此不展开分析。

对窃听成功概率的分析如下。

1）拦截并测量攻击：

① 当窃听者选择的基底与 Tx 选择的基底相匹配时，窃听成功的概率为 100%。

② 当窃听者选择的基底与 Tx 选择的基底不匹配时，窃听成功的概率为 50%。

③ 整体而言，窃听者的平均窃听成功概率为 75%。因为上述两个事件发生的概率分别为 50%，且只有基底不匹配和测量错误时会被检测出。对于 1 比特的信息有 75% 的概率窃听成功，随着传输比特信息的增加，错误率会呈指数级增加。对于 10 比特，其成功窃听的概率只有 $0.75^{10} \approx 0.056$，窃听不被发现的概率只有 5.6%。实际上，在传输的比特信息超过 30 以后，就几乎有 100% 的概率无法在不被察觉的情况下窃听成功了。换言之，对于窃听行为，通信双

方每单个比特有 25% 的概率被检测到，当且仅当窃听者进行了窃听并且使用了正确的基底时，活动才不会被检测到。

2）侧信道攻击和量子纠缠测量：这些攻击通常非常复杂，并且需要更深入的分析，窃听成功的概率取决于实施的具体方法和系统的物理细节，在此不再深入讨论。

QKD 的 BB84 协议包含一个用于检测窃听的阶段。首先 Tx 和 Rx 公开交换一部分基底匹配的比特，并比较这些比特的值。然后交换有效比特的部分信息来检测窃听行为，该阶段会有极高的概率能够检测出窃听者。窃听者持有的信息可以通过表 7-2 确认（假设攻击者全程窃听，且该表基于图 7-13 的例子）。

表 7-2 QKD 各节点通信双方和窃听者持有的信息

Tx 持有的信息	窃听者持有的信息	Rx 持有的信息
数据（01101100）	—	—
Tx 基底（XZZXXXZXZ）	—	—
信息（01101100）	信息（01101100）	信息（01101100）
—	—	Rx 基底（XZXXXZXXZ）
—	—	Rx 接收（0*10**00）
—	Tx 基底（XZZXXXZXZ）	Tx 基底（XZZXXXZXZ）
Rx 基底（XZXXXZXXZ）	Rx 基底（XZXXXZXXZ）	—
密钥候补（01000）	—	密钥候补（01000）
Tx Sample（00）	Tx Sample（00）	Tx Sample（00）
Rx Sample（00）	Rx Sample（00）	Rx Sample（00）
密钥（100）	—	密钥（100）

在有效数据的 Sample 交换阶段，可以在完全不安全的信道中传输信息，甚至可以进行明文传输。传输内容包含对应密钥候补序号和对应位的信息。其中，由于密钥的对应序号是窃听者所不知道的，因此窃听者如果想要截取这些信息仍然需要使用随机的基底进行测量，这就导致窃听可能会被检测到。下面构造一个可以帮助读者直观理解这一过程的代码：

```
from qiskit import QuantumCircuit, Aer, execute
from random import randint, sample
```

```
# 密钥长度
key_length = 20
received_length = 13

# Tx的密钥和基底
Tx_key = [randint(0, 1) for _in range(key_length)]
Tx_bases = [randint(0, 1) for _in range(key_length)]

# Rx的基底和测量结果
Rx_bases = [randint(0, 1) for _in range(key_length)]
Rx_measurements = []

# 模拟量子通信
for i in range(received_length):
    # 创建一个量子电路
    qc = QuantumCircuit(1, 1)

    # Tx准备量子比特
    if Tx_key[i] == 1:
        qc.x(0)
    if Tx_bases[i] == 1:
        qc.h(0)

    # Rx测量量子比特
    if Rx_bases[i] == 1:
        qc.h(0)
    qc.measure(0, 0)

    # 使用模拟器运行量子电路
    aer_sim = Aer.get_backend('qasm_simulator')
    result = execute(qc, aer_sim, shots=1).result()
    counts = result.get_counts(qc)
    measured_bit = int(list(counts.keys())[0])
    Rx_measurements.append(measured_bit)

# 通过公开讨论基底来比较结果
shared_key = []
shared_positions = []
```

```
for i in range(received_length):
    if Tx_bases[i] == Rx_bases[i]:
        shared_key.append(Tx_key[i])
        shared_positions.append(i)

print("Tx的密钥:", Tx_key[:received_length])
print("Tx的基底:", Tx_bases[:received_length])
print("Rx的基底:", Rx_bases[:received_length])
print("Rx的测量结果:", Rx_measurements)
print("共享密钥:", shared_key)
print("匹配的位置:", shared_positions)

import matplotlib.pyplot as plt
import numpy as np

def plot_shared_data_with_key(Tx_data, Rx_data, shared_positions,
    title, Tx_label='Tx', Rx_label='Rx'):
    N = len(Tx_data)
    ind = np.arange(N) # 位置索引
    width = 0.35 # 柱状图的宽度

    fig, ax = plt.subplots()

    # 画柱状图
    Tx_bar = ax.bar(ind - width/2, Tx_data, width, label=Tx_label,
    color='r')
    Rx_bar = ax.bar(ind + width/2, Rx_data, width, label=Rx_label,
    color='b')

    # 添加共享密钥的文本标注
    for pos in shared_positions:
        plt.text(pos, 1, 'Key', ha='center')

    # 添加标签和标题
    ax.set_xlabel('Position')
    ax.set_title(title)
    ax.legend()
```

```
    plt.show()

# 调用函数来绘制包含共享密钥位置的柱状图
plot_shared_data_with_key(Tx_key[:received_length], Rx_measurements,
    shared_positions, 'Key and Shared Positions Comparison')
plot_shared_data(Tx_bases[:received_length],
    Rx_bases[:received_length], 'Bases Comparison')
```

该程序每次执行都可能会出现不同的运行结果，其只是为了更方便地理解 QKD 的运作模式，省略了隐私放大步骤。其中的一种结果如下：

```
Tx的密钥: [1, 0, 1, 1, 0, 1, 1, 0, 0, 0, 1, 0, 1]
Tx的基底: [0, 1, 1, 0, 1, 1, 0, 1, 0, 1, 0, 1, 0]
Rx的基底: [0, 0, 1, 1, 1, 0, 0, 1, 0, 1, 1, 1, 1]
Rx的测量结果: [1, 1, 1, 0, 0, 0, 1, 0, 0, 0, 0, 0, 0]
共享密钥: [1, 1, 0, 1, 0, 0, 0, 0, 0]
匹配的位置: [0, 2, 4, 6, 7, 8, 9, 11]
```

我们可以根据图 7-14 和图 7-15 直观地观察到 Tx 与 Rx 在 QKD 过程中的基底分布与最终的密钥序列。满足密钥候补所需的条件：① 对应位置有相同的基底；② Rx 接收的结果与 Tx 对应位置的数据一致。如图 7-14 所示，密钥由双方数值相同的数据来提供，在直方图的表现上略反直觉的是"即便图中没有柱状条，只要结果一致就可以成为密钥候补"这一现象。

4. E91 协议

E91 协议是基于量子纠缠的一个重要版本，与更早的 BB84 协议有许多相似之处，但 E91 使用纠缠态作为信号态，这让它在一些场合下具有额外的优势。此外，BBM92 协议也是一种基于纠缠的 QKD。BBM92 可被视为对 E91 协议思想的一种扩展和具体化，它使用纠缠态作为信号态，提供了一种明确的检测窃听者存在的方法。一个纠缠对通常写作：

$$|\Psi\rangle = \frac{1}{\sqrt{2}}(|00\rangle + |11\rangle)$$

这个纠缠态会被分割成两部分：一部分发送给 Tx，另一部分发送给 Rx。他们各自随机选择一个基底（通常是 X 基底或 Z 基底）进行测量，并将测量的基底通过经典渠道分享。如果他们选择了相同的基底，则他们测量的结果是

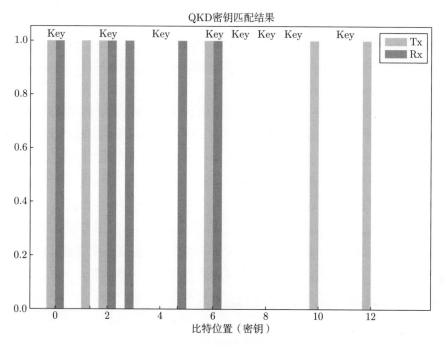

图 7-14 QKD 密钥生成结果

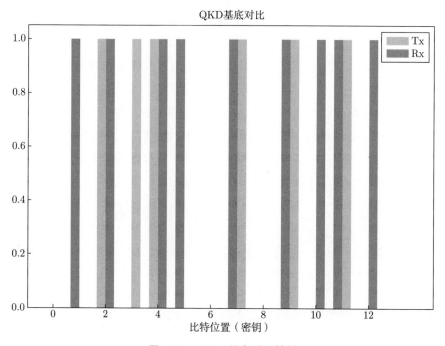

图 7-15 QKD 基底对比结果

一致的。假设窃听者截获 Rx 端的量子比特并进行测量,基于量子系统的不可克隆定理,窃听者不能完美地复制这个量子比特,但可以选择一个基底(比如 Z 基底)进行测量。测量后,Rx 端的量子比特将塌缩到窃听者测量结果对应的状态,破坏了原始的纠缠性质。

例如,如果窃听者在 Z 基底上测量得到 0,那么整个系统将塌缩到 $|00\rangle$ 态,此时 Rx 端即使使用正确的基底进行测量也会得到概率性的误差,这些概率性误差在通信双方的后续校验中可以被发现。二者传输彼此的基底,但不传输本地的比较结果,如此二者就可以对比基底和结果,确认一个候补序列。只要基于实际测量结果的误差高于某个阈值,就会废弃本次密钥的生成程序。

该协议的安全性来自量子力学的不可克隆定理和纠缠态的非经典关联性。如果监听者尝试截取纠缠态中的一个量子比特并进行测量,就会破坏纠缠,Tx 和 Rx 在公开讨论阶段交换测量结果与测量基底时能够察觉到这一点。

此外,我们注意到,由于需要提前制备纠缠态,因此就涉及一个第三方的问题。对于第三方的介入是否会破坏 QKD 的安全性,我们需要考虑更多的因素,主要考虑以下两项。

1)确保 Tx 和 Rx 共享的比特不会被第三方窃听的安全性。如果纠缠态制备者是 Tx 或 Rx,第三方就不存在,安全性明显提高。

2)Tx 或者 Rx 中一方作弊的安全性。例如,将鉴定结果为假的序列声明作为真的,进而形成伪密钥序列,在这种情况下兼任制备纠缠态的一方更容易作弊。

因此,我们需要综合考虑实际的事务应该适配哪一种方式的 QKD,进而灵活地改变这一制备过程。下面是 E91 的量子程序,以一个简单的 Bell 态为例,展示在 Tx 与 Rx 分别以相同基底和不同基底测量某量子态后不同结果的差异,进而明确如何确认误差。

```python
from qiskit import QuantumCircuit, Aer, transpile, assemble
from qiskit.visualization import plot_histogram
from qiskit.providers.aer import AerSimulator
from random import choice


# 创建一个量子电路并生成纠缠态
def create_entangled_pair(qc, a, b):
    qc.h(a) # 在量子比特a上创建一个叠加态
```

```
    qc.cx(a, b) # 从a到b创建一个CNOT门

# 模拟Tx和Rx的测量
def measure_pair(qc, a, b):
    # 测量基底的选择
    tx_base = choice(['X', 'Z'])
    rx_base = choice(['X', 'Z'])
    # 设置测量基底
    if tx_base == 'X':
        qc.h(a)
    if rx_base == 'X':
        qc.h(b)
    qc.measure(a, a)
    qc.measure(b, b)
    return tx_base, rx_base

# 初始化量子电路
n = 1
qc = QuantumCircuit(n*2, n*2)

# 创建纠缠对
create_entangled_pair(qc, 0, 1)

# 进行测量
tx_base, rx_base = measure_pair(qc, 0, 1)

# 模拟器设置
simulator = AerSimulator()

# 运行量子电路
compiled_circ = transpile(qc, simulator)
result = simulator.run(compiled_circ).result()

# 输出测量结果
counts = result.get_counts()

# 输出Tx和Rx的测量基底
print("Tx's base: ", tx_base)
```

```
print("Rx's base: ", rx_base)
```

  QKD 中的电路图没有特别复杂的构造，其安全性建立在量子特性上，量子电路中除量子门操作外没有任何额外的经典操作。通信双方利用对不同基底的测量产生随机性这一特点，针对在制备量子态和测量量子态时是否使用 H 门进行随机传输和身份认证。因此，该程序的电路图一定先使用 CNOT 门制备 Bell 态，然后在测量之前分别进行随机的操作处理（是否添加 H 门来确定他们的测量基底）。这里不再单独分析量子电路图，直接给出该电路的运行结果，如图 7-16 和图 7-17 所示。我们可以看到，当 Tx 与 Rx 同时选择相同的基底时，他们的测量结果就是一个经典的 Bell 态分布；如果他们选择不同的基底，则测量结果必然是一个二元量子比特的等振幅分布。因此，如果中间有攻击者试图截取或者重发量子比特，则一定会引入噪声，从而通信双方可以根据噪声来分辨是否要弃用本次 QKD 生成的密钥序列。

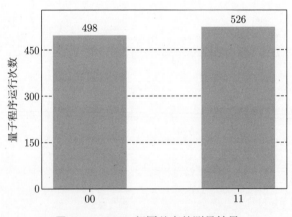

图 7-16　QKD 相同基底的测量结果

5. 安全性分析

  QKD 的安全性分析是一个复杂的领域，具体如下。

  1）无条件安全性：QKD 的一项重要特性是无条件安全性，这意味着即使攻击者拥有无限的计算资源和完美的量子技术，也无法破解通过 QKD 协议安全生成的密钥。即使在拥有通用量子计算机的未来，QKD 仍然被认为是安全的，因为它不依赖于计算假设，这与许多经典密码学方法不同，后者可能会被强大的量子计算机攻破。

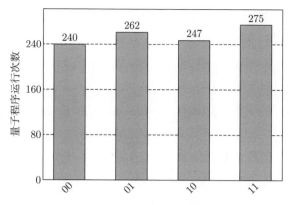

图 7-17　QKD 不同基底的测量结果（E91）

2）窃听检测：通过公开讨论一小部分测量结果，Rx 和 Tx 可以估计线路中的错误率，从而检测潜在的窃听活动。如果错误率超过可接受的阈值，他们将放弃密钥。通过随机从密钥中选择和丢弃比特，Tx 和 Rx 可以进一步减少窃听者可能获得的信息，这个过程称为隐私放大。

3）量子纠缠：有些协议（如 E91）使用量子纠缠来增加安全性。纠缠态的非局部性意味着对其中一个纠缠粒子的测量会立即影响其粒子的状态，即使它们彼此相隔很远，这使得窃听更容易被检测到。

4）侧信道攻击：尽管 QKD 在理论上是安全的，但实际实现可能会暴露于侧信道攻击。侧信道攻击利用实际设备的物理特性（如时序、功耗等）来获取信息，这与传统的网络攻击在本质上有所不同，传统的网络攻击通常针对软件的逻辑漏洞或者数学算法的弱点。

7.2.5　量子安全认证

量子安全认证（Quantum-Secure Authentication，QSA）是一种基于量子力学原理的认证技术。这种技术为量子计算机时代提供了一种高效的认证机制生成方法。传统的加密算法，如 RSA 和 ECC，在面对量子攻击时是不安全的，而量子安全认证的设计目标是构建一个即使在量子计算机出现后依然安全，最好还能活用量子技术的认证体系。

量子安全认证通常依赖于量子不可克隆性和量子纠缠等量子力学现象。下面介绍两种量子安全认证协议：基于量子纠缠的量子安全认证协议和基于 QKD 的量子安全认证协议。

1. 基于量子纠缠的量子安全认证协议

QSA 工作可以分为如下步骤。

1）初始化阶段：Tx 和 Rx 事先共享一个量子密钥，通常是一串纠缠态。

2）认证阶段：Tx 对量子密钥进行特定的量子操作，并将结果发送给 Rx。Rx 通过已共享的量子密钥和特定的量子测量来验证发送方的身份。

3）验证阶段：如果接收到的量子信息与量子密钥匹配，则 Rx 确认 Tx 的身份。

假设共享的量子密钥为 $|K\rangle$，发送方对其进行量子操作，并生成 $U|K\rangle$。接收方进行测量操作，如果 $M(U|K\rangle) = $ Accept，则认证成功。认证过程应满足：

$$M(U|K\rangle) = \text{"\{Accept\}"} \Longleftrightarrow \text{"\{Authentication Successful\}"}$$

这里的 U 和 M 是指量子操作和测量算符，它们依赖于具体的认证协议。这样的系统在面对量子攻击时依然是安全的，因为攻击者无法准确复制未知的量子态，也无法窃取纠缠态的信息而不被发现。在认证阶段 Tx 先选择一个量子门 U 并对它的量子比特进行操作，然后通过量子信道将量子比特传输给 Rx，Rx 执行对应的 $U^{\dagger}$ 操作即可复原量子态，进而测量并验证对应量子态的正确性。Rx 通过测量来确认系统是否返回到了初始的 Bell 态，至于 Rx 如何确认 $U^{\dagger}$，有一些不同的方法，具体如下。

1）静态方法：如果在认证进行之前已经安全地建立起一种共享操作集，如 $U = \{U_1, U_2, \cdots\}$，则传输时只需要额外添加对应的索引信息，即可令 Rx 明确对应 U 门操作而让第三方无法得知。

2）动态方法：Tx 和 Rx 通过另一个安全通道（可能是经典的），在每次通信前动态地共享或更新这个操作算符 U。

3）可信任的第三方：在每次认证进行前，由可信任的第三方分别分发编码操作 U 和 $U^{\dagger}$ 给 Tx 与 Rx，然后开始认证。

4）基于 QKD 的算符生成：约定 0 和 1 分别代表的意义并进行 QKD，执行完毕后，对应的 0 和 1 位等效替换为对应的门操作。

下面是一个应用该认证技术的场景实例，假设有一个高度安全的量子通信网络，其中有多个节点，包括一个银行（Bank）和其多个客户（Customers），每个客户都有一个量子钱包（Quantum Wallet）与银行进行交易。银行需要确保执行交易的量子钱包是合法的，而不是潜在的攻击者。

（1）预备阶段

1）量子密钥共享：银行与每个客户（Customer A, B, C, $\cdots$）通过量子密钥分发建立一个共享的 Bell 态。

$$|\Phi^+\rangle_{\text{Bank,Customer }A} = \frac{1}{\sqrt{2}}(|00\rangle + |11\rangle)$$

2）预先约定操作：银行与每个客户预先约定一个量子操作集，例如旋转操作集 $\{X, Y, Z\}$。这一步可以与线下签合同时完成，进而避免网络传输，从而保证安全性。客户与银行也可以用第 1 章提到的其他密钥安全配送方式进行线上传输。

（2）认证步骤

1）选择操作：客户 A 随机选择一个 Pauli 门，比如 X 门，并通过安全的经典信道（可能是一个预先建立好的、安全加密的通道）通知银行。

2）执行操作和发送：客户 A 对其量子比特进行 X 门操作，并将其发送给银行。经过 X 门操作后的共享态为

$$U_x|\Phi^+\rangle_{\text{Bank,Customer }A} = \frac{1}{\sqrt{2}}(|10\rangle + |01\rangle)$$

3）接收和验证：银行收到来自客户 A 的量子比特，先执行逆 X 门操作，然后进行测量，以验证是否返回到了原始的 Bell 态：

$$U_x^\dagger U_x|\Phi^+\rangle_{\text{Bank,Customer }A} = \frac{1}{\sqrt{2}}(|00\rangle + |11\rangle)$$

（3）认证结果

如果银行的测量结果显示系统返回到初始的 Bell 态，那么客户 A 的身份得以确认，交易可以进行。整个认证过程可以用以下数学公式简单地表示：

$$MU|\Phi^+\rangle_{\text{Bank,Customer}} = \text{``\{Accept\}''} \Longleftrightarrow \text{``\{Authentication Successful\}''}$$

其中，M 是银行进行的测量，U 是客户选择的量子操作。对于该场景，认证成功的标志是测量结果为起始纠缠态的初始状态。

2. 基于 QKD 的量子安全认证协议

QSA 工作可分为如下步骤。

1）准备阶段：Tx 与 Rx 事先准备并共享一组匹配的基底，基底的长度相较于 QKD 生成密钥时的长度可以大幅缩减。

2）QKD 阶段：Tx 准备一组随机生成的量子比特序列，该量子比特序列会按照基底长度逐一发送给 Rx，Rx 在接收到对应序列后，会用之前共享的基底对这些序列进行测量。Rx 向 Tx 公布自己的测量结果。

3）认证阶段：Rx 公开其测量结果，由 Tx 确认是否匹配原始编码（量子特性不可避免地会出现误差，在误差容错范围内均被视为匹配）。如果匹配则认为 Rx 是合法的。

下面通过一个应用场景来充分理解这一认证过程。在一个智能电网系统中，控制中心（Tx）需要与各个电力子站（Rx）进行安全通信，以调配电力和确保供电的稳定。由于涉及关键基础设施，因此身份验证和数据的完整性至关重要。

1）准备阶段：控制中心与电力子站事先准备并共享一组匹配的基底，以用于之后的量子密钥分发和量子序列的测量。这个过程可以由任何保证安全传输的机制来实现，包括 QKD 和一系列现代安全算法，或者是线下协定。

$$\text{Shared Bases} : B = \{b_1 b_2, \cdots, b_k\}$$

2）QKD 阶段：控制中心生成一组随机量子序列（$|q_1 q_2 \cdots q_n\rangle$），并按照共享的基底进行编码。

$$\text{Encoded State} : |\psi_{\text{encoded}}\rangle = U_{\mathscr{B}}|q_1 q_2 \cdots q_n\rangle$$

编码后的量子序列会被逐一发送给电力子站。电力子站用之前共享的基底进行测量，并记录结果。

$$\text{Measurement Results(Rx)} : m_1, m_2, \cdots, m_n$$

3）认证阶段：电力子站公开其测量结果。控制中心确认这些测量结果是否匹配其原始编码。由于量子系统存在不可避免的误差，所以只要误差在一定容错范围内，即认为是匹配的。

对于每个 i：

$$\text{Check} : |m_i - \text{Expected}(q_i, b_i)| \leqslant \epsilon$$

如果匹配，则电力子站被认为是合法的，可以开始安全通信。整个认证过程可以被形式化为以下数学公式：

对于每个 i：

$$\text{Authentication Successful} \Longleftrightarrow |m_i - \text{Expected}(q_i, b_i)| \leqslant \epsilon$$

其中，$\text{Expected}(q_i, b_i)$ 是在给定基底 b_i 和量子态 q_i 下预期的测量结果，ϵ 是误差容忍度。对于该场景，通过认证的标志是高概率地复现 Tx 的传输序列。当然，基于上述认证协议，我们也可以稍做修正令其更加安全。由于 Rx 直接公布自己的结果与 Tx 传输的结果本质上并无不同，因此完全可以令 Tx 发送多个包含索引的集合，令 Rx 传输对应索引下基底编码的随机数列，再由 Tx 接收数列并且按照对应位置的基底进行解码，获得对应的序列，最后 Rx 公布其随机数列并与 Tx 比较，这个过程同样完成了对 Rx 的身份验证。总之，认证技术的原则是，公布一些即便攻击者获取了也无所谓的信息，通信双方利用这些信息对对方的身份进行识别。

对应的程序如下：

```python
from qiskit import QuantumCircuit, Aer, transpile, assemble
from qiskit.visualization import plot_histogram
from qiskit.providers.aer import AerSimulator

# 准备阶段：定义共享的基底。这里我们仅使用Z基底。
shared_base = 'Z'

# QKD阶段：创建一个量子电路，准备一个量子比特（模拟量子序列）
qkd_circuit = QuantumCircuit(1, 1)
qkd_circuit.h(0) # 使用Hadamard门创建一个叠加态，模拟随机生成的量子序列

# 根据共享的基底进行测量，这里Z基底对应于标准的Z测量
if shared_base == 'Z':
    qkd_circuit.measure(0, 0)

# 使用AerSimulator运行量子电路
simulator = AerSimulator()
compiled_circuit = transpile(qkd_circuit, simulator)
result = simulator.run(compiled_circuit).result()

# 获取测量结果
counts = result.get_counts(qkd_circuit)

# 认证阶段：由于这里是在模拟器中运行的，所以可以直接比较结果
# 如果在一个真实的场景中，这个阶段会涉及Tx和Rx之间的额外通信
```

```
expected_result = {'0': 0.5, '1': 0.5} # 预期的测量结果分布

authentication_successful = all(
    abs(counts.get(key, 0) / 1024 - expected_result.get(key, 0)) <=
    0.01 # 误差率小于1%
    for key in ['0', '1']
)

print('认证成功' if authentication_successful else '认证失败')
```

　　由于该程序的运行结果只有对认证结果的肯定和否定，即检验是否在误差范围内，因此我们不对电路图和分布结果进行更多分析。在真实量子计算机中，误差率是一个非常重要的指标，因为它直接影响量子算法和协议（包括量子认证）的可靠性与有效性。误差率依赖于多个因素，包括量子比特的质量、量子门操作的准确性，以及外部环境因素（如温度和电磁干扰）。较低的误差率更可取，因为这意味着可以执行更长的量子电路，而不必担心累积误差破坏计算结果。目前，商用和研究级的量子计算机的误差率仍然不能满足需求，而需要使用辅助技术。

　　具体到量子安全认证，理想的误差率取决于应用场景和安全需求。

　　1）高安全需求：如果认证是用于非常重要、敏感的领域（如金融交易或国家安全），则误差率需要尽可能低，以降低被攻击或欺骗的风险。

　　2）低延迟需求：在某些场景下，快速完成认证可能比极低的误差率更重要。在这种场景下，可以容忍稍高的误差率。

　　3）资源限制：在资源受限的设置（如小型量子设备或嵌入式系统）中，可能需要权衡误差率的高低和其他资源（如量子比特数量或运算时间）的多少。

　　在量子错误校正和容错量子计算成熟之前，我们还需要依赖其他手段来提高量子认证协议的稳健性，这可能包括多次重复、后处理或统计方法来识别和减少误差。

　　量子错误校正：

　　1）目标：减小噪声对存储的量子信息、有缺陷的量子门和有缺陷的测量的影响。

　　2）方法：使用特定的量子码（如 surface codes、toric codes 等）对量子信息进行编码。

3）数学基础：编码通常依赖于精巧的数学设计，比如使用 stabilizer formalism 进行。

4）局限性：纠错需要额外的物理量子比特来实现，从而提高系统的复杂性。

容错量子计算：

1）目标：在有噪声和缺陷的环境中进行可靠的量子计算。

2）方法：不仅应用量子纠错码，还使用特定的算法和电路设计来最小化错误的累积。

3）数学基础：通常采用阈值定理（Threshold Theorem），只有当误差率低于特定阈值时，才能保证系统在长期运行中的正确性。

4）优势：理论上，可以构建任意规模的量子计算机并执行任意复杂的量子算法。

7.2.6 量子隐写术

量子隐写术（Quantum Steganography）是一种使用量子信息技术来隐藏秘密信息的方法。与经典隐写术不同，量子隐写术充分利用量子力学的特性（如叠加和纠缠）来实现更高级别的安全性和隐秘性。在量子隐写术中，量子比特用于携带和传输信息。在这种情况下，量子态的叠加和纠缠特性被用于隐藏信息。假设我们有一个纯态量子态 $|\psi\rangle$，其中包含两个子系统：一个子系统用于公共信息（比如一个图像），另一个子系统用于隐藏的信息。

$$|\psi\rangle = \alpha|0\rangle|s\rangle + \beta|1\rangle|t\rangle$$

这里，$|s\rangle$ 和 $|t\rangle$ 是可能包含隐藏信息的量子态，而 α 和 β 是复数幅度。隐写过程如下。

1）编码：Tx 准备量子态 $|\psi\rangle$，并将其发送到 Rx。这里，$|s\rangle$ 和 $|t\rangle$ 可以被设计为一个外部观察者看起来是随机的或者平凡的态，它们由特定的隐写算符 U 决定。

2）解码：Rx 使用特定的量子操作和测量来解码隐藏的信息。由于量子力学的特性，这种解码通常需要一个与 Tx 共享的密钥。

3）优点：

① 高安全性：由量子不可克隆定理和量子纠缠特性提供。

② 高信息密度：可以在少量的量子比特中嵌入大量信息。

4）缺点：

① 技术具有复杂性：需要高精度的量子操作和测量。

② 易受噪声和衰减的影响：量子信息在传输过程中可能遭受噪声和衰减的影响。这里的衰减指的是量子态的幅度减小，这通常会导致量子信息的丢失或质量下降。衰减可以被视为环境对量子系统的影响，导致量子比特的量子叠加态的幅度变小，从而降低了量子信息的完整性。

1. 经典隐写术

经典隐写术（Classical Steganography）主要用于在一个"载体"数据（如图片、音频、视频等）中隐藏秘密信息，而不引起质疑。尽管有多种经典隐写术方法，但它们背后的数学基础都可以归纳为一些共同的原理。

最低有效位（Least Significant Bit，LSB）方法是最简单的一种方法。下面我们用载体数据的最低有效位来嵌入秘密信息。

假设有一个 8 比特灰度图像，其中一个像素的值为 $P = 10010101_2$（用二进制数表示），要隐藏一个二进制信息 $M = 1$，可以通过替换该像素值的最低有效位来实现：

$$P' = 10010100_2$$

这样，秘密信息就被嵌入 P 中。

最低有效位方法的数学原理：假设我们有一个 8 比特灰度图像，其中一个像素的值用一个 8 比特二进制数 P 表示，还有一个二进制消息 M，其中 M_i 是消息的第 i 位。考虑一个单一的像素值 P，它在二进制下表示为 $P = a_7a_6a_5a_4a_3a_2a_1a_0$，其中 a_7 是最高有效位（Most Significant Bit，MSB），a_0 是 LSB。为了嵌入 M 中的 M_i，我们替换 P 的 LSB a_0：

$$P' = a_7a_6a_5a_4a_3a_2a_1M_i$$

这样，P' 就是新的像素值，其中包含嵌入的信息。操作过程如下。

1）**嵌入阶段**：

① 将像素值 P 二进制表示中的 LSB 替换为 M_i。

② 得到新的像素值 P'，用 P' 替换原图中的 P。

2）**提取阶段**：

① 从 P' 中读取 LSB。

② 提取的 LSB 就是隐藏秘密信息的一部分。

嵌入和提取过程都是非常直接和高效的，只需将修改过的 LSB 换回原来的 LSB，原图即可完全恢复，但是容量有限而且容易被检测。在 8 位像素中，只能隐藏一位的信息，而且统计分析可能会揭示使用了 LSB 隐写。

假设图像的像素数为 N，总共能嵌入 N 位的信息。这意味着，如果有一个 256 像素 ×256 像素的图像，则最多可以嵌入 $256 \times 256 = 65,536$ 比特的信息，或者说 8192 字节（8 比特 =1 字节）的信息。对于安全性来说，由于只有 LSB 被修改，因此从视觉上通常难以察觉信息的存在，但是 LSB 方法容易受到简单的隐写分析攻击，因为修改 LSB 往往会改变图像的一阶和二阶统计特性。

2. 变换域方法

更复杂的方法涉及频域或其他变换域。例如，在离散余弦变换（Discrete Cosine Transform，DCT）中，图像被转换为频域表示。在这个表示中，修改频域系数可以嵌入信息。

设 $F(u,v)$ 为图像在频域的表示，选取某些系数 $F(u,v)$ 用秘密信息 M 进行修改：

$$F'(u,v) = F(u,v) + \alpha \cdot M$$

其中，α 是一个预先约定的常数。离散余弦变换广泛应用于图像和视频压缩。在图像处理中，8×8 的像素块常用于 DCT。给定一个 8×8 的像素块 P，该像素块的 DCT 变换过程如下：

$$F(u,v) = \frac{1}{4}C(u)C(v)\sum_{x=0}^{7}\sum_{y=0}^{7}P(x,y)\cos\left(\frac{(2x+1)u\pi}{16}\right)\cos\left(\frac{(2y+1)v\pi}{16}\right)$$

其中，$C(u)$ 和 $C(v)$ 是归一化系数。

隐写术步骤如下：

1）选择载体图像并进行 DCT 变换。

① 选择一个载体图像并将其分成 8×8 的像素块。

② 对每个像素块应用 DCT 变换，得到 $F(u,v)$。

2）嵌入信息。

① 选择 $F(u,v)$ 中的某些系数进行修改。通常，这些系数是中频率至高频率的系数，因为修改它们对图像质量的影响较小。

② 使用公式进行修改：

$$F'(u,v) = F(u,v) + \alpha \cdot M$$

这里，M 是想嵌入的信息，α 是一个预先确定的常数。

3）逆 DCT 变换。

① 使用修改后的系数 $F'(u,v)$ 进行逆 DCT，得到新的 8×8 的像素块。

② 将所有修改后的像素块重新组合成一张新图像。

4）信息提取。

① 同样地，对含有信息的图像进行 DCT 变换。

② 从选定的 DCT 系数中减去原始的 $F(u,v)$，然后除以 α，即可得到嵌入的信息 M。

由于信息被嵌入频域中，并且通常修改的是中频率至高频率的系数，因此从视觉上几乎无法察觉，进而提高了混淆度。与 LSB 方法相比，频域方法通常可以嵌入更多的信息，因此可以选择多个 DCT 系数进行修改，进而提高信息容量。即使其他人获取了修改后的图像，也需要知道哪些 DCT 系数被修改了及 α 的值，这样才能提取出信息，进而保障了安全性。这种方法的安全性和隐蔽性通常比 LSB 方法要高，但计算复杂度更高。

3. 量子隐写术（振幅与相位操作）

假设 Tx 要向 Rx 发送一个秘密的比特 m，这个比特可以是 0 或 1，并隐藏在一个量子态中。我们假设 Tx 用来隐藏信息的"封面"量子比特 $|\psi\rangle$ 最初被准备在量子态 $|0\rangle$ 中。Tx 的目标是通过稍微改变 $|\psi\rangle$ 来编码 m。为了简单起见，使用以下方案：

$$|\psi\rangle = \begin{cases} \sqrt{0.499}|0\rangle + \sqrt{0.501}|1\rangle, & m = 0 \\ \sqrt{0.501}|0\rangle + \sqrt{0.499}|1\rangle, & m = 1 \end{cases}$$

在这里，$|\psi\rangle$ 接近于完美平衡态，$|0\rangle$ 和 $|1\rangle$ 的叠加比例接近 1:1，但受到信息比特 m 的影响，这种叠加态表现出轻微的偏差。Tx 通过一个量子通道向 Rx 发送 $|\psi\rangle$，这可能涉及在 $|\psi\rangle$ 中准备一个光子，并对它进行物理传输。Rx 收到 $|\psi\rangle$，需要解出隐藏的 m。为此，在测量 $|\psi\rangle$ 时需要执行很多次测量以收集统计数据，因为量子力学只提供概率性的结果。在进行足够数量的测量后，Rx 可能会发现大约有 50.1% 的时间内收到 $|0\rangle$，49.9% 的时间内收到 $|1\rangle$，从这里可以推断出 $m = 1$。由于接近平衡的叠加态，窃听者很难检测到隐藏信息的存在。如果攻击者测量 $|\psi\rangle$，则测量结果为概率几乎相等的量子态，这使得很难判断 $|\psi\rangle$ 是否携带额外信息。

如果想要传输两个秘密比特（假设为 m_1 和 m_2，每个都是 0 或 1），那么一种方法是使用两个量子比特分别编码两个秘密比特，但更有趣的另一种方法是使用一个单一的量子比特来编码两个秘密比特。这里的关键是利用一个量子比特的叠加态来表示更多的信息。

$$|\psi\rangle = \begin{cases} \sqrt{0.25}|0\rangle + \sqrt{0.75}|1\rangle, & m = 00 \\ \sqrt{0.75}|0\rangle + \sqrt{0.25}|1\rangle, & m = 01 \\ \sqrt{0.25}|0\rangle - \sqrt{0.75}|1\rangle, & m = 10 \\ -\sqrt{0.75}|0\rangle + \sqrt{0.25}|1\rangle, & m = 11 \end{cases}$$

这里，不仅改变了振幅的绝对值（从而影响测量的概率），还改变了相位。这使得我们可以在一个单一的量子比特中编码更多的信息。相位信息通常需要通过干涉等方法来间接测量。例如，使用量子门操作将所关心的量子比特与另一个参考量子比特进行干涉，从而揭示相位信息。

Rx 会在相应的基底上多次测量收到的量子比特 $|\psi\rangle$，再根据统计数据来判断秘密比特 m 的值。这就要求对量子态进行足够多的测量，以便收集足够的统计数据。在这个特定的例子中，即使窃听者能够测量量子态，也只能得出该量子态大致的振幅分布，无法确定秘密信息。虽然这个例子是理论性的，但它展示了如何在一个量子比特中编码多个经典比特。这在量子信息论中是一个常见的主题，被称为量子压缩。需要注意的是，在真实的系统中，量子噪声和退相干等因素需要被仔细考虑。由于单纯的测量不能有效地得到相位信息，因此在这个例子中，我们可以使用量子态层析术（Quantum State Tomography）。这是一种从多次测量中重建未知量子态的技术。通过对量子比特进行多次不同基础上的测量并统计结果，可以获得足够的信息来完全确定量子态，包括它的相位信息。这种技术是通过在多个 Z 基底上进行一系列的量子测量并统计结果来实现的。通过对这些数据进行适当的分析，可以重构出描述未知量子态的密度矩阵 $\boldsymbol{\rho}$。

对于一个 d 维量子系统（$d = 2$ 对应于 2 量子比特），其密度矩阵可以表示为

$$\boldsymbol{\rho} = \sum_{i,j=1}^{d} \rho_{ij}|i\rangle\langle j|$$

其中，$|i\rangle$ 是量子系统的一组 Z 基底，ρ_{ij} 是密度矩阵的元素。

密度矩阵满足以下几个条件。

1）Hermitian（厄米性）：$\boldsymbol{\rho} = \boldsymbol{\rho}^\dagger$。

2）Trace（迹）为 1：$\mathrm{Tr}(\boldsymbol{\rho}) = 1$。

3）Positive Semi-definite（半正定）：$\boldsymbol{\rho} \geqslant 0$。

$$\boldsymbol{\rho} = a|0\rangle\langle 0| + b|0\rangle\langle 1| + c|1\rangle\langle 0| + d|1\rangle\langle 1|$$

这里，a 和 d 是实数，分别代表 $|0\rangle$ 和 $|1\rangle$ 状态出现的概率；b 和 c 是复数，包含 $|0\rangle$ 到 $|1\rangle$ 和 $|1\rangle$ 到 $|0\rangle$ 转换的振幅与相位信息。如果设 $b = |b|\mathrm{e}^{\mathrm{i}\theta_b}$，$c = |c|\mathrm{e}^{\mathrm{i}\theta_c}$ 则 θ_b 和 θ_c 就是相位信息。在现实世界中，像量子噪声和退相干这样的问题会影响到这样一个简单方案的效力。

4. 量子隐写术（门操作）

假设有两个公开的量子比特 A 和 B，且都处于 Bell 态状态，我们就可以执行量子隐写：

$$|\Phi^+\rangle = \frac{1}{\sqrt{2}}(|00\rangle + |11\rangle)$$

同时，有一个需要隐写的秘密量子比特 S，它的状态是 $|\phi\rangle = \alpha|0\rangle + \beta|1\rangle$。

1）纠缠：创建 A 和 B 的纠缠态 $|\Phi^+\rangle$。

2）编码：对 S 和 A 进行 CNOT 门操作，其中 S 是控制比特，A 是目标比特。这将产生新的状态：

$$\mathrm{CNOT}_{1,2}|\phi\rangle \otimes |\Phi^+\rangle \rightarrow \alpha|0\rangle_S \otimes \frac{1}{\sqrt{2}}(|00\rangle_{AB} + |11\rangle_{AB}) + \beta|1\rangle_S \otimes \frac{1}{\sqrt{2}}(|10\rangle_{AB} + |01\rangle_{AB})$$

这一步实际上是将 S 的信息编码到 A 和 B 的纠缠态中。

3）解码：Tx 将编码信息发送给 Rx，Rx 进行解码。重要的是，即使 Rx 测量 B，他们也不能确定 S 的确切状态，因为 S 的信息已经编码在 A 和 B 的纠缠态中。获得密钥的 Rx 可以通过用 A 对 S 进行反向的 CNOT 门操作来解码 S，这将恢复 S 到原始状态 $|\phi\rangle$。

我们来看一个非常简单的例子，假设以 $|0\rangle$ 为例进行信息隐藏，且密钥为 H 门。

$$S = H|0\rangle = \frac{1}{\sqrt{2}}(|0\rangle + |1\rangle)$$

$$\mathrm{CNOT}_{1,2}\frac{1}{\sqrt{2}}(|0\rangle + |1\rangle)_S \otimes \left(\frac{1}{\sqrt{2}}(|00\rangle + |11\rangle)_{AB}\right)$$

$$= \frac{1}{2}(|0\rangle_S \otimes |00\rangle_{AB} + |0\rangle_S \otimes |11\rangle_{AB} + |1\rangle_S \otimes |10\rangle_{AB} + |1\rangle_S \otimes |01\rangle_{AB})$$

当我们解码这个过程时，只要施加一个逆向的 CNOT 门和一个 H 门即可。但是对于不知道这个编码顺序的窃听者，他们得到的测量结果是无序且混乱的。通过这种方式，我们确实在 A 和 B 的纠缠态中隐写了 S 的信息，而没有让不知道密钥的接收方解码出这个信息。在量子隐写术中，这通常需要一些额外的协议或者编码策略。当然，这只是一个非常简单的例子，真正的量子隐写会使用更加复杂的 U 算符。

以上述例子为基础的隐写代码如下，其演示结果如图 7-18 所示，我们可以清晰地看出最终的解码结果正是 $H|0\rangle$ 的测量结果，其电路如图 7-19 所示，其复杂度取决于对算符的预先定义。

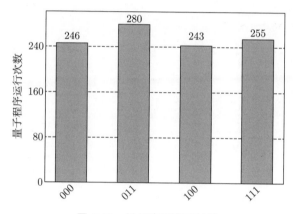

图 7-18 量子隐写演示结果

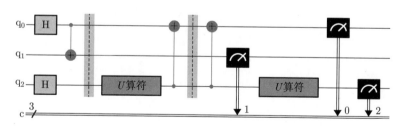

图 7-19 量子隐写电路

```
from qiskit import QuantumCircuit, Aer, transpile
from qiskit.providers.aer import AerSimulator
from qiskit.visualization import plot_histogram
from qiskit.quantum_info import Statevector
```

```python
from qiskit.circuit import Instruction

def u():
    u_circ = QuantumCircuit(1)
    u_circ.h(0) # 添加等效的基础门
    u_inst = u_circ.to_instruction()
    u_inst.name = 'U Operator' # 设置自定义名字
    return u_inst


# 初始化量子电路
qc = QuantumCircuit(3, 3)

# 准备初始状态: 将S初始化为H|0), 将A和B初始化为Bell态
# 设置S (量子比特2)
qc.h(2)


# 设置 A和B (量子比特 0 和 1) 为 Bell 态
qc.h(0)
qc.cx(0, 1)
qc.barrier()


# 应用 U 算符作为密钥
qc.append(u(), [2])


# 执行隐写操作: CNOT门 (S 是控制比特, A 是目标比特) 操作
qc.cx(2, 0)
qc.barrier()


# 执行反向 CNOT 门操作以恢复 S (量子比特 2)
qc.cx(2, 0)
qc.measure(1,1)


# 解码阶段
qc.append(u(), [2])
qc.measure(0,0)
qc.measure(2,2)


# 使用 AerSimulator 运行量子电路
```

```
simulator = AerSimulator()
compiled_circuit = transpile(qc, simulator)
result = simulator.run(compiled_circuit).result()

# 获取并可视化测量结果
counts = result.get_counts()
plot_histogram(counts)
```

量子隐写通常会伴随着正常的信息传递，就像经典隐写一样，在以字符串形式传输数据时只隐藏其中的 1 比特信息，此时如何定位秘密信息的位置也成为一个重要的问题。

1）定位秘密信息：一种简单的策略是事先约定一种模式或协议，用于标记或定位秘密信息的位置。例如，Tx 和 Rx 可以约定，对于公开信息 n，秘密信息 m 总是在 n 的最后一位（或其他任何位置）。这样，Rx 在解码公开信息 n 之后就可以确切地知道 m 的位置。

2）使用附加量子比特：另一种策略是使用一个额外的量子比特来存储关于秘密信息位置的信息。例如，Tx 可以准备一个多量子比特的纠缠态，并使用最后、最初或者中间等易于区分的某位置的量子比特来表示秘密信息 m 在公开信息 n 中的位置。这样，Rx 可以通过测量第三个量子比特来确定秘密信息 m 的位置。

5. 量子隐写术与经典隐写术的比较

量子隐写术和经典隐写术主要在以下几个方面有显著的区别，如表 7-3 所示。

6. 隐写分析与安全性

经典隐写术的安全性通常依赖于隐写分析的困难性，即从被修改的数据中检测和提取复杂的隐藏信息，这通常涉及统计方法和模式识别算法。例如，一个简单的隐写分析方法是计算载体数据的某些统计特性，并与未嵌入信息的原始数据进行比较。如果存在显著差异，那么可能有隐藏的信息。

$$检测 = |统计特性(P') - 统计特性(P)|$$

如果这个差异超过某个阈值，那么可以认为 P' 包含隐藏信息。总体而言，经典隐写术的数学原理通常涉及数据表示、信息编码和解码，以及隐写分析。隐写术的安全性和效率取决于多种因素，包括所用的载体数据类型、嵌入算法的

表 7-3 量子隐写术与经典隐写术的区别

项目 & 特征	经典隐写术	量子隐写术
通信信道	经典信道	量子信道
原理	$H(X) = -\sum p(x)\log_2 p(x)$	$\rho = \sum_i p_i\|\psi_i\rangle\langle\psi_i\|$ $S(\rho) = -\mathrm{Tr}(\rho\log_2\rho)$
安全性	依赖于信息的不可察觉性和复杂的加密算法,可以通过统计分析来破解	依赖于量子力学的基本原理,如量子不可克隆定理和量子纠缠,理论上可以提供更高级别的安全性
可用媒介	经典比特	量子比特
编码与解码	经典算法	量子态的叠加和纠缠,理论上有更高的信息嵌入能力
技术复杂性	通常更易于实施,因为它不需要专门的物理设备	需要高度精确的量子操作和测量,以及低温、高真空等特殊的物理条件
容错	容易受到环境噪声的影响	量子信息更容易受到量子衰减和量子噪声的影响,但可以通过量子纠错来进行一定程度的修复

复杂性,以及潜在攻击者可用的计算资源。

7. 隐写术与密码学的区别

隐写术与基于密码学的信息保护手段的原理不同,同时使用两者可以帮助我们提高受保护信息的安全性并防止秘密通信被检测到。如果隐藏的秘密数据也被加密,那么即使加密算法或者安全信道被破解,数据也可能不会被检测到。与仅加密通信相比,使用隐写术与加密相结合具有许多优点。使用隐写术隐藏数据的主要优点在于,它能够掩盖敏感数据隐藏在文件或其他内容中的事实,从而提高数据的安全性。尽管加密的文件、消息或网络数据包有效负载被清晰地标记和识别,但使用隐写技术有助于掩盖安全信道的存在。

7.3 量子中继与量子网络

在量子信息科学中,量子通信具有不可忽视的地位。传统的通信系统受到诸多限制,包括安全性、带宽和传输距离。然而,量子通信提供了一种安全性和效率极高的通信手段。在这一背景下,量子中继(Quantum Repeater)和量子网络作为基础设施的核心组成部分,有着举足轻重的地位。下面我们将详细探讨量子中继和量子网络的基本原理、优势,以及必要的研究与实施难点。

1. 量子中继

量子中继是一种旨在解决量子通信中距离问题的机制。在量子通信中，由于受到多种因素（如光纤损耗、光子间相互作用等）的影响，量子信息在传输过程中容易出现损耗和退相干。量子中继通过使用量子存储、纠缠交换、量子纠错等技术，有效延长通信距离和提高通信保真度。

1）存储与纠缠生成

量子中继站拥有能够存储量子信息的量子内存。另外，量子中继站之间或与源/目的地之间会生成量子纠缠态。设两个量子中继站为 A 和 B，它们生成的纠缠态可描述为

$$|\Psi\rangle_{AB} = \frac{1}{\sqrt{2}}(|0\rangle_A|0\rangle_B + |1\rangle_A|1\rangle_B)$$

2）纠缠交换

纠缠交换是量子中继的关键步骤。设有两对纠缠态，一对是在量子中继站 A 和 B 之间的 $|\Psi\rangle_{AB}$，另一对是在 B 和 C 之间的 $|\Psi\rangle_{BC}$。纠缠交换的操作可以用算符 $\hat{O}_{\text{swap}}$ 表示，它的作用如下：

$$\hat{O}_{\text{swap}}|\Psi\rangle_{AB} \otimes |\Psi\rangle_{BC} = |\Psi\rangle_{AC} \otimes |\Psi\rangle_{BC}$$

这样，原先与 B 中继站纠缠的量子态现在变为 A 和 C 之间的纠缠态，从而实现了纠缠的"跳跃"，且该信号比之前的更加"强烈"，该步骤同样能够放大某一个已经衰弱的量子态。在整个过程中，$\hat{O}_{swap}$ 对中介粒子 B 进行了测量并通过经典信道传输测量结果和对 A 和 C 的状态进行调整，从而构造了新的纠缠态 $|\psi\rangle_{AC}$。而 $|\psi\rangle_{BC}$ 由于对粒子 B 的测量导致状态坍缩，不再处于纠缠态。

3）量子纠错

由于量子信息在传输和存储过程中会受到噪声和退相干的影响，因此量子中继站还需要进行量子纠错，通过编码和解码算法找出错误并纠正，使通信的保真度得以保证。例如，我们用 $|Q_{\text{err}}\rangle$ 表示带有错误的量子态，用 $\hat{E}$ 表示量子纠错操作，那么，

$$\hat{E}|Q_{\text{err}}\rangle = |Q\rangle$$

总的来说，量子中继通过以上几个步骤，有效地延长了量子通信的距离并提高了通信质量。这一系列复杂的操作涉及许多前沿的量子信息和量子通信技术，是当前研究的热点之一。该研究方向更多偏向于物理学，本书不再扩展这

部分专业内容。

2. 量子路由

量子路由（Quantum Routing）是量子网络中负责管理量子信息传输路径的关键组件。量子网络需要能够被动态地配置和优化，以适应不断变化的需求和环境。量子资源（如纠缠）是稀缺的和昂贵的，有效的量子路由可以大大提高资源利用率。量子路由使得网络可以支持更复杂的拓扑结构，而不仅仅是点对点或星形结构。

与经典路由器不同，量子路由器需要处理量子态和量子纠缠等特殊资源，因此对应的路由网络也面临着一系列特殊的挑战和限制。

1）量子转发表（Quantum Forwarding Table）：类似于经典路由器的 IP 转发表，量子路由器需要维护一个量子转发表，记录如何将量子信息从一个节点传输到另一个节点。

2）量子缓冲区（Quantum Buffer）：用于临时存储量子信息，以便进行量子操作或等待合适的传输时机。

3）纠缠交换（Entanglement Swapping）：用于将不直接纠缠的两个量子比特通过一个中间量子比特进行纠缠，即量子中继的效果。

假设网络有 n 个节点，量子路由问题可以用图论模型来描述。设 $G = (V, E)$ 是一个图，其中 V 是节点集，E 是边集。量子路由的目标是找到一条从源节点 s 到目标节点 t 的路径 P，使得某个优化目标（如路径长度、纠缠保真度等）最优。一个简单的量子路由算法可以基于 Dijkstra 算法，不过需要修改权重函数来考虑量子系统的特殊性质。例如，权重函数 $w(e)$ 可以为

$$w(e) = \frac{1}{F(e)} + D(e)$$

其中，$F(e)$ 是通过边 e 传输的纠缠保真度，$D(e)$ 是传输延迟。

3. 量子网络

量子网络是一个由量子处理单元（通常是量子计算机或量子逻辑门）和量子通信通道（光纤、自由空间连接等）组成的分布式量子信息处理系统。这些组件通过量子纠缠和其他量子资源进行互联，从而实现高度安全和高效的信息处理与传输。

量子网络的构成组件如下所示。

1）量子中继：这是网络中的关键组件，通常包含一个或多个量子比特和量子内存（Quantum Memory），主要用于基本的量子操作和对量子信息的短期存储。量子中继也具有一些简单的处理能力，但其主要功能是在量子网络中作为接收和发送信息的中继站。

2）量子信道（Quantum Channel）：用于传输量子信息的物理介质，如光纤或自由空间链接。

3）量子路由器（Quantum Router）：负责量子信息的传输和路由选择。

4）量子节点（Quantum Node）：量子节点是量子网络中的基本处理单元，由网络中的量子计算机构成。量子计算机是一种高性能的计算设备，包含大量的量子比特，专门设计用于执行复杂的量子算法和处理大规模的量子数据。量子计算机通常作为网络中的主要计算资源，执行诸如量子模拟、密码学任务和优化问题等高级计算任务。

5）量子云计算（Quantum Cloud Computing）：这是一种将量子计算能力部署在云环境中，以服务的形式提供给用户的计算模式。这样做的主要优点是，个体用户和组织无须投资与维护昂贵的量子硬件，而可以通过互联网来访问和使用量子计算资源。量子云计算的基本架构如下。

① 量子计算资源：包括量子处理器、量子存储，以及相关的量子硬件。

② 量子编程接口：用于用户与量子计算资源交互，执行量子算法或任务。

③ 量子信息处理层：负责任务调度、量子纠错及算法优化。用户无须了解底层量子硬件和物理过程，就可以通过高级编程语言和 API 进行量子编程。通过量子云计算架构，量子计算能力可以轻易地得到扩展和升级，支持复杂的量子算法和应用，如量子机器学习、量子优化等。

6）量子内存：这是一种用于存储和读取量子信息的物理系统。与经典内存（用于存储经典比特）不同，量子内存必须能够存储量子比特或者量子态，并且在存储和读取过程中需要尽量减少量子退相干和量子错误。量子内存通常使用特定类型的原子、离子或固态系统作为存储介质。量子内存需要能够执行高保真度的量子操作，如量子态制备、量子测量及量子错误纠正。量子内存需要与其他量子设备（如量子处理器、量子通信设备等）进行集成，这需要统一的接口和标准。量子信息在量子内存中可以存储多长时间是非常关键的，这通常由系统的退相干时间决定，如何制造能够长时间存储量子信息且读写操作保真度高的量子内存是我们面临的一大挑战。

图 7-20 是量子网络通信的基础框架。

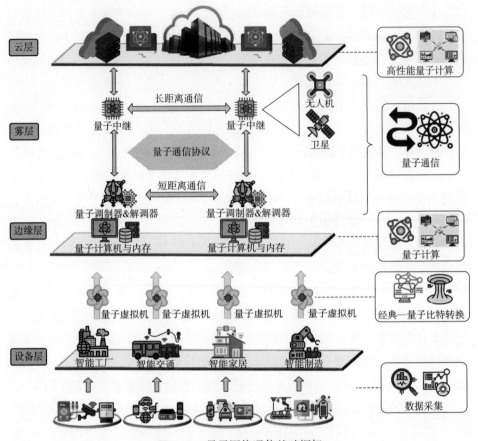

图 7-20　量子网络通信基础框架

1）设备层：智慧城市的应用基于物联网的海量智能设备。智能设备在收集数据后传输到对应的服务中，为每台智能设备配备一台量子计算机显然是不可能的，因此就需要一种将经典比特转换为量子比特的技术来减少对量子计算机硬件部署的需求。

2）边缘层：在边缘层，部署量子图像（本质上是一种量子虚拟机，拥有量子芯片）可以将经典比特转换为量子比特，从而令大量的数据可以在量子计算机上运行。量子计算机与量子存储装置可以处理智慧城市中收集的数据并提供对应服务。在需要与外界通信时，根据通信的距离决定是否向量子中继节点传输数据。在量子通信的过程中，数据以光信号的形式遵循量子通信协议并在信道中传输。

3）雾层：雾层部署量子中继节点，在需要超远距离的量子通信时，用于转发和增强量子通信所需要的信号。中继节点可以由 UAV 或者卫星来提供服务，已经有很多类似的研究使用这些中继节点来保持长距离的量子纠缠，如我国与秘鲁建立的超远距离 QKD 通信实验。

4）云层：该层部署了超强力的量子计算机，远胜于边缘层所部署的个人量子计算机。此处的量子计算机拥有更强的算力，可以提供更高效的服务。同时，低性能的量子计算机，或者没有量子计算机的经典计算机集群也可以通过这种方式来访问高效的量子云服务。

我们所提出的框架展示了未来智慧城市中量子计算的广范围、长距离服务场景，图 7-21 展示了从数据收集到服务应用的数据流程框架。首先，在未来的智慧城市中，假设已经存在成熟的量子计算机可以执行高效的本地计算，但是由于受智慧城市的异构性与物联网设备的低性能限制，为每一台物联网设备配备足够执行量子计算的量子力学设备显然不具有经济效益，因此，在通过多样的物联网采集数据后以经典比特存储仍然是大势所趋。此外，在量子通信中如何保持长距离的量子纠缠也是一直面临的一项挑战，现在的研究成果表明，想要实现长距离量子通信需要中继器来增强或转发信号进而维持量子纠缠。在图7-21 中，经典的物联网设备在本地采集数据后以经典比特存储在缓存中。当缓存中的数据需要执行量子计算时，这些经典比特的数据将被传输到量子虚拟机中，进行经典比特向量子比特的转换，量子比特会被传输到边缘层的量子计算机中，从而使每一个经典数据都能够享受量子计算的高性能信息处理能力。但是就像现在的家庭用户计算机与高性能服务器一样，标准化家庭用户与服务器

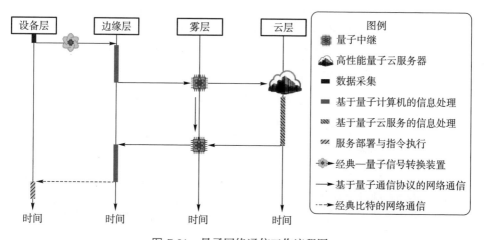

图 7-21　量子网络通信工作流程图

级的量子计算机的性能差距是显著的，当家庭用户需要更高性能的支持时，可以选择通过云服务的方式来获取更强的计算性能。此外，量子计算机与量子计算机的通信也受制于物理距离，当物理距离过远时，不得不通过量子中继来构建可通信的信道。在量子中继接收一个需要转发的量子信息后，如果距离过远，则可能需要通过转发到另一个量子中继来实现多量子中继协同转发。需要注意的是，虽然图中没有标注，但是在量子通信时需要量子调制解调器来对量子态进行识别和判读。此外，在图 7-21 中，虽然表示数据流向的横向箭头是水平的，但这并不意味着信息传输是瞬时的。实际上，这些水平箭头应理解为在时间轴上具有延展性，其倾斜程度反映了信息传输的延迟。这种延迟是由本地任务的执行时间和整体调度策略共同决定的。因此，水平箭头在应用场景中一定存在某种程度的倾斜，它代表了信息传递过程中的时间消耗。

量子网络作为量子信息技术的一个关键应用领域，其发展潜力巨大，但同时也面临着多方面的挑战。

1）**技术难题**：量子网络的实现依赖于多项先进的量子技术，包括但不限于。

① 量子存储：要在量子网络中传递信息，就必须能够在量子存储介质中长时间保持量子态而不丢失信息。这要求极高的保真度和最小化的退相干过程。

② 高保真度的量子操作：量子态的操作需要极高的精确度和保真度，以确保信息在处理过程中不被破坏。

③ 有效的量子纠错机制：由于量子信息处理极易受到环境干扰，发展有效的量子纠错技术是确保量子计算和通信准确性的关键。

2）**距离与衰减**：量子信息在光纤或自由空间中传输时，信号会随距离增加而衰减，且量子态可能会因环境噪声而快速退相干。

① 量子中继：通过设置量子中继站点，可以在不破坏量子信息的前提下，实现量子态的"接力传递"，从而扩展传输距离。

② 量子信号放大：与传统的信号放大不同，量子信号放大需要遵循量子力学的原理，如采用量子克隆和纠缠交换技术来增强信号，而不破坏其量子性质。

3）**标准与协议**：量子网络的广泛应用和互联互通要求建立统一的标准与通信协议。这包括量子密钥分发的标准化、量子网络的地址和路由协议，以及量子信息的编码和解码标准等。

4）**可扩展性与互操作性**：量子网络的可扩展性和与现有经典网络的互操作性是实现量子网络广泛应用的关键。

① 可扩展性：设计可扩展的量子网络架构和量子互联网协议，能够支持从

小规模实验性量子网络到大规模商用量子网络的平滑过渡。

②互操作性：开发兼容的技术和接口，使得量子网络能够与现有的经典网络无缝连接，实现量子信息与经典信息的高效交换和处理。

量子网络与量子通信是量子信息科学中一个非常前沿和活跃的研究方向，对于实现量子互联网（Quantum Internet）具有基础性的意义。因此，这是一个需要大量科研投入和多学科交叉合作的领域。

7.4　量子互联网的未来展望与挑战

量子互联网是当今科学领域最具潜力的前沿技术之一，它为未来的信息传输和计算提供了令人兴奋的前景，同时也面临着一系列的困难和挑战。随着传统互联网的发展逐渐遇到瓶颈，量子互联网作为下一代互联网的候选者，具有超越经典计算和通信的潜力。诸如叠加与纠缠的量子特性使得我们可以开发出更加安全和高效的通信协议，同时也能够在量子计算领域取得突破性的进展。这一前景激发了研究人员和科技公司的极大兴趣，推动着量子互联网的不断发展。其主要发展趋势如下。

1）跨地域量子通信：量子互联网将允许我们进行安全且几乎无法破解的跨地域量子通信，这在金融、医疗、国防等多个关键领域都具有广泛应用。

2）分布式量子计算：通过量子互联网，可以实现跨不同地理位置的量子计算节点的协同计算，以解决更大和更复杂的问题。

3）量子化金融与安全：量子密钥分发和量子保密共享等技术将为金融交易和数据安全提供更高级别的安全保障。

4）量子物联网：量子传感器和量子网络的结合有可能催生全新的量子物联网（Quantum IoT）概念。

假设量子互联网由 N 个量子节点和 M 个量子信道组成，每个节点具有 n_i 个量子比特，那么整个网络的全局态可以描述为

$$|\Psi\rangle = \otimes_{i=1}^{N}|\psi_i\rangle$$

其中，$|\psi_i\rangle$ 是第 i 个量子节点的量子态。

5）量子纠错与量子保真度：量子信息容易受到噪声和退相干的影响，如何在网络环境中实施有效的量子纠错是一个大问题。

6）量子路由与量子中继：量子信息不能像经典信息那样被简单地复制或

放大，这给量子路由和信息转发带来了挑战。

7）系统集成与兼容性：如何将不同厂商、不同物理实现的量子硬件整合到统一的量子互联网框架中。

智慧城市中的应用场景是多样的，量子计算凭借它的并行计算性提供了指数级的加速。不仅如此，基于量子力学的物理特性，量子计算还能提供诸多应用环境。下面对智慧城市中的量子计算应用进行整理。

1. 最大趋势：与智慧城市相结合

智能电网依靠大量的嵌入式智能设备对系统状态进行实时监测和控制。基于开放体系并高度集成的通信系统是智能电网的基础，它需要保证交互操作能力，并且可以兼容新的通信媒介。智能电网的实施将使电力公司获得大量的数据，如何管理和利用这些数据是实现效益的关键，因此必须找到适合于海量数据管理的方法并开发基于这些数据的高级应用软件，以服务于系统的优化运行。量子电路相较于经典电路是并行操作的，对海量数据进行并行管理是量子计算的天然优势。此外，开放、兼容和互联必然伴随着信息安全的风险。智能电网必须确保网络安全，以确保信息的保密性、完整性和可用性。QKD 已经被证明是一种良好的通信安全方法，另外，其他量子加密或者量子安全方法论都有望在智能电网系统中得到广泛应用。

智能家居以用户住宅为平台，利用各种新技术，如通信技术、自动控制技术等，把与生活息息相关的各种家电、安防等设施集成，组成住宅设施管理系统，造就一个安全、便利、舒适、环保的家居生活环境。目前，智能家居正朝着将无线远程和近程控制相结合，集多媒体、游戏娱乐功能于一身，具备快速便利的家电控制等功能的方向发展。智能家居的核心技术包括具有强大的可扩展能力的智能家居控制器和能够实现快速、准确信息传输的家庭网络系统。由于智能家居对传感器的需求是毋庸置疑的，在量子技术中，量子传感器通过利用量子力学的特性，如量子纠缠、量子干涉及量子态压缩，极大地提高了传感器技术的精度，并突破了传统电子传感器的限制。量子测量在诸多技术应用中都可以击败经典策略的性能，不仅如此，量子计算提供了更高效的计算方式，对智能家居中的大量数据处理有着指数级的效率提升。

当前，**智慧城市停车设施**难以跟上交通需求快速增长的步伐，停车难问题日益加剧。智能停车是一个巨大且多样的应用场景，停车诱导信息系统（Parking Guidance Information System, PGIS）的出现在很大程度上缓解了停车难的问题。PGIS 通过分析和预测区域停车场泊位利用情况，将泊位信息提供给驾驶员，并结合路网交通现状为驾驶员提供路径诱导，这种传统的诱导工作模式是一种以发布诱导信息为基础的"被动式"停车诱导。然而，"被动式"停车诱导并没有充分考虑到出行者的主动性和切身利益，诱导系统各模块之间缺乏有效协调，未能实现充分利用停车资源，使得诱导系统效率低下。而考虑所有的变量，对当前物联网上存在算力瓶颈的信息处理技术来说是一项挑战，量子计算的指数级加速与高效的信息处理方式允许系统对数据进行并行处理，因此量子计算在智能停车系统中有极大的使用潜力。

随着自动控制、信息和计算机等技术的进步而提出的**智能交通系统**是对传统交通系统的一次革命。在现有路况条件下，智能交通系统把人、车、路综合起来考虑，使个体交通行为更加合理，从而提高交通管理部门的决策能力、减少驾驶人员的操作失误、提高交通运输系统的运行效率和服务水平、增强交通系统的安全可靠性，甚至降低交通带来的环境污染程度。智能交通系统对交通动态信息监测、交通执法、交通控制、需求管理、交通事件管理、交通环境状况监测与控制、勤务管理、停车管理、非机动车和行人通行管理等大量数据进行同时处理，数据处理的体量是巨大的。量子计算的高效计算能力和新颖的安全机制显然非常适合这个领域。

智能健康管理也是一个非常重要的课题，目前便携式智能健康监测设备虽然可简单、便捷地监测重要健康指标，但此类型设备并非专业医疗监测设备，所监测数据的准确性未能达到医疗级别，不能用于医疗诊断，无法实现与医疗机构间数据的互联互通。目前，尚未形成可整体反映个体健康状态的指标集，部分可以反映个体健康状态的数据未能得以充分监测，无法实现对个人身体情况的全面了解。特别是对于慢性病患者、孕妇等需要长期监测和管理大量数据指标的项目，智能设备医疗传感器采集数据资源有限，且计算资源短缺无法完全满足其医疗需求。量子传感技术与量子通信技术是极其有潜力的解决方案，不仅可以保持通信中的隐私，还可以实现高效的数据采集。

智能制造在当前的工业互联网领域愈发重要，在制造资源/能力共享上，由企业内、企业间、跨区域企业间共享协作向全球化共享协作发展。随着产品性能和结构的不断复杂化，已不可能仅由单个企业完成整个产品的设计、制造和服务等所有的研制与生产活动，制造协作成为不可避免的趋势。在产品生产上，由机械的自动化生产走向了数据驱动的智能化生产。智能制造关注数据的实时采集、汇总、处理和知识共享，以产生智能操作。制造系统具备了数据泛在感知、智能分析、决策优化、人机协同和精准执行的能力，因此对数据处理的效率需求更高。量子计算技术将以它特有的高效性为该领域注入活力，使得智能制造产业更加高效，同时多方协作之间也更加安全。

量子计算不仅在计算机领域展现出巨大潜力，在一些其他产业也备受瞩目。例如，在新材料工程领域中，电子结构问题因其在化学和材料科学领域的中心地位而备受关注。该问题需要求解的是，电子在外电场中相互作用的基态能量和波函数，电子结构决定了化学性质，以及化学反应的速率和产物。虽然求解该问题的经典算法相当有效（如密度泛函理论），但是这些方法通常无法预测化学反应速率或者无法区分相关材料所需的不同精确度，而量子计算的高效平行计算有望解决该领域的诸多问题。

2. 未来发展方向

量子计算截至目前仍然是一种非常新颖且具有无限潜力的技术，虽然量子化学、量子优化及密码破译是理想的量子计算关键的潜在应用，但这些领域仍处于早期阶段。

目前来看，量子计算的未来方向如下所示。

1）**新量子算法开发**：在经典计算机算法无法改进的应用领域寻找量子算法，且该算法的问题规模适中，量子电路的深度适中，能够实现量子加速求解。这类算法在 NISQ 时代是经典计算与量子计算混合技术的代表，有望实现困难问题的显著加速求解。这是量子计算接下来的重点研究方向之一。

2）**寻找问题领域**：当经典计算的优化算法遇到自然的规模限制，导致问题规模的轻微增加便显著加剧求解难度时，不仅需要针对现有问题探索量子计算的解决方案，还应积极寻找新兴领域作为量子计算应用的机会。

3）**量子比特容量**：量子计算机一个明显的指标是系统中运行的物理量子比特数量，要制造能够实现 Shor 算法的可扩展量子计算机，需要在量子误码率和物理量子比特数量两方面进行改进。这需要量子硬件与软件领域的通力合作，物理硬件能够直接提升物理量子比特的数量，而合适的软件方法也可以构造更多的逻辑量子比特进而实现多量子位的编程。这些技术的发展离不开材料工程、环境工程、数学、物理等诸多领域的协同工作。

4）**量子加密技术的深入研究**：高效的量子加密技术可以提供更高的安全性与通信效率。此外，为了防止基于量子计算的网络攻击，也需要对后量子密码学进行持续的关注。

5）**其他领域的持续发展**：为了部署更强大的量子计算机，量子计算机硬件是必不可少的。因此，量子寄存器、量子内存、量子存储技术、量子态操作技术等都是非常具有潜力的研究方向，只有解决这些领域的诸多问题，才能早日开发出真正的量子计算机。

3. 悬而未决的挑战

量子互联网作为量子信息科学中最具潜力和挑战的方向之一，其未来的发展将深刻影响我们的通信、计算、数据处理等多个方面，但同时也面临着诸多技术和社会伦理方面的挑战（量子计算对现代安全体系造成了重大威胁）。解决这些难题需要多学科、跨界的合作和持续的研究投入。

1）**噪声与误码率**：噪声存在于每个电子系统中，通过量子比特和量子门无法轻易去除。由于量子比特处于 0 和 1 的中间态且这个状态可以分布在 Bloch 球的任意位置，因此这个状态不像经典比特一样有那么高精度的编码率。量子比特运算时出现的误码或者物理系统中的噪声都可能导致量子计算得到错误输出。

2）**高成本的量子纠错**：使用量子纠错可以模拟无噪声或者完全纠错的量子计算机，然而由于量子电路是并行可逆电路，因此量子纠错的资源开销过于巨大，除非忽略经济成本，否则无法应用于大规模的量子系统中。

3）**数据载荷**：量子比特相较于经典比特昂贵且稀少，那么当量子计算机处理大数据任务时，将数据加载到量子态的过程需要消耗大量时间。对于拥有指数级计算性能的量子计算机而言，过高的数据加载时间无疑会降低量子计算的整体效率。

4）**量子中间态**：基于不可克隆定理，我们无法确定量子计算的中间状态，而一旦对结果进行量子态观测，就会中断量子计算本身。量子计算机的硬件和软件调试方法将成为未来研究持续深入的课题之一。

量子计算机无疑具有巨大潜能去实现智慧城市的高速技术融合，但是量子计算机巨大的潜能也存在着对应的限制。

① 量子纠缠：只有当量子比特互相纠缠时，量子计算才能拥有指数级算力。而任意一个量子比特的状态都需要与其他量子比特进行相互关联，为了在两个量子比特之间形成这样的联系，不论是光子、电子，还是其他量子粒子，都需要一个中间量子系统来直接或者间接帮助它们实现相互作用，从而在某个时刻与每个需要实现纠缠的量子比特相互作用。在量子计算的实现中，这种长距离的

相互作用会消耗计算的一些量子比特，使参与计算的量子比特减少。为了消除这种开销，通用门集合中的一些双量子比特运算需要多次执行基本门操作，当量子比特和门运算受到限制时，这种开销尤其显著。

② 噪声：与经典逻辑门一样，基本门运算无法消除输入信号和门运算过程的误码，这些误码会随着时间推移累加，进而影响计算的准确性。当误码足够多时，会造成测量误差，甚至是退相干。

③ 算力瓶颈：虽然量子技术领域取得了很大进展，但量子比特数量有限的通用误差纠正量子计算机还远未实现。目前，还不清楚量子计算机需要多少逻辑量子才能超越经典计算机。由于不同的算法具有不同的需求特性，所需的量子比特数量也会有所不同，因此这为量子机器学习等尖端领域融合技术的实现增加了难度。量子机器学习实现的难度问题现在看来是非常大的状态准备问题，任意的状态准备在离散门集合的量子比特数上都是指数级的，为所有算法的性能提供了界限，并对算法初始化时的状态有限制。

④ 量子计算能力的提升：量子密码学需要大量的量子状态，当前的量子计算能力仍不够完善。对量子纠缠可持续性和量子比特扩容的研究、量子算法的开发、相干性的维持等都需要我们持续探索。

⑤ 抗干扰性：量子密码学中的粒子容易被干扰而脱离量子纠缠状态，因此需要提高对干扰的抵抗性。量子比特的鲁棒性和对环境参数更加精确的控制技术仍然是一项悬而未决的挑战。

⑥ 量子信道的安全：量子密码学中的信息是在量子信道上传输的，信道的安全性是开展量子密码学的重要前提。此外，QKD 技术虽然能够允许通信双方发现通信是否被窃听，但是无法阻止窃听。研究者讨论了将 QOTP 技术与 QKD 的结合，当窃听发生时，量子通信中断，攻击者无法观察到通信内容且通信双方可以清楚地知道通信有窃听发生，但是这个方案也存在弊端，当窃听发生频繁时，通信的频繁中断会导致通信效率极低。总之，对安全量子通信信道的研究仍然是一项巨大的课题。

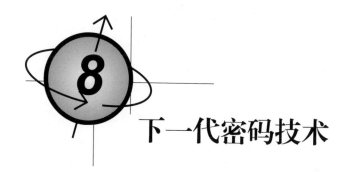

下一代密码技术

　　下一代密码技术旨在解决日益复杂的安全威胁和计算能力带来的不断增加的挑战。例如，在量子计算潜在威胁的背景下，后量子密码学应运而生，提供了基于数学难题的安全性保障。此外，零知识证明和同态加密等先进技术允许更加灵活和高效的数据处理，而不牺牲安全性。多方计算进一步拓展了安全计算的边界，使得在不受信任的环境中也能进行可靠的信息处理。轻量级密码（Lightweight Cryptography）能保证像物联网一样的低性能、多节点网络也能够提供必要的安全框架。这些创新不仅有望重塑现有的网络安全架构，而且将深刻影响数据管理、金融交易、医疗保健，以及许多其他关键领域。

　　下面重点介绍除后量子密码以外的下一代密码技术，后量子密码会作为单独的一章进行说明。

8.1　轻量级密码

　　轻量级密码是密码学的一个分支，专门针对具有有限计算能力和存储空间的设备而设计。这些设备通常包括物联网设备、嵌入式系统、RFID 标签和传感器等。与传统密码算法（如 AES、RSA 等）相比，这些设备没有足够的载荷来搭载这些算法。轻量级密码算法更加高效，能够在计算和存储资源受限的环境中运行，安全性相较于传统的经典密码算法有所下降。

　　轻量级密码的基本特点如下。

　　1）低计算复杂性：轻量级密码算法旨在减少所需的计算资源。

　　2）小存储需求：这些算法通常有更小的密钥和/或状态。

　　3）节能：消耗更少的电力或能量。

　　多数轻量级密码算法都基于经典的密码学原理，但进行了优化和简化。例如，许多轻量级对称加密算法使用更小的块和更短的密钥。

下面对一些经典的轻量级密码算法进行介绍。轻量级密码的设计和实施必须在安全性和效率之间找到平衡，这是一个具有挑战性的任务。

8.1.1　TinyJAMBU

TinyJAMBU 是一种轻量级、高效的分组密码算法，由丹麦技术大学的密码学家设计。它使用了 JAMBU 家族的设计思路，并进行了一些改进，这使它在资源受限的设备上表现出色。TinyJAMBU 有 128 比特、192 比特和 256 比特三种版本，其中主要构件是 128 比特。不管任何版本，TinyJAMBU 的标签（tag）、状态（state）、随机值（nonce）的值都分别为 64 比特、128 比特、96 比特，区别是密钥的比特长度不同，分别是 128 比特、192 比特、256 比特。

TinyJAMBU 的特点如下。

1）轻量级：它的代码非常简洁，只有数百个字节，因此非常适合嵌入式系统和低功耗设备。

2）高效：它具有非常高的加密和解密速度，可以处理大量数据，同时具有较低的内存和能耗需求。

3）安全性：它采用了最新的加密技术，具有强大的安全性，能够有效地防止各种攻击。

TinyJAMBU 已被广泛用于物联网、无线传感器网络、嵌入式系统等领域，同时也被视为竞争性的 AES 加密替代方案。

JAMBU 家族是一组基于分组密码算法的设计思路，包括 JAMBU、SANDstorm、Piccolo 等密码算法。这些算法在设计上非常相似，都采用了相同的分组长度和密钥长度，同时具有类似的加密结构和安全性分析方法。

JAMBU 家族的设计思路主要包括以下特点。

1）基于置换：JAMBU 家族的算法都采用了置换操作，可以充分混淆输入数据，提升了加密的强度。

2）分组加密：它们都采用了分组密码的设计思路，将明文分成多个块进行加密，同时采用了 CBC 等加密模式，进一步增强了安全性。

3）精简的结构：JAMBU 家族的算法采用了精简的结构，避免了一些不必要的操作，使得算法非常高效。

4）安全性分析：JAMBU 家族的算法都经过了充分的安全性分析，能够有效地抵抗各种攻击，包括差分攻击、线性攻击、相关密钥攻击等。

TinyJAMBU 是一种轻量级的分组密码算法，它的规范（Specification）描述了算法的具体设计和加密过程，下面是对 TinyJAMBU 规范的详细解释。

1）分组长度：TinyJAMBU 的分组长度为 64 比特（8 字节），即每次加密或解密的数据块为 64 比特。

2）密钥长度：TinyJAMBU 的密钥长度为 128 比特（16 字节）。

3）轮数：TinyJAMBU 的加密和解密过程都需要经过 16 轮的迭代，每轮都包括置换、扩散和轮密钥添加等操作。

4）置换：TinyJAMBU 采用了置换操作，将输入的数据进行混淆，提升加密强度。置换操作包括线性变换和非线性变换两个部分。

5）扩散：TinyJAMBU 采用了扩散操作，数据块中的每个比特都能影响其他比特，从而提升加密的强度。扩散操作包括线性扩散和非线性扩散两个部分。

6）轮密钥添加：TinyJAMBU 在每轮迭代中使用不同的轮密钥来提升加密的强度，轮密钥是通过将主密钥与轮次计数相结合，并经过一系列变换生成的。

7）安全性：TinyJAMBU 的设计经过了充分的安全性分析，能够抵抗各种攻击，包括差分攻击、线性攻击、相关密钥攻击等。

8）性能：TinyJAMBU 加密和解密的速度非常快，同时具有较低的内存和能耗需求，非常适合于嵌入式系统和低功耗设备等资源受限的环境。

如图 8-1 所示，该密码是一个流密码体系的块密码框架，其加密模式整体来看是块密码，但是密钥的作用单位是比特单位，所以本质是一种流密码。这是一种常见的密码体系，整体被分为初始化、关联数据处理、加密和解密、认证四个阶段。TinyJAMBU 和其他密码有一个较大且有趣的区别是，很难在制动过程图中看到密钥的相关参与过程，因为这个密码中所有的密钥体系都是与 P 盒绑定的，这里的 P 盒是置换操作，提供了混淆和扩散的效果。

如图 8-2 所示，P 盒的设计基于 NLFSR（Non-Linear Feedback Shift Register，非线性反馈移位寄存器），NLFSR 是一种序列生成器，主要用于密码学、伪随机数生成和数字通信中的扩频技术。NLFSR 是线性反馈移位寄存器（Linear Feedback Shift Register，LFSR）的非线性扩展。与 LFSR 使用线性函数不同，NLFSR 使用非线性函数处理位移操作。NLFSR 的工作原理类似于 LFSR，但在反馈函数中引入了非线性组件。NLFSR 包括一系列触发器，这些触发器按顺序排列。在每个时钟周期，寄存器中的每个触发器都会向右移动一个位置。最右边的触发器将其值移出寄存器，最左边的触发器接收一个新的输入值，这个新值基于寄存器中其他触发器值的非线性函数。引入非线性组件可以提升密码系统的安全性，因为非线性函数更难以通过频谱分析、线性密码分析等密码攻击来预测。然而，NLFSR 的设计和分析相对复杂，因为非线性函数可能会导致更高的不可预测性和更复杂的混乱。

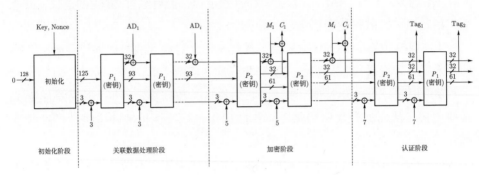

图 8-1　TinyJAMBU 加密过程

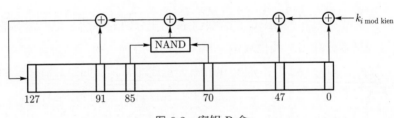

图 8-2　密钥 P 盒

在 TinyJAMBU 中，状态的大小为 64 比特（8 字节），同时也是加密和解密过程的输入与输出。每个加密和解密操作都会修改状态，并使用它来生成加密后的输出或解密后的明文。在 TinyJAMBU 的加密和解密过程中，输入数据块和状态之间相互作用、互相影响，但并不会导致信息的丢失或不完整。输入数据块被分成两个 32 比特的半块，分别参与加密和解密操作，并与状态进行异或运算，产生一个新的状态。该加密算法每进行一次，就更新一个名为 State 的状态值，该状态值是 128 比特，这个状态在 TinyJAMBU 密码中至关重要。P盒每执行一次，就被称为一轮。P_n 意味着 P 盒执行的第 n 次。P 盒每次执行都会更新状态值，换句话说，执行 P_n 表示 P 盒执行 n 次以后的密码置换操作。

在加密过程中，第一个 32 比特的输入块先和第一个 32 比特的状态半块进行异或运算，然后经过 16 轮的迭代生成加密后的输出。在每一轮迭代中，算法会使用一个不同的轮密钥来提升加密的强度。

在解密过程中，算法会使用与加密时相同的轮密钥将密文输入算法中，通过 16 轮迭代将其解密。在每轮迭代中，算法都会使用一个不同的密钥来将密文解密。

在 TinyJAMBU 算法中，输入数据块和状态是通过异或运算相互作用的，而不是直接相关联的。这种设计可以避免信息的丢失和不完整，同时提升加密的强度。

在了解了 TinyJAMBU 的整体细节后，让我们从全局上确认其制动细节。

1. 初始化阶段

以 TinyJAMBU-128 为例，初始化阶段需要首先生成密钥，然后获得一个新的状态值。这个过程我们称为密钥生成阶段。在密钥生成阶段，首先将初始的状态值 128 比特全部置为 0，然后通过 P-1024 生成一个全新的状态值。

完成状态值的更新后，接下来是随机值 Nonce 的生成阶段（仍属于初始化阶段），Nonce 在此阶段被均分为 3 个 32 比特的块 N_1、N_2、N_3，状态则被均分为 4 个 32 的块 S_1、S_2、S_3、S_4），如图 8-3 所示，该值生成需要使用一个重要的参数 Framebits。这个参数在 TinyJAMBU 中至关重要，共有四个取值，分别是 1，3，5，7。在生成 Nonce 的阶段，我们需要令 TinyJAMBU 值为 1，并使用 P-384 更新状态值。具体的过程为将 128 比特分为 4 个 32 比特的块，将每个块看作一个状态，在状态第 36～38 位的值与 Framebits 进行异或运算后，再通过 384 次 P 盒处理。处理后，状态的第四个块与三个 Nonce 块进行

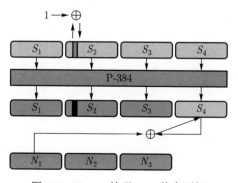

图 8-3　Nonce 处理——状态更新

比特对比特的异或运算，并以它们运算的结果不断更新第四个状态的值，在三个 Nonce 全部更新后，进入下一步。

需要注意的是，这里虽然谈到了 Nonce 和密钥的生成，但是本质上这两个数值的生成都是由外部协议提供的，TinyJAMBU 并不提供专门的协议来生成这两个数，TinyJAMBU 重点关心的是对状态值的不断更新，从而对明文和密文进行操作。

2. 关联数据处理阶段

关联数据是在通信中需要提供认证但是不需要提供数据加密保护的特殊数据，如使用的协议信息。对于该数据的处理，首先将 Framebits 置为 3，然后通过 P-384 操作更新状态值，最后状态值的最后一个块（32 比特）和相关数据对应的块进行异或运算，并更新最后一个状态块的值。这样，每次异或运算更新的值都是最新的。本质上这与图 8-3 的步骤是一样的，只不过 Framebits 的值改变了。需要注意的是，关联数据（Associated Data，AD）是一个不可定的数据块，在每次传输数据时数据长度都不等，AD 不一定都能被 32 整除，可能会有余数。此时，和块密码不同的是，由于该密码本质上是一个流密码，所以不适合用 padding 去凑整，而是将剩余的比特逐位与第四个状态块的前 x 个比特进行异或运算，不足的位不参与运算。

3. 加密与解密阶段

加密与解密过程如图 8-4 所示，Framebits 的值首先被置为 5 并进行 36 ～ 38 位的异或运算，然后经过 P-1024 更新当前的状态值，最后状态值的第四个块与明文块一一进行位对位的异或运算，其结果不断地更新到第四个状态块。在每次异或运算进行时，第三个状态块与对应的明文块的位置也会进行异或运算并得到密文块。根据明文块序号的增长，每个明文块都会得到对应的密文块。同理，由于是流密码，所以当密文和明文的长度不是 32 的倍数时，对剩余的部分比特进行一对一的单独异或操作，不需要使用 padding 填充数据。解密过程基本相同，区别只有更新状态使用的是明文块而不是密文块，即第三个状态块与对应的明文块进行异或运算后得到明文块，使用明文块与第四个状态块进行异或运算并将其结果更新到第四个状态块，然后继续执行下一轮解密。

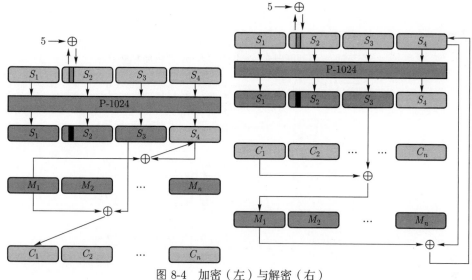

图 8-4 加密（左）与解密（右）

4. 认证阶段

认证阶段的标签认证如图 8-5 所示，认证阶段首先将 Framebits 置为 7，然后分两步进行操作，分别使用两个 P 盒函数制作 Tag 的片段，一个是 1024，另一个是 384。在通过 P 盒操作后，分别使用得到的第三个状态块作为对应的 Tag 值，每个 Tag 都是 32 比特。最后将两个 Tag 组合获得一个 64 比特的认证 Tag，也就是我们需要的最终 Tag，用这个 Tag 进行有效性认证可以确认信源无误。

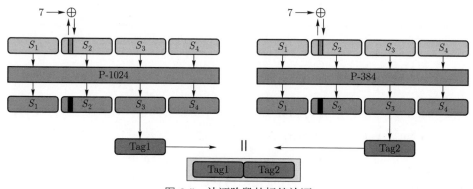

图 8-5 认证阶段的标签认证

综上所述，TinyJAMBU 的整体流程如图 8-6 所示，不同阶段的主要差异由 Framebits 和 P 盒的轮次决定。

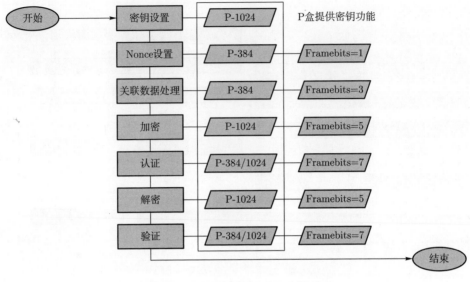

图 8-6　认证阶段的标签认证整体流程

除了 TinyJAMBU128 版本，还有 256 版本，密钥的长度进一步增加。Tiny-JAMBU 的类型如表 8-1 所示。

表 8-1　TinyJAMBU 类型

类型	密钥大小	P 盒 1	P 盒 2	Nonce 大小
TinyJAMBU-128	128 比特	P-1024	P-384	96 比特
TinyJAMBU-192	192 比特	P-1152	P-384	96 比特
TinyJAMBU-256	256 比特	P-1280	P-384	96 比特

8.1.2　Ascon

Ascon 是一种轻量级密码算法，专为高级加密标准（Authenticated Encryption with Associated Data，AEAD）而设计。它是在 CAESAR（Competition for Authenticated Encryption：Security，Applicability and Robustness）竞赛中获得高评价的 128 比特轻量化加密算法之一。Ascon 旨在提供高安全性的同时，保证运行速度和效率，特别适用于硬件和软件资源受限的环境。

Ascon 的设计基于 SPN（Substitution-Permutation Network）和 ARX（Addition-Rotation-XOR）操作，通过组合这两种运算，提供一个高度安全和

高效的加密机制。

在 Ascon 中，加密和解密过程涉及一系列的状态更新操作。设 S 为一个 n 位的状态，以下是基本操作。

1）S-box：用于非线性替换，通常表示为 S，公式如下：

$$S : \{0,1\}^n \rightarrow \{0,1\}^n$$

2）P-box：用于线性替换，通常表示为 P，公式如下：

$$P : \{0,1\}^n \rightarrow \{0,1\}^n$$

3）XOR：用于与密钥或其他值的异或操作。

$$a \oplus b$$

4）Rotation：循环旋转操作，通常表示为 R，公式如下：

$$R(x,d) = (x \ll d) \oplus (x \gg (n-d))$$

5）Modular Addition：模加法，公式如下：

$$a + b \bmod 2^n$$

通过以上操作，Ascon 可执行密钥调度、初始状态设置、主加密/解密循环等步骤。

如图 8-7 所示，Ascon 算法可分为初始化、关联数据处理、加密、解密及认证五个阶段。

1）**初始化阶段**

在初始化阶段，算法设定一个内部状态，通常包括一段由密钥 K 和随机生成的初始化向量 Nonce 组成的数据。

$$\text{State} \leftarrow \text{Initialize}(K, \text{Nonce})$$

初始化函数通过将 K、N 进行置换运算来生成初始状态，这个初始状态会作为后续阶段的输入。

2）**关联数据处理阶段**

在这个阶段，算法处理明文（不需要加密）的 AD。

$$\text{State} \leftarrow \text{Process}_{\text{AD}}(\text{State}, \text{AD})$$

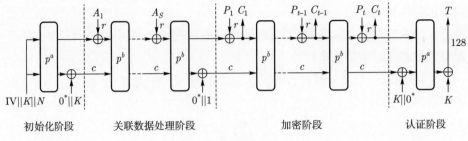

初始化阶段　　　　　关联数据处理阶段　　　　　　加密阶段　　　　　　认证阶段

(a) 加密过程

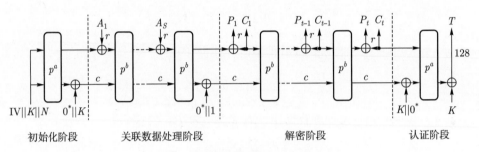

初始化阶段　　　　　关联数据处理阶段　　　　　　解密阶段　　　　　　认证阶段

(b) 解密过程

图 8-7　Ascon 加密与解密过程

这一步通常使用异或、置换等基础运算，将关联数据与初始化后的状态进行结合，生成一个新的内部状态。

3）加密阶段

在加密阶段，明文 P 与当前的内部状态进行某种运算，生成密文 C。

$$C \leftarrow \mathrm{Encrypt}(\mathrm{State}, P)$$

通常，这一步会涉及多轮 SPN 或 ARX 运算，以提高算法的安全性。

4）解密阶段

与加密阶段相对应，解密阶段会使用密文 C 和相同的内部状态（或者通过某种逆运算获得的状态）来还原明文 P。

$$P \leftarrow \mathrm{Decrypt}(\mathrm{State}, C)$$

5）认证阶段

在认证阶段，算法生成一个认证标签 (Tag, T)。

$$T \leftarrow \mathrm{Authenticate}(\mathrm{State}, C)$$

这个标签用于验证密文的完整性和来源的可靠性。通常，它会与密文一同发送，接收方在解密后会使用相同的过程生成一个新的标签，并与接收到的标签进行比对，以验证数据的完整性。

8.1.3 ACORN

ACORN-128 是一种流密码，主要用于认证加密（Authenticated Encryption, AE）。该算法是为了 CAESAR 比赛而设计的，它的主要特点是高效且具有很高的安全性，尤其在硬件实现方面表现出色。ACORN-128 使用一种线性反馈移位寄存器结构，并采用 128 比特密钥。它的状态由 293 比特构成，采用多个非线性函数进行更新。S 为算法内部的状态，K 为密钥，IV 为初始向量。初始化阶段可以表示为

$$S \leftarrow \text{Initialize}(K, \text{IV})$$

ACORN-128 制动过程如图 8-8 所示，密钥和初始向量通过某种方式（例如异或运算、非线性变换等）填充到 293 比特状态中。这是非常关键的一步骤，因为它会影响后续加密和解密的质量，加密和解密具体过程涉及多轮的状态更新和异或运算，这个阶段是流密码的核心。对于每一个输入的明文比特（或字节），内部状态会更新并生成一个密钥流（或字节），该密钥流比特与明文比特进行异或运算生成密文比特。

$$C_t = P_t \oplus Z_t$$
$$P_t = C_t \oplus Z_t$$

其中，P_t 和 C_t 分别是明文和密文，Z_t 是在时刻 t 生成的密钥流比特。

与其他认证加密算法类似，ACORN-128 也提供了一种认证机制。它生成一个认证标签，用于验证密文的完整性。ACORN-128 还有一个额外的认证机制，即生成一个消息认证码，该消息认证码可被用于验证密文（以及任何关联数据）的完整性和真实性。在加密和解密过程中，内部状态不仅用于生成密钥流，还用于生成 MAC。内部状态会经过一系列的摘要过程最终生成一个固定长度的标签。摘要过程是内部状态中比特通过一系列非线性函数获得的。这些非线性函数通常涉及多种逻辑运算（如与、或、非运算），以确保输出的摘要具有高度的随机性和不可预测性。在每个加密或解密操作周期内，这些状态比特会被更新和混合，进而生成一个能够反映消息完整性和真实性的固定长度的消

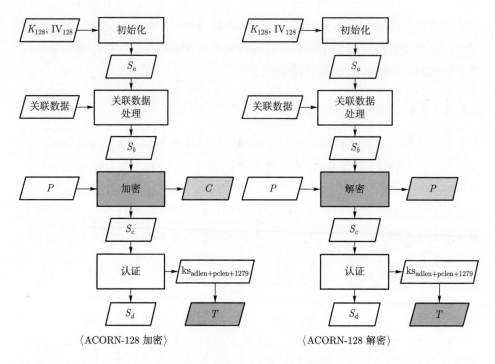

图 8-8 ACORN-128 制动过程

息认证码 MAC。

$$T = \mathrm{MAC}(S)$$

ACORN-128 的设计注重安全性和效率，特别适用于硬件实现和嵌入式系统。它通过精心设计的内部状态和非线性运算来保证系统高级别的安全性，同时算法的简洁性也使得其在低功耗和有限资源的环境中表现出色。

8.1.4 AEGIS-128

AEGIS-128 是一种用于认证加密的对称密钥算法，在 CAESAR 比赛中获得了一定的关注，因为其设计简单，高度并行化且高效，特别适用于硬件实现。

AEGIS-128 的内部结构包括五个 32 比特的寄存器，以及一些简单的算术和逻辑运算（例如模 2 的加法、与、或和异或等)。它使用一个 128 比特的密钥和一个 128 比特的初始向量 (IV)。

1）**初始化阶段**：初始向量和密钥被用来初始化内部状态寄存器。内部状态寄存器指的是加密算法中用于存储临时加密状态信息的数据结构。这些寄存器是算法执行过程中的核心部分，用于保存算法的当前状态，包括已处理的数据位、临时加密或解密结果等。内部状态寄存器的设计对算法的安全性和效率都有重要影响。

$$\text{State} \leftarrow \text{Initialize}(K, \text{IV})$$

2）**关联数据处理阶段**：处理与明文关联但不需要加密的数据。

$$\text{State} \leftarrow \text{Process\_AD}(\text{State}, \text{AD})$$

3）**加密和认证阶段**：明文被加密，同时生成一个认证标签。

$$(C, T) \leftarrow \text{Encrypt\_and\_Authenticate}(\text{State}, P)$$

4）**解密和认证阶段**：与加密和认证阶段反向操作。

$$(P, \text{IsValid}) \leftarrow \text{Decrypt\_and\_Verify}(\text{State}, C, T)$$

整个加密和认证过程可以表示为（发生在 Tx）：

$$\text{State} \leftarrow \text{Initialize}(K, \text{IV})$$

$$\text{State} \leftarrow \text{Process\_AD}(\text{State}, \text{AD})$$

$$(C, T) \leftarrow \text{Encrypt\_and\_Authenticate}(\text{State}, P)$$

解密和认证过程可以表示为（发生在 Rx）：

$$\text{State} \leftarrow \text{Initialize}(K, \text{IV})$$

$$\text{State} \leftarrow \text{Process\_AD}(\text{State}, \text{AD})$$

$$(P, \text{IsValid}) \leftarrow \text{Decrypt\_and\_Verify}(\text{State}, C, T)$$

其中，IsValid 是一个布尔值，表示验证是否成功。AEGIS-128 的设计理念是实现一个高效、高安全性和易于硬件实现的认证加密算法。它的高度并行结构使得该算法在硬件上能非常高效地运行，同时还能提供足够的安全性。

AEGIS-128 算法的细节主要来源于对状态值的更新，因为这决定了算法的安全性和效率。如图 8-9 所示，AEGIS-128 算法使用 S_0、S_1、S_2、S_3、S_4 五个 32 比特的寄存器作为其内部状态，每个状态都在加密或解密的每一轮中更新。

在初始化阶段，密钥 K 和初始向量 IV 用于设置五个寄存器的初始状态。

$$S_i = K \oplus \text{IV}, \ i = 0, 1$$

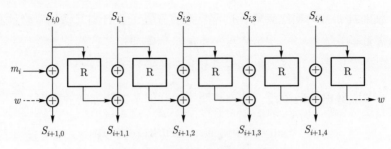

图 8-9　AEGIS 内部状态更新

$$S_i = \text{IV}, \ i = 2, 3$$

$$S_4 = K$$

状态更新通常依赖于一个或多个输入值，这些值可以是明文块、密文块或关联数据块。常见的状态更新函数 $\text{Update}(S, x)$ 可以用如下方式定义：

$$S_0' = S_0 \oplus (S_1 \odot S_2) \oplus x$$

$$S_1' = S_1 \oplus (S_2 \odot S_3)$$

$$S_2' = S_2 \oplus (S_3 \odot S_4)$$

$$S_3' = S_3 \oplus (S_4 \odot S_0)$$

$$S_4' = S_4 \oplus (S_0 \odot S_1)$$

这里，$\oplus$ 表示异或操作，$\odot$ 表示与操作，x 是输入块（可以是明文、密文或关联数据），S_0'、S_1'、S_2'、S_3' 和 S_4' 是更新后的状态。

在关联数据处理和加密阶段，状态更新函数会被反复调用。每个新的明文块（或关联数据块）都会作为 x 输入到状态更新函数中，并据此更新状态寄存器。最后，在消息认证阶段，当前的内部状态用于生成一个认证标签 T，这通常是对内部状态进行某种形式的哈希函数运算或简化。

$$T = \text{MAC}(S_0, S_1, S_2, S_3, S_4)$$

采用这种方法，AEGIS-128 在确保高安全性的同时，还能够实现高效运行，这一点在硬件实现中尤为显著。

8.1.5　Deoxys-II

Deoxys-II 是一种对称密钥加密算法，主要用于提供认证加密和关联数据的安全性，是 CAESAR 比赛中的一种参赛算法。它的设计重点是在多样性的应用场景（包括硬件和软件实现）中提供符合轻量级要求的安全性。Deoxys-II 基于可调分组密码（Tweakable Block Cipher，TBC）的设计，使用的是 128 比特或 256 比特的密钥长度，并支持不同大小的关联数据和认证标签。它包含几个不同的模式，如 Deoxys-II-128-128、Deoxys-II-128-256、Deoxys-II-256-128、Deoxys-II-256-256 等，其中第一个数字表示密钥长度，第二个数字表示块大小。

1）**初始化阶段**：使用密钥 K 和初始向量 IV 来初始化算法的内部状态。

$$\text{State} \leftarrow \text{Initialize}(K, \text{IV})$$

2）**关联数据处理阶段**：算法处理不需要加密但需要被认证的 AD。

$$\text{State} \leftarrow \text{Process\_AD}(\text{State}, \text{AD})$$

3）**加密阶段**：利用算法加密明文 P 以生成密文 C。

$$C \leftarrow \text{Encrypt}(\text{State}, P)$$

4）**认证阶段**：生成一个认证标签 T，以确保数据的完整性。

$$T \leftarrow \text{Generate}(\text{State})$$

5）**解密和认证阶段**：使用同样的密钥和初始向量，解密密文 C 并验证认证标签 T。

$$(P, \text{IsValid}) \leftarrow \text{Decrypt\_and\_Verify}(C, T)$$

加密和认证过程可以表示为

$$\text{State} \leftarrow \text{Initialize}(K, \text{IV})$$

$$\text{State} \leftarrow \text{Process\_AD}(\text{State}, \text{AD})$$

$$C \leftarrow \text{Encrypt}(\text{State}, P)$$

$$T \leftarrow \text{Generate}(\text{State})$$

解密和认证过程可以表示为

$$\text{State} \leftarrow \text{Initialize}(K, \text{IV})$$

$$\text{State} \leftarrow \text{Process\_AD}(\text{State}, \text{AD})$$

$$(P, \text{IsValid}) \leftarrow \text{Dcrypt\_and\_Verify}(C, T)$$

其中，IsValid 是一个布尔值，表示认证是否成功。Deoxys-II 是一种具有高度灵活性和安全性的认证加密算法。它的设计允许多种不同的实现方式存在，并且适应于多样化的应用场景。基于 TBC 的设计，它能有效地处理各种复杂的加密需求。

TBC 是传统块密码的一种扩展，它们接收一个额外的输入，通常被称为"Tweak"，以增加密码系统的灵活性。在 Deoxys-II 中，TBC 用于实现加密、解密和生成认证标签等各种操作。图 8-10 展示了状态更新的制动过程。

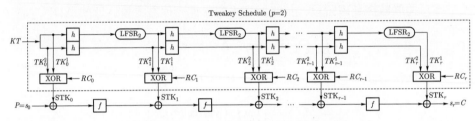

图 8-10 Deoxys-II 状态更新的制动过程

一个 n 比特的 TBC E（使用特定 Tweak 参数进行的加密操作）可以表示为

$$E : \{0,1\}^k \times \{0,1\}^t \times \{0,1\}^n \rightarrow \{0,1\}^n$$

其中，k 是密钥的长度，t 是 Tweak 的长度，n 是块大小。在 Deoxys-II 中，Tweak 通常用于编码额外的信息，如块计数器、块类型（是否是最后一个块、是否是关联数据等），以及其他可能的元数据。假设 $E_K(T, X)$ 是使用密钥 K 和 Tweak T（使用特定 Tweak 参数进行的认证标签）对输入 X 进行加密的 TBC。

1）**关联数据处理**：当处理 AD 时，算法使用一个特定的 Tweak（如 $T = \text{AD}$）与其他阶段区分。

$$\text{State} \leftarrow \text{State} \oplus E_K(T, \text{AD})$$

2）**加密**：每个明文块 $P[i]$ 使用一个与其位置或其他属性关联的 Tweak $T[i]$ 进行加密。

$$C[i] = P[i] \oplus E_K(T[i], \text{State})$$

3）认证：在生成认证标签 T 时，也会使用一个特定的 Tweak，如 $T = \text{Tag}$，以便生成唯一的认证信息。

$$T = E_K(T, \text{State})$$

使用 TBC 的一个主要优点是，它提供了更高的安全性，因为即使是相同的明文块和密钥，只要 Tweak 不同，输出也会不同。这提高了对抗各种攻击，特别是重放攻击和选择明文攻击的能力。此外，TBC 通常可以更高效地实现各种加密模式，如 CTR、CBC 等，因为它们在硬件或并行计算环境中更容易实现 Tweak 的快速变化。

在 Deoxys-II 算法中，TBC 起着关键的作用，它不仅提高了算法的灵活性，还提高了安全性和效率。巧妙地选择和使用 Tweak 能够使 Deoxys-II 在多种应用场景中提供高级别的安全保障。

8.2 同态加密

下面首先介绍同态加密的基本概念，以及它如何解决数据在使用过程中的保密问题。然后介绍对抗模型，分析在不可信环境下使用同态加密的安全性。接下来深入讨论同态密码的实现方式，包括它们的算法构造和工作原理，以及同态密码在效率方面的瓶颈，这是目前阻碍其广泛应用的主要因素。最后，展望量子计算对同态加密可能产生的影响，特别是量子同态密码，这一领域相对较新，但潜力巨大。

通过对本节的学习，读者会对同态加密有一个全面而深入的了解，同时也为后续的零知识证明、安全多方计算，以及下一代密码学技术与量子安全做好铺垫。

8.2.1 同态加密的概念

同态加密是一种特殊类型的加密算法，允许在密文上直接执行某些类型的运算，不需要解密。这意味着，给定两个密文 C_1 和 C_2，以及一个同态加密方案 E 和对应的解密方案 D，就可以找到密文空间的某种运算 $\odot$，使得以下关系成立：

$$D(C_1 \odot C_2) = D(C_1) \oplus D(C_2)$$

$$D(E(M_1) \odot E(M_2)) = M_1 \oplus M_2$$

其中，M_1 和 M_2 是明文，$\oplus$ 是明文空间上的某种运算（例如加法或乘法），$C_1 = E(M_1)$ 和 $C_2 = E(M_2)$。也就是说，同态加密允许将对密文的操作等效到明文中，从而避免了传统的 "Tx 传输密文后 Rx 解密并操作，然后 Rx 加密并传输给 Tx 后 Tx 解密并识别" 的问题。针对动态加密，Tx 发送密文 C 给 Rx，Rx 收到密文 C 后进行本地操作获得 C'，然后传输 C' 给 Tx，Tx 解密 C' 获得 Rx 对明文执行对应操作后相同的结果。

在数学上，同态加密方案通常由以下四个阶段组成。

1）密钥生成：$\text{KeyGen}() \to (\mathcal{K}, \mathscr{k})$，生成公钥 $\mathcal{K}$ 和私钥 $\mathscr{k}$。

2）加密：$E_{\mathcal{K}}(M) \to C$，使用公钥 $\mathcal{K}$ 对明文 M 进行加密，生成密文 C。

3）解密：$D_{\mathscr{k}}(C) \to M$，使用私钥 $\mathscr{k}$ 对密文 C 进行解密，恢复明文 M。

4）同态运算：$C_1 \odot C_2 \to C_3$，对两个密文 C_1 和 C_2 进行同态运算，生成新的密文 C_3。

同态加密中的操作算符是有一定要求的，因为密文空间与明文空间之间的运算规则是受限制的。同态加密按照运算限制可以分为以下类型：

1）部分同态加密（Partial Homomorphic Encryption，PHE）：只支持一种运算（加法或乘法）的同态加密。如果密文空间或者明文空间的运算符类型增加，则会导致密码的同态性失效，即对应的操作无法正确解密并反映到明文中，如 RSA、ElGamal 等。

2）次同态加密（Somewhat Homomorphic Encryption，SHE）：支持有限次的两种运算（加法和乘法）。这种方案在运算次数超出一定范围后会导致噪声增加，从而影响解密的准确性，如 BFV（Brakerski-Fan-Vercauteren）和 BGN（Boneh、Goh 和 Nissim 在 2005 年提出的一种同态加密方案）。

3）完全同态加密（Fully Homomorphic Encryption，FHE）：支持多种运算（通常是加法和乘法）的同态加密。即无论何种运算发生在密文空间或者明文空间，解密后都可以正常获得对应操作后的信息，如 Gentry 的 FHE、BFV 和 CKKS（Cheon-Kim-Kim-Song）。

一个特殊的分支：环同态加密（Ring Homomorphic Encryption，RHE）。RHE 是一种特殊类型的同态加密方案，其运算不是在常见的群或字段上进行，而是在数学上定义的某个 "环" 上进行，如 NTT-based RHE，很多地方没有将环同态加密单独列为一种类型。

下面对环同态加密进行展开说明。在环上，加法和乘法的很多性质（如交换性、结合性等）仍然保持不变，但并不满足所有的字段性质，如乘法逆元的存在性。

环 $\mathbb{R}$ 是一个集合，配合两种二元运算：$+$ 和 $\times$，满足以下性质：

1）$(a+b)+c = a+(b+c)$（加法结合律）。

2）$a+b = b+a$（加法交换律）。

3）$a+0 = a$（加法单位元）。

4）$a+(-a) = 0$（加法逆元）。

5）$a \times (b \times c) = (a \times b) \times c$（乘法结合律）。

6）$a \times 1 = a$ 和 $1 \times a = a$（乘法单位元）。

需要注意的是，在环里乘法不一定满足乘法交换律 $a \times b = b \times a$，也不一定存在乘法逆元。相比于在字段上定义的完全同态加密，环同态加密通常更高效。因为其特性可以让我们降低对应操作容量的上限，可以针对特定的应用场景定制相应的环结构，以达到优化性能的目的。

此外，当我们需要评估一个密码体系的安全性时，需要了解语义安全（Semantic Security）的概念。在现代密码学中，**语义安全**是一种描述加密算法安全性的定义。这个概念试图捕捉到一个非常直观的观点：即使攻击者有能力获得某些密文，他们仍然不能获得与对应明文相关的任何有用的信息。

对于一个加密方案 {Gen, Enc, Dec}，其中 Gen 是密钥生成算法，Enc 是加密算法，Dec 是解密算法，定义一个实验 $\text{EXP}_{\text{semantic,A,}\Pi}(n)$，其中 A 是多项式时间的攻击者（算法），$\Pi$ 是加密方案，n 是安全参数。

① 实验生成密钥对 $(\mathscr{K}, \mathscr{k}) \leftarrow \text{Gen}(1^n)$。

② 攻击者 A 获得公钥 $\mathscr{K}$ 并输出两个相同长度的明文 m_0 和 m_1。

③ 实验随机选择 $b \in \{0,1\}$，然后计算密文 $c \leftarrow \text{Enc}_{\mathscr{K}}(m_b)$。

④ A 获得密文 c，并输出一个猜测 b'。

如果对于所有多项式时间的攻击者 A，都满足下式：

$$\text{EXP}_{\text{semantic,A,}\Pi}(n) = \left| \Pr[b' = b] - \frac{1}{2} \right| \text{ 是一个可忽略函数（Negligible Function）}$$

则我们说加密方案 Π 是语义安全的，这里，$\Pr[b' = b]$ 是 A 猜测 b 正确的概率。

语义安全是现代密码学中用于度量加密算法安全性的基本标准之一，它证明了攻击者即使在可以选择想要加密的明文，并有能力观察这些明文对应的密文的情况下，也不能从密文中获得任何有关明文的有用信息。这是一种非常强的安全保证，许多现代的公钥和对称密钥加密算法都在力求达到这一标准。

8.2.2　对抗模型的分类

在密码学中，对抗模型（Adversarial Model）描述了攻击者（也称为对手或敌手）所能够进行的行为和所能获取的信息。在同态加密的背景下，这样的模型尤为重要，因为同态加密允许在密文上进行某种形式的运算。

1. 根据对抗者的能力和目标分类

根据对抗者的能力和目标，对抗模型可分为几种不同的类型，包括但不限于以下几种。

1）被动对抗模型

① 定义：被动对手（即恶意攻击者）可以观察但不能更改传输中的信息。

② 相关安全性定义：语义安全。

$$\text{Adv} = \left| \Pr[b' = b] - \frac{1}{2} \right| \approx 0$$

③ 意义：适用于只需要保护数据内容但不需要防止篡改的场景。

2）主动对抗模型

① 定义：主动对手（即恶意攻击者）可以更改传输的信息，并可能尝试进行各种攻击，如重放攻击、中间人攻击等。

② 相关安全性定义：适应性选择密文攻击（Indistinguishability under Chosen Ciphertext Attack，IND-CCA）安全。在 CCA（主动对抗）下，对手更加强大，能进行更多类型的攻击。

$$\text{Adv} = \left| \Pr[b' = b] - \frac{1}{2} \right| \approx 0$$

③ 意义：适用于需要高度安全性，包括防止数据篡改的场景。

3）有限敌手模型

① 定义：这种敌手的能力有一定的限制，例如计算能力或获取信息的数量。

② 相关安全性定义：在给定的限制下，该模型侧重于保证密文的语义安全或其他安全属性。

$$\text{Adv} \leqslant \epsilon$$

③ 意义：适用于在一定的已知限制条件下，如在有限的时间或计算资源情况下破解密码才有意义的场景。

4）内部敌手模型

① 定义：内部敌手有权访问系统内部的某些信息，比如部分密钥或者算法。

② 相关安全性定义：根据内部敌手访问的信息种类和范围，相应的安全性定义会有所不同。

③ 意义：适用于需要防范内部，攻击者拥有一定的安全机制相关信息时防止密码被破解的场景。

在设计和评估同态加密方案时，选择合适的对抗模型是非常重要的，因为这决定了方案适用的范围和可能存在的安全隐患。有时候，为了应对更为复杂和全面的威胁，研究者会考虑组合多种对抗模型。这些模型提供了一种量化和正式化的方法来评估同态加密方案在不同攻击者模型下的安全性。理解这些模型不仅能够帮助我们更好地评估现有的加密方案，还能促进新方案的开发。

2. 根据对抗者的行为或动机分类

对抗模型还可以根据对抗者的行为或动机进行以下分类：

1）被动对抗模型：在被动对抗模型下，同态密码系统应能保证即使对手观察到进行了计算的密文，也不能得知明文信息。这种安全性通常适合于数据查询、统计分析等场景。虽然在被动对抗模型下设计同态密码相对简单，但其无法防御更复杂的攻击，如密文篡改就会导致解密失效。

2）主动对抗模型：在主动对抗模型下，同态密码系统不仅要保证密文计算的语义安全，还需要防止对手对密文的任意更改。这对于确保计算的正确性和数据的完整性非常关键，适用于在线服务、金融交易等高安全需求场景。在主动对抗模型下设计同态加密方案更为复杂和计算更为密集，可能需要额外的技术，如零知识证明等来确保安全性。

此外，如果涉及多方数据共享，则可能需要复杂的对抗模型来确保每一方的数据安全。在计算委托的框架下，如果对手包括不完全可信的云服务提供商，则选择一个能够抵御内部威胁的对抗模型会更为合适。总体而言，在同态加密的应用中，选择合适的对抗模型不仅能提升系统的安全性，还能提升系统的性能和可用性。因此，根据具体应用场景和安全需求来选择与设计同态加密方案是至关重要的步骤。而同态密码是一种工具，灵活地运用同态密码可以构造一些新的安全机制，如基于同态加密的安全多方计算就可以解决多方数据共享的问题，而基于零知识证明的同态加密也可以降低委托云计算的内部作弊风险。

除了上述常见的对抗模型，信息安全领域还有一种特殊的理论基础——信息论安全模型。这不是一种传统意义上的对抗模型，而是一种理论测试模型，用于定义在假设对手拥有无限计算资源的情况下加密方案的安全性。

在信息论安全模型中，假设对手在拥有无限计算资源的条件下定义的安全性。这意味着无论对手进行多么复杂的计算，都无法破解加密方案。

信息论安全模型：对于所有的明文和对应的密文，有 P（明文 | 密文）$= P$（明文），即密文不提供关于明文的任何额外信息。对手在无条件安全模型下的优势可以如下表达：

$$\text{Adv}_{\text{Unconditional}} = 0$$

在这里，$\text{Adv}_{\text{Unconditional}} = 0$ 表示在无条件安全模型下，即便对手有无限的计算资源也没有任何优势。该模型提供信息论安全论证，即使对手有无限的计算能力，也不能伪造一个有效的认证标签。其中，完全信息论安全通常用来描述像一次性密码本这样的加密方案。

信息论安全模型提供了一种理论上的安全保证，它不依赖于任何关于计算复杂性的假设。这种安全性是理论上的极限，展示了加密方案理论上可能达到的最高安全标准。然而，由于实现完全信息论安全通常需要不切实际的资源，如极大的密钥空间或一次性密钥，因此它在实际应用中相对较少见。信息论安全模型适用于那些需要绝对安全保证并愿意为此接受一定限制的场景。

8.2.3　同态密码的实现方式

同态密码的实现方式有多种，相对著名的有基于整数、椭圆曲线、格、编码理论的方式。

1）**基于整数的同态加密**：其包含 RSA、Paillier 等经典算法，主要优点是计算效率较高，但通常只能实现部分同态加密。在数学领域中，这类方法通常基于数论问题，如整数分解。

2）**基于椭圆曲线的同态加密**：如 ECC 加密方案的变种，它们相对于基于整数的同态加密，可以实现更高的安全性与更低的存储需求。

3）**基于格的同态加密**：例如，Gentry 的 FHE、BFV（Bounded-error Fully Homomorphic Encryption over the Integers）、CKKS（Cheon-Kim-Kim-Song）。

这类方法可实现完全同态加密，并具有理论上的安全保证。数学上基于理想格等复杂的数学结构。

4）**基于编码理论的同态加密**：这是一种相对较新的方法，目前还在研究阶段，是一种基于错误纠正码的理论，在第 9 章会重点讨论。

在运算效率方面，基于整数的方式通常更简单、更快，但功能有限。同时，基于格的方式在功能上更全面，但通常需要更多的计算资源，在噪声管理方面通常需要引导（Bootstrapping）等复杂操作。在安全性方面，基于椭圆曲线和基于格的方式通常都可以提供更高的安全级别，尤其在量子计算背景下，该类型的方案是后量子安全的一种候补方案。

1. 以 RSA 实现同态加密

基于整数的同态加密主要是通过使用整数数论中的一些问题来构建加密方案的。最经典的实例是 RSA 加密，但需要注意的是，标准的 RSA 只是一个部分同态加密方案，这意味着它只支持一种类型的运算（通常是乘法）。另一种基于整数的同态加密方案是 Paillier 加密。Paillier 加密是一个基于复合整数的半群的加密方案，它支持加法同态性。Paillier 的加密过程如下。

1）选择两个大质数 p 和 q，计算 $n = p \times q$ 和 $\lambda = \mathrm{lcm}(p-1, q-1)$。

2）选择随机整数 g，使其满足 $g \in \mathbb{Z}_{n^2}^*$。

3）公钥为 (g, n)，私钥为 λ。

加密一个消息 m，使用以下公式：

$$c = g^m \cdot r^n \bmod n^2$$

其中，r 是一个随机数。解密使用以下公式：

$$m = L(c^\lambda \bmod n^2) \cdot \mu \bmod n$$

其中，$L(u) = \dfrac{u-1}{n}$，$\mu = (L(g^\lambda \bmod n^2))^{-1} \bmod n$，$u = c^\lambda \bmod n^2$。

该加密方案的同态性如下：

$$c_1 \cdot c_2 \bmod n^2 = g^{m_1 + m_2} \cdot r^n \bmod n^2$$

这里，$c_1 = g^{m_1} \cdot r_1^n \bmod n^2$，$c_2 = g^{m_2} \cdot r_2^n \bmod n^2$，所以将两个密文相乘后再解密，结果是原始明文相加的结果。这种加密方案因其加法同态性而被广泛用于安全的多方计算、电子选举和数据隐私等场景。

让我们通过一个简单的代数例子来演示 Paillier 加密方案的加法同态性。
设置如下参数。

① 选择两个质数 $p = 3$ 和 $q = 5$。

② 计算 $n = p \times q = 15$。

③ 选择 $g = 16$，一个满足 $g \in \mathbb{Z}_{n^2}^*$ 的随机整数。

④ 公钥为 $(g, n) = (16, 15)$。

假设有两个明文消息 $m_1 = 2$ 和 $m_2 = 3$。

① 选择两个随机数 $r_1 = 4$ 和 $r_2 = 5$。

② 使用加密公式 $c = g^m \cdot r^n \bmod n^2$，计算密文：

$c_1 = 16^2 \times 4^{15} \bmod 225 = 94$

$c_2 = 16^3 \times 5^{15} \bmod 225 = 125$

证明其同态性并使得公式成立：$c_1 \times c_2 \bmod n^2 = g^{m_1 + m_2} \times r^n \bmod n^2$。

① 计算 $c_1 \times c_2 \bmod 225$。

$94 \times 125 \bmod 225 = 50$

② 计算 $g^{m_1 + m_2} \times r^n \bmod n^2$，其中 $r = r_1 \times r_2$。

$16^{2+3} \times (4 \times 5)^{15} \bmod 225 = 16^5 \times 20^{15} \bmod 225 = 50$

综上所述，这证明了 Paillier 加密方案的加法同态性。

除了基于整数的方式，基于椭圆曲线的方式也可以实现部分同态加密。椭圆曲线的数学形式通常为 $y^2 = x^3 + ax + b$，其上的点通过"点加"运算构成一个群。基于椭圆曲线的同态加密通常基于离散对数问题，即给定点 P 和 $Q = nP$（这里的 n 是一个整数，nP 表示点 P 与自己相加 n 次），且由于其数学特性很难逆算 n。虽然 ECC 本身不直接提供完全同态加密或部分同态加密能力，但其可用于构建支持特定类型运算的加密方案。例如，两个密文的"点加"运算对应于两个明文的数学加法。基于椭圆曲线的同态加密不是主流的研究方向，大多数的同态加密研究集中在基于整数和基于格的方式上。

2. 以 BFV 实现次同态加密

次同态加密是介于部分同态加密和完全同态加密之间的一种加密方案。它允许对密文进行有限数量的特定运算，并能够在解密后恢复原始明文。这里通过经典的次同态加密算法——BFV 进行说明。

BFV 是一种基于格的次同态加密方案，在这个方案中，系统参数为一个模 q 和一个多项式环 $\mathbb{R}_q[X]/(X^n + 1)$，其中 n 决定了在执行多项式乘法时需要进行约简的次数上限，被称为度数。在 BFV 算法中，$\mathbb{R}_q$ 通常指的是一个由模 q 的整数构成的环，这个环上的多项式是由这些整数系数形成的。这样的环可以形式化为 $\mathbb{R}_q = \mathbb{Z}_q[x]/\langle f(x)\rangle$。其中，$\mathbb{Z}_q$ 是模 q 的整数集，即 $\{0,1,\cdots,q-1\}$。$f(x)$ 是用于构造多项式环的不可约多项式，通常选取为 Cyclotomic 多项式。在这个环上，可以进行多项式的加法、减法和乘法，这些运算都会进行模 q 运算。这种结构提供了足够的复杂性和灵活性，以支持高度安全的同态加密操作。环 $\mathbb{R}_q$ 的存在，是因为在实际的同态加密中，简单的整数运算通常不足以提供所需的安全性和效率。在更复杂的结构上进行运算，BFV 算法能实现更高的安全性和更强的同态操作能力。

1）密钥生成

① 选择两个"小"多项式 a 和 $s \in \mathbb{R}_q$。

② 计算 $b = a \cdot s + e \bmod q$，其中 e 是一个小误差项（噪声值）。

③ 公钥 $\mathscr{K} = (a,b)$，私钥 $\mathscr{k} = s$。

2）给定一个明文 $m \in \mathbb{R}_q$ 和公钥 $\mathscr{K} = (a,b)$：

① 选择一个随机的"小"多项式 r。

② 计算密文 $c = (c_0,c_1) = (b \cdot r + m, a \cdot r) \bmod q$。

给定一个密文 $c = (c_0,c_1)$ 和私钥 $\mathscr{K} = s$：

① 计算 $m' = c_0 + c_1 \cdot s \bmod q$。

② 通过适当的方法从 m' 中恢复出原始的明文 m。

3）其同态性表现如下：

① 加法：$c_1 \oplus c_2 = (c_{1,0} + c_{2,0}, c_{1,1} + c_{2,1})$。

② 乘法：$c_1 \odot c_2 = (c_{1,0} \times c_{2,0}, c_{1,1} \times c_{2,1})$。

需要注意的是，每进行一次同态运算，误差都会累积一次，这就限制了可以连续进行的同态运算的数量。在实际的完全同态加密或者部分同态加密中，噪声是一个非常重要的因素。噪声通常在密文的构造阶段被加入，用于保护数据，并且在每次密文间的同态操作（加法或乘法等）后都会逐渐累积。

以 BFV 为例，考虑以下的加密过程：

$$c = (a \cdot s + m + e) \bmod q$$

解密时，有

$$m' = (c - a \cdot s) \bmod q$$

$$m' = m + e$$

解密得到的 m' 是明文 m 加上噪声 e。当 e 足够小时，噪声对解密没有影响。然而，噪声会在每次同态操作后累积。比如，在对两个密文进行加法或乘法操作后，新产生的密文噪声是原来两个密文噪声的函数（通常是累加或相乘）。随着这样的操作越来越多，噪声会越来越大，直到超过一个可接受的阈值，解密就将不再准确。

例如，在两个密文的同态加法中：

$$c_1 + c_2 = (a \cdot s_1 + m_1 + e_1) + (a \cdot s_2 + m_2 + e_2)$$
$$= a \cdot (s_1 + s_2) + (m_1 + m_2) + (e_1 + e_2)$$

新的噪声是 $e_1 + e_2$，这是两个原始噪声的和。由于噪声的累积，全同态加密方案通常有一个"再线性化"或者"引导"的步骤，该步骤能够减少密文中的噪声，以便进行更多的同态操作。噪声管理是完全同态加密实现中一项关键的挑战，因为它直接影响密文同态操作的数量及解密的准确性。

BFV 是相对高效的，并且对于某些特定类型的运算具有良好的性能，但是存在误差的累积和对连续运算数量的限制。BFV 和其变体在许多场景中都有应用，包括但不限于数据隐私保护、安全多方计算等。

下面来列举一个简单的应用实例。需要注意，在实际应用中参数的值会远远大于这些数值，以保证安全性。由于该算法相对复杂，因此使用两个例子来帮助我们理解。第一个例子只展示加密与解密的过程，第二个例子应用具体的同态机制。这里仅用于演示，实际应用中的参数会更加复杂和安全。

例一：

参数设定：$q = 257$，$\mathbb{R}_q = \mathbb{Z}/257\mathbb{Z}$。

$\mathbb{R}_q = \mathbb{Z}/257\mathbb{Z}$ 表示法在代数和数论中很常用，用于表示模 $q = 257$ 的整数环。$\mathbb{Z}$ 是整数集，包含所有正整数、负整数和零。$257\mathbb{Z}$ 表示由 257 的所有整数倍组成的集合，这是一个由 $\{\cdots, -514, -257, 0, 257, 514, \cdots\}$ 等元素组成的子环。

$\mathbb{Z}/257\mathbb{Z}$ 或 $\mathbb{Z}_{257}$ 是模 257 的整数环，实际上是一个包含 257 个元素的集合，即 $\{0, 1, \cdots, 256\}$，在这个环中，所有的运算都是模 257 进行的。

例如，在 $\mathbb{R}_q = \mathbb{Z}/257\mathbb{Z}$ 环中：

$-256 + 1 = 0$（因为 $257 \bmod 257 = 0$）

- $128 \times 2 = -1$（因为 $256 \bmod 257 = -1$）

在同态加密中，特别是在基于格的加密方案（如 BFV、CKKS 等）中，选择一个合适的模 q 是非常重要的。这个模通常需要足够大，以容纳噪声和误差，但也不能太大，否则会给计算造成不便。R_q 这样的表示法就是为了描述这样的一个环结构。

密钥生成：

① 选择两个"小"多项式 $(a = 4x^2 + 3x + 2)$ 和 $(s = 5x^2 + x + 6)$。

② 计算 $b = a \cdot s + e \bmod q$。

- $e = 3x^2 + 2x + 1$

- $b = [(4x^2 + 3x + 2)(5x^2 + x + 6) + (3x^2 + 2x + 1)] \bmod 257$

- $b = 20x^4 + 19x^3 + 40x^2 + 22x + 13 \bmod 257$

$$\mathscr{K} = (a, b) = (4x^2 + 3x + 2, 20x^4 + 19x^3 + 40x^2 + 22x + 13)$$

$$\mathscr{k} = s = 5x^2 + x + 6$$

加密，假设明文 $m = 7x^2 + 4x + 5$

③ 选择一个随机的"小"多项式 $r = x^2 + x + 1$。

④ 计算 $c = (c_0, c_1) = (b \cdot r + m, a \cdot r) \bmod q$。

- $c_0 = (20x^4 + 19x^3 + 40x^2 + 22x + 13)(x^2 + x + 1) + (7x^2 + 4x + 5)$

- $c_0 = 20x^6 + 39x^5 + 79x^4 + 81x^3 + 82x^2 + 39x + 18 \bmod 257$

- $c_1 = (4x^2 + 3x + 2)(x^2 + x + 1)$

$c_1 = 4x^4 + 7x^3 + 9x^2 + 5x + 2$

$c = (c_0, c_1) = (20x^6 + 39x^5 + 79x^4 + 81x^3 + 82x^2 + 39x + 18, 4x^4 + 7x^3 + 9x^2 + 5x + 2) \bmod 257$

解密步骤如下：

计算 $m' = c_0 + c_1 \cdot s \bmod q$

$$m' = (20x^6 + 39x^5 + 79x^4 + 81x^3 + 82x^2 + 39x + 18) +$$

$$(4x^4 + 7x^3 + 9x^2 + 5x + 2)(5x^2 + x + 6) \bmod 257$$

$$m' = 40x^6 + 78x^5 + 155x^4 + 157x^3 + 151x^2 + 71x + 30 \bmod 257$$

要想由 m' 得到 $m = 7x^2 + 4x + 5$ 还需要在 BFV 方案中实现降次和降噪，而这些机制更加复杂。由于多项式环 $\mathbb{R}_q[X]/(X_n + 1)$ 中的 n 未确定，该多项式的次数很高，当 n 的值确定后，可以令多项式大幅简化。简化后，通过适当的方法降噪和二次降次能还原出原文 m。

例二：

而具体到对同态性的测量上，分别需要两个明文和密文。

两个密文 $c_1 = (c_{1,0}, c_{1,1})$ 和 $c_2 = (c_{2,0}, c_{2,1})$，分别对应两个明文 m_1 和 m_2。同态加法应该满足：

$$[c_1 \oplus c_2 = (c_{1,0} + c_{2,0}, c_{1,1} + c_{2,1})]$$

对应的密文解密为 m_1 和 m_2 的和。

同态乘法应该满足：

$$c_1 \odot c_2 = (c_{1,0} \times c_{2,0}, c_{1,1} \times c_{2,1})$$

对应的密文解密为 $m_1 \times m_2$。

假设我们有两个明文 $(m_1 = 3x^2 + x + 4)$ 和 $(m_2 = 2x^2 + 2x + 2)$。

① 加密两个明文生成 c_1 和 c_2（此处省略具体加密步骤）。

② 对 c_1 和 c_2 进行同态加法或同态乘法操作。

设 $c_1 = (5x^2 + 2x + 8, 3x^2 + 4x + 2)$ 和 $c_2 = (4x^2 + x + 6, 2x^2 + 5x + 1)$。

同态加法：

$$c_1 \oplus c_2 = ((5x^2 + 2x + 8) + (4x^2 + x + 6), (3x^2 + 4x + 2) + (2x^2 + 5x + 1))$$
$$= (9x^2 + 3x + 14, 5x^2 + 9x + 3)$$

解密后应该得到 $m_1 + m_2 = (3x^2 + x + 4) + (2x^2 + 2x + 2) = 5x^2 + 3x + 6$。

同态乘法：

$$c_1 \odot c_2 = ((5x^2 + 2x + 8) \times (4x^2 + x + 6), (3x^2 + 4x + 2) \times (2x^2 + 5x + 1))$$
$$= (20x^4 + 13x^3 + 64x^2 + 20x + 48, 6x^4 + 23x^3 + 27x^2 + 14x + 2)$$

解密后应该得到 $m_1 \times m_2 = (3x^2 + x + 4) \times (2x^2 + 2x + 2) = 6x^4 + 8x^3 + 16x^2 + 10x + 8$。

3. 完全同态加密

BGV 方案是一种非常灵活的加密方案，它既可以用作次同态加密，也可以用作完全同态加密。BGV 方案基于学习有误（Learning With Errors，LWE）

问题或其环形版本 Ring-LWE，在当前的计算能力和理论知识下被认为是难以解决的基础问题。其密钥生成、加密和解密过程均构建在这类计算上难题之上，从而确保了加密方案的安全性。LWE 问题是密码学中计算上难以解决的一种问题，它是许多现代密码学算法和构造（尤其是后量子密码学）的基础。LWE 问题是由 Oded Regev 在 2005 年首次提出的。在 LWE 问题中，有一个秘密向量 $s \in \mathbb{Z}_q^n$，和一个噪声分布 χ。给定一个随机的矩阵 $A \in \mathbb{Z}_q^{m \times n}$，我们可以计算

$$b = -(As + e) \bmod q$$

其中，e 是从噪声分布 χ 中采样的。问题是：给定 A 和 b，以及噪声分布 χ，找出秘密向量 s。该问题非常重要，这种计算上的困难性是许多密码学构造（包括公钥加密、完全同态加密、安全多方计算等）的安全基础。其特征如下：

- 计算困难：目前，还没有已知的多项式时间算法（包括量子算法）能解决 LWE 问题。

- 多样性：LWE 问题有许多变体，如 Ring-LWE、Module-LWE 等，这些都是 LWE 问题的扩展或简化版。

- 高度模块化：LWE 问题可用于构造各种密码学原语，包括但不限于公钥加密、完全同态加密、数字签名等。

- 安全性可证明：LWE 问题的一个优点是，它具有基于最坏情况的安全性证明，这意味着如果存在一个有效的攻击算法，那么这个算法能解决所有相关的 LWE 问题实例。

- 噪声的灵活性：噪声分布 χ 可以是多种多样的，通常是高斯分布或其他"好"的分布，这在设计算法时给了密码学家更多的灵活性。

- 后量子安全：目前，LWE 问题被认为可以抵抗量子攻击，这使得基于 LWE 问题的密码学算法成为后量子密码学中的热门候选者。

这些特征使 LWE 问题成为一个非常有用和重要的密码学构建块。在 BGV 方案中对于明文 m，其加密 c 是通过公钥 $\mathcal{K}$ 和一些噪声计算得出的。

$$c = \mathrm{Enc}_{\mathcal{K}}(m, \mathrm{noise})$$

解密使用私钥 k：

$$m = \mathrm{Dec}_{\mathit{k}}(c)$$

同态操作在加密的密文上进行算术运算。

$$c' = c_1 \odot c_2$$

$$m' = \text{Dec}_{\mathscr{k}}(c')$$

当用作次同态加密时，BGV 允许在密文上执行有限数量的同态操作，然后必须进行 "重新加密" 或 "引导" 技术，以消除由这些操作引入的噪声。当用作完全同态加密时，BGV 通过引导技术可以在密文上执行无限多的同态操作，这通常是通过构建一个高效的引导方案来实现的。因此，BGV 可以根据需要和应用场景进行配置，这种灵活性是 BGV 方案的一大优点。

以下是一个非常简单的完全同态加密（基于 BFV 方案）示例。

参数设定：

明文空间 $\mathbb{Z}_t$，这里选 $t = 2$。

密文空间 $\mathbb{Z}_q[x]/(x^n + 1)$，这里选 $n = 2$。

密钥生成：

① 选择私钥（一个随机的多项式），比如 $s = x + 1$。

② 选择两个公开的多项式 (a, e)，比如 $(a = 3x + 2)$ 和 $(e = x)$。

③ 计算 $b = -(a \cdot s + e) \bmod q$。

$$b = -(3x + 2)(x + 1) - (x) \bmod q$$

$$b = -3x^2 - 3x - 2x - 2 - x \bmod q$$

$$b = -3x^2 - 6x - 2 \bmod q$$

公钥：$\mathscr{K} = (a, b) = (3x + 2, -3x^2 - 6x - 2)$。

私钥：$\mathscr{k} = s = x + 1$。

加密：

设 $m_1 = 1, m_2 = 0$，选择随机多项式 $r_1 = x, r_2 = 1$。

① $c_{1,0} = (a \cdot r_1 + m_1) \bmod q$

$c_{1,0} = (3x + 2)(x) + 1 \bmod q$

$c_{1,0} = 3x^2 + 2x + 1 \bmod q$

② $c_{2,0} = (a \cdot r_2 + m_2) \bmod q$

$c_{2,0} = (3x + 2)(1) + 0 \bmod q$

$c_{2,0} = 3x + 2 \bmod q$

$c_1 = c_{1,0} = 3x^2 + 2x + 1 \bmod q$

$c_2 = c_{2,0} = 3x + 2 \bmod q$

同态操作：

① 加法：$c_1 + c_2 = 3x^2 + 2x + 1 + 3x + 2 \bmod q$

$$c_1 + c_2 = 3x^2 + 5x + 3 \bmod q$$

② 乘法：$c_1 \times c_2 = (3x^2 + 2x + 1)(3x + 2) \bmod q$

$$c_1 \times c_2 = 9x^3 + 6x^2 + 3x + 6x^2 + 4x + 2 \bmod q$$

$$c_1 \times c_2 = 9x^3 + 12x^2 + 7x + 2 \bmod q$$

解密：

① $m_1' = c_{1,0} \times s \bmod q$

$m_1' = (3x^2 + 2x + 1)(x + 1) \bmod q$

$m_1' = 3x^3 + 3x^2 + 2x^2 + 2x + x + 1 \bmod q$

$m_1' = 3x^3 + 5x^2 + 3x + 1 \bmod q$

② $m_2' = c_{2,0} \times s \bmod q$

$m_2' = (3x + 2)(x + 1) \bmod q$

$m_2' = 3x^2 + 3x + 2x + 2 \bmod q$

$m_2' = 3x^2 + 5x + 2 \bmod q$

这是一个简化版的加密、解密，以及同态操作。在真正的实现中，还涉及一系列额外的步骤和优化，包括但不限于密文大小、噪声管理和效率改进等。真正的同态加密方案会涉及更多的细节和考量，包括安全参数的选择、噪声管理，以及多项式的降阶等。若不考虑这些额外处理，在求得近似解 $x \approx 0.402$ 后，可知当 $q \approx 1.29$ 时上述同态关系成立。

8.2.4 同态密码的效率瓶颈

同态加密虽然有着广阔的应用前景，但在实际操作中还面临一系列效率方面的挑战，具体如下。

1）计算复杂度：同态加密通常需要更多的计算资源来进行加密和解密，这对于大规模数据处理是一个重大难题。同态加密通常涉及多项式或者矩阵的加法与乘法，执行同态操作（尤其是乘法和多次操作）也需要高昂的计算成本。在普通加密算法中，加密和解密操作通常涉及数或线性时间复杂度，而在同态加密中，密文和明文都是多项式或矩阵，这些操作的复杂度可能高达 $O(n \log n)$ 或 $O(n^2)$，其中 n 是多项式的度或矩阵的大小。

2）存储复杂度：大多数同态加密方案会使密文显著增加，这给存储和传输造成了很大的压力。在一些同态加密方案中，密钥生成是一个非常耗时的过程，特别是在安全参数增加时。针对某些方案，密钥生成可能需要 $O(n^3)$ 的时间复杂度。

3）噪声增加：在进行多次同态操作后，加密噪声可能会累积到无法解密的程度。这就需要采用特殊的噪声管理策略，如再加密（Re-Encryption）或密文模切换（Ciphertext Modulus Switching），这进一步增加了计算负担。在实际应用中，通常需要执行多层同态操作，这被称为计算"深度"。某些同态加密方案（如 BFV、CKKS）可以支持有限深度的计算，但提升深度会显著提升复杂度。同样，Fan-in（一个操作有多少个输入）也是一个关键参数。例如，在完全同态加密中，Fan-in 和深度都是无限的，但这需要更高的计算复杂度和更复杂的噪声管理。

4）安全性和效率的权衡：为了提高效率，可能需要减少安全参数，但这会提高被攻击的风险。批处理是提高效率的一种常见方法，但这通常涉及多项式和矩阵的复杂操作，如快速傅里叶变换或数论变换（Number Theoretic Transform，NTT）可以将复杂度保持在 $O(n \log n)$ 左右。

5）算法特性：尽管有的方案通过支持批处理来提高效率，但这通常需要明文或密文具有特定的结构，因此在某些应用中实现批处理操作会很困难。

6）工程实践：优化算法通常需要特殊的硬件支持，如使用 GPU 进行并行计算，或者需要高度优化的软件库。

8.2.5　量子同态加密

量子同态加密（Quantum Homomorphic Encryption，QHE）是量子计算和同态加密领域的交叉研究课题。

在传统的同态加密中，设 E 为加密算法，D 为解密算法，m_1 和 m_2 为明文，$c_1 = E(m_1)$ 和 $c_2 = E(m_2)$ 为对应的密文。一个完全同态加密方案应该满足：

$$D(F(c_1, c_2)) = f(m_1, m_2)$$

其中，F 是在密文上进行的操作，f 是在明文上进行的相应操作。在量子同态加密中，考虑量子态 $|\psi_c\rangle$ 和 $|\psi_m\rangle$，对应的密文空间操作为 U_f'，明文空间操作为 U_f，使得：

$$U_f'|\psi_c\rangle = \mathrm{Encrypt}(U_f|\psi_m\rangle, K)$$

$$U_f|\psi_m\rangle = \mathrm{Decrypt}(U_f'|\psi_c\rangle, K)$$

$$U_f' = \frac{\mathrm{Encrypt}(U_f|\psi_m\rangle, K)}{\mathrm{Encrypt}(|\psi_m\rangle, K)}$$

同理，如果使用非对称的加密机制，则应该满足如下关系：

$$U_f'\mathrm{Encrypt}(|\psi_m\rangle, \mathcal{K}) = \mathrm{Encrypt}(U_f|\psi_m\rangle, \mathcal{K})$$

$$U_f|\psi_m\rangle = \mathrm{Decrypt}(U_f'|\psi_c\rangle, \mathscr{k})$$

$$U_f' = \frac{\mathrm{Encrypt}(U_f|\psi_m\rangle, \mathcal{K})}{\mathrm{Encrypt}(|\psi_m\rangle, \mathcal{K})}$$

接下来，我们通过一个满足上述关系的例子来实现两种不同的 U 操作对应相同结果的情况，该例子不满足量子同态加密所要求的复杂度，因此不能作为安全凭证使用，但是该例子充分展示了量子同态性。

我们采用一个简化版的量子同态加密方案，该方案包含三个主要步骤：加密、同态操作和解密。这个方案主要用到两种量子门：X 门和 H 门。

假设明文量子比特的态是 $|\psi\rangle = \alpha|0\rangle + \beta|1\rangle$，其中 α 和 β 是复数，并且 $|\alpha|^2 + |\beta|^2 = 1$。

加密算法应用 H 门：

$$\mathrm{Encrypt}(|\psi\rangle) = H|\psi\rangle$$

同态操作在密文上进行操作，设 U_f' 为密文上的量子门，比如 X 门。

$$U_f'(\mathrm{Encrypt}(|\psi\rangle)) = X(H|\psi\rangle) = XH|\psi\rangle$$

解密算法与加密算法相同，也是使用 H 门（因为单位量子门的逆操作就是其本身）：

$$D(U_f'(\mathrm{Encrypt}(|\psi\rangle))) = H(XH|\psi\rangle) = HXH|\psi\rangle$$

由于 $HXH = Z$，所以解密后的量子态变为 Pauli-Z 算符作用于原量子态。如果我们在明文上应用 Z 门，则将得到同样的结果：

$$Z|\psi\rangle = \mathrm{Decrypt}(U_f'(\mathrm{Encrypt}(|\psi\rangle)))$$

这符合同态加密的定义：在密文上进行的操作 $U_f' = X$，在解密后与在明文上进行的相应操作 $U_f = Z$ 相同。在这个过程中，加密与解密的算法为 H 门，对密文的操作为 X 门，对明文的操作为 Z 门，明文空间与密文空间的操作算符不同但是它们最终的结果是一致的。这个方案非常简单，主要是为了解释量子同态加密的基本概念。

8.3　零知识证明

零知识证明（Zero-Knowledge Proof，ZKP）是密码学中的一个概念，允许一方（证明者）向另一方（验证者）证明一个陈述是真实的，而无须透露任何关于该陈述的其他信息。这是通过一系列数学协议和计算来实现的，以确保信息的安全性和完整性。

下面通过一则简单的故事来了解零知识证明的概念和必要性。

一天，阿里巴巴被强盗抓住了，强盗向阿里巴巴拷问进入山洞的咒语。如果阿里巴巴把咒语告诉了强盗，强盗得到咒语后就会认为阿里巴巴没有价值并杀死他；但如果阿里巴巴死活不说咒语，强盗也会认为阿里巴巴可能根本不知道咒语，不知道咒语的阿里巴巴没有任何价值，强盗也会选择杀死他。

在这个场景里，阿里巴巴怎样才能做到既让强盗确信他知道咒语，但又不将咒语内容泄露给他们呢？只有满足这个条件，阿里巴巴才能活下去。

阿里巴巴想了一个好办法，他要求强盗在离开他一箭远的地方，用弓箭指着自己。当强盗举起右手，阿里巴巴就念咒语打开石门；当强盗举起左手，阿里巴巴就念咒语关上石门；如果阿里巴巴无法打开石门或逃跑，强盗就用弓箭射死阿里巴巴；如果强盗想要趁石门打开趁机闯入，阿里巴巴也会念咒封闭石门。强盗们当然会同意这个提议，因为这个方案不仅对他们没有任何损失，还能帮助他们搞清楚阿里巴巴到底是不是真的知道咒语。阿里巴巴也没有损失，因为距离一箭之地的强盗们听不到他念的咒语，不必担心泄露了秘密，同时他又确信自己的咒语有效，也不会发生被射死的结局。

强盗举起了右手，只见阿里巴巴的嘴动了几下，石门果真打开了；强盗举起了左手，阿里巴巴的嘴又动了几下，石门又关上了。强盗还是有点不信，说不准这是巧合呢，他们不断地换着节奏举右手、举左手，石门跟着他们的节奏开开关关。在重复证明的次数足够多后，强盗们确信阿里巴巴是知道咒语的。这样，阿里巴巴既没有告诉强盗进入山洞石门的咒语，同时又向强盗们证明了他是知道咒语的。

零知识证明的一个基础数学模型是**交互式证明系统**（Interactive Proof System），其由以下几个部分组成。

1）证明者 P（Peggy）和验证者 V（Victor），在上述场景中，证明者是阿里巴巴，强盗是验证者。

2）一个公共字符串 x 和一个证明字符串 w。在上述场景中，x 是强盗的指令，即举手的动作，而证明字符串 w 是阿里巴巴的咒语，该咒语全过程只有证明者知道。

3）证明者和验证者之间的交互过程如下。

证明者试图证明一个陈述 $R(x, w)$ 是真的，其中 R 是一个可在多项式时间内计算的关系（能够快速验证，如场景中阿里巴巴与强盗的互动，验证这个正确性并不困难）。在这个过程中，证明者和验证者会进行多次往返通信。最终，验证者要么接受，要么拒绝证明者的证明。

零知识证明需要满足以下三个主要属性。

1）完备性（Completeness）：如果陈述是真实的，那么诚实的证明者能够使诚实的验证者接受证明。

$$\Pr[\text{V accepts}] = 1$$

2）声称性（Soundness）：如果陈述是假的，那么没有证明者能使验证者接受证明（或者至少成功的概率非常低）。

$$\Pr[\text{V accepts}] \leqslant \epsilon$$

其中，ϵ 非常小。

3）零知识（Zero-Knowledge）：如果陈述是真实的，验证者不能从交互过程中获得关于 w 的任何其他信息。

零知识证明在很多领域都有应用，列举如下。

1）区块链：保证交易的隐私。

2）身份验证：在不透露密码或其他私密信息的情况下进行安全验证。

3）安全多方计算：多方在计算中共享信息，而不泄露各自的私密数据。

一个经典的示例是"三色问题"（Graph 3-Coloring Problem）。证明者想要证明给定的图 G 可以使用三种颜色进行染色，使得没有相邻的两个节点具有相同的颜色，但不想透露具体的染色方案。通过一系列复杂的交互和计算，证明者能够让验证者确信图 G 确实可以进行三色染色，但验证者却无法得知具体的染色方案，从而满足零知识的要求。

这个问题要求判断一个无向图是否可以仅仅用三种颜色进行染色，以满足任何两个相邻（通过一条边直接相连）的节点不具有相同的颜色。

给定一个无向图 $G = (V, E)$，其中 V 是节点（顶点）集合，E 是边集合。三色问题是要找出一个函数 $f : V \to \{1, 2, 3\}$，满足：

$$\forall (u, v) \in E, \quad f(u) \neq f(v)$$

也就是说，对于图中的任何一条边 (u, v)，节点 u 和 v 的颜色（函数值）不能相同。三色问题是图论和计算理论中的一个经典 NP 完全问题，这意味着目前没有已知的多项式时间算法可以解决所有的实例。NP 完全性意味着该问题至少和 NP 中的任何问题一样困难。三色问题常用于构建零知识证明的示例，因为它提供了一种方式，证明者可以证明他知道一个图的有效三色染色方案，而不用将该方案透露给验证者。

零知识证明过程如下。

1）准备阶段：Peggy 随机重排三种颜色，生成一个基于这些颜色的染色方案，并将这个方案的哈希值发送给 Victor。

2）挑战阶段：Victor 随机选择一个图中的边 (u, v)，并要求 Peggy 展示这两个节点的颜色。

3）响应阶段：Peggy 展示所选边两端节点的颜色，证明它们是不同的。

4）验证阶段：Victor 验证两个节点的颜色是否不同，并检查哈希值是否与最初接收到的匹配。

5）重复过程：重复这个过程多次以提升信任度。

① 完备性：如果 Peggy 真的有一个有效的染色方案，那么 Victor 最终会接受其证明。

② $\Pr[\text{Victor accepts}] = 1$，如果 Peggy 没有有效的染色方案，那么其几乎不可能通过多轮验证。

③ $\Pr[\text{Victor accepts}] \leqslant \epsilon$，Victor 不能从 Peggy 提供的信息中推导出完整的染色方案。

这种应用场景展示了如何利用三色问题来构建零知识证明，满足完备性、声称性和零知识这三个关键属性。在无线网络中，为了避免相邻节点的信号干扰，可以运用三色问题来分配频道或时间槽。Schnorr 协议是另一种经典的数据传输中运用零知识证明的案例，多用于密码身份验证。这个协议可以让一个用户（证明者）证明其知道某个私钥，而不用直接把这个私钥显示给另一个用户（验证者）。

假设有一个公钥 g^x 和对应的私钥 x。这里，g 是一个生成元，x 是私钥。Peggy 要证明其知道 x，但不想把 x 明确告诉 Victor。

协议步骤：

① Peggy 随机选择一个数 k。

② 计算 $r = g^k$。

③ 将 r 发送给 Victor。

④ Victor 随机生成一个挑战 c。

⑤ 将 c 发送给 Peggy。

⑥ Peggy 计算 $s = k + c \times x$。

⑦ 将 s 发送给 Victor。

⑧ Victor 验证：$g^s = r \times (g^x)^c$。

让我们使用一个非常小的质数 $p = 23$ 和生成元 $g = 5$ 来说明这个例子。执行上述 Schnorr 协议如下：

假设 Peggy 的私钥 $x = 6$，公钥为 $g^x = 5^6 \bmod 23 = 8$。

① Peggy 随机选择 $k = 10$。

② 计算 $r = 5^{10} \bmod 23 = 9$。

③ 将 r 发送给 Victor。

④ Victor 随机选择 $c = 7$。

⑤ 将 c 发送给 Peggy。

⑥ Peggy 计算：$s = 10 + 7 \times 6 = 52$。

⑦ 将 s 发送给 Victor。

⑧ Victor 计算：$g^s \bmod 23 = 5^{52} \bmod 23$ 和 $r \times (g^x)^c \bmod 23 = 9 \times 8^7 \bmod 23$。

Victor 会发现 $5^{52} \bmod 23 = 9 \times 8^7 \bmod 23$。

通过这个过程，Victor 可以确信 Peggy 知道私钥 x，但却没有从这个过程中获得关于 x 的任何信息，这满足了零知识证明的所有要求。

8.4 安全多方计算

安全多方计算（Secure Multi-Party Computation，SMPC）是密码学和计算机科学中的一个研究领域，主要关注如何在多个参与方之间安全地进行计算。具体来说，假设有 n 个参与者，每个参与者 P_i 拥有私有输入 x_i，他们希望计

算某个函数 $f(x_1, x_2, \cdots, x_n)$ 的结果，而不泄露自己的私有输入信息。这个函数可以是任何可计算的函数，比如加法、乘法、排序等。

SMPC 的核心目标是确保在整个计算过程中，除了 $f(x_1, x_2, \cdots, x_n)$ 的输出结果，其他任何信息（特别是各个参与者的私有输入）都不应该被泄露。为了实现这一目标，通常会采用一系列密码学算法和协议。

在一个典型的 SMPC 协议中，通常有以下几个组成部分。

1）参与者集合：$\{P_1, P_2, \cdots, P_n\}$。

2）私有输入：每个 P_i 都有一个私有输入 x_i。

3）全局函数：一个预定义的全局函数 $f: X_1 \times X_2 \times \cdots \times X_n \to Y$。

4）安全性要求：通常在某种安全模型下，例如半诚实（HalfHonest, Honest-but-Curious，HbC）模型、恶意（Malicious）模型等。

协议的目标是找到一种方式，使得每个 P_i 可以获得函数 $f(x_1, x_2, \cdots, x_n)$ 的结果，但不能获取其他 $P_j(j \neq i)$ 的私有输入 x_j。

在安全多方计算的研究中，诚实模型（Honesty Models）通常被用于形式化参与者的行为和安全性需求。根据不同的诚实模型，参与者可以有不同程度的恶意行为，从完全诚实到完全恶意。这影响了 SMPC 协议的设计和安全性分析。

敌对模型（Adversarial Model）是信息安全和密码学领域用来描述与分析潜在攻击者（敌对方）的行为、能力和目标的一种理论模型。这种模型能帮助研究人员和开发人员在设计和评估安全系统时，预见和防御可能的攻击方式。通过定义敌对模型，可以明确安全协议或系统应该抵御的威胁类型，从而更好地理解和加强系统的安全性。

敌对模型的主要组成通常包括以下几个部分。

1）攻击者的能力：描述攻击者可以执行哪些类型的操作，例如被动监听（只能观察通信）、主动攻击（可以修改、删除或插入消息）、内部攻击（拥有系统内部的某些访问权限）等。

2）攻击者的目标：确定攻击者试图达成的目标，如获取敏感信息、破坏系统服务、伪造身份等。

3）攻击者的资源：包括攻击者可用的时间、计算能力、网络访问能力等。

4）攻击者的知识：假设攻击者对目标系统的了解程度，例如是否知道系统的具体实现细节、是否有访问加密密钥的能力等。

敌对模型定义了参与者可能遵守或违反协议的方式，最常见的敌对模型如下。

1）半诚实模型：在这个模型中，所有参与者都会按照协议准确地执行所有步骤，但是他们会尝试从交换的信息中推断其他参与者的输入。简言之，他们是"好奇的"，但不会主动篡改协议。

2）隐蔽对手模型（Covert Adversary Model）：这是一种在安全多方计算和其他密码学应用中用于描述参与者可能行为的模型。该模型介于半诚实模型和恶意模型之间，旨在捕捉那些愿意违反协议但又不愿意被发现的参与者的行为。在隐蔽对手模型下，一个参与者可能会试图违反协议以获得某种优势（例如，获取其他参与者的私有信息或者影响计算结果），但他们会尽量避免被其他参与者或第三方检测机构发现。这是因为一旦被发现有违规行为，该参与者就可能会面临某种形式的惩罚。

3）恶意模型：在这个模型下，参与者会尝试破坏协议，通过任何可能的手段来获取其他参与者的信息或影响输出结果。他们只是想在计算中获取想要的信息或者利润来对协议本身进行破坏。恶意对手很可能会采取比秘密对手更大范围的行动，因为他们并不怕被发现。

对于不同的敌对模型，通常需要使用不同的安全性定义和证明技术。模拟证明在半诚实模型和恶意模型中被广泛使用，旨在证明存在一个模拟器，该模拟器可以在不知道真实输入的情况下能模拟整个协议过程。在零知识证明的应用中，特别是在强制模型和某些恶意模型的情景下，它们被用来证明一方确实掌握了某些信息，而无须向对方透露这些信息的具体内容。

通常，诚实模型可以用一个集合 Corrupt $\subseteq \{P_1, P_2, \cdots, P_n\}$ 来描述，其中 Corrupt 包含所有可能被破坏或行为不端的参与者。协议的安全性通常需要在给定 Corrupt 的大小和类型（半诚实、恶意等模型）下进行证明。Corrupt 的译文是腐败的意思，显然在 SMPC 中除了恶意模型，也拥有腐败模型这一概念。在密码学和安全多方计算的背景下，腐败策略（Corruption Strategy）描述了对手如何选择并影响参与者，以破坏协议或获取敏感信息。腐败策略指的是攻击者（或对手）用来决定如何及何时去"腐败"系统中的参与者或组件的策略。这里的"腐败"通常意味着攻击者能够控制或影响这些参与者或组件，使它们偏离预定的正常行为。腐败策略可以基于多种因素，包括对手的目标、系统的脆弱性，以及对手能够获取的信息量等。腐败模型则是一个更广泛的概念，它定义了在安全协议或系统中可能发生腐败的范围、方式和限制。腐败模型规定了哪些类型的腐败是可能的（例如，是否可以腐败通信渠道、参与者或数据），以及在攻击发生时系统假设的对手能力（例如，对手是被动的还是主动的，是否有能力篡改消息等）。腐败模型是安全协议设计和分析的基础，它帮助设计者明确哪些威胁需要被考虑和防御。

以下是对各种腐败模型的讨论：

1）**静态腐败模型**（Static Corruption Model）

在这个模型中，对手在协议开始之前就确定了一组要腐败的参与者，这些参与者在整个计算过程中都将保持腐败状态。

$$\text{Corrupt}^{(\text{static})} = \{P_i | i \in I^{(\text{static})}\}$$

其中，$I^{(\text{static})}$ 是在协议开始前由对手确定的参与者索引集。

2）**适应性腐败模型**（Adaptive Corruption Model）

这是一种更为强大和灵活的模型，因为对手可以在协议运行时动态地选择腐败哪个参与者。

$$\text{Corrupt}^{(\text{adaptive})}(t) = \{P_i | i \in I^{(\text{adaptive})}(t)\}$$

其中，$\text{Corrupt}^{(\text{adaptive})}(t)$ 是在 t 时刻被对手腐败的参与者集，$I^{(\text{adaptive})}(t)$ 是该时刻被对手选择的参与者索引集。

3）**主动安全模型**（Active Security Model）

在这个模型中，对手的控制是不稳定的，这意味着一些原本腐败的参与者可能会重新变为诚实的参与者，反之亦然。

$$\text{Corrupt}^{(\text{active})}(t) = \{P_i | i \in I^{(\text{active})}(t)\}$$
$$I^{(\text{active})}(t) = I^{(\text{gained})}(t) - I^{(\text{lost})}(t)$$

其中，$\text{Corrupt}^{(\text{active})}(t)$ 是在 t 时刻被对手腐败的参与者集，$I^{(\text{active})}(t)$ 是该时刻被对手控制的参与者索引集。$I^{(\text{gained})}(t)$ 和 $I^{(\text{lost})}(t)$ 分别是对手在时间 t 获得和失去控制的参与者索引集。

腐败模型直接影响 SMPC 协议的设计和安全性分析。在一个具有适应性腐败模型和主动安全模型的环境中，协议需要包含更复杂的机制，如零知识证明或秘密共享，以确保安全性。这些模型的选择依赖于应用场景、参与者行为和安全需求。

4）**门限模型**

在某些 SMPC 协议中，只有当至少 t 个恶意参与者集合时才有可能破坏协议，这种情况通常用于秘密分享和其他基于阈值的方法。对于门限模型，通常需要使用组合数学和概率论来证明，在有限数目的恶意参与者下，协议仍然是安全的。

安全多方计算是一个涉及多个参与者的计算过程，其中每个参与者都有自己的输入，目的是在不泄露各自输入的情况下得到一个共同的输出。SMPC 有多种实现方式，每种方式都有其优点和局限性。下面列举一些主要的实现方式。

1）**基于同态加密**：同态加密允许对密文进行计算，并通过解密得到原始明文的计算结果。这使得参与者可以在密文上进行操作，从而保证数据的机密性。

$$C(x) \oplus C(y) = C(x+y) \text{ 或 } C(x) \otimes C(y) = C(x \times y)$$

2）**基于秘密共享**：在这种实现方式中，每个参与者的输入都被分成多个片段（或"份"），并分发给其他参与者。计算是在这些片段上进行的，并且最终结果也是一个秘密份额的集合，可以由所有参与者共同重构。

$$x = \sum_{i=1}^{n} x_i, \ x_i \text{是参加者 } i \text{ 分享的数据}$$

3）**零知识证明**：零知识证明允许一方证明他们知道某个信息，而不必透露该信息本身。这在安全多方计算中是非常有用的，特别是在需要证明输入满足某些条件但不希望透露具体信息时。

每种方式都有其特定的应用场景、安全假设、效率和可用性。在实际应用中，这些方式经常被组合使用，以实现所需的安全性和效率。

8.5 下一代密码学技术与量子安全

1. 轻量级密码与量子安全的关系

轻量级密码通常基于经典计算问题，如离散对数或因子分解，它们在面对如 Shor 算法等量子攻击时是脆弱的。在量子计算机上执行轻量级密码算法可能需要面对算法和硬件不匹配的问题，从而影响效率。因此，轻量级密码显然不适合目前的量子安全系统。

轻量级密码和量子安全合作与共同开发的技术空间如下。

1）**量子安全轻量级密码**：基于量子困难问题设计新的轻量级密码方案，可以同时满足量子安全和计算效率的要求，这将成为一个非常有价值的研究领域。

2）混合加密方案：在迁移到量子安全算法的过程中，轻量级密码和量子安全密码可以共存，形成一个混合的加密体系。该原理对物理学的探索要求极高，但这是一个非常重要的研究方向。

3）量子密钥分发与轻量级密码：先利用 QKD 生成安全密钥，再使用轻量级密码进行数据加密，以此结合两者的优点。这是当前阶段比较现实的一种技术结合手段，但是需要考虑的问题是，基于 QKD 生成的密钥已经具有安全性了，为什么还要进一步使用轻量级加密呢？此外，物联网设备目前没有足够的硬件条件参与 QKD。

轻量级密码和量子安全可能的应用场景与未来展望如下。

1）物联网与量子通信：在物联网设备上使用量子安全的轻量级密码，可以在资源受限的环境中提供高度安全的数据传输。

2）量子安全的移动支付：利用量子安全的轻量级密码在移动支付或微支付中实现高度安全的交易。

3）量子云计算与数据存储：在量子云计算环境中，使用轻量级密码可以有效地保护存储在云中的低安全需求的数据，进而节省更多的云资源。

上述场景需要考虑的最大问题是，由于单物联网节点不具备参与量子计算的能力，因此需要量子虚拟机来实现从经典数据到量子数据的转换。目前，已经部署的技术更多依赖边缘层的配置，但是从物联网设备到边缘层的数据传输仍然是通过经典信道，这一部分如何用量子技术实现安全、高效的通信是一个巨大的课题。综合来看，轻量级密码和量子安全有相互影响和潜在的合作空间，不仅体现在理论方面，还体现在各种安全和隐私保护的应用场景中。轻量级密码的主要优势在于，能够减少加密和解密操作的计算与存储需求。因此，这使得它在与其他技术合作时更为灵活，能适应多种不同的应用场景和需求。

2. 零知识证明与量子安全的关系

零知识证明的安全性通常基于数论问题（例如离散对数或整数分解问题），这些问题可以通过量子算法（如 Shor 算法）解决，从而威胁其安全性。零知识证明通常涉及复杂的数学运算，与量子算法进行交互或在量子环境中运行可能会增加计算负担。

零知识证明和量子安全合作与共同开发的技术空间如下。

1）后量子安全的零知识证明：研究基于量子困难问题（例如量子安全哈

希函数或量子态估计问题）的零知识证明方案。

2）量子安全的零知识证明：利用量子计算提高零知识证明的计算效率，或者用零知识证明确保量子算法的安全执行。

3）安全多方量子计算：在安全多方计算的量子版本中，零知识证明可以作为一种验证机制，确保参与方不会获得其他方的秘密信息，因此可以作为安全多方计算的实现方式之一。

零知识证明与量子安全的应用场景如下。

1）量子安全身份验证：在量子通信网络中，使用零知识证明进行安全且不泄露信息的身份验证。

2）量子资产与合约：在量子区块链或量子安全的数字货币场景中，使用零知识证明执行匿名交易或智能合约，这需要每个用户都拥有一个量子钱包且银行要具有量子存储系统。

3）量子安全数据分析：在量子机器学习或数据分析场景中，使用零知识证明来证明数据或模型的某些属性，而不泄露数据或模型本身。

为了确保零知识证明的后量子安全性与量子安全性，关键在于找到不可通过量子计算有效解决的困难问题作为基础，同时确保该问题在量子环境中依然满足零知识的性质。综合来看，零知识证明和量子安全有相互影响和潜在的合作空间，不仅体现在理论方面，还体现在各种安全和隐私保护的应用场景中。

3. 同态加密与量子安全的关系

量子计算机有能力破解许多经典加密方案（例如 RSA 和 ECC），但目前还没有明确的证据表明量子计算机能有效地破解同态加密，这依然是一个活跃的研究领域。此外，同态加密本身的计算和存储开销较大，如果在量子环境下应用，则可能需要更高效的同态加密算法或量子算法来降低计算复杂性。

对量子环境下同态加密方案（特别是能抵抗量子攻击的密码）的研究是一个必然的发展趋势。同态加密是一种能够对抗量子算力的密码体系，是一个合格的后量子密码候补。同态加密自身并不一定能够抵抗量子攻击，其安全性取决于所使用的数学问题。例如，基于 RSA 的同态加密是不安全的，因为 RSA 可以通过 Shor 算法来破解，但是可以构建基于其他数学问题的同态加密方案，这些问题被认为是量子安全的。

基于 LWE 问题的同态加密方案如何实现量子安全性，下面用一个非常简单的例子来说明这一原理。

s 是一个秘密的种子向量。

a 是一个随机向量。

e 是一个小的噪声项。

q 是一个大质数。

在 LWE 问题中，我们得到一对向量 (a,b)，其中 $b = a \cdot s + e \bmod q$，目标是找出 s。乘以 2 的目的是增加噪声的容忍度、增加同态操作的适配性、保持加密的数据格式。乘以 2（或其他的放大系数）可以视作一种信号放大机制。通过放大信号（即明文消息 m）相对于噪声 e 的比例，来确保在解密过程中即使噪声 e 对结果有影响，这个影响也不足以改变恢复的消息。

加密：给定一个明文 m，计算 $c = m + 2(a \cdot s + e) \bmod q$。

解密：计算 $c - a \cdot s \bmod q$，四舍五入到最近的偶数，然后执行模 2 运算，得到 m。

它的同态性可以分为加法同态和乘法同态。假设两个密文 c_1 和 c_2 分别由 m_1 和 m_2 加密得来。

- 加法：$c_1 + c_2 \bmod q = (m_1 + m_2) + 2[(a_1 + a_2) \cdot s + (e_1 + e_2)] \bmod q$

- 乘法：$c_1 \times c_2 \bmod q = (m_1 \times m_2) + 2[(a_1 \times a_2) \cdot s + (e_1 \times e_2)] \bmod q$

Shor 算法可以破解基于数论问题的加密方案，但是目前没有有效的量子算法可以解决 LWE 问题。因此，基于 LWE 的同态加密方案被认为是能够有效阻止量子攻击的，这只是一个非常简化的概述。在实际应用中，会遇到更多复杂的问题，如如何选择参数等。因此，实际上基于同态加密的安全体系想要抵御量子攻击仍然面临较大的挑战，主要如下。

1）提高同态加密的效率：用量子计算来加速同态加密的某些计算过程或者用同态加密来保护量子计算数据。同态加密有着严重的效率瓶颈，如果能够将量子计算的指数级算力提升特性用于正向加密，则对未来安全体系而言将是非常理想的。

2）隐私保护的量子数据处理：在量子数据处理和量子机器学习中，使用同态加密可以在不解密的情况下进行计算，这为量子计算提供了一层额外的安全保障。

基于同态密码的量子安全应用场景如下。

1）量子安全云计算：使用同态加密保护用户数据，在量子计算机上进行安全的数据分析和处理。该场景只需要将同态加密后的数据编码为量子态并正确地运行量子计算即可，这是两种技术的有效结合且不存在重新设置对应量子同态算法的问题。

2）量子安全数据市场：通过同态加密和量子密钥分发，可以创建一个既安全又高效的数据交易和共享平台。在该环境下，量子密钥分发提供更安全和更高效的经典密钥通信体系，同态加密能够保障在多用户之间的交互中能够保护彼此的隐私。这种策略有效地将两种技术的优点整合且应用于各自最适合的环节，从而提高了整个系统的安全性和效率。

3）量子医疗和生物信息学：在量子计算加速的医疗数据分析中，使用量子同态加密来保护患者的隐私。这是一种典型的需要开发新算法的场景，在该场景下我们需要量子同态密码来保护数据的安全。

总体而言，同态加密和量子安全有着多方面的交集和潜在的合作空间。这些关联点不仅在理论上具有吸引力，而且在多种应用场景中具有巨大的潜力。每种方法都有其特定的应用场景、安全假设、效率和可用性。在实际应用中，这些方法经常被组合使用，以实现所需的安全性和效率。

4. 安全多方计算与量子安全的关系

大多数现有的安全多方计算方案都基于经典计算难题，比如整数因子分解和离散对数，这些在量子计算机面前可能会变得容易解决。在量子环境下，传统的安全多方计算算法不再是一种有效的安全共享方法，因此需要研发专门针对量子计算机的新算法。当前，量子技术仍然在实验阶段，稳定和可靠的用户级量子计算机还未普及，这限制了量子安全和安全多方计算在大规模应用中的可行性，二者合作与共同开发的技术空间如下。

1）量子安全的安全多方计算算法：可以考虑开发基于量子特性（例如量子不可克隆、量子纠缠等）的安全多方计算算法。

2）混合模型：在一个混合的计算环境中，量子安全算法和经典 SMPC 算法可以并存。这种混合模型可以为经典 SMPC 逐步迁移到全量子环境提供一个过渡期。

3）量子密钥分发与安全多方计算：量子密钥分发可以用于在多方之间安全地共享密钥，这是安全多方计算中关键的一步。

4）应用场景如下。

● 隐私保护的数据分析：在一个包含量子计算机的环境中，可以使用量子安全的安全多方计算算法进行隐私保护的数据分析。

● 量子安全的投票系统：在一个量子安全环境中，可以通过安全多方计算算法实现一个更为安全和具有隐私保护的投票系统。

● 供应链安全：在多个组织需要共享但不想泄露关键信息的场景下，量子安全的安全多方计算算法可以提供更高层次的安全性。

后量子安全与后量子密码

本章介绍非常关键的一部分内容——后量子安全与后量子密码，旨在研究和解析在量子计算机逐渐成熟的背景下，如何确保信息依然安全。

首先，详细介绍后量子安全的基本概念，以及在当前和未来的密码学领域中它为什么占据着至关重要的地位。这一部分将帮助读者理解后量子安全的基础概念和它与传统安全模型的区别。另外，通过几个具体的实例来探究实现后量子安全所需的后量子密码的主流设计方向，包括基于哈希函数、基于格、基于编码理论、基于多变量多项式方程的后量子密码。这些方案不仅具有理论上的趣味性，还在实际应用中有着广泛的发展前景。

然后，介绍国际组织和学术界针对后量子密码的一些推荐与候补方案，这会帮助读者了解目前这一领域的研究热点和未来发展方向，为读者提供一个全面的视野。本章不仅是对量子计算和密码学领域的一个总结，还是对未来密码学面临的挑战和机会的一次深刻洞察。

9.1　后量子安全

后量子安全是指设计和使用密码学算法以防止未来量子计算机攻击的安全策略。当前，大多数的密码学系统（如 RSA 和 ECC）都是基于数论问题的，如整数分解问题和离散对数问题。这些问题在经典计算机的多项式时间内是不可解的，但在量子计算机上，却可以通过 Shor 算法在多项式时间内得到解决。

由于存在上述威胁，研究人员已经开始寻找后量子安全的密码算法。后量子安全的目标是设计和使用对经典计算机和量子计算机都足够安全的密码算法，这些算法通常基于在量子计算机上依然难以解决的数学问题，如哈希函数、格、编码理论、多变量多项式方程等。基于这些难解问题设计的密码被视为主流后量子密码的设计方向，有关这些后量子密码的基本介绍如下。

1）格密码学。基于格密码学（简称格），如最短向量问题（Shortest Vector Problem，SVP）和最接近向量问题（Closest Vector Problem，CVP），找到一个短向量 x，满足 $x = Ay$，其中 $y \in \mathbb{Z}^n$。

2）多变量多项式方程。基于解多变量多项式方程在量子计算环境下仍然是困难的。

$$P(x_1, x_2, \cdots, x_n) = 0$$

3）基于编码理论的密码学。基于错误纠正码，例如 Goppa 码。

4）基于哈希函数的密码学。基于加密哈希函数，例如 Merkle 签名。

目前，NIST 正在进行后量子密码算法的选择和标准化工作。这些后量子密码算法通常要求更高的计算资源和更大的密钥尺寸，但它们提供了一种潜在的对抗量子计算威胁的手段。简单来说，一定要区分量子安全与后量子安全，量子安全旨在使用量子技术提供一种新的安全机制来保护信息安全。后量子安全旨在防御基于量子技术的攻击，设计一种即便是量子计算也无法轻易破解的密码/安全体制。

9.1.1 基于哈希函数的后量子密码

基于哈希函数的后量子密码主要集中在数字签名方面，这类密码通常被认为是对抗量子计算攻击最为可靠的一种密码算法。它们的安全性主要依赖于加密哈希函数的某些属性，如抗碰撞性和单向性。

基于哈希函数的数字签名算法通常使用 Merkle 树（也称为哈希树）。Merkle 树是一种二叉树，其中每个叶节点都包含数据块的哈希值，每个非叶节点都包含其子节点哈希值的哈希值。Merkle 树的根哈希值 R 是整个数据集合的摘要。如果集合中任何一个数据块发生改变，则 R 也会改变。通过提供 Merkle 路径（从某个叶子节点到根节点的所有中间节点的哈希值），可以在 $O(\log n)$ 的时间复杂度内验证一个数据块是否属于该数据集，也可以同时验证多个数据块是否属于同一个 Merkle 树。Merkle 树只需要存储根哈希值和所需的路径信息，而不需要存储所有的数据和哈希值，因此具有很高的空间效率。

在签名生成和验证过程中，基于哈希函数的密码算法主要使用 Merkle 树的以下属性。

抗碰撞性：难以找到两个不同的输入，它们具有相同的哈希值。

$$H(x) = H(y) \Rightarrow x = y$$

单向性：给定 $H(x)$，难以找到原始输入 x。

$$H^{-1}(H(x)) = x$$

下面是 Merkle 签名方案的一种基本实现：

1）密钥生成

① 生成一个 Merkle 树，其中每个叶子节点 L_i 都是一个一次性签名密钥 x_i 的哈希值 $H(x_i)$。

② 将根节点 R 的哈希值作为公钥，叶子节点的密钥作为私钥。

$$R = H(H(L_1)\|H(L_2)\|\cdots\|H(L_n))$$

2）签名生成

① 针对每个要签名的消息 M，选择一个未使用的一次性签名密钥 x_i。

② 使用 x_i 对 M 进行签名，得到签名 S。

③ 收集从 L_i 到根 R 的路径作为证明 P。

$$\text{Signature} = (S, P)$$

3）签名验证

① 使用 S 和 P 重新计算 R'。

② 如果 $R' = R$，则签名有效。

该签名方案生成的签名具有较高的比特长度，通常显著高于传统数字签名算法所生成的签名长度。尽管这增加了传输和存储的开销，但它提供了对抗量子计算攻击的增强安全性。这些算法适用于一次性或短期使用密钥的情况，因此在某些特定应用中非常有用。基于哈希函数的后量子密码体系为未来可能出现的量子计算机威胁提供了一种强有力的安全保障。

假设我们有一个简单的基于哈希函数的数字签名方案，该方案使用一个哈希函数 H 和一个一次性会话私钥 K，要签名的消息是 M，签名过程如下：

① 生成签名 $S = H(M\|K)$。

② 生成公钥 $P = H(K)$。

③ 公开 S 和 P。

现在假设一个攻击者拥有一个量子计算机，并试图伪造一个有效的签名，即他希望找到 $M' \neq M$ 和 S'，使得 $S' = H(M'\|K)$。对于经典计算机，找到 K 或者 S' 是非常困难的，因为涉及求哈希值的逆或找到碰撞。对于量子计算

机，由于没有对应的算法（Shor 算法不适合解决该问题），因此无法有效地求解这个问题。

由此，我们可以说这个简单的基于哈希函数的数字签名方案对量子攻击具有一定的"免疫性"。对于使用 Merkle 树的更复杂的方案（如 XMSS、LMS 等），由于它们也依赖于哈希函数的这些基础性质，因此同样被认为对量子攻击具有抵抗力。需要注意，这里的"免疫性"并不意味着这些系统是 100% 安全的，基于目前的理论和实验研究，它们被认为是相对安全的选择，可以抵抗潜在的量子攻击。

9.1.2　基于格的后量子密码

基于格的密码学是一种在后量子密码学领域非常有前景的研究方向。这类密码系统的安全性是基于格的问题的困难性构建的。基于格的问题与基于传统的数论问题（例如整数分解和离散对数问题）不同，目前没有已知的量子算法能在多项式时间内解决基于格的问题。

格是由一组线性独立的向量生成的离散点集。对于一组向量 $b_1, b_2, \cdots, b_n$，格 L 定义为

$$L(\boldsymbol{B}) = \left\{ \sum_{i=1}^{n} x_i \boldsymbol{b}_i \middle| x_i \in \mathbb{Z} \right\}$$

这里，$\boldsymbol{B}$ 是一个包含这些向量的矩阵，并称为格的一个"基"。

1）**最短向量问题**：给定一个格基 $\boldsymbol{B}$，找到该格中的最短非零向量。

2）**最接近向量问题**：给定一个格基 $\boldsymbol{B}$ 和一个目标点 t，找到该格中离 t 最近的点，因此也被称为最近点问题。

这些问题在经典计算模型和量子计算模型中都被认为是困难的。

基于格的密码体系主要利用了解决基于格的问题的困难性的性质。例如，许多基于格的密码系统的安全性都基于 SVP 或 CVP 问题的困难性。接下来，我们以公钥加密 NTRUEncrypt 为例来进行演示。

1）**密钥生成**：选择两个多项式 $f(x)$ 和 $g(x)$，并计算 $h(x) = f(x)^{-1} \cdot g(x)$。

2）**公钥和私钥**：$h(x)$ 是公钥，$f(x)$ 是私钥。

3）**加密**：给定明文 $m(x)$，选择一个随机的多项式 $r(x)$，然后计算密文 $c(x) = h(x) \cdot r(x) + m(x)$。

4）**解密**：使用私钥 $f(x)$ 和密文 $c(x)$ 来计算 $a(x) = f(x) \cdot c(x)$，然后提

取出明文 $m(x)$。

这个系统的安全性基于格的问题的困难性，具体来说，是寻找一个特定的多项式 $r(x)$，使得 $h(x) \cdot r(x)$ 接近 $c(x)$，这是一个最接近向量问题。

格密码学的一个重要优点是，其对量子计算攻击的抵抗性。如前所述，目前还没有已知的量子算法能在多项式时间内解决 SVP 和 CVP。这使得基于格的密码体系被认为是对抗未来量子计算机攻击的一个有前景的选择。

我们可以用一个简化版的基于格的密码体系示例来具体解释格密码学的工作原理和为何它能抵抗量子攻击。假设 Tx 和 Rx 希望通过一个不安全的通道进行密钥交换，下面使用一种简单化的基于格的方案，它基于 LWE 问题。

首先，定义模 q 和一个小的噪声向量 e，元素都是小整数，还有一个随机选择的公开矩阵 A 和一个随机选择的秘密向量 s。

Tx 的操作：

① 随机选择一个秘密向量 s_1。

② 计算 $u_1 = As_1 + e_1$，其中 e_1 是一个小的噪声向量。

Rx 的操作：

① 随机选择一个秘密向量 s_2。

② 计算 $u_2 = As_2 + e_2$，其中 e_2 是一个小的噪声向量。

接下来，Tx 和 Rx 交换 u_1 和 u_2。

密钥生成：

① Tx 计算 $k_1 = u_2 s_1$。

② Rx 计算 $k_2 = u_1 s_2$。

由于 $u_2 = As_2 + e_2$，实际上 Tx 计算的是 $(As_2 + e_2)s_1 = A(s_2 s_1) + e_2 s_1$，由于噪声 e_2 和 e_1 很小，因此 k_1 和 k_2 会非常接近，可以用作共享密钥。

该系统的安全性建立在 LWE 问题的困难性上。目前，尚未找到能在多项式时间内解决 LWE 问题的量子算法。因此，该系统被认为对量子攻击有抵抗力。这个例子简化了很多实际细节，但它能解释基于格的密码学是如何工作的，以及为何它能抵抗量子攻击。

9.1.3 基于编码理论的后量子密码

基于编码理论的密码学也是一种被认为具有量子抗性的密码体系。它的安全性主要建立在编码理论上，尤其是解码随机线性码被认为是一个困难问题。

在编码理论中，通常考虑一个 $[n,k,d]$ 码，其中 n 是码字长度，k 是信息位数，d 是最小距离。这个码最多能够纠正 $t = \left\lfloor \dfrac{d-1}{2} \right\rfloor$ 位的错误。

1）解码问题：给定一个接近某个码字的向量，找到最近的码字。

2）生成矩阵和抛子骨牌矩阵：编码一般通过乘以一个 $k \times n$ 的生成矩阵 $\boldsymbol{G}$ 来执行，而码字的有效性可以通过乘以一个 $(n-k) \times n$ 的抛子骨牌矩阵 $\boldsymbol{H}$ 来检查，即 $c\boldsymbol{H}^{\mathrm{T}} = 0$。

一个典型的基于编码理论的密码体系 McEliece 有以下的制动过程。

密钥生成：

1）选择一个已知的、易于解码的码（如 Goppa 码）和它的生成矩阵 $\boldsymbol{G}$。

2）随机选择一个非奇异矩阵 $\boldsymbol{S}$ 和一个排列矩阵 $\boldsymbol{P}$。

3）计算 $\boldsymbol{G}' = \boldsymbol{SGP}$。

- 公钥是 $\boldsymbol{G}'$。

- 私钥是 $\boldsymbol{G}$ 和用于从 $\boldsymbol{G}'$ 转换到 $\boldsymbol{G}$ 的 $\boldsymbol{S}$ 和 $\boldsymbol{P}$（私钥包含 $\boldsymbol{S}$、$\boldsymbol{G}$ 和 $\boldsymbol{P}$，它们是分别进行存储和使用的，而非简单地合并成一个矩阵 $\boldsymbol{GSP}$）。

加密：

1）对于明文 m，选择一个随机的错误向量 e，其中 e 包含 t 个 1 和 $n-t$ 个 0。

2）计算密文 $c = m\boldsymbol{G}' + e$。

解密：

① 使用私钥 $\boldsymbol{S}$ 和 $\boldsymbol{P}$ 将 $\boldsymbol{G}'$ 转换回 $\boldsymbol{G}$。

② 使用解码算法找到 m。

基于编码理论的密码体系（如 McEliece）通常被认为能抵抗量子攻击，因为目前还没有有效的量子算法能解决基于编码理论的问题。不过值得注意的是，这些方案通常有比其他类型的方案更大的密钥尺寸。基于编码理论的密码体系已经被广泛地研究和分析，是量子抵抗密码体系中比较成熟的一个方向。

9.1.4 基于多变量多项式方程的后量子密码

基于多变量多项式方程的后量子密码通常是一种基于多变量多项式方程的密码方案，简称多变量密码。在这些方案中，公钥通常由一组多变量多项式方程组成，私钥是这组方程的一个易于解的表达形式或其等价变换。

1）公钥：$P(x) = f(x)$，其中 f 是 n 个多变量多项式方程。

2）私钥：$S(y) = x$，其中 S 是公钥多项式 P 的一个更简单的表达形式或使得方程组易于解的变换。

加密和解密：

1）加密：$\text{Enc}_P(\text{m}) = P(\text{m})$。

2）解密：$\text{Dec}_S(c) = S(c)$。

多变量密码因其困难的数学结构（NP-hard 问题）被认为是后量子安全的。尽管存在量子算法，如 Shor 算法，能够高效地分解整数和计算离散对数，但目前还没有已知的量子算法能高效地解决多变量多项式方程问题。

解决多变量多项式方程一般涉及 Groebner 基算法，这是一个计算复杂度很高的算法，计算复杂度取决于方程的数量和计算次数。因此，即使在量子计算机上，也没有已知的算法可以在多项式时间内解这类问题。

$$P(x) = 0, \ 其中 \ P(x) = [p_1(x), p_2(x), \cdots, p_n(x)]$$

每一个 $p_n(x)$ 都是一个多次多项式，通常是二次的。多变量密码方案在理论上被认为对量子攻击具有抵抗性，并因此成为后量子密码学的一个重要分支。它们通常更高效，并且有时有更小的密钥尺寸，但也有设计和实现的复杂性。

一个简单的多变量加密方案通常包括以下几个步骤。

1）**初始化**：选择两个可逆矩阵 $\boldsymbol{A}$ 和 $\boldsymbol{B}$，以及一个易解的多项式系统 $F(x)$ 作为私钥。

2）**生成公钥**：通过变换 F 来构造公钥 $P(x)$，如下：

$$P(x) = \boldsymbol{A} \cdot F(\boldsymbol{B} \cdot x)$$

这里，$P(x)$ 是一个难解的多项式系统，用作公钥。

3）**加密**：给定明文 m，加密过程如下：

$$c = P(m)$$

4）**解密**：解密需要使用私钥 $\boldsymbol{A}$、$\boldsymbol{B}$ 和 $F(x)$，通过以下方式找回明文：

$$m = \boldsymbol{B}^{-1} \cdot F^{-1}(\boldsymbol{A}^{-1} \cdot c)$$

假设有一个量子攻击者，他使用 Shor 算法或其他量子算法试图破解这个系统。由于多变量多项式方程问题在量子计算机上仍然是困难的，攻击者无法在多项式时间内解决它，因此，该系统被认为是后量子安全的。在这里，关键的数学挑战在于解决多项式方程系统，这一任务目前还没有已知的量子算法可以有效解决。

为了简单，假设每个多项式都是二次的，并且在有限字段 $\mathbb{F}_{2^8}$ 上工作，则可能有如下的方程：

$$F(x_1, x_2) = (x_1 + x_2 + 1, x_1 \times x_2)$$

$$A = \begin{pmatrix} 1 & 0 \\ 0 & 1 \end{pmatrix}, \quad B = \begin{pmatrix} 1 & 1 \\ 1 & 0 \end{pmatrix}$$

$$P(x_1, x_2) = A \cdot F(B \cdot (x_1, x_2))$$

这只是一个简化的例子，实际应用中，需要更多的方程和更复杂的多项式，以及更安全的参数选择。

9.2　后量子密码推荐与候补

随着量子计算机的高速发展，后量子安全愈发重要，NIST 对后量子安全体系进行了标准化作业探讨，从 2016 年该项目启动，每三年进行一次会议，每次会议会淘汰一部分提案，预计 2024 年将确定可用于后量子安全的标准化安全密码体系。研究和标准化密码技术的主要目的是，创建一个在量子计算机出现后仍然安全的公钥加密体系，即替代当前公钥加密和签名体系的后量子密码。这些密码可以是基于数学或者物理原理设计的，它们即便面临量子计算机发起的网络攻击也能够保护信息安全。图 9-1 展示了 NIST 后量子密码的标准化进程，2016 年共接收了 82 份后量子密码提案，在第一轮角逐后有 69 份提案晋级下一轮。在第二轮的会议中又将后量子密码的候补提案淘汰至 26 份，第三轮会议中淘汰至 15 份（其中 7 份入围，8 份备选）。最终预计满足后量子安全标准的密码体系将于 2024 年发布。

图 9-1　NIST 后量子密码标准化进程

在密码学中，公钥加密和数字签名虽然都依赖于公钥基础设施，但是它们解决不同的问题。公钥加密主要用于确保数据的机密性，即只有拥有对应私钥的人才能解密并访问数据。数字签名则主要用于确保数据的完整性和不可抵赖性，即用于验证的数据确实来自声称的发送者，并且在传输过程中没有被篡改。尽管某些加密算法稍做修改就可以适用于其他用途（例如，RSA 算法可以用于加密，也可以用于签名），但这并不意味着所有的公钥加密算法都能够或者应当用于数字签名，反之亦然，具体如下。

1）**性能差异**：用于公钥加密的算法可能没有为数字签名进行优化，导致效率低下或者需要更大的密钥/签名尺寸。

2）**安全性要求差异**：公钥加密和数字签名面临的威胁模型可能不同。例如，在某些情况下，数字签名不需要考虑前向安全性（Forward Secrecy）问题，而公钥加密则需要考虑。前向安全性是一种密码学属性，旨在确保即使一直使用的私钥被泄露，攻击者也不能解密先前使用该私钥加密的数据。如果一个密码系统具备前向安全性，那么每一次会话（或者说每一次数据交换）都会使用不同的临时密钥进行加密，这些临时密钥在会话结束后会被销毁。

3）**算法特性**：某些基于特定数学问题的算法可能仅适用于公钥加密或数字签名。例如，大多数基于哈希函数构建的算法只适用于数字签名。

4）**证明的复杂性**：为算法提供安全证明通常是一个非常复杂的任务，特别是当算法需要适应不同用途时。

因此，在后量子密码学中，公钥加密和数字签名通常被视为两个不同的类别，并针对各自的应用场景和安全需求进行优化和评估。

在第三轮的 15 份晋级提案中，比较特别的是 SIKE（Supersingular Isogeny Key Encapsulation），它是唯一一种不属于四大后量子安全候补体系的密码。SIKE 与同态密码是两个不同的密码学概念，它们基于不同的数学和密码学原理。

SIKE 基于同态映射的主要用途是密钥配送与交换、密钥封装，其数学基础是椭圆曲线上的同态映射。同态密码通常基于格或其他数学结构，其主要用途是允许在加密数据上进行计算，之后的解密结果与在原始数据上进行相同计算的结果相同。实现的数学基础通常基于格的问题，如 LWE 问题。在这里，"同态映射"是椭圆曲线上一种特殊类型的函数，而同态加密中的"同态"则是一种允许在密文上进行计算的属性，它们名字中的"同态"表达的意思不同。

下面对表 9-1 中的 15 个后量子密码标准化候补进行介绍，尤其对其数学原理进行展开说明。

表 9-1 NIST 后量子密码标准化候补

提案名	技术类型	作用目标	候补类型
Classic McEliece	基于编码理论	公钥加密	入围
CRYSTALS-KYBER	基于格	公钥加密	入围
NTRU	基于格	公钥加密	入围
SABER	基于格	公钥加密	入围
CRYSTALS-DILITHIUM	基于格	数字签名	入围
FALCON	基于格	数字签名	入围
Rainbow	基于多变量密码	数字签名	入围
BIKE	基于编码理论	公钥加密	备选
FrodoKEM	基于格	公钥加密	备选
HQC	基于编码理论	公钥加密	备选
NTRU Prime	基于格	公钥加密	备选
SIKE	同态映射	公钥加密	备选
GeMSS	基于多变量密码	数字签名	备选
Picnic	基于哈希函数	数字签名	备选
SPHINCS+	基于哈希函数	数字签名	备选

9.2.1 Classic McEliece

Classic McEliece 是一种基于编码理论的公钥加密体制，主要依赖于 Goppa 码（一种特殊的线性错误更正码）的解码问题（解码 Goppa 码是 NP 困难的）来建立其安全性。在量子计算背景下，它被认为是相对安全的，并且在 NIST 的后量子密码学竞赛中获得了不少关注。

在介绍 Classic McEliece 之前，让我们先了解一些基础概念。

1）线性码（Linear Codes）：一个 k 维子空间 $L \subseteq F_q^n$ 被称为一个 $[n,k]$ 码。

2）生成矩阵（Generator Matrix）：$k \times n$ 的矩阵 $\boldsymbol{G}$，它的每一行都是码字。

3）校验矩阵（Parity-Check Matrix）：$\boldsymbol{H}$ 是一个 $(n-k) \times n$ 矩阵，满足 $\boldsymbol{G}\boldsymbol{H}^{\mathrm{T}} = 0$。

4）最小距离（Minimum Distance）：$d = \min\limits_{x \neq y} d(x, y)$，其中 $d(x, y)$ 是汉明距离。

Goppa 码是一种特殊类型的线性码，定义为一个 (n, k) 码，$n = q^k = n - m$。这里，Goppa 多项式 $g(x)$ 是一个不可约的多项式，t 是其次数。n 和 k 分别表示码字的长度和维度，q 表示字段的大小。

Classic McEliece 的工作原理如下。

密钥生成：

① 选择一个随机的 $k \times n$ 生成矩阵 $\boldsymbol{G}$，它定义了一个 Goppa 码。

② 选择一个随机的 $n \times n$ 置换矩阵 $\boldsymbol{P}$ 和一个随机的 $k \times k$ 可逆矩阵 $\boldsymbol{S}$。

③ 计算公钥 $\mathcal{K} = \boldsymbol{SGP}$。

④ 私钥是 $\boldsymbol{S}$、$\boldsymbol{G}$ 和 $\boldsymbol{P}$。

执行以下步骤加密一个消息 m：

① 生成一个随机的错误向量 e，它有 t 个 "1"。

② 计算密文 $c = m\mathcal{K} + e$。

解密：

① 计算 $c\boldsymbol{P}^{-1}$。

② 使用私钥 G 和解码算法找到 $c\boldsymbol{P}^{-1}$ 的一个近似码字。

③ 用 $\boldsymbol{S}^{-1}$ 解码找到的近似码字得到 $\boldsymbol{m}$。

Classic McEliece 的安全性基于解码 Goppa 码的困难性，即给定 $y = x + e$，很难找到 x 和 e。假设我们有一个解码 Oracle $\mathcal{O}$，即 $\mathcal{O}(y) = x$，其中 x 是 y 的一个近似码字。攻击者试图找到 $\boldsymbol{S}$ 和 $\boldsymbol{P}$，可以尝试进行以下攻击：

① 选择一个随机的 k 维向量 $\boldsymbol{m}$。

② 计算 $c = m\mathcal{K}$。

③ 使用 $\mathcal{O}$ 找到 c 的一个近似码字 x。

④ 计算 $x\boldsymbol{S}^{-1}$。

攻击者希望这样就能找到 $\boldsymbol{S}$ 和 $\boldsymbol{P}$，但事实证明，由于 Goppa 码的结构复杂性，完成这个任务是非常困难的。

$$\text{安全性} \approx -\log_2 \left(\frac{\binom{n}{t}}{2^n} \right)$$

这个安全性指标表示，在给定 Oracle $\mathcal{O}$ 的情况下，攻击者找到 $\boldsymbol{S}$ 和 $\boldsymbol{P}$ 的

概率。

9.2.2　CRYSTALS-KYBER

CRYSTALS-KYBER（KYBER 是 Keep Your Bits Extremely Reliable and Secure 的缩写）是一种基于 LWE 问题的公钥加密和密钥交换方案。这种方案已被提交到 NIST 的后量子密码学标准化进程，在面临量子计算机攻击时被认为是相对安全的。

KYBER 使用特定类型的多项式环，记作 $\mathbb{Z}[X]/\langle f(x)\rangle$，其中 $f(x) = x^n + 1$，n 通常是 2 的幂。在 KYBER 中，所有的运算都是基于模 q 和模 $f(x)$ 进行的，其中 q 通常是一个素数。KYBER 基于 LWE 问题，具体来说，是环 LWE（Ring-LWE）问题的一个变体。

密钥生成：

1）选择错误多项式：从一个小型多项式分布中随机选择两个"错误"多项式 (s, e)。

2）生成公钥和私钥：私钥为 s，公钥 a 是从一个固定的分布中随机选取的多项式，$b = a \times s + e$。私钥为 s，公钥为 (a, b)。

3）**加密：**

① 选择错误多项式：与密钥生成过程类似，从一个小型多项式分布中选择一个"错误"多项式 e'。

② 计算密文：

$$c = a \times r + e'$$

$$d = b \times r + m$$

其中，r 是一个随机多项式，m 是要加密的消息，密文是 (c, d)。

4）**解密：**

① 计算 $d - c \times s$，结果是 $m + e' \times s$。

② 由于 e' 和 s 都是小多项式，因此 $e' \times s$ 也是一个小多项式，可以通过舍入来去除这个"噪声"，从而准确地恢复 m。

KYBER 的安全性依赖于环 LWE 问题的困难性，该问题被认为是量子安全的。给定一个公钥 (a, b)，寻找与之对应的私钥 s 是困难的。在 KYBER 中，所有的多项式都是有限域 $\mathbb{Z}_q$ 上的多项式，其中 q 是一个足够大的素数。因此，该方案可以抵抗基于量子计算机的攻击。

9.2.3 NTRU

NTRU（NTRUEncrypt 或 Number Theoretic Research Unit）是一种基于格的公钥加密体制。这种加密体制在面临量子计算机攻击时被认为是相对安全的。

NTRU 在整数环 $\mathbb{Z}[X]/\langle X^N - 1 \rangle$ 上进行运算，这里 N 通常是一个素数。所有的运算都是基于模 q 进行的，q 是一个大素数。NTRU 中的乘法运算基于多项式的卷积。

1）**密钥生成**：

① 选择多项式：从一个特定的多项式集合中随机选取两个多项式 f 和 g，满足 f 是可逆的（模 q 和模 p）。

② 计算公钥和私钥：

- 私钥是 f。

- 计算 $f_q = f^{-1} \bmod q$。

- 公钥 $h = f_q \times g \bmod q$。

2）**加密**：

① 选择一个随机多项式 r。

② 计算密文：$c = r \times h \bmod q$。

3）**解密**：

① 第一步解密：$a = f \times c \bmod q$。

② 第二步解密：$b = a \bmod p$。

由于 $b = f \times (r \times h) \bmod p$，我们有 $b = f \times (f_q \times g \times r) \bmod p$，化简后可得 $b = r \times g \bmod p$。因为 r 和 g 是小多项式，b 能够通过应用私钥和适当的模运算从密文中恢复消息 m。

NTRU 的安全性基于格的最短向量问题和最近向量问题的困难性。具体来说，给定一个格的基和一个目标点，找到距离目标点最近的格点被认为是一个困难的问题。在 NTRU 的上下文中，攻击者破解系统需要解决如下问题：

$$\text{找到 } f, \text{ 使得 } h = f^{-1} \times g \bmod q$$

数学上，这被认为是一个基于格的问题的实例，即寻找一个短向量 f，它满足上述等式且目前没有有效的量子算法能够破解该问题。

9.2.4   SABER

SABER（Simple And Better Encrypted Rings）是一种 LWE 问题的密码学算法，特别是其变体 Module-LWE 在抵抗量子计算机攻击方面显示出一定的潜力。SABER 设计的主要目的是实现高效和安全，同时保证量子抗性。

SABER 用于特定类型的多项式环，即 $\mathbb{Z}[x]/\langle x^n+1\rangle$，其中 n 通常是 2 的幂，所有的运算都是基于模 q 进行的。SABER 特别使用了一种称为模切换的技术，以减小最终密文和公钥的大小。此外，SABER 也基于 LWE 问题和它的一个变体模切换 LWE。

SABER 的工作原理如下。

1）密钥生成：

① 生成多项式：从特定分布中随机选择两个多项式 s 和 e。

② 生成公钥和私钥：

- 私钥是 s。

- 公钥 a 是一个随机多项式，计算 $b = a \times s + e$，公钥是 a 和 b。

2）加密：

① 选择随机多项式：从特定分布中选择一个随机多项式 r。

② 计算密文：

- $c_1 = a \times r$。

- $c_2 = b \times r + m$。

3）解密过程通过以下方式恢复原始消息 m：

① 计算 $c_2 - s \times c_1$，将得到 $m + e \times r$。

② 由于 e 和 r 都是小多项式，因此 $e \times r$ 也是一个小多项式，通过舍弃可以消除这个"噪声"。SABER 的安全性依赖于模切换 LWE 问题的困难性，该问题被认为是量子安全的。SABER 还进行了各种优化，例如模切换和特殊的多项式编码，以减小密文和公钥的大小，同时保持高度的安全性。

9.2.5   CRYSTALS-DILITHIUM

CRYSTALS-DILITHIUM 是一种数字签名方案，基于模型多项式环 LWE 问题，因此构造上与其他基于 LWE 问题的密码方案相似。该方案已经被提交到 NIST 的后量子密码学标准化进程，目前被认为是后量子安全的。

DILITHIUM 运算在一个模 q 上进行，q 是一个大的整数（通常是一个素数）。多项式环通常表示为 $\mathbb{Z}[x]/\langle x^n + 1 \rangle$，其中 n 通常是 2 的幂。模型多项式环 LWE 问题是 LWE 问题的一个推广，其中不仅涉及标量，还涉及多项式环上的向量，因此是一种基于格的加密方式。此外，为了优化多项式乘法，DILITHIUM 使用了数论变换。

NTT 与反 NTT

数论变换是 DFT 在模 q 上的一个变种。NTT 通常用于多项式乘法和卷积，尤其在模数场上。与 DFT 不同，NTT 并不依赖于复数或者实数运算，而是在一个有限的模数域中进行运算的。这样做通常更加高效，并且也能在整数环境中工作。

给定一个素数 q 和原根 g，数论变换将一个长度为 N 的整数序列 $a_0, a_1, \cdots, a_{N-1}$ 转换为另一个长度为 N 的整数序列 $A_0, A_1, \cdots, A_{N-1}$，其中

$$A_k = \sum_{j=0}^{N-1} a_j \cdot g^{jk \bmod N} \bmod q, \quad 0 \leqslant k < N$$

这里，g 是 $\bmod\, q$ 下的一个 N 次原根。

与 DFT 类似，NTT 也有一个逆变换，即反数论变换（Inverse NTT，反 NTT）。反 NTT 用于从变换后的序列中恢复原始序列。具体地说，如果 A 是 a 的 NTT，那么反 NTT 会从 A 中恢复 a。

假设 N 和 q 满足 $N \cdot N^{-1} \equiv 1 \bmod q$，反 NTT 的定义如下：

$$a_j = N^{-1} \sum_{k=0}^{N-1} A_k \cdot (g^{-1})^{jk \bmod N} \bmod q, \quad 0 \leqslant j < N$$

这里，N^{-1} 是 N 在模 q 下的乘法逆元，而 g^{-1} 是 g 的逆元。

NTT 在许多现代密码学算法和数据结构中都有应用，例如在格密码学和快速多项式运算中。

在了解了 NTT 之后，CRYSTALS-DILITHIUM 的工作原理就不难理解了。

1）密钥生成：

① 生成随机多项式：选择两个随机多项式 s 和 s'，两者都从一个小型的多项式分布（如中心二项分布）中选取。

② 生成错误向量：选择一个小的错误向量 e 和 e'。

③ 分别生成公钥和私钥对：

- 私钥：(s, s')。

- 公钥：$t = s' \cdot a + e \bmod q$，其中 a 是一个随机多项式，令 (a, t) 作为公钥。

2）签名生成：

① 生成随机种子：为每个签名操作生成一个随机种子 ρ。

② 计算挑战多项式：通过对消息和其他参数进行哈希函数运算，计算一个挑战多项式 c。

③ 生成中间值和响应：通过使用私钥 s 和 s'，以及挑战多项式 c，生成中间值 y 和响应 z。

④ 签名：最终的签名是 (z, c)。

3）签名验证：

① 使用公钥重新计算：使用公钥 t 和响应 z 重新计算一个多项式 w。

② 重新生成挑战多项式：使用 w 和原始消息重新生成挑战多项式 c'。

③ 验证：如果 $c' = c$，则签名有效。

DILITHIUM 的安全性依赖于模型多项式环 LWE 问题，这涉及在一个多项式环上找到一个"近似"的解，而不是一个精确的解，这被认为是一个困难的数学问题。由于 DILITHIUM 还使用了其他加密优化，如 NTT，因此它能在实践中提供高效和安全的数字签名。

9.2.6　FALCON

FALCON（Fast-Fourier Lattice-based Compact Signatures over NTRU）是一种基于格的数字签名方案。它的主要创新之处在于，使用了快速傅里叶变换（Fast Fourier Transform, FFT）来优化签名和验证过程。FALCON 也已经被提交到 NIST 的后量子密码学标准化进程。

FALCON 基于 NTRUEncrypt 格构造，通常用于公钥加密。FALCON 使用 FFT 来快速处理多项式，特别是用于多项式乘法。FALCON 的安全性依赖于两个数学难题，它们目前都没有有效的量子解决方案。

1）最短向量问题：给定一个格基，找出该格的最短非零向量是困难的。

2）NTRUEncrypt 问题：给定 g，找出 f 和 f^{-1} 是困难的。

FALCON 的工作原理：

1）密钥生成：

① 选择随机多项式：选择一个随机多项式 f，并确保它是可逆的（即存在一个多项式 f^{-1}），再另外选择随机多项式 h。

② 计算公钥和私钥对。

- 私钥：f 和 f^{-1}。

- 公钥：$g = h \cdot f^{-1} \bmod q = N \cdot f^{-1}$，其中 N 是一个固定的正规化因子。

2）签名生成：

① 生成随机多项式：从高斯分布中选择一个随机多项式 y。

② 计算中间值：使用 FFT 计算 $z = f \times y$。

③ 短向量化：找到一个与 z 非常接近但更短的向量 z'，这通常通过格基础归约算法完成。

④ 生成签名：签名是 $s = y - f^{-1} \times z'$。

3）签名验证：

① 计算中间值：使用公钥 g 计算 $v = g \times s$。

② 验证：如果 v 非常接近于 z'，则签名是有效的。

FALCON 使用 FFT 和其他优化技术，它在实践中提供了非常高效的签名和验证过程，同时保持了高级别的安全性。

9.2.7 Rainbow

Rainbow 是一种基于多元多项式方程组的数字签名方案，属于多元签名的一种。多元签名是一类基于多元多项式方程组的困难问题构造的密码体制。Rainbow 签名方案是由 Jintai Ding 在 2005 年提出的，用以提高效率和减小签名大小，该方案基于多元多项式方程组和陷门函数。

1）多元多项式方程组：设 $f : \mathbb{F}^m \to \mathbb{F}^m$ 是由 m 个多项式方程组组成的向量，其中 $\mathbb{F}$ 是一个有限域。

2）陷门函数：在密码学中，一般将 f 作为一个难以逆转的函数，即给定 $f(x)$ 很难找到 x。但是，如果有关于 f 的某些额外信息（通常是构造 f 的方式），则可以容易地找到逆。

Rainbow 采用了分层的结构，即不是单一的多项式方程组，而是多个"颜色"或层次的多项式方程组。每一层用不同的局部变量，这样做的目的是减小公钥和签名的大小。

1）密钥生成：

① 私钥：私钥由两部分组成，一部分是用于构造 f 的多项式方程组的系数，另一部分是用于隐藏这些方程的仿射变换。

② 公钥: 公钥是仿射变换后得到的新的多项式方程组。因为这些变换是线性的，所以逆变换也是线性的，容易计算。

2）签名和验证:

① 签名: 为了签署一个消息 M，首先计算 $h = \mathrm{Hash}(M)$，然后使用私钥（和附带的仿射变换）解多项式方程 $f(x) = h$，解 x 即为签名。

② 验证: 验证签名只需要用公钥 f 重新计算 $h' = f(x)$，并检查 h' 是否与 h 匹配即可。

具体描述上述内容，假设我们有 v 个"颜色"（Vincent）和 $o_1, o_2, \cdots, o_v$ 个"油"（Oil）变量，并假定 $o_1 \leqslant o_2 \leqslant \cdots \leqslant o_v$，定义 $O_i = o_1 + o_2 + \cdots + o_i$ 和 $V_i = v + O_i$。

中央多项式 F: $F^{V_v} \to F^{O_v}$ 定义为 $F(x) = (F_1(x), \cdots, F_{O_v}(x))$。

每个 F_i 都是一个由 V_v 个变量组成的二次多项式:

$$F_i(x) = \sum_{k=1}^{V_v} \sum_{l=k}^{V_v} Q_{i,kl} x_k x_l + \sum_{k=1}^{V_v} L_{i,k} x_k + T_i$$

其中，$Q_{i,kl}, L_{i,k}, T_i \in F$。

1）密钥生成:

① 生成随机可逆矩阵: $\boldsymbol{S} \in F^{V_v \times V_v}$，$\boldsymbol{T} \in F^{O_v \times O_v}$。

② 生成中央多项式映射 F。

③ 通过以下方式生成公钥:

$$P(y) = \boldsymbol{T}^{-1} \circ F \circ \boldsymbol{S}$$

2）签名和验证:

① 签名: 给定一个消息 M，计算其哈希值 $h = \mathrm{Hash}(M)$。使用私钥解方程 $F(x) = T \cdot h$，得到的 x 即是签名。

② 验证: 使用公钥计算 $P(\boldsymbol{S}x)$，并检查结果是否等于 h。

由于求解多元多项式方程组是计算困难的，所以 Rainbow 的安全性得到了保证。该方案主要适用于需要小型签名和高效验证的应用场景。尤其在量子计算环境下，目前还没有有效的算法能在多项式时间内解这样的方程组，因此被认为具有一定的量子抵抗性。

9.2.8 BIKE

BIKE（Bit Flipping Key Encapsulation）是一种旨在抵抗量子计算攻击的公钥加密和密钥封装机制。它的主要创新之处在于，使用了低密度奇偶校验码（Low Density Parity Check Code，LDPC）和循环码作为其构建模块。LDPC 是一种拥有稀疏奇偶校验矩阵的线性码；循环码是一种线性码，拥有循环移位的特性。以下是对 BIKE 算法数学基础的详细介绍。

BIKE 在二进制字段上操作，即 F_2，这里所有的加法和乘法都是模 2 的。

1）密钥生成：

① 生成 LDPC 和循环码的生成矩阵和校验矩阵：设 G 为 LDPC 的生成矩阵，H 为相应的校验矩阵。同样，设 G' 和 H' 分别为循环码的生成矩阵和校验矩阵。

② 公钥和私钥：公钥是 $h = G \cdot H'^{\mathrm{T}}$，私钥则是 H 和 H'。

2）加密（密钥封装）：

① 设 e 为随机的误差向量，其中的 1 的数量非常少。

② 密文 c 为 $c = h \cdot s + e$，其中 s 是随机的密钥。

3）解密（密钥解封装）：使用私钥 H 和 H'，以及特定的解码算法（通常是信息集解码）来解方程 $H \cdot c = H \cdot h \cdot s$，以获取密钥 s。

BIKE 的安全性基于解 LDPC 和循环码是困难的问题。尤其在存在误差的情况下，这称为 Syndrome Decoding Problem，被认为是 NP 困难的。目前，没有有效的量子算法能在多项式时间内解决 Syndrome Decoding Problem，因此 BIKE 被认为具有量子抵抗性。

9.2.9 FrodoKEM

FrodoKEM（Frodo Key Encapsulation Mechanism）是一种基于 LWE 问题的后量子密码方案。与其他基于 LWE 问题的方案不同，FrodoKEM 不使用结构化误差或结构化矩阵，从而避免了潜在的结构弱点。

在 LWE 问题中，给定一个随机生成的 $n \times m$ 矩阵 A 和一个噪声向量 e，目标是找出一个秘密向量 s，使得以下方程成立：

$$b = As + e \bmod q$$

1）密钥生成：

① 私钥：选择一个随机的矩阵 S。

② 公钥：选择一个随机的矩阵 A 和一个小噪声矩阵 E。然后计算：

$$B = AS + E \bmod q$$

2）密钥封装（加密）：

① 选择一个随机的矩阵 R 和噪声矩阵 E_1、E_2。

② 计算：

$$C_1 = A^{\mathrm{T}}R + E_1 \bmod q$$

$$C_2 = B^{\mathrm{T}}R + E_2 \bmod q$$

3）密钥解封装（解密）：使用私钥 S，计算：

$$X = C_2 - SC_1 \bmod q$$

这个 X 应当接近 $E_2 - SE_1$，这样就能通过四舍五入和解码得到共享密钥，基于 LWE 问题，已经被证明在量子计算模型下也是困难的，因此这个算法有潜力提供后量子安全性。

9.2.10 HQC

HQC（Hamming Quasi-Cyclic）是一种基于编码理论的后量子加密算法，主要的思想是使用大尺寸的二进制矩阵和低权重的错误向量来构建加密方案。本方案中常用的数学基础符号如下。

- H：校验矩阵。

- x：消息向量。

- e：错误向量。

- y：编码后的向量。

- s：密钥向量。

- n、k、w 三种参数，其中 n 和 k 是矩阵和向量的尺寸，w 是错误向量的权重（即非零元素的数量）。

编码的基础是一个 $(n-k) \times n$ 二进制校验矩阵 H。消息 x 是一个 k 维的二进制向量。编码方程如下：

$$y = xH^{\mathrm{T}} + e(\bmod 2)$$

其中，e 是一个权重为 w 的 n 维错误向量。

1）**密钥生成**：

① 私钥：随机生成一个 k 维密钥向量 s。

② 公钥：公钥由 H 和 s 导出，定义为 $y = sH^T (\mathrm{mod}\, 2)$。

2）**加密**：

① 随机选择一个 w 权重的错误向量 e。

② 计算密文 $c = y + e (\mathrm{mod}\, 2)$。

3）**解密**：解密时，需要解决一个权重为 w 的解码问题，即找到一个 e' 使得 $c - y = e' (\mathrm{mod}\, 2)$。

① 使用公钥 y，计算 $c - y$。

② 应用解码算法找到 e'，从而得到消息 x。

HQC 是一种具有后量子安全潜力的方案，目前没有量子算法能有效地解决低权重解码问题。

9.2.11 NTRUPrime

NTRUPrime 是一种基于格的加密方案，具有后量子安全性。该方案是 NTRUEncrypt 的一个改进版本，主要为了提高对结构攻击的抵抗力。

本方案中的数学基础和参数如下。

1）环的定义：选择一个奇素数 q 和 n，然后定义环 $\mathbb{O} = \mathbb{Z}[x]/(x^n - 1)$。

2）副环：NTRUPrime 使用的是 $\mathbb{R}$，它是 $\mathbb{O}$ 的一个副环。

3）多项式的小范数：使用范数度量多项式的"大小"，一般使用 l_1 或 l_∞ 范数。

在该方案中，主要的加密与解密原理如下所示。

1）**密钥生成**：

① 私钥：从环 $\mathbb{R}$ 中随机选择一个"小范数"的多项式 f 作为私钥。

② 公钥：计算环 $\mathbb{O}$ 上的逆元 $g = f^{-1}$，然后减小 g 的范数（以 $\mathrm{mod}\, q$ 运算实现）以生成公钥。

2）**加密**：给定一个明文多项式 m，随机选择一个"小范数"的多项式 r。

① 计算 $h = g \times r$。

② 计算 $e = h + m$（这里可以有所调整，例如通过模 q 操作）。

3）**解密**：使用私钥 f 进行解密。

① 计算 $a = e \times f$。

② 通过减小 a 的范数来近似解密 m。

在该方案中,存在对结构攻击的抵抗力,通过选择适当的副环,NTRUPrime 能够抵抗基于环结构的攻击。目前还没有已知的量子算法能在多项式时间内解决相关基于格的问题,因此该方案也是后量子安全具有高潜力的替补。

f 和 g 是在 $\mathbb{O}$ 上的多项式。公钥和私钥之间的关系可以用数学表达式表达:

$$g = f^{-1} \bmod q$$

加密和解密涉及如下运算:

$$e = (m + g \times r) \bmod q$$

$$a = e \times f \bmod q$$

这里 $\bmod q$ 是逐项模 q。

以上即是 NTRUPrime 的核心数学原理和操作细节,这个方案主要的特点和优势在于,其对量子攻击和结构攻击的抵抗力,以及其在多项式环上的高效运算。

9.2.12 SIKE

SIKE(Supersingular Isogeny Key Encapsulation)是一种基于超奇异椭圆曲线同构(Supersingular Isogenies)的密钥封装机制,该方法利用超奇异椭圆曲线及其间复杂的同构关系来实现密钥的生成和加密过程,确保了通信的安全性,被认为对量子计算攻击具有抵抗力。其数学原理基于下列信息。

1)椭圆曲线:定义在有限域 $\mathbb{F}_{p^2}$ 上的椭圆曲线 E,方程形式为 $y^2 = x^3 + Ax + B$。

2)超奇异椭圆曲线:定义在特定有限域 $\mathbb{F}_{p_2}$ 上的椭圆曲线,其特点是迹为 0,这意味着它们的阶(即曲线上点的数量)是 $p+1$ 的倍数。超奇异曲线在密码学中非常重要,因为它们在构建基于同构的密码系统时提供了良好的代数结构和对称性。其中有不变量 j 为 0 或 1728 的特殊椭圆曲线。

3)同构是一种椭圆曲线到另一种椭圆曲线的有理映射,保持群结构。

4)端点:E 和 E' 是通过 ϕ 连接的超奇异椭圆曲线,即 $\phi: E \to E'$。

其密钥生成和交换的原理如下。

1)私钥:随机选择椭圆曲线 E 上的一个点 P。

2）公钥：使用 ϕ 计算 $\phi(P)$，即 E' 上的一个点。

3）密钥交换：A 和 B 分别选择私钥 P_A、P_B，以及对应的公钥 $\phi_A(P_A)$ 和 $\phi_B(P_B)$，然后交换公钥并计算共享密钥。

SIKE 通常用作密钥封装机制，而不直接用于加密。其基本的思想是先用对方的公钥生成一个"共享密钥"，然后用这个密钥进行对称加密。

设 $\phi: E \rightarrow E'$ 是一个 l 同构（即核心为 l 阶子群），则

$$\phi(P) = [m]P + \sum_{i=0}^{[l]-1} [a_i l^i]P$$

其中，$[m]$ 是点 P 的 m 倍，$[l]$ 是点 P 的 l 倍，a_i 是系数。SIKE 提供了一种基于椭圆曲线同构的量子安全密钥交换方法，它依赖于超奇异椭圆曲线和同构之间复杂的数学结构，因此被认为是后量子安全的。

9.2.13　GeMSS

GeMSS（Geometry-Based Multivariate Public Key Cryptosystems）是基于多变量公钥密码系统，利用代数几何和多项式方程解决困难问题来实现加密和签名的一种方案。在 GeMSS 中，通常不直接使用多变量多项式系统进行加密和解密，因为多变量公钥密码系统在加密实用性方面不具备优势。GeMSS 的设计目的是提供一种后量子安全的签名技术，因为它依赖于求解多变量多项式方程的困难，这是已知的对量子攻击具有抗性的难解问题。

GeMSS 系统的基础是一个多变量多项式系统，其中包含一个公开的多项式集合和一个私有的变换集合。公钥由公开的多项式集合构成，而私钥是一系列用于生成或变换这些多项式的私有变换。GeMSS 算法基于大型多项式系统的求解问题，这是一种计算上非常困难的问题。它依赖于随机多项式环和向量空间中的操作，从而在数学上保证了其安全性。

1. 密钥生成

私钥是一个由随机生成的多项式组成的向量，这些多项式在一个特定的有限域或环中定义。私钥通常包含一组随机生成的多项式或矩阵，这些都是保密的，只有密钥持有者可以访问。私钥的构成因素包括非线性多项式系统和仿射变换。

● 非线性多项式系统：这是一组中心多项式，它们在多变量公钥密码系统

中扮演着核心角色。它们的选择需要确保系统的安全性，通常这些多项式是非线性的，解决它们相对困难。

● 仿射变换（Affine Transformations）：这些变换用于在公钥生成过程中修改中心多项式，增加攻击系统的难度。通常包括一个前仿射变换和一个后仿射变换。

$$S(\boldsymbol{x}), T(\boldsymbol{y})$$

其中，$S(\boldsymbol{x})$ 是输入变换，$T(\boldsymbol{y})$ 是输出变换，$\boldsymbol{x}$ 和 $\boldsymbol{y}$ 分别代表输入和输出变量向量。

公钥：公钥是通过对私钥的中心多项式应用仿射变换得到的。公钥的形成过程如下：

● 应用前仿射变换：这一步通过私钥中的输入变换 $S(\boldsymbol{x})$ 修改消息。
● 计算中心多项式：将变换后的输入代入中心多项式 f 来获得 $\boldsymbol{y}$。
● 应用后仿射变换：$\boldsymbol{y}$ 再通过私钥中的输出变换 $T(\boldsymbol{y})$。

最终，公钥可以表示为

$$\mathscr{K} \equiv p(\boldsymbol{y}) = T(f(S(\boldsymbol{x})))$$

其中，给定向量 $\boldsymbol{x}$ 和 $\boldsymbol{y}$ 的仿射变换可以表示为

$$S(\boldsymbol{x}) = \boldsymbol{A}_s \boldsymbol{x} + \boldsymbol{b}_s$$

$$T(\boldsymbol{y}) = \boldsymbol{A}_t \boldsymbol{y} + \boldsymbol{b}_t$$

其中，$\boldsymbol{A}_s$ 和 $\boldsymbol{A}_t$ 是变换矩阵，$\boldsymbol{b}_s$ 和 $\boldsymbol{b}_t$ 是常数向量。

2. 签名和验证

在 GeMSS 中，签名的生成基于私钥和待签名的消息。其过程如下：

1）消息的哈希函数运算：将消息 m 通过哈希函数处理，生成哈希值 h，以减小消息大小并保证处理效率。

$$h = \text{Hash}(m)$$

2）应用私钥变换：将哈希值 h 通过私钥中的输入变换 $S(x)$ 进行处理。

$$x' = S^{-1}(h)$$

这里 S^{-1} 是 S 的逆变换。

3）求解中心多项式：使用私钥中的中心多项式 f 对 x' 进行求解，找到对应的 y。

$$y = f(x')$$

4）应用输出变换：将 y 通过输出变换 $T(y)$ 处理得到最终的签名 σ。

$$\sigma = T^{-1}(y)$$

其中 T^{-1} 是 T 的逆变换。

5）签名输出：将输出的签名 σ 和原始消息 m 一起发送给接收方。

接收方在收到消息和签名后，使用公钥进行验证：

1）消息的哈希函数运算：同样对收到的消息 m 进行哈希函数运算。

$$h' = \text{Hash}(m)$$

2）应用公钥：将接收到的签名 σ 通过公钥中的前向变换 S 处理。

$$x = S(\sigma)$$

3）计算中心多项式：将 x 代入公钥多项式 p，得到 y。

$$y' = p(x)$$

4）输出变换：通过公钥中的后向变换 T 处理 y'，得到 h''。

$$h'' = T(y')$$

5）验证签名：比较 h'' 和 h' 是否一致。如果一致，则签名验证成功，反之则失败。

通过这样的签名和验证过程，GeMSS 提供了一种基于多变量公钥密码的高安全性数字签名方案。当前，量子算法（如 Shor 算法和 Grover 算法）并不能有效解决多变量公钥密码系统问题，因此 GeMSS 在理论上对抗量子计算机提供了安全保障。对于安全需求极高的环境，如政府通信和敏感商业数据传输，GeMSS 提供了一种可靠的选择。

9.2.14 Picnic

Picnic 是一种数字签名方案，主要依赖于零知识证明和对称密码学来实现量子安全。

其数学理论基础与算法组件如下：

1）对称密钥密码体制：Picnic 使用一种固定的对称密钥密码体制，如 AES 或 LowMC。

2）零知识证明：该方案使用非交互式零知识证明，以证明他们知道某个信息，而不泄露这个信息。

3）哈希函数：像许多其他密码学方案一样，Picnic 也使用了一种密码学安全的哈希函数。

私钥和公钥的定义如下。

1）私钥：k 是从一个特定的密钥空间中随机选择的。

2）公钥：$\mathcal{K}$ 通常是 k 的某种函数或变换，即 $\mathcal{K} = f(k)$。例如 $\mathcal{K} = \text{AES}_k(0^n)$，其中 n 是固定长度。

签名生成过程如下：

1）初始化：对于一个给定的消息 m，计算 $h = \text{Hash}(m)$。

2）零知识证明：生成一个零知识证明 ZKP，证明他们知道 k，这样 $\mathcal{K}$ 和 h 就可以从 k 中被正确地计算出来，但是不会泄露 k。此过程需要生成一个随机数 r。

$$\pi = \text{NIZKP}_{k,\mathcal{K},r}(f(k) = \mathcal{K}, h)$$

3）生成签名：签名 σ 是 ZKP 和其他相关参数（如随机数）的组合。

$$\sigma = (h, \pi)$$

签名验证的过程如下：

1）零知识证明验证：验证者使用 ZKP、$\mathcal{K}$ 和 h 来验证 ZKP 是否有效，而不需要知道 k。首先验证 $h = \text{Hash}(m)$，然后使用 $\mathcal{K}$ 来验证 $\sigma = (h, \pi)$，由于 $\mathcal{K} = f(k)$，因此不需要私钥就可以仅凭公钥和哈希函数 h 来验证信源。

2）签名验证：如果 ZKP 是有效的，那么签名 σ 就被认为是有效的。如果 ZKP 通过了验证，那么签名也就被认为是一个有效的、未被篡改的签名，从而证明了消息的完整性和发送者的身份。

在这个方案里，核心数学问题可以归结为零知识证明，它确保了私钥的安全性。一个非交互式零知识证明通常可以表示为一个三元组 (P, V, π)，其中 P 是证明者的策略，V 是验证者的策略，π 是证明，这个证明可以通过一个交互式协议生成，但在 Picnic 中，它被转换为非交互式，通常通过使用 Fiat-Shamir

变换。Fiat-Shamir 变换是一种用于密码学中将交互式零知识证明（Interactive Zero-Knowledge Proofs, IZKP）转换为非交互式零知识证明（Non-Interactive Zero-Knowledge Proofs, NIZKP）的技术。这种变换于 1987 年由 Amos Fiat 和 Adi Shamir 提出。交互式零知识证明通常涉及两个参与者：一个是证明者 P，另一个是验证者 V，他们通过几轮的交互来完成证明。然而，在某些应用场景下，交互可能是不方便的或不安全的，此时 Fiat-Shamir 变换就派上用场了。

假设我们有一个基础的交互式零知识证明，它包括以下几个步骤。

1）提交阶段：P 发送一个承诺 c 给 V。

2）挑战阶段：V 发送一个随机挑战 r 给 P。

3）响应阶段：P 根据 c 和 r 计算一个响应 s 并发送给 V。

4）验证阶段：V 根据 c、r 和 s 来验证 P 的证明。

在 Fiat-Shamir 变换中，这个流程被转换为非交互式流程，具体如下。

1）提交阶段：P 计算一个承诺 c。

2）挑战阶段（自动生成）：P 使用一个密码学安全的哈希函数 H 来计算挑战 $r = H(c)$。

3）响应阶段：P 根据 c 和 r 计算一个响应 s。

4）生成证明：P 创建一个证明 $\pi = (c, s)$。

5）验证阶段：V 使用 c 和 s 及 H 来验证 P 的证明。

数学表示如下：

1）挑战生成：

$$r = H(c)$$

2）非交互式证明：

$$\pi = (c, s)$$

3）验证条件：

在非交互式场景下，验证者通过计算 $r = H(c)$ 并根据 (c, s) 验证证明。

由于 Picnic 不依赖于传统的数论问题（如整数分解和离散对数问题），因此被认为对量子计算攻击具有抵抗力。

9.2.15 SPHINCS+

SPHINCS+ 是一种基于哈希函数的数字签名方案，设计成后量子安全的一种签名方式。该方案扩展了 Merkle 树签名体系的思想，并采用了多层哈希树结构。SPHINCS+ 主要基于密码学安全的哈希函数。

1）哈希函数的压缩性：$\mathrm{Hash}:\{0,1\}^* \to \{0,1\}^n$，其中 n 是固定的输出长度。

2）Winternitz One-Time Signature（WOTS+）：这是一种一次性签名方案，给定消息 m，生成私钥 k 和相应的公钥 $\mathcal{K}$，签名生成为 $\sigma = \mathrm{WOTS} + _{\mathrm{Sign}}(k, m)$。

3）Merkle 树：使用哈希函数构建的树结构，其中叶子节点是由 WOTS+ 签名的公钥组成的。

4）HyperTree：这是多层 Merkle 树结构，用于管理大量的一次性签名公钥。

私钥和公钥的定义如下：

1）私钥：随机生成多组 WOTS+ 的私钥，这些私钥用于生成多组一次性签名。

2）公钥：针对每组 WOTS+ 私钥计算相应的 WOTS+ 公钥，并用它们作为 Merkle 树的叶节点。然后，使用 Merkle 树的根作为公钥。

$$\mathcal{K} = \text{Root of Merkle Tree}$$

$$\mathcal{K}_i = \mathrm{Hash}(k_i)$$

$$\text{Merkle Tree} = (\mathrm{Hash}(\mathcal{K}_1)\|\mathrm{Hash}(\mathcal{K}_2)\|\cdots\|\mathrm{Hash}(\mathcal{K}_i))$$

签名和验证过程如下：

1）签名：对于给定消息 m，使用一个未使用的 WOTS+ 私钥生成一次性签名 σ，然后创建一个证明路径（MerklePath）从该 WOTS+ 公钥到 Merkle 树的根。

$$\sigma = (\mathrm{WOTS} + \text{Signature}, \text{Merkle Path})$$

$$\sigma_i = \mathrm{WOTS} + _{\text{Signature}}(k_i, m)$$

2）验证：通过使用 WOTS+ 签名和 Merkle 路径，重新计算 Merkle 树的根，并与公钥进行比较。

$$\text{If Recomputed Root} = \mathcal{K} \text{ then Signature is Valid}$$

$$\mathcal{K}_i = \mathrm{WOTS} + _{\text{Verify}}(\sigma_i, m)$$

$$\text{Merkle Tree} = (\mathrm{Hash}(\mathcal{K}'_1)\|\mathrm{Hash}(\mathcal{K}'_2)\|\cdots\|\mathrm{Hash}(\mathcal{K}'_i))$$

由于使用了一次性签名和哈希函数，SPHINCS+ 提供了对量子攻击的抵抗能力。这是因为哈希函数和一次性签名被认为对量子攻击具有抵抗力。

截至目前，我们总结了 NIST 提出的 15 种后量子密码/签名体系的数学原理，这是当前非常有可能成为下一代后量子安全的主流候选信息安全密码体系。除了 NIST，我国也在后量子安全领域投入了大量精力。目前，国内从事后量子密码研究的机构可分为两大流派：一是清华大学、复旦大学和上海交通大学等，它们主要专注于基于数学和物理学的算法研究。二是中国科学技术大学、国盾量子及启科量子等，它们更侧重于将后量子安全的理念与硬件技术相结合。

量子安全前沿技术简述

在本书的最后一章，我们将探讨当前量子安全技术的前沿。本章不仅揭示量子一次性密码（Quantum One-Time Pad，QOTP）如何在加密通信中增加新的安全层，还深入讨论量子安全幽灵成像（Quantum-Secure Ghost Imaging，QSGI）对于高级侦查和监视的意义。同时，本章还剖析量子安全区块链（Quantum-Secure Blockchain，QSBC）和量子机器学习（Quantum Machine Learning，QML）如何为现有的金融、数据分析和密码学领域带来革命性的改变。从微观到宏观，从理论到应用，这一章是理解量子科技如何重塑我们对安全性和隐私理解的关键。

量子技术已不再是遥不可及的未来，而是越来越多地融入我们生活的各个方面。无论是量子加密的无条件安全性，还是量子计算对于复杂问题解决方案的高效性，都指向了一个共同的未来——一个更安全、更高效的数字世界。量子安全技术正逐渐成为现代科技解决方案的核心组成部分，无论你是从事科研，还是单纯的技术爱好者，理解量子安全技术内在工作原理和潜在应用都是不可或缺的。因此，本章将提供一个全面而深入的视角，来了解这一激动人心的科技前沿。

10.1　量子一次性密码

我们已经明确了 OTP 基于香农信息论，可以提供完美安全。那么，当量子计算与 OTP 结合时，又能提供怎样的安全视角呢？

QOTP 是一种量子加密算法，是基于经典的 OTP 的原理改进的。这种加密方式在量子信息传输中被认为是完全安全的，前提是使用真正随机的密钥，并且密钥只使用一次。而真正随机的密钥可以通过量子随机数生成器来生成，因此在量子计算的世界中，当我们建立一个完整、安全的量子通信系统时，产生的密钥将是绝对安全的。

在 QOTP 中，使用量子比特进行操作，考虑一个标准正规化量子系统中的一个量子比特，可以表示为

$$|\psi\rangle = \alpha|0\rangle + \beta|1\rangle$$

OTP 的加密过程如下：

1）准备一个量子密钥：Tx 和 Rx 预先共享一串真正随机的量子密钥 $|K\rangle$，其长度等于待加密信息 $|\mathrm{Msg}\rangle$。在这一步中，Tx 生成的量子密钥可以由 QRNG 直接生成，也可以通过其他的真随机数生成方法生成之后再进行量子编码并编译到量子态中。

2）应用 X 门和 Z 门操作：在信息 $|\mathrm{Msg}\rangle$ 中，Tx 使用相应的密钥量子比特 $|K_i\rangle$ 对每一个量子比特 $|\psi_i\rangle$ 进行加密。

应用 Pauli-X 门操作 $X|k_i\rangle$，应用 Pauli-Z 门操作 $Z|k_i\rangle$，其中 k_i 是密钥的第 i 个量子比特。

$$|\mathrm{EncryptedMsg}_i\rangle = X^{k_{i,x}} Z^{k_{i,z}} |\psi_i\rangle$$

这里，$k_{i,x}$ 和 $k_{i,z}$ 分别表示第 i 个密钥量子比特的 X 和 Z 分量。

解密过程如下：

1）Rx 使用与 Tx 共享的同一串量子密钥 $|K\rangle$ 对接收到的 $|\mathrm{EncryptedMsg}\rangle$ 进行解密。

2）应用与加密时相反的量子门操作，使用相应的密钥量子比特 $|k_i\rangle$：

$$|\mathrm{DecryptedMsg}_i\rangle = Z^{-k_{i,z}} X^{-k_{i,x}} |\mathrm{EncryptedMsg}_i\rangle$$

通过这种方式，Rx 可以准确地恢复 $|\psi_i\rangle$，即原始的量子信息。整个 QOTP 的加密与解密原理非常简单，对于单个量子比特 $|\phi_i\rangle = |0\rangle$ 或 $|1\rangle$ 而言，加密算符共有四种情况：分别是 I 操作、X 操作、Z 操作和 XZ 操作（ZX 操作也可以作为一种可行的方案，但需注意解密的顺序）。该加密方案决定了对应的 Bloch 球中的量子系统。如图 10-1 所示，我们令 $k_{i,x}$ 为 K_1，$k_{i,z}$ 为 K_2：

- $k_{i,z} = 0$ 和 $k_{i,x} = 0$ 代表不进行任何操作（单位操作 I）。
- $k_{i,z} = 1$ 和 $k_{i,x} = 0$ 代表应用 Z 操作。
- $k_{i,z} = 0$ 和 $k_{i,x} = 1$ 代表应用 X 操作。
- $k_{i,z} = 1$ 和 $k_{i,x} = 1$ 代表应用 XZ 操作。

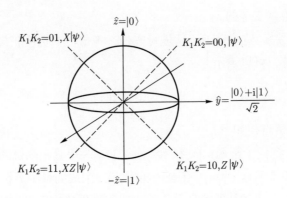

图 10-1   Bloch 球中 QOTP 产生的影响

量子信息不能被精确复制，这是由量子不可克隆定理决定的。因而潜在的窃听者不能无限次地复制量子状态从而进行分析。QOTP 使用的密钥与信息一样长，并且该密钥只用一次。这种一次性使用的密钥保证了信息的完整性和保密性，且增加了攻击者破译的成本。在量子密码体制中，安全性不仅基于计算，还基于物理定律。这意味着由 QRNG 生成的真随机数不存在任何周期，即使拥有无限的计算能力，窃听者也无法突破这种体制。如果尝试测量一个量子系统，则该系统的状态将会改变，这一点与经典系统不同，因此，任何窃听行为都会留下痕迹，从而被检测到。最后，Heisenberg 的不确定性原理进一步确保了量子系统的安全性。现在，让我们用数学公式描述这一点。考虑一个简单的例子，其中 $|\text{EncryptedMsg}_i\rangle$ 由以下形式给出：

$$|\text{EncryptedMsg}_i\rangle = X^{k_{i,x}} Z^{k_{i,z}} |\psi_i\rangle$$

其中，$(k_{i,x} k_{i,z})$ 取自 $\{0,1\}$ 的随机密钥比特，$|\psi_i\rangle$ 是要加密的量子信息。在这种情况下，由于 $k_{i,x}$ 和 $k_{i,z}$ 是随机且私密的，如果窃听者获得了 $|\text{EncryptedMsg}_i\rangle$，即使使用量子计算机也无法确定 $|\psi_i\rangle$ 的确切形态。如果窃听者尝试测量这个状态，由于量子测量的性质，他们只能得到关于 $|\psi_i\rangle$ 的部分信息，并且这种测量会破坏原始的量子状态。

综上所述，这种加密方式在理论上是绝对安全的。下面比较 OTP 与 QOTP 的区别，因为两者都提供了完美安全，所以有必要对他们进行讨论。QOTP 与 CTP 的对比如表 10-1 所示。

接下来让我们一起看看由 Qiskit 生成的 QOTP 代码，该代码的原理与运作逻辑如下。

① 一个量子比特被初始化为 $|0\rangle$ 状态。

② 随机生成的密钥 k_x 和 k_z（取值为 0 或 1）分别决定是否应用 X 门和 Z 门。

③ 应用 X^{k_x} 和 Z^{k_z} 加密量子比特。

④ 测量加密的状态。

⑤ 此时解密量子比特需要应用 X 门和 Z 门的逆操作，该过程中需要使用相同的密钥 k_x 和 k_z（现在充当解密密钥）。

⑥ 再次测量以确认我们是否成功地将量子比特恢复到了原始状态。

表 10-1　QOTP 与 OTP 的对比

评价项目	QOTP	OTP
媒介	量子态	经典比特
信道	量子信道	经典信道
运算方式	XZ 门组合	XOR 门操作
长度	与明文等长	与明文等长
计算效率	由于涉及大量门与电路的设置，导致整体效率较低	极高
开销	需要量子信道和量子存储，这在当前技术下更加昂贵和复杂	开销在于生成、存储和安全传输一次性密钥
安全性	完美安全；由 QKD 额外攻击提供了可鉴别通信中是否存在攻击者的特性	完美安全

```python
from qiskit import QuantumCircuit, Aer, transpile
from qiskit.providers.aer import AerSimulator
from qiskit.visualization import plot_histogram
from qiskit.providers.aer.noise import NoiseModel
import random

# 准备初始量子比特状态 |0⟩
initial_state = [1, 0]

# 创建一个量子电路
n_qubits = 1
qc = QuantumCircuit(n_qubits)
```

```python
# 设置初始状态
qc.initialize(initial_state, 0)

# 生成随机密钥
key_x = random.randint(0, 1)
key_z = random.randint(0, 1)
print(f"密钥序列: x={key_x},={key_z}")

# 加密: 根据密钥应用X门和Z门
if key_z:
    qc.z(0)
if key_x:
    qc.x(0)

# 截至目前, 量子状态已加密
# 为了模拟, 我们添加一个测量步骤
qc.measure_all()

# 使用AerSimulator进行模拟
simulator = AerSimulator()

# 执行模拟
compiled_circ = transpile(qc, simulator)
result = simulator.run(compiled_circ).result()

# 显示加密状态的测量结果
counts = result.get_counts()
print(f"加密后量子态: {counts}")

# 解密: 进行逆操作, 以恢复原始状态
qc = QuantumCircuit(n_qubits)
qc.initialize(initial_state, 0)

if key_x:
    qc.x(0)
if key_z:
    qc.z(0)
```

```
# 添加测量，以验证是否成功解密
qc.measure_all()

# 执行模拟
compiled_circ = transpile(qc, simulator)
result = simulator.run(compiled_circ).result()

# 显示解密后状态的测量结果
counts = result.get_counts()
print(f"解密后量子态: {counts}")
```

该程序的逻辑非常清晰，我们不再做过多说明。接下来需要明确的是对应的执行结果，虽然在这个过程中密钥是随机生成的，但是每次加密和解密都使用了相同的密钥（对应 U 算符的逆即是解密），因此得到的结果应该是全 0。因为默认的量子电路中量子比特的初始态为 $|0\rangle$，因此测量结果如果为 100% 的 0 则证明该程序成立。最终结果如图 10-2 所示，显然 QOTP 成立（每次执行程序都可能生成不同的密钥序列，但是最终加密与解密后的量子态始终一致）。本程序是对 1 个量子比特进行的 QOTP 操作，因此只需要增加量子寄存器的数量级，就可以同时执行更高数量级的 QOTP 操作。

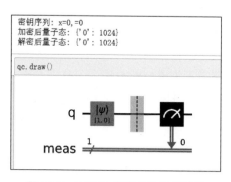

图 10-2 QOTP 程序单次执行结果

10.2 量子安全幽灵成像

QSGI 是一个高度专业化的领域，结合了量子信息学、量子光学和成像科学的概念。其是利用量子态的相关性（如纠缠态或者压缩态）的一种安全和高效的成像方法。这种方法在多个领域有潜在的应用，包括远程成像、隐蔽通信和量子密码学。

在传统的幽灵成像中，是利用两个光源的关联性来获取目标对象的图像，而不是直接用一个光源照射在该对象上。在量子安全幽灵成像中，使用的是量子态的光 (通常是纠缠态)。假设我们有两个纠缠光子，一个用于照射目标对象 (称为信号光子)，另一个用于探测 (称为参考光子)。两个光子是纠缠的，意味着对其中一个系统的观测会立即影响另一个系统的状态。

假设量子态可以表示为

$$|\Psi\rangle = \frac{1}{\sqrt{2}}(|0\rangle_s|1\rangle_i + |1\rangle_s|0\rangle_i)$$

其中，$|0\rangle$ 和 $|1\rangle$ 是光子的量子态，s 和 i 分别代表信号光子和参考光子。当我们通过某种机制 (如光束分割器) 将两种光子分开，并使信号光子照射在目标对象上，由于纠缠的存在，通过测量参考光子的状态，我们就可以获得关于目标对象的信息。QSGI 的一个重要优点是其潜在的安全性。由于成像依赖于量子态的纠缠，因此任何未经授权的第三方试图获取信息都会破坏量子态，这将很容易被检测到。

量子安全幽灵成像通常可以用量子态的张量积来描述：

$$|\Psi_{\text{total}}\rangle = |\text{Object}\rangle \otimes |\Psi\rangle$$

其中，$|\text{Object}\rangle$ 是目标对象的量子描述，$|\Psi_{\text{total}}\rangle$ 是用于成像的纠缠态。通过适当的量子测量和后处理，可以从 $|\Psi_{\text{total}}\rangle$ 中提取目标对象的信息。QSGI 需要考虑编码图片、视频等以像素为单位的数据，因此需要更多有关计算机视觉与计算机图形学的相关知识，在此我们不再深入讨论。

量子安全幽灵成像的工作原理基于量子纠缠这一量子力学现象。首先，通过某种量子光源产生量子纠缠的光子对。将其中一个光子（信号光子）发送到目标区域进行照射，而另一个光子（参考光子）保留在发送端。信号光子在目标对象上反射后，其部分信息（如反射角度、相位变化等）会被编码进光子的量子态中。但这些信息不会被直接测量，而是通过与保留的参考光子的纠缠关系间接获取。利用量子纠缠的性质，通过对保留的参考光子进行精确测量，可以间接获得信号光子上编码的目标信息。通过量子信息处理技术，最终重构出目标区域的图像。

假设我们有一个纠缠光子对源，它产生的纠缠态可以简化为上述形式。当一个光子（信号光子）被发送到目标对象上并反射回来时，其量子态可能会因

路径差异、相位变化等因素而改变。如果忽略损耗和噪声，我们可以假设这种变化可以用一个幺正操作 U 来描述，即

$$U|\Phi^+\rangle = \frac{1}{\sqrt{2}}(U|00\rangle + U|11\rangle)$$

在信号光子与目标对象相互作用后，我们可以用另一种操作 V 来表示这种相互作用对量子态的影响。因此，系统的最终状态可以写为

$$|\Psi_{\text{final}}\rangle = VU|\Phi^+\rangle$$

在量子安全幽灵成像中，通过测量参考光子的状态并利用量子纠缠的性质，我们可以间接获得信号光子状态的信息，从而重构出目标对象的图像。这个过程通常需要对参考光子进行一系列复杂的测量，以及利用量子信息处理技术来解析信号光子所携带的信息。图像的重构涉及从测量到的数据中提取有用信息，并将其转换为图像。在量子安全幽灵成像中，这通常涉及统计分析和计算物理中的算法，如逆问题求解、图像重建算法等，具体算法的选择和应用取决于成像系统的具体配置和目标要求。上述介绍仅为一个高度简化的模型。在实际应用中，需要考虑更多的实验细节和技术难题，如光子的损耗、环境噪声的影响。

QSGI 具有如下技术特点：

1）高安全性：由于图像的获取基于量子态的非局部性，即使信号路径被拦截，没有量子纠缠对的另一部分（参考光子），也无法解码出有效信息，从而确保了信息的安全性。

2）高隐蔽性：在目标区域并不需要放置任何接收设备，成像过程对于被成像对象而言是不可察觉的，非常适合于需要隐蔽操作的应用场景。

3）跨距离成像：理论上，量子纠缠可以在任意距离上实现，这意味着幽灵成像可以跨越极长的距离对遥远的目标进行成像。

QSGI 技术的独特优势使其在多个领域具有潜在的应用价值，包括但不限于：

1）军事和安全监控：用于边境监控、重要设施的安全防护等高安全需求的场景。

2）远程感测与探索：适用于深海、太空等人类难以直接到达或高风险环境的探测。

3）医学成像：提供一种新的无创或低侵入性成像方法，可能会用于对人体内部结构的精确成像。

4）量子通信：实现高效的数据传输和接收的同时，在特定的安全领域，如政府或军事通信，提供一种难以被侦测和拦截的通信方式。

10.3　量子安全区块链

区块链是一种分布式账本，依靠各参与者共同维护，其中使用了哈希函数、数字签名、共识算法等，以确保数据的一致性和安全性。将区块链与量子技术结合，我们可以获得既具有分布式又具有高度安全性的账本系统。

虽然量子安全区块链尚未成为主流概念，但它涉及量子计算与区块链技术的交集，对应的技术方向已经逐渐显现，特别是量子计算机有潜力破解目前大多数的加密算法，因此需要新的加密手段来保护区块链的安全。目前，学术界已经有部分研究将量子技术与区块链相结合构造量子安全区块链，2018 年 Kiktenko 等人发表了"Quantum-based Blockchain"论文，虽然该论文并没有引起大的波澜，但是这也提醒人们量子安全区块链已经成为一个必要的方向。

量子安全区块链是一种利用量子技术来增强区块链安全性的技术。传统的区块链系统主要依赖于复杂的密码学算法来确保数据的安全性和不可篡改性，但这些算法在面对越来越强大的计算能力，尤其是量子计算机的威胁时可能会变得脆弱。因此，量子安全区块链被设计出来，以抵御量子计算机带来的潜在风险，确保区块链技术在未来的应用中仍然安全可靠。QKD 技术提供的安全性不依赖于计算复杂性，而基于物理法则，这意味着即使使用量子计算机也无法破解密钥，将这些密钥用于区块链能够更好地加固整个区块链系统的安全性。此外，区块链技术中的许多安全机制（如创建加密密钥、区块链的挖矿过程）依赖于高质量的随机数生成器。量子随机数生成器利用基本的量子力学过程（例如单个光子的行为）来生成真正的随机数。与传统的伪随机数生成器相比，量子随机数生成器提供更强的随机性，这对增强加密算法的安全性至关重要。再者，在量子安全区块链中，量子传感技术可以被用来验证和监控物理世界中的事件，以确保这些数据的真实性和未被篡改。量子传感器利用量子纠缠或超敏感量子态来检测极微小的变化，例如温度、磁场或重力变化。而在区块链中，这种技术可以被用于创建更安全、可验证的智能合约，其中物理事件可直接触发合约条款的执行。

量子安全区块链的核心计算原理主要围绕后量子密码学及量子网络通信的基本数学模型展开。理解量子安全区块链的计算原理，需要深入了解其在保持区块链数据不变性和防篡改性上的量子化增强。这通常涉及后量子安全的哈希函数和数字签名，以及量子网络中的信息分发机制。在量子安全区块链中，其中一个核心元素是哈希函数的后量子版本。常见的哈希函数如 SHA-256 在量子计算面前可能不够安全，因为量子算法（如 Shor 算法）可以有效地破解其背后的数学难题。后量子安全哈希函数的设计要求它即使在量子计算机的攻击下也能保持其抗碰撞性和抗预象攻击的性质。

10.3.1 量子哈希函数

哈希函数 H 用于将任意长度的输入 x 映射到固定长度的输出：

$$H(x) = y$$

其中，y 的长度是固定的，通常为 256 位或 512 位等。后量子安全哈希函数需要保证即使在量子计算机上使用如 Grover 算法的情况下，寻找两个不同输入 x_1 和 x_2 使得 $H(x_1) = H(x_2)$ 或者给定 y 寻找一个 x 使得 $H(x) = y$ 在计算上是不可行的。在量子计算框架内，对传统的哈希函数 $H(x) = y$ 进行表达涉及将经典数据编码到量子态中，然后使用量子门操作来模拟哈希函数的行为。首先，我们需要将经典输入 x 编码为量子态。设 x 为一个 n 比特的字符串，那么对应的量子态可以表示为 n 个量子比特的基态：

$$|x\rangle = |x_1\rangle \otimes |x_2\rangle \otimes \cdots \otimes |x_n\rangle$$

其中，每个 $|x_i\rangle$ 是基态 $|0\rangle$ 或 $|1\rangle$，具体取决于 x 的第 i 位是 0 还是 1。构造一个量子哈希函数，本质上是要设计一系列量子门操作，这些操作作用于 $|x\rangle$，将其转换为一个新的量子态 $|y\rangle$，其中 $|y\rangle$ 编码了哈希值 y。哈希函数抗碰撞性质要求这个转换是高度非线性和不可逆的。一个简化的量子哈希函数可能涉及以下步骤：

1）叠加态：初始态 $|x\rangle$ 通过应用一系列 H 门到每个量子比特上，被置于一个叠加态中。

2）纠缠态：应用一系列控制非门（如 CNOT 门）和其他量子逻辑门（如 Toffoli 门），用于在比特间创建纠缠和非线性变换。

3）测量：通过最终态 $|y\rangle$ 的测量结果给出哈希值 y。

如果我们将整个过程表达为一个量子算符 $\mathcal{H}$，那么哈希函数的量子态表达可以写为

$$|\psi_y\rangle = \mathscr{H}|x\rangle$$

这里，$\mathscr{H}$ 是一个复合量子门操作，它将输入量子态 $|x\rangle$ 转换为输出量子态 $|\psi_y\rangle$。最终通过测量 $|\psi_y\rangle$ 获得的哈希值 y 与经典哈希函数的输出 y 相对应。在量子框架中，模拟经典哈希函数涉及量子态的编码、量子门操作的设计和量子态的测量。在实际中，尽管构造一个完整的量子哈希函数更加复杂，但这种方法提供了一种潜在的途径，即利用量子计算的优势来增强哈希函数的安全性。此外，量子计算的一些特性，如量子纠缠和量子超级位置，也可以被用来设计新的、更安全的密码学工具。

10.3.2 量子数字签名

量子数字签名（Quantum Digital Signatures，QDS）是一种利用量子信息学的原理来保障信息的完整性和认证性的技术。这类签名利用量子力学的不可克隆性和不确定性原理，为数字通信提供额外的安全层。以下是量子数字签名的基本数学表达和逐步说明：

1. 量子密钥的生成和分配

在量子数字签名系统中，首先需要生成并安全地分配密钥。这通常通过量子密钥分发技术来实现。

密钥生成：量子态（通常是光子的偏振或相位）被用来在签名者（Tx）和验证者（Rx）之间建立一个共享的随机密钥。这个过程可以数学表示为

$$|\psi\rangle_{AB} = \sum_{i=1}^{n} \alpha_i |i_A\rangle \otimes |i_B\rangle$$

其中，$|\psi\rangle_{AB}$ 是 Tx 和 Rx 共享的纠缠量子态，α_i 是态的复振幅，$|i_A\rangle$ 和 $|i_B\rangle$ 是 Tx 和 Rx 各自持有的部分。

密钥分配：通过量子信道发送量子态，并通过公共经典信道交换必要的测量结果来确保密钥的一致性和安全性。这是传统的 QKD 环节，不再具体说明。

2. 签名生成

签名操作：Tx 利用自己的私钥部分对消息 m 进行签名。在量子数字签名中，签名操作涉及选择与消息 m 相对应的量子态 $|\phi_m\rangle$。数学上，这可以表示为

$$|\phi_m\rangle = U_m|\psi\rangle$$

其中，U_m 是依据消息 m 选择的量子操作，$|\psi\rangle$ 是原始量子态。

3. 签名传输

Tx 将签名的量子态 $|\phi_m\rangle$ 通过安全的量子信道发送给 Rx。

4. 签名验证

在 Rx 收到量子态 $|\phi_m\rangle$ 后，他将使用与 Tx 共享的密钥来对接收到的签名进行验证。这涉及测量 $|\phi_m\rangle$，并与 Tx 通过经典信道预共享的相关信息进行比较。验证过程可以表示为

$$V_m(|\phi_m\rangle) = \{\text{Accept or Reject}\}$$

其中，V_m 是依据预共享信息设定的量子测量过程，用于判断接收到的签名是否有效。量子数字签名的安全性基于量子信息的不可克隆性和量子纠缠的性质。任何试图伪造或篡改签名的行为都会导致量子态的显著变化，从而被检测出来。

量子数字签名的技术核心在于，利用量子纠缠和不确定性原理来确保签名的安全性。通过量子密钥分发确保签名密钥的安全生成和传输，通过量子操作生成针对特定消息的签名，以及通过量子测量来验证签名的真实性。这种签名机制提供了比传统数字签名更高级别的安全保障，尤其适用于面对潜在的量子计算挑战的未来网络环境。

数字签名在区块链中常被用于验证交易的真实性和完整性。量子安全区块链使用基于后量子安全算法的签名机制，以防止未来的量子攻击。两种常见的基于哈希函数的后量子安全签名系统，如 Lamport 签名和 Merkle 签名方案。

Lamport 签名使用一次性签名密钥对生成签名，其原理可以简化如下：

1）生成一对密钥，每个密钥都由随机生成的一次性哈希值对组成。

2）发布一个由这些哈希值的哈希值构成的公钥。

签名过程涉及选择密钥对中的一个元素进行哈希函数运算，并与交易信息 m 一起公开：

$$\text{Sign}(m) = \{\mathscr{H}|m_i\rangle | m_i \text{ 是消息 } m \text{ 的第 } i \text{ 位}\}$$

验证则涉及检查这些哈希值是否对应于公钥中声明的哈希值。

Merkle 签名方案是最常见的基于非对称加密的签名方案。这类签名利用量子力学的不可克隆性和不确定性原理，为数字通信提供额外的安全层。

10.3.3　量子通信与共识机制

在量子安全区块链中，节点间的通信可能通过量子网络实现，这会涉及量子纠缠和量子态的传输。利用量子纠缠，我们可以在节点之间建立一种安全的通信链路，即使在存在潜在窃听者的情况下也可以安全地交换密钥。共识机制在量子安全区块链中仍然是一个活跃的研究领域。一个潜在的量子共识机制可能涉及量子态的同步，这可以通过量子纠缠和量子态传播实现。

Quantum state synchronization → Consensus on the blockchain state

量子共识机制的目的是确保所有参与节点与网络状态（例如区块链的下一个区块）达成一致。量子共识可以利用量子纠缠的特性来实现非经典的协调方式。

假设有 n 个节点，每个节点控制一个量子比特，所有这些量子比特共同形成一个高度纠缠的状态 [例如，多粒子量子纠缠（Greenberger-Horne-Zeilinger, GHZ）态]。GHZ 态的一个关键特性是其高度的纠缠性。如果对其中一个量子比特进行测量，其他量子比特的状态将被立即确定。这种纠缠性跨越了包含的所有量子比特，这意味着 GHZ 态不能简单地被分解为各个量子比特的独立态。

$$|\mathrm{GHZ}\rangle = \frac{1}{\sqrt{2}}(|000\cdots0\rangle + |111\cdots1\rangle)$$

1）纠缠分发：所有节点共享一个 GHZ 态，每个节点都掌握其中一个量子比特。

2）信息投票：每个节点都可以对自己的量子比特执行特定的量子门来"投票"。例如，节点可能选择通过施加相位旋转来表示其意见 U_θ：

$$U_\theta|0\rangle = |0\rangle, \qquad U_\theta|1\rangle = \mathrm{e}^{\mathrm{i}\theta}|1\rangle$$

不同的 θ 值代表不同的投票意见。

3）共识状态测量：所有节点完成操作后，对整个量子系统进行一系列测量，以判断大多数节点的状态。例如，先选择一个统一的测量基底（如 X 基底或 Z 基底），对所有量子比特进行测量。然后根据测量结果的统计分布（多数量子比特处于哪种状态），判断整个系统达成的共识状态。

通过量子纠缠和适当的量子操作，这种共识机制可以在节点之间提供一种快速且安全的方式来确保所有参与节点与网络状态达成一致，而且具有量子计算的抗攻击性质。这种共识机制在理论上比传统的共识算法效率更高，因为它利用了量子纠缠的全局性质。

量子哈希函数、量子数字签名、量子共识机制等技术的综合应用使得量子安全区块链在理论上可以实现超越传统区块链技术的安全性，尤其在面对未来量子计算机潜在威胁时。具体实现细节和算法的选择可能因不同区块链架构和应用需求而异，但其基本原理是围绕量子计算的基本特性来设计防篡改和数据保护机制的。

QSBC 的潜在可能性，虽然其中的绝大部分仍未实现。

1）后量子安全区块链：由于量子计算机有潜力破解目前的大多数加密算法，因此需要新的加密手段来保护区块链的安全。现阶段，由于哈希函数对量子计算机而言仍然属于难解问题，但是一旦哈希函数被量子计算破解，就意味着区块链的整个技术结构都必须更新。

2）量子共识机制：利用量子力学的特性 (如量子纠缠) 可能开发出全新的区块链共识算法，进而利用量子特性保护数据安全。

3）量子速度与效率：由于量子计算在某些特定任务上比经典计算快得多，因此有可能为区块链交易和验证提供指数级加速。

4）量子随机数生成器：量子随机数生成器生成的真随机数确实能够加强加密算法的安全性，但量子随机数生成技术目前面临较高的成本和技术挑战，尤其在设备的稳定性和可扩展性方面。降低成本并提高系统的稳定性是未来发展的关键，这需要通过更有效的量子设备制造过程来实现。

尽管理论上可行，量子安全区块链在实际应用中还面临许多挑战，如量子通信的成本和稳定性、量子系统和经典系统的兼容性等。量子安全区块链是一项前沿技术，其发展和应用将极大影响未来信息技术的安全格局。随着量子计算的进步和量子技术的普及，量子安全区块链可能会成为保护数字资产和信息安全的重要工具。

QSBC 技术的独特优势使其在多个领域具有潜在的应用价值，包括但不限于：

1）金融服务：在金融领域，保护交易数据和防止欺诈活动是至关重要的。量子安全区块链可以用于创建高度安全的支付系统、股票交易平台和跨境转账系统。量子密钥分发和后量子安全加密技术可以确保这些系统即使在量子计算时代也能防止被黑客攻击和不发生数据泄露。

2）供应链管理：区块链可以提高供应链透明度，增强产品追踪能力，并保护供应链数据免受未授权访问和篡改。在食品安全、制造和物流行业，通过区块链技术，所有参与方都可以实时查看产品从生产到交付的每一个环节，大大提高了效率和信任度。而量子安全区块链在适配原区块链业务的同时，更加进一步强化了区块链的安全性与通信效率。

3）政府服务：政府机构可以利用量子安全区块链来增强公共记录管理的安全性，如土地注册信息、公民身份信息和选举投票信息。量子技术可以确保这些数据的完整性和安全性，防止操纵和欺诈行为，特别是在处理选举数据时，可以保证选举的公正性和透明性。

4）医疗保健：在医疗保健领域，保护病人信息的隐私性和安全性是法律和伦理的要求。量子安全区块链可以被用来安全且高效地存储和共享病人的医疗记录，确保只有授权的医疗人员才能访问这些敏感信息。此外，这项技术也可以用于确保药品供应链的完整性，防止假冒伪劣产品流入市场。

5）能源交易：在能源领域，尤其在分散式能源资源（如太阳能和风能）越来越多地被利用的情况下，量子安全区块链可以被用于管理和记录能源交易信息。这不仅可以优化能源分配，降低交易成本，还可以确保交易数据不被篡改，增加市场的稳定性和可信任度。

10.4　量子机器学习

在近十几年时间里，机器学习快速崛起，已经成为大数据时代下的技术基石。机器学习根据已有数据进行学习策略的探索和潜在结构的发现，依据所得模型进行预测及分析。机器学习源于人工智能和统计学，其应用极其广泛。从数据挖掘到人脸识别，从自然语言处理到生物特征识别，从垃圾邮件分类到医学诊断，社会生活的各个方面都受到机器学习技术的影响。以 Google 为首，以数据服务为核心，以机器学习技术为支撑的一大批 IT 公司占领了数据挖掘与信息化的市场，它们掌握了海量数据，利用机器学习技术挖掘数据潜在价值，提供数据服务，改变了社会生活的各个方面。

在大数据时代，很多传统机器学习算法已无法应对对海量数据的处理和分析，所以不得不寻找新的方法来解决问题。目前，很多研究机构及大型 IT 公司都将目光集中到了量子计算上，想利用量子计算的独特性质，解决传统算法的运算效率问题。

QML 是一门交叉学科，它结合了量子计算和机器学习的概念。该领域的主要目标是使用量子算法来改进机器学习任务的效率，或者使用机器学习算法来优化量子系统。QML 在许多方面都有应用潜力，包括药物开发、金融建模、气候变化模拟等。

QML 的数学基础主要包括量子力学和线性代数。量子态可以表示为复向量，量子算符可以表示为复数矩阵。假设我们有一个量子态 $|\psi\rangle$，其可以表示为

$$|\psi\rangle = \sum_i \alpha_i |i\rangle$$

其中，α_i 是复数概率振幅，$|i\rangle$ 是量子态的基态。

量子门（量子操作）可以表示为矩阵 $\boldsymbol{U}$，作用在量子态上：

$$\boldsymbol{U}|\psi\rangle = |\phi\rangle$$

如图 10-3 所示，目前量子机器学习可以分为以下三类。

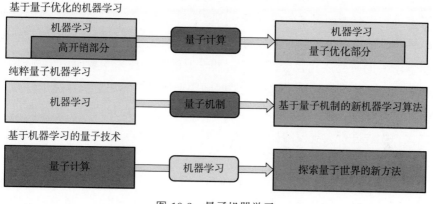

图 10-3 量子机器学习

1）**基于量子优化的机器学习**。该类算法将机器学习中复杂度较高的部分替换为量子版本进行计算，从而提高其整体运算效率。该类量子机器学习算法的整体框架沿用原有机器学习的框架。其主体思想不变，不同点在于将复杂计算转换成量子版本运行在量子计算机上，从而得到提速。越来越多的公共和私人数据集专注于小分子的筛选，这些小分子针对特定的生物标志物或整个生物体，这为药物开发提供了丰富的数据。这与支持向量机和深度神经网络等机器学习算法的可用性相匹配，该类算法在具有数千个分子描述符的数据集上执行计算的成本很高。

2）**纯粹量子机器学习**。该类算法的特点是寻找量子系统的力学效应、动力学特性与传统机器学习处理步骤的相似点，将物理过程应用于传统机器学习

问题的求解,产生新的机器学习算法。该类算法的全部过程均可在经典计算机上进行实现。在其他领域也有观察和模拟自然系统的某些特性或行为,并将观察到的这些机制转换为算法,用于解决复杂计算问题的研究,如退火算法、蚁群算法等。

3)**基于机器学习的量子技术**。该类算法主要借助传统机器学习强大的数据分析能力,帮助物理学家更好地研究量子系统、分析量子效应,作为物理学家研究量子世界的有效辅助。该类算法的提出将促进我们对微观世界的进一步了解,并解释了量子世界的奇特现象。现有大多数量子方法论都假设在已经有足够量子比特的环境中运行,但只是理论上的分析,物理实现上还不具有实验条件。而且即便有不少研究基于 QRAM 进行初态的制备,至今为止也没有出现完美的 QRAM 物理实现,因此无法给出算法的真实表现。例如,基于压缩感知的量子断层分析技术,就是借助传统机器学习强大的数据分析能力帮助物理学家进行更有效的量子效应分析。

针对量子机器学习的大多数研究集中于量子优化的机器学习,针对纯粹量子机器学习的研究还比较少,基于机器学习的量子技术主要应用于物理领域。从机器学习的角度看,量子算法在某些问题上比经典算法更快且量子计算允许自然地进行并行计算,因此其效率将有可观的改善。但是当前量子计算机还不够强大,无法进行大规模的量子计算,而且量子计算容易受到噪声和误差的影响,因此精度将是一个问题。

QML 的实现方式不同,它们的性能展现可能不同,以 K-means 算法为例进行说明,K-Means 算法以距离的远近作为样本相似性指标,两个样本的距离越近相似程度就越高,但是遇到海量样本数据时时间开销巨大。分裂分层是聚类算法中常用的一类算法,该算法首先将所有数据点视为一个类,然后不断分裂,直到每个簇不能继续分裂,该分裂聚类算法主要依据 Grover 的变体算法来解决数据值最值问题,进而提高量子机器学习的效率。然而对 Grover 算法的需求并非必需的,根据需求也可以构造无 Grover 算法的 QML 实现。此外,对于QML-K-means 算法而言,它的加速级别是平方级加速还是指数级加速,取决于不同实现方式的 QML 算法,对于泛化性能而言也同理,每个不同设计的算法都有不同程度的性能平衡。监督量子分类算法主要包括量子最近邻算法、量子支持向量机、量子决策树算法、量子神经网络。其中量子支持向量机利用量子算法解决基于该方法的训练数据的内积运算问题。

这是一个高度专业化和不断发展的领域,且相对于其他量子前沿技术,量子机器学习技术相对最成熟，是最有潜力做出突破性革新的领域。我们在此介绍两种简单的 QML 算法原理，由于本书无法要求所有读者拥有机器学习相关的背景知识，因此这些例子作为选读，不再展开讲解。

1）量子主成分分析

经典主成分分析用于降维，量子版本的 PCA 可以更高效地找到主成分。

$$量子\ PCA: \boldsymbol{\rho} \to \sum_{i=1}^{k} \lambda_i |u_i\rangle\langle u_i|$$

其中，$\boldsymbol{\rho}$ 是密度矩阵，λ_i 和 $|u_i\rangle$ 是其特征值和特征向量。

2）量子支持向量机

支持向量机用于分类，量子支持向量机可以更高效地找到支持向量。

目标函数为

$$\min_{\alpha} \frac{1}{2} \sum_{i,j} \alpha_i \alpha_j y_i y_j K(x_i, x_j) - \sum_i \alpha_i$$

其中，$K(x_i, x_j)$ 是量子核函数。

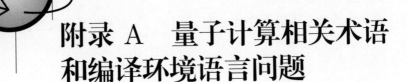

附录 A　量子计算相关术语和编译环境语言问题

1. 量子计算相关术语

比特与量子比特：比特是经典计算机科学中最小的信息单位，可以取 0 或 1 两个值。严格来说，一个比特表示一个二进制数的最小单元，它可以是任何二进制数，即 0 或 1。在经典计算机中，数据以比特的形式存储、处理和传输，所有的计算和逻辑操作都是基于比特的状态转换进行的。同时，它也是表达数据的量的单位。

量子比特是量子计算中的基本单位，与经典比特有着根本的不同。量子比特可以处于 0 和 1 两种状态的叠加态，这使得量子计算机可以同时处理多个状态。与经典比特只能处于确定状态（0 或 1）不同，量子比特可以同时处于多个状态的线性组合状态，这种超位置状态是量子计算机并行计算和量子纠缠的基础。同时，它也是在量子系统中表达数据的量的单位。

噪声：噪声是对信号进行振幅增减或相位偏移，导致信号的精确度偏移的干扰量。噪声由许多来源，如温度变化产生的能量波动，信号交互产生的电磁干扰，外部环境的物理变化等。

可逆计算：在这种计算模型中，使用的能量很低，熵的增加会最小化，它几乎不会产生额外的热。在可逆计算模型中，转换函数的前一个状态与下一个状态之间的关系，是一对一的反函数。

表面码：表面码利用纠缠的特性，使单个量子位能够与晶格布局上的其他量子位共享信息。当量子位被测量时，它们会揭示相邻量子位中的错误。

拓扑码：拓扑码是一种比较容易实现的编码方式，我们可以构造局域的稳定子测量来避免远程量子比特的交互，这可以降低对设备的要求。

希尔伯特空间：完备的内积空间，也就是一个带有内积的完备向量空间。希

尔伯特空间是有限维欧几里得空间的一种推广，使之不局限于实数的情形和有限的维数，但又不失完备性

酉算符/幺正操作：酉算符也叫作幺正操作。酉算符是定义在希尔伯特空间上的有界线性算符。满足 $UU^{\dagger} = U^{\dagger}U = I$。幺正性是一个纯粹的数学问题，如果用矩阵作用在向量上表示一个转动，那么这个矩阵是正交的。在量子力学中，物理系统的状态要用希尔伯特空间中的矢量表示，对于希尔伯特空间中保持矢量"形状"不变的"旋转"，要将正交性推广为幺正性。

原子能级：原子能级是指原子系统能量量子化的形象化表示。按照量子力学理论，可计算出原子系统的能量是量子化的，能量取一系列分立值；能量值取决于一定的量子数，因此能级用一定的量子数标记。能级取决于原子的电子组态，此外还取决于原子内相互作用的耦合类型，在 LS 耦合情形下，总轨道角动量、总自旋和总角动量的量子数 L、S、J 都是好量子数，能级标记为一定的符号。

原子自旋：在量子力学中，自旋（英语：Spin）是粒子所具有的内禀性质，其运算规则类似于经典力学的角动量，并因此产生一个磁场。自旋可视为一种内禀性质，是粒子与生俱来带有的一种角动量，并且其量值是量子化的，无法被改变。

原子极化：原子极化是指分子或基团中的各原子核在外电场作用下彼此发生相对位移，分子中带正电荷重心向负极方向移动，负电荷重心向正极方向移动，两者的相对位置发生变化而引起分子变形，产生偶极矩，称为原子极化。原子极化伴随着微量的能量消耗，极化所需时间比电子极化稍长。

量子态：在量子力学中，量子态描述了一个孤立系统的状态，包含了系统所有的信息。如根据玻恩的波函数统计解释，只要知道了系统量子态的信息，就能给出对系统进行测量的结果。量子态包括纯态和混态，要注意区分叠加态与混合态的概念。

波粒二象性：粒子同时具有波和粒子的特性，因此它或许可能存在一种中间态使得粒子既满足波的性质又满足粒子的性质。这种现象被称为波粒二象性。

哈密顿量：哈密顿量是所有粒子的动能的总和加上与系统相关的粒子的势能。对于不同的情况或数量的粒子，哈密顿量是不同的，因为它包括粒子的动能之和以及对应于这种情况的势能函数。

西格玛度量：西格玛度量的是过程能够满足要求的能力，它强调的是过程一次就能把事情做好的程度，而不是经过检验、返修、报废等补救措施后达到

满足要求的。因为任何补救措施都是对资源和时间的浪费。

量子纠缠：当两个微观粒子处于纠缠态，不论两者分离多远，对其中一个粒子的量子态做任何改变，另一个都会立刻感受到，并做相应改变。

量子叠加：量子叠加是量子力学中的一个基本概念，指的是量子系统中的粒子可以同时处于多个可能状态的组合。在量子力学中，不像经典物理那样，一个物体必须处于一种确定的状态，量子系统可以同时处于多种状态，直到进行测量时才坍缩到其中一种确定的状态。著名的"薛定谔的猫"理论曾经形象地表述为"一只猫可以同时既是活的又是死的"。

量子干涉：在物理学中，干涉是一种现象，在这种现象中，两种波通过将它们在空间和时间中每一点的位移相加而形成一个更大、更小或振幅相同的合成波。量子干涉现象是指原子在两道以上的雷射光作用之下，各跃迁途径互相干涉的现象，这会导致雷射的吸收增强、削弱、完全透明或甚至是增益。本质上也是量子纠缠的一种表现形式。

相干性：若两个波源的频率和波形相同，则它们是相干的（Coherent）或同调的。更概括地说，相干性描述了单波与自己、多波之间、波包之间，某些物理量间的相关特性。相干性又大致分类为时间相干性与空间相干性。时间相干性与波的带宽有关；而空间相干性则与波源的有限尺寸有关。

退相干：在量子力学里，开放量子系统的量子相干性会因为与外在环境发生量子纠缠而随着时间逐渐丧失，这效应称为量子退相干。

不可克隆定理：不可克隆定理（No-cloning Theorem）是量子力学的一个重要结论，即不可能构造一个能够完全复制任意量子比特，而不对原始量子比特产生干扰的系统。量子力学的线性特征是这个原理的根本原因。

测量与量子坍缩：在量子力学中，当波函数（最初是几个本征态的叠加）由于与外部世界的相互作用而减少为单个本征态时，波函数就会崩溃。这种相互作用被称为观测，是量子力学中测量结果的本质，它将波函数与经典观测值（如位置和动量）联系起来。测量是一个动作，会导致量子态坍缩成为一个固定的经典态。

相干共隧穿：指的是像电子等微观粒子能够穿入或穿越位势垒的量子行为，尽管位势垒的高度大于粒子的总能量。在经典力学里，这是不可能发生的，但使用量子力学理论却可以给出合理解释。

弛豫：在物理科学中，弛豫通常意味着扰动系统恢复到平衡状态。每个弛豫过程可以归类为弛豫时间 τ。

误码率：误码率是衡量数据在规定时间内数据传输精确性的指标。

保真度：保真度是指表征电子设备输出再现输入信号的相似程度。保真度越高，无线电接收机输出的声音或电视机输出的影像越逼真。

黑盒模型：诸如神经网络、梯度增强模型或复杂的集成模型此类的黑盒模型通常具有很高的准确性。然而，这些模型的内部工作机制却难以理解，也无法估计每个特征对模型预测结果的重要性，更不能理解不同特征之间的相互作用关系。在信息安全领域，有一个黑盒模型的衍生概念——黑盒攻击模型。黑盒攻击模型代指攻击者无法获取系统的内部信息时进行的攻击模式。

量子寄存器：量子寄存器是一组量子比特，它同时保存输入数据的所有可能配置。换句话说，将量子算法应用于 n 个量子比特的寄存器将使量子计算机"并行"计算 0/1 状态的所有可能的 2^n 组合。

量子门：量子门（或量子逻辑门）在量子计算和特别是量子电路的计算模型里面是一个基本的、操作一个小数量量子比特的量子电路。与多数传统逻辑门不同，量子逻辑门是可逆的。然而，传统的计算可以只使用可逆的门表示。

量子总线：一种量子总线是一种可用于在独立的计算机之间存储或传输信息的设备，量子比特在一个量子计算机内将两个量子比特组合成一个量子叠加。量子总线是量子通信中的专属信道。

量子电路：在抽象概念下，对于量子资讯存储单元（例如量子比特）进行操作的线路。组成包括了于量子资讯存储单元、线路（时间线），以及各种逻辑门；最后常需要量子测量将结果读取出来。实际上在以物理系统实践量子计算机时，需要透过转换，成为实际上的操作方式。例如在核磁共振量子电脑，就需要转换成射频，或者射频搭配梯度磁场的磁振脉冲序列。不同于传统电路是用金属线所连接以传递电压信号或电流信号；在量子电路中，线路是由时间所连接的，即量子比特的状态随着时间自然演化，过程中按照汉密顿算符的指示，一直到遇上逻辑门而被操作。

临时量子：在许多量子比特系统中，通常需要分配和解除分配用作量子计算机的临时内存的量子比特。这种量子比特称为"辅助"。可根据需要分配和取消分配。

辅助量子：为实现纠错，需要将一个量子比特的状态复制到多个量子比特上。由于不可克隆定理，量子态不可用直接复制，但是有生成一种多量子比特的冗余纠缠态。重点是实现纠缠之前，量子比特需要有一个已知的状态。具有已知状态的量子比特叫作辅助量子比特。由于该量子态的状态已知，因此可以创建一个简单的电路可以使所有辅助量子比特的输出状态与受保护的量子比特相匹配。通过 CONT 门运行辅助量子比特，由需要复制的量子比特来进行控制。

量子优越性：主要包含两个部分。首先是明确在近期内通过实验实现的量子计算任务，只对于任何在经典计算机上运行的算法而言，这些任务都是难以实现的。其次是通过有效方法来验证量子设备是否真的执行了计算任务，这一步对某一特定概率分布的样本进行计算，因此较为复杂，即量子计算机的性能远远优于经典计算机。

后量子密码：是密码学的一个研究领域，专门研究能够抵抗量子攻击的加密算法，特别是公钥加密（非对称加密）算法。不同于量子密码学，后量子密码学使用现有的经典计算机，依赖于无法被量子计算机有效解决的经典计算难题。

DiVincenzo Criteria：想要制造出能有效工作的量子计算机对当前的科学研究来说仍然是一个不小的挑战。2000 年 DiVincenzo 提出了 5 条标准（即 DiVincenzo criteria），只有满足这 5 条标准的物理体系才有望构建出可行的量子计算机。表征量子比特，量子态初始化至初始态的方法，退相干时间比门操作时间长，拥有一套通用的量子门操作，具有特定量子比特的测量能力。前五项是量子电脑必要的，剩下的两项则是量子通信所必需的：能够将本地量子位元和飞行量子比特互相转换，能够准确地在两点之间传播飞行量子比特。

飞行量子比特：指在光子、原子或其他粒子中传播的量子信息。飞行量子比特在量子通信和量子网络领域具有重要意义，因为它们允许在不同的量子设备之间传输量子信息。飞行量子比特的一个典型实现是光子，即光量子比特。光子是光的量子载体，具有很多优点，如在真空中传播速度快、与环境相互作用较弱，因此在通信和信息处理过程中光子损失较小。光量子比特的信息可以通过光子的不同自由度（例如偏振、轨道角动量等）进行编码。

2. 编译环境语言问题

在执行本书中的程序时，如果使用中文标注图解可能会出现关于计算机字体渲染的问题。这个警告信息表明在当前字体中缺少一些汉字的图形表示，因此无法正常显示这些字符。这通常在绘制含有特定汉字字符的图形或文本时出现。

要解决这个问题，可以考虑以下几种方法。

1）更改字体设置：可以尝试更改环境或应用程序的字体设置，以确保它们包含所需的汉字字符。

2）安装缺失的字体：如果知道确切缺失的汉字字符，则可以尝试安装包含这些字符的字体文件。这通常可以通过操作系统的字体管理工具来完成。

3）忽略警告：如果这个警告不会影响你的工作，则也可以选择忽略它，因为它只是一个警告，不会导致程序崩溃，只是会无法显示中文。

附录 B   IBM 更新说明

本书在第 5.1.1 节介绍了 IBM 在图书写作期间的三次更新，而在 2024 年 5 月 15 日（正值本书出版期间）IBM 又进行了一次大的版本更新，本次更新再次大幅度调整了 IBM 提供的服务结构，从云模拟器和 IBM Quantum Lab 过渡到本地模拟器与量子硬件。以下是对更新内容的总结：

1. 云模拟器的退役

更新的目标：强调量子硬件的优势，因为量子硬件所带来的好处已超越了模拟器在确定哪些应用具有最大潜力方面的作用。

推荐替代方案：开始使用 Qiskit Runtime 的本地测试模式（需要 qiskit-ibm-runtime 0.22.0 或更高的版本）。

对阅读本书产生的影响：该更新导致运行书中的代码会出现报错的情况。例如，运行第 6.1.2 节的代码会出现 QiskitBackendNotFoundError:'Backend ibmq_qasm_simulator cannot be found in any hub/group/project for this account.' 的错误。其原因是云模拟器不再是一个可被访问的后端，因此当用户执行量子程序时，是在试图发送请求给一个不可访问的服务器。

可行的解决方法：

- 从云模拟器迁移到本地模拟器，需要用户自己搭建本地的模拟环境。

- 使用 Qiskit Aer 进行噪声模拟，本书中大部分内容使用这种方式进行了模拟，这部分程序不会因为这次更新而报错。读者可以根据这类代码尝试编写报错部分的代码。

- 使用 IBM Watson Studio 作为本地环境的替代方案。

- 选择其他可行的后端，这种方式使代码的变动量最小。

以选择其他可行的后端为例，可以先使用如下所示的代码来确认当前账户可访问的服务器，然后将对应的服务器替换为自己拥有访问权限的服务器即可。需要强调的是，该指令要求用户首先将自己的 API token 连接到对应的编译环境，具体方法已经在第 5.2.3 节详细说明。此外，必须确认自己的 Qiskit Runtime 服务是最新版本。

```
In [1]: from qiskit_ibm_runtime import QiskitRuntimeService, Session, Sampler, Options

In [2]: # 确保QiskitRuntimeService已正确配置并连接到您的账户
        service = QiskitRuntimeService(channel="ibm_quantum")

        # 列出所有可用的后端
        available_backends = service.backends()
        print(available_backends)

[<IBMBackend('ibm_sherbrooke')>, <IBMBackend('ibm_brisbane')>, <IBMBackend('ibm_kyoto')>, <IBMBackend('ibm_osaka')>]
```

2. IBM Quantum Lab 的退役

推荐替代方案：在本地使用 Qiskit 执行作业，或者设置自己的基于云的环境。

产生的影响：由于本书的代码部分没有使用该组件，因此本次更新对使用本书没有影响。

文件下载：为了方便用户过渡到其他编译环境，针对已经在 Lab 平台处理过的程序，目前还可以批量下载其相关文件。文件批量下载功能将持续到 2024 年 11 月 15 日。

这些更新强调了 IBM Quantum Network 的转移战略，重点是推动量子硬件的应用和开发，以最大化其在实际应用中的潜力。